高职高专“十二五”规划教材

# 移动通信技术

(第二版)

崔雁松　主编

西安电子科技大学出版社

## 内 容 简 介

本书主要介绍了各种现代移动通信技术，既包括电波传播、网络组建、调制与解调等移动通信基本技术，也包括3G系统中最新采用的多载波调制、智能天线、软切换等新技术。全书主要内容包括：概述、移动通信中的基本技术、GSM移动通信系统、CDMA技术基础及IS-95移动通信系统、3G移动通信系统等。

全书在构建上遵循移动通信的发展历程，内容安排以基本概念和基本理论起始，以现代实际应用的几种典型移动通信系统为主体，以移动通信的最新发展和最新应用收尾，整体逻辑严谨，前后联系紧密。在论述上尽量避免了抽象的理论表述和复杂的公式推导，力求做到由浅入深、由易到难、深入浅出、言简意赅。

本书主要针对高职、高专院校相关专业的学生编写，同时也适用于各种更高层次的非相关专业人员，亦可作为相关理论研究人员和工程技术人员的参考书。

**图书在版编目(CIP)数据**

**移动通信技术** / 崔雁松主编. —2版. —西安：西安电子科技大学出版社，2012. 4(2015.5重印)

高职高专"十二五"规划教材

ISBN 978-7-5606-2758-8

Ⅰ. ① 移… Ⅱ. ① 崔… Ⅲ. ① 移动通信—通信技术—高等学校—教材 Ⅳ. ① TN929.5

**中国版本图书馆CIP数据核字(2012)第021530号**

策　　划　马乐惠

责任编辑　曹媛媛　马乐惠

出版发行　西安电子科技大学出版社(西安市太白南路2号)

电　　话　(029)88242885　88201467　　邮　　编　710071

网　　址　www.xduph.com　　电子邮箱　xdupfxb001@163.com

经　　销　新华书店

印刷单位　陕西华沐印刷科技有限责任公司

版　　次　2012年4月第2版　2015年5月第5次印刷

开　　本　787毫米×1092毫米　1/16　　印　　张　15

字　　数　353千字

印　　数　22 001～24 000册

定　　价　26.00元

ISBN 978-7-5606-2758-8/TN·0645

**XDUP 3050002-5**

# 前　　言

移动通信技术(第一版)于 2005 年 1 月出版并于当年二次重印，至今已历时 7 年多。在此期间，承蒙各地院校广大师生的使用才能够获得较好的销量。在受到肯定的同时，也从不少热心的同行处获得了很多宝贵的意见和建议，在此一并表示感谢！为了适应 3G 移动通信技术研究、3G 系统商用和 3G 业务推广的迅猛发展，满足通信类专业人才培养的教学需求，培养更多的通信技术人才，作者在近几年教学实践的基础上，特此修订了本教材。

相比于第一版，第二版无论在结构框架上还是在内容上都做了很大的调整：原属于第 1 章的移动通信基本技术单独形成为第 2 章，以体现其重要性；第一版第 4 章移动数据通信内容删减后纳入到第二版第 3 章 GSM 移动通信系统中；第一版第 3 章 CDMA 数字蜂窝移动通信更名为 CDMA 技术基础以及 IS-95 移动通信系统，以使其概念更加明确；第一版第 5 章第三代移动通信中尚未成熟或计划在 4G 系统中使用的关键技术删除，以保证其准确性和严谨性。同时，为了方便读者使用，增加了“爱尔兰呼损表”和“英文缩写名词对照表”两个附录。

修订后，全书仍分 5 章。第 1 章概述，是全书的引言，是基础中的基础；第 2 章移动通信中的基本技术，是全书的基础，为后面章节的学习做铺垫；第 3、4、5 章按照移动通信发展的历史时间顺序，依次主要介绍了 2G 的 GSM、IS-95 CDMA 系统和各种 3G 系统(WCDMA、TD-SCDMA 和 CDMA 2000)的结构组成、技术指标和关键技术。每章后都附有若干思考与练习题。

由于移动通信技术发展非常迅猛，加上作者水平有限，书中难免存在不当之处，敬请广大读者来函赐教。作者 E-mail：yansong.cui@126.com。

作　者
2012 年 2 月

# 第一版前言

近年来，移动通信技术的发展可谓日新月异，新标准、新技术的出现周期越来越短，因而，急需一批介绍现代移动通信新知识和新技术的教材，以培养适应现代化要求的通信技术人才。本书主要面向广大的在校师生及工程技术人员，介绍了正在应用和发展的移动通信新技术，使读者对现代移动通信领域中的关键技术、发展概貌及趋势有一个基本的了解。

本书共分 5 章。第 1 章移动通信综述，主要介绍移动通信的发展历程、移动通信的分类、移动通信系统的组成及特点和移动通信中的基本技术；第 2 章 GSM 数字蜂窝移动通信系统，主要介绍 GSM 的系统组成、主要业务、编号计划、接续和移动性管理以及体制的优缺点等；第 3 章 CDMA 数字蜂窝移动通信，主要介绍码分多址的基本原理、扩频通信系统、CDMA 的系统规划、CDMA 的地址码和扩频码、CDMA 技术的优缺点和主要业务；第 4 章移动数据通信，主要介绍移动数据通信的基本概念、各种典型的承载技术(如 CDPD、MMS、GPRS、EDGE 等)以及两种典型的应用开发平台(SAT 和 WAP)；第 5 章第三代移动通信，主要介绍 IMT-2000 组成、三大技术标准(WCDMA、CDMA 2000 和 TD-SCDMA)以及各种 3G 关键技术(高效率编译码技术、功率控制、多用户检测、多载波调制、智能天线、软件无线电等)。为了巩固所学知，本书在每章后还附有若干思考与练习题。

本书在编写过程中得到了张乃栋工程师的大力支持，在此表示衷心感谢。

由于移动通信技术发展非常迅猛，加上作者水平有限，书中难免存在不当之处，敬请广大读者来函赐教，联系 E-mail：lys-cys@vip.sina.com。

作　者

2004 年 11 月

# 目　　录

# 第1章

# 概 述

## 1.1 定 义

现代社会已步入信息时代，信息在经济发展、社会进步乃至人民生活等各个方面都起着日益重要的作用。人们对于信息的充裕性、及时性和便捷性的要求也越来越高。能够随时随地、方便而及时地获取所需要的信息是人们一直以来都在追求的梦想。电报、电话、广播、电视、人造卫星、国际互联网带领着人们一步步向这个梦想飞近，然而最终能够使人们美梦成真的却是移动通信。

移动通信指的是通信双方至少有一方处在运动状态中所进行的信息交换。移动体与固定点之间、移动体相互之间信息的交换都可以称为移动通信。其中移动体可以是人，也可以是车、船、飞机等处在移动状态中的物体。图1-1所示为城市公众通信网示意图。

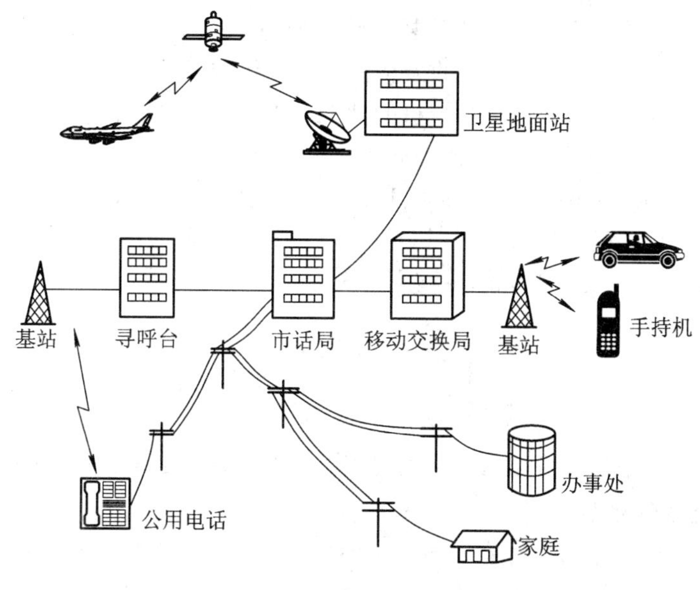


图1-1 公众通信网

## 1.2 系统组成

各种移动通信系统的组成及名称各有不同。陆地移动通信系统主要由四个部分组成：

移动台(Mobile Station，简称 MS)、基站(Base Station，简称 BS)、移动交换中心(Mobile Switching Center，简称 MSC)和传输线路，如图 1-2 所示。移动台通过无线方式接入基站，基站通过有线(也可以是无线)传输连接移动交换中心。这三个部分就是公共陆地移动网(Public Land Mobile Network，简称 PLMN)的主要组成部分。通过 PLMN 就能实现较近区域移动台之间的通信。为了实现不同长途区域中移动台之间的通信以及移动台同固定电话及其他通信终端之间的通信，PLMN 还要连接公共交换电话网(Public Switched Telephone Network，简称 PSTN)。

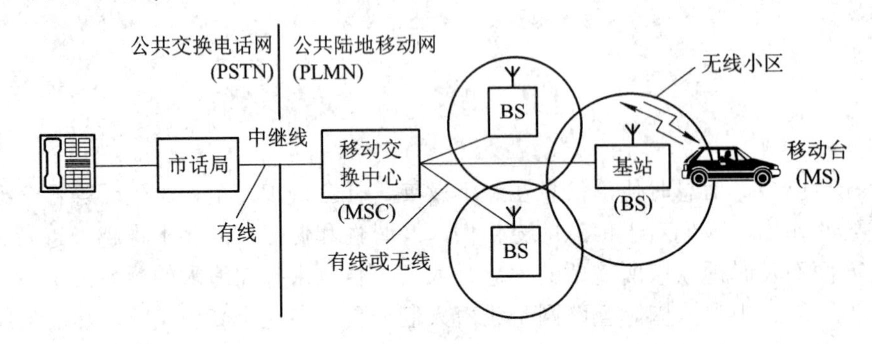


图 1-2　移动通信系统的组成

陆地移动通信系统中的移动台有便携式、手提式、车载式三种。所以说移动台不单指手机，手机只是便携式移动台的一种。手提式移动台如具有无线上网功能的笔记本电脑，车载式移动台如安装在一些出租车上的集群对讲系统。

基站是陆地移动通信系统中用来连接有线部分与移动部分，即移动台无线接入网络的关键设备，通常由基站控制器和无线收发信机两部分组成。

移动交换中心除具有一般市话交换机的功能之外，还有移动业务所需的越区切换控制、无线信道管理、漫游处理等功能，同时也是移动网与公共电话交换网、综合业务数字网(Integrated Services Digital Network，简称 ISDN)等固定网的接口设备。

传输线路部分主要是指连接各设备之间的中继线。目前通信系统中的主干传输线路都已采用光缆，BS 与 MS 之间的无线传输主要采用微波方式。

# 1.3　特　　点

相比于其他通信方式，移动通信系统的实现更加困难，这是由其特点所决定的。

**1. 电波传播条件复杂**

移动通信系统的实现离不开无线通信，即无线电磁波的传播。各种移动终端可能在各种环境中不断运动，建筑群或障碍物对其的影响也不断变化。移动终端发出的无线电波在传播过程中除了有不可避免的衰减外，还会发生反射、折射、绕射、散射等，产生多径干扰、信号传播延迟和展宽及多普勒效应等，从而导致接收信号的强度和相位随时间和地点不断变化。图 1-3 所示为地面上的无线电波传播情况示意图。只有充分研究无线电波传播的规律，才能进行合理的系统设计。本书将在 2.1 节对无线电波传播技术进行详细的讲述。

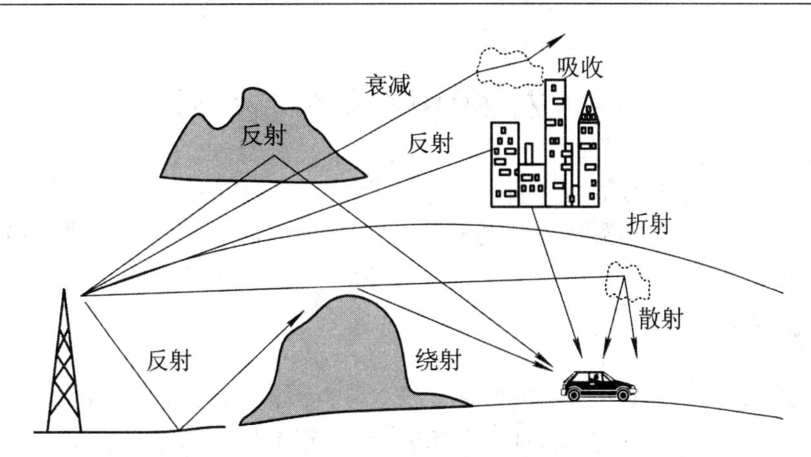


图 1-3 地面无线电波传播情况

### 2. 噪声和干扰严重

噪声和干扰直接影响着通信质量的好坏，即通信系统的可靠性指标。相比于有线通信，移动通信采用无线电波作为传播信号且移动环境复杂，更易受到噪声的干扰。噪声包括来源于城市环境中交通工具的噪声、房屋装修过程中的噪声及各种工业噪声等。干扰主要包括由设备中器件的非线性特性引起的互调干扰、由移动台“远近效应”引起的邻道干扰、同频复用所引起的同频干扰、CDMA 系统中的多址干扰等。我们必须充分了解各种噪声和干扰的特性，才能采取更加有效的抵抗措施。关于通信系统中的各类噪声和干扰的介绍请参阅有关通信原理的相关书籍，本书不再赘述。

### 3. 频带利用率要求高

移动通信系统的用户数量日益增多，为了缓和用户数量与可利用的频率资源有限的矛盾，除了开发新频段之外，还要采取各种措施以便更加有效地利用现有频率资源，如压缩频带、缩小频道间隔、多频道共用等，即采用各种频谱和无线频道有效利用技术。本书 2.2.2 节介绍的多址接入技术和 4.2 节介绍的扩频调制技术都是目前提高频带利用率的有效方法。

### 4. 移动台的移动性强

由于移动台的移动是在广大区域内的不规则运动，而且大部分的移动台都会有关闭不用的时候，它们与通信系统中的交换中心没有固定的联系，因此，要实现通信并保证质量，移动通信必须是无线通信与有线通信的结合，而且必须要发展自己的跟踪、定位、交换技术，如位置登记技术、信道切换技术、漫游技术等。

### 5. 通信设备的性能要好

不同的移动通信系统有不同的特点，这也是对通信设备性能要求的依据。在陆地移动通信系统中，要求移动台体积小、重量轻、功耗低、操作方便。同时，在有振动和高、低温等恶劣的环境条件下，要求移动台依然能够稳定、可靠地工作。

### 6. 系统和网络结构复杂

移动通信系统是一个多用户的通信系统，必须使同样处于无线连接条件下的用户之间互不干扰，且必须保证系统各部分之间能够协调一致地工作。此外，移动通信系统还要与公共电话网、综合业务数字网等实现互连。

# 1.4 发展历程及未来趋势

移动通信自产生以来便备受瞩目，它适应了经济全球化的趋势和信息技术迅猛发展的需求，给人们的生活带来了翻天覆地的变化。反过来，这一切变化又促进了移动通信技术的不断更新换代。

## 1.4.1 简史回顾

移动通信可以说从无线电通信发明之日就产生了。1897年，G.W.Marconi马可尼完成的无线通信实验就是在固定站与一艘拖船之间进行的，距离为18海里(注：1海里 = 1852米)。

现代移动通信技术的发展历史可以追溯到20世纪20年代，到目前为止，大致经历了以下六个发展阶段。

第一阶段从20世纪20年代至40年代，为现代移动通信的起步阶段。在此期间，主要完成了通信实验和电波传播实验，在短波频段(3 MHz～30 MHz)上实现了小容量专用移动通信系统，其代表是美国底特律市警察使用的车载无线电系统。这种系统话音质量差，自动化程度低，仅限于专用，不能与公众网相连。

第二阶段从20世纪40年代中期至60年代初期。在此期间，各种公共移动通信系统相继建立。首先是1946年，美国贝尔实验室在圣路易斯城建立了称为“城市系统”的公共汽车电话网，这是世界上第一个公共移动通信系统。继而，前联邦德国、法国、英国等国也陆续研制出了公共移动电话系统。这一阶段的特点是开始从专用移动网向公用移动网过渡，自动化程度有所提高。

第三阶段从20世纪60年代中期至70年代中期。这一阶段是移动通信系统改进和完善的阶段。在此期间，各国陆续推出了改进的移动通信系统，其代表为美国的改进型移动电话系统(Improved Mobile Telephone System，简称IMTS)。这一阶段的特点是使用了新频段，采用大区制，实现了系统的中小容量，自动化程度进一步提高。

第四阶段从20世纪70年代中期至80年代初期。在此期间，由于微电子技术及计算机技术的长足发展和移动用户数量的急剧增加，促使移动通信得到了蓬勃发展。首先是美国贝尔实验室研制成功了基于频分多址(Frequency Division Multiple Access，简称FDMA)技术的先进移动电话系统(Advanced Mobile Phone Service，简称AMPS)，这是世界第一个模拟蜂窝移动通信系统，从而建立了小区制蜂窝网理论。继而，各种体制的蜂窝式公共移动通信网不断被推出并逐渐得到广泛的应用。其他典型的系统包括日本的汽车电话系统(High Capacity Mobile Telephone System，简称HCMTS)、英国的全接入通信系统(Total Access Communication System，简称TACS)和北欧移动电话(Nordic Mobile Telephone，简称NMT)。这一阶段的特点是用户量增加，业务范围扩大，出现了多种新体制，开发出了新频段，频率资源得到了有效利用。

第五阶段从20世纪80年代中期到21世纪初期。这是数字移动通信发展和成熟的时期。在此期间，用户数量急剧增加，频率资源相对紧缺，第一代模拟蜂窝移动通信系统的缺陷日益暴露出来。针对这些问题，新一代(即第二代)的数字蜂窝移动通信系统被开发出来并得以广泛应用。事实上，早在20世纪70年代末，当模拟蜂窝系统还处于开发阶段之时，一些发达国家就已着手数字蜂窝移动通信系统的研究。最典型的数字蜂窝移动通信系统是欧洲基于时分多址(Time Division Multiple Access，简称TDMA)技术的全球通移动通信系统(Global System for Mobile Communication，简称GSM)。另外还有北美的DAMPS(Digital AMPS)(IS-54)和日本的PDC(Personal Digital Cellular)等。这一阶段的特点是用户数量急剧增加，频率资源日益紧缺，新体制、新技术、新业务层出不穷。

第六阶段从21世纪初期到现在。这是数字移动通信向高速化、宽带化发展的阶段。在此期间，基于码分多址(Code Division Multiple Access，简称CDMA)技术的第三代移动通信系统(3rd Generation，简称3G)开始投入商用。与以往的各国家各地区的各自为政不同，3G在国际标准化组织的统一规范下，最终形成了三个主要标准：WCDMA(Wideband CDMA)、CDMA2000和TD-SCDMA(Time Division-Synchronous CDMA)。相比于第二代数字移动通信系统，3G以扩频通信作为技术基础，能够实现更高的速率、更宽的带宽、更加丰富的多媒体业务。事实上，在2G以TDMA技术为主的同时，基于扩频通信的CDMA技术已经得以发展和商用，其典型代表是美国高通公司的CDMA IS95，它可以看成是CDMA2000的最初阶段。与3G的高带宽不同，这时的CDMA只能算是窄带通信，因此也可称为窄带CDMA(简称N-CDMA)。

### 1.4.2 现状及未来

就目前来看，世界各国都在大力推行3G移动通信标准。三个3G标准中由欧洲和日本主推的WCDMA系统发展态势最佳，世界上大约80%的国家和地区都在使用该标准。CDMA2000技术大都掌控在美国高通公司手中，受到美国的推崇。我国掌握着TD-SCDMA系统的大部分知识产权，是我国主推的技术标准，由于相比于另两个标准起步较晚，因此存在较多缺陷。

就国内情况来看，2008年电信重组后的三大移动运营商分别经营三个标准：TD-SCDMA交托给实力最强的中国移动，中国联通和中国电信分别经营WCDMA和CDMA2000。由于资费过高、内容建设不足等问题，3G的普及还尚待时日。

就在3G还没有完全铺开，距离完全实用化还有一段时间的时候，已经有不少国家开始了对下一代移动通信系统(4G)的研究。关于4G的定义目前还没有统一的标准。但是4G应具有的几点特性应包括：最低100 Mb/s的传输速率，高达100 MHz的通信带宽，集各种广播、通信制式和标准于一身的更加灵活多样的业务方式。

在4G之后，个人通信系统将成为未来移动通信乃至整个通信的大势所趋。“个人通信系统”的概念在20世纪80年代后期就已出现，当时便引起了世界范围内的广泛关注。个人通信系统是指任何用户在任何时间、任何地方与任何人进行任何方式和内容(如话音、数据、图像)的通信，可以用5个W来概括，即Whoever、Whenever、Wherever、However和Whatever。个人通信系统是在宽带综合业务数字网的基础上，以无线移动通信网为主要接入手段，以智能网为核心的最高层次的通信网，它将一步步演进形成为所有个人提供多媒体业务的智能型宽带全球性的信息系统。从某种意义上来说，这种通信可以实现真正意义上的自由通信，它是人类的理想通信，是通信发展的最高目标。

总之，当今世界的通信向着更加宽带化、多媒体化、多技术并存和融合的方向不断发展。

# 1.5 分　　类

在移动通信中有多种的分类，主要包括：

(1) 按信号形式，通信网络可分为模拟网和数字网；

(2) 按服务范围，通信网络可分为专用网和公用网；

(3) 按区域规划，通信系统可分为大区制和小区制；

(4) 按数据传输方式可分为单工、双工和半双工；

(5) 按移动台的使用形式可分为便携式、手提式和车载式；

(6) 按多址方式可分为频分多址 FDMA、时分多址 TDMA 和码分多址 CDMA；

(7) 按实际应用可分为集群移动通信系统、陆地蜂窝移动通信系统、移动卫星通信系统和无绳电话系统等。

## 1.5.1 移动通信的服务区域

在公共移动通信系统中，大部分服务区域是宽阔的面状区域。根据服务区域的规划及用户数目的不同，移动通信可分为大区制和小区制两种制式。

### 1. 大区制

大区制概念的提出早于小区制，主要为早期的通信系统所采用，满足了当时系统中小容量的需求。

大区制是指把一个通信服务区域仅规划为一个或少数几个无线覆盖区，简称无线区。所谓无线区，是指当基站采用全向天线时，在无障碍物的开阔地，以通信距离为半径所形成的圆形覆盖区。每个无线区的半径为 25 km～45 km，用户容量为几十个至数百个。每个无线区仅为一个基站所覆盖，基站基本上是相互独立的。

大区制的特点是：网络结构简单，设备少，成本低，可借助市话交换局设备，为了保证大的区域覆盖范围，基站天线架设很高，可达几十米至百余米；基站天线发射功率也很大，一般为 50 W～200 W。借助市话交换局的大区制移动通信示意图如图 1-4 所示。

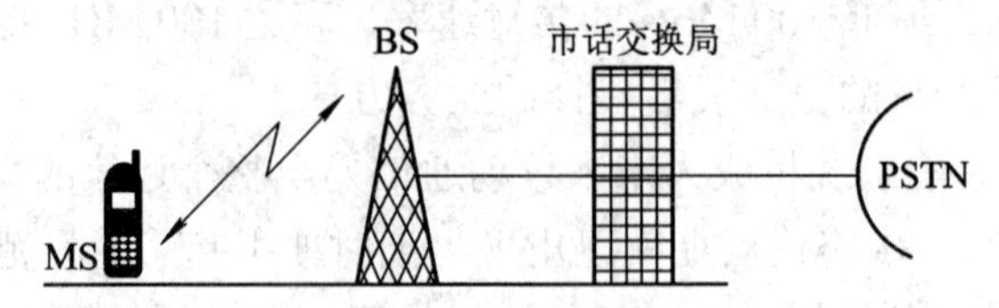


图 1-4　借助市话交换局的大区制移动通信示意图

大区制的缺点是：由于一个基站所能提供的信道数有限，因而系统容量不高，不能满足用户数目日益增加的需要，这是由制式本身决定的，无法克服；移动台的天线低，发射功率受限，在大的覆盖区内，上行链路(由移动台到基站)的通信就无法保证，为此，常采用分集接收技术，即在服务区内设置若干个分集接收台 $R_d$ 与基站相连，以保证上行链路的通信质量，如图 1-5 所示。

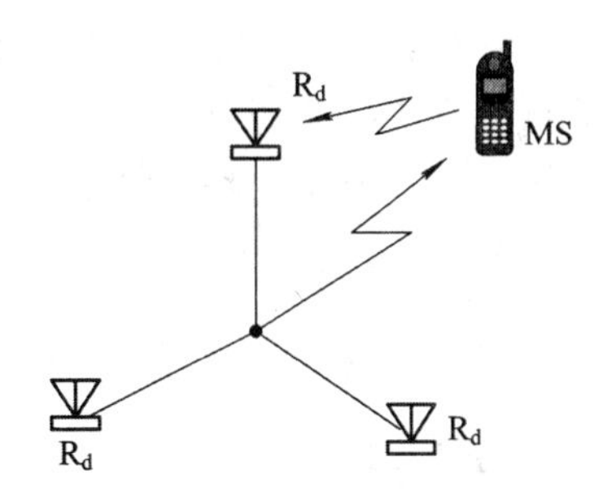


图 1-5 采用分集接收台的大区制移动通信

大区制只适合于在中小城市或专用移动网等业务量不大的情况下使用。为了适应大城市或更大区域的服务要求，必须采用小区制组网方式，以在有限的频谱条件下，达到扩大容量的目的。

**2. 小区制**

小区制是指把一个通信服务区域划分为若干个小的无线覆盖区，每个小区的半径为 2 km～20 km，用户容量可达上千个。每个小区设置一个基站，负责本区移动台的联系和控制，各个基站通过移动交换中心相互联系，多个基站在移动交换中心的统一管理和控制下，实现对整个服务区的无缝覆盖。

小区制采用信道复用技术，即每个小区只需提供较少的几个无线电信道(一个信道组)就可满足通信的要求，相邻小区不使用相同的信道组，但相隔几个小区的不相邻小区可以重复使用同一组信道，以充分利用频率资源。

在理想情况下，基站的覆盖面积可视为一个以基站为中心，以最大可通信距离为半径的圆。为了不留空隙地覆盖整个面状服务区，各个圆形覆盖区之间一定存在很多重叠区。通过理论分析，通信系统现在大都采用与圆形较接近的正六边形作为小区的形状结构，因为这种结构既避免了相邻覆盖区间的重叠，又不会产生空隙，区域衔接更紧密，产生的相互干扰更小。又由于该结构看上去像是蜂窝，所以称为蜂窝式移动通信系统，如图 1-6 所示。根据覆盖范围的不同，这种移动通信系统又可分为宏蜂窝、微蜂窝以及微微蜂窝三种。

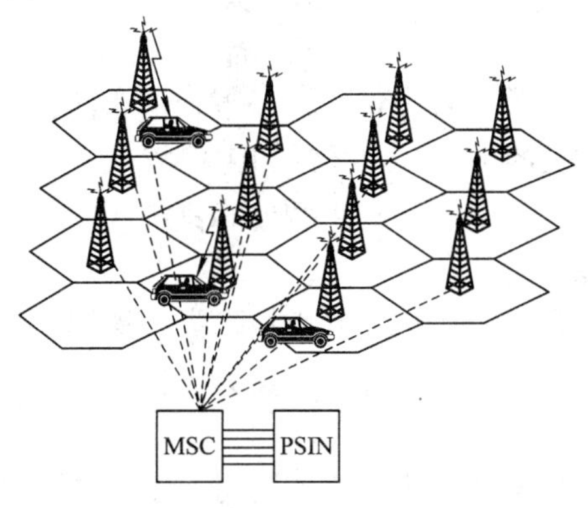


图 1-6 蜂窝式移动通信系统

1) 宏蜂窝(Macro Cell)

宏蜂窝每小区的覆盖半径大多为 1 km～25 km，基站天线尽可能做得很高。在实际的宏

蜂窝中，通常存在着两种特殊的微小区域：一是“盲点”，即由于电波在传播过程中遇到障碍物而造成的阴影区域，该区域通信质量严重低劣；二是“热点”，即由于空间业务负荷的不均匀分布而形成的业务繁忙区域，它支持宏蜂窝中的大部分业务。以上两“点”问题的解决，往往依靠设置直放站、分裂小区等办法。除了经济方面的原因外，从原理上讲，这两种方法也不能无限制地使用，因为扩大了系统覆盖，通信质量要下降，提高了通信质量，往往又要牺牲容量。

2) 微蜂窝(Micro Cell)

微蜂窝是在宏蜂窝的基础上发展起来的一门技术。与宏蜂窝相比，它的发射功率较小，一般在2 W左右；覆盖半径大约为100 m～1 km；基站天线置于相对低的地方，如屋顶下方，高于地面5 m～10 m，无线波束折射、反射、散射于建筑物间或建筑物内，限制在街道内部。微蜂窝最初被用来加大无线覆盖，消除宏蜂窝中的“盲点”。同时由于低发射功率的微蜂窝基站允许较小的频率复用距离，每个单元区域的信道数量较多，因此业务密度得到了巨大的增长，将它安置在宏蜂窝的“热点”上，可同时满足该微小区域质量与容量两方面的要求。

3) 微微蜂窝(Pico Cell)

微微蜂窝是指地理上的一个区域被分割成很小的小区域，其覆盖半径通常为百米数量级以下，天线高度低于屋顶，其基站发射功率小。微微蜂窝还具有以下特点：

(1) 吞吐量大，每个蜂窝中的用户相对较少。

(2) 频率再利用率高。相邻蜂窝使用不同的频率，不相邻的蜂窝可以采用相同频率。

(3) 移动台的移动会导致更快的路由、跟踪和越区切换等问题。

最初，微微蜂窝一般只是零散地分布在热点地区，话务量比较集中，覆盖面积较小，对容量的提高有限。随着用户的发展，当热点地区已由点逐渐连接成片时，微微蜂窝就形成了一个独立的层，各个微微蜂窝相连，在一定范围内连续覆盖，这时可以使网络容量有很大的提高。一般对于半径在1 km左右的小区，若在每个扇区的热点地区采用6～8个半径在0.1 km左右的微微蜂窝组成微微蜂窝层，则可以使网络容量提高3～4倍。

近年来，随着智能天线技术的提出和研究，人们又提出了智能蜂窝的概念。智能蜂窝是指基站采用具有高分辨信号处理能力的自适应天线系统，智能地监测移动台所处的位置，并使覆盖范围随着移动台的移动而变化。对于上行链路而言，采用自适应天线阵接收技术，可以极大地降低多址干扰，增加系统容量；对于下行链路而言，则可以将信号的有效区域控制在移动台附近半径为波长的100～200倍的范围内，使同频干扰大为减小。智能蜂窝小区既可以是宏蜂窝，也可以是微蜂窝。利用智能蜂窝小区的概念进行组网设计，能够显著地提高系统容量，改善系统性能。

小区制结构的最大特点是：采用信道复用技术大大缓解了频率资源紧缺的问题，提高了频率利用率，增加了用户数目和系统容量。其另一特点是：信道距离缩短了，发射机功率降低了，于是互调干扰亦减小了。

小区制结构也存在着一些问题：由于信道复用，可能产生同频道干扰。这就要采用一些相关的抗干扰技术：分集接收技术、功率控制技术、小区半径最优化技术等。信道复用带来的另一问题是：当移动台从一个小区驶入另一个小区时，即越区过程中必须进行信道的自动切换，以保证移动台越区时通话不间断，这就涉及到了越区切换技术。为此，还要及时掌握移动台动态的位置信息，这属于呼叫接续和移动性管理问题。另外，为进一步提高信道的利用率和通信的质量，可以采用码分多址 CDMA 方式和信道动态分配技术等。这些技术在本书后续章节中都会有所讲述。

### 1.5.2 移动通信的传输方式

移动通信的传输方式分单向传输(广播式)和双向传输(应答式)两种。单向传输是指信息的流动方向始终固定为一个方向，它只用于无线寻呼系统。双向传输有单工、双工和半双工三种工作方式，能够应用于更多的移动通信系统。

#### 1. 单工通信

所谓单工通信，是指通信双方交替进行收信和发信的通信方式，发送时不接收，接收时不发送。单工通信常用于点到点的通信，如图 1-7 所示。根据收发频率的异同，单工通信可分为同频单工和异频单工。

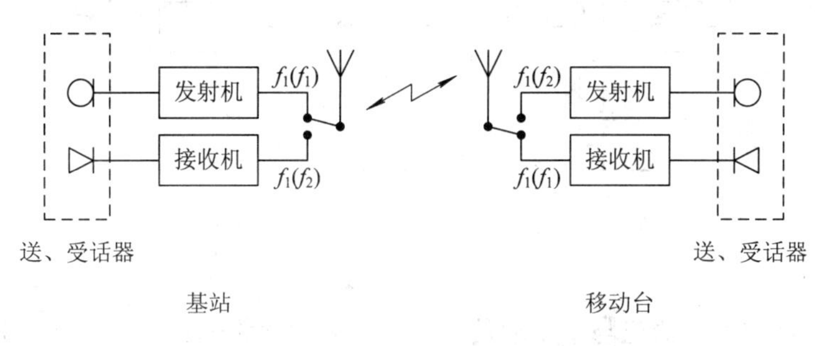


图 1-7 单工通信

同频单工是指通信双方在相同的频率 $f_1$ 上由收发信机轮流工作。平时双方的接收机均处于守听状态，当某方需要发话时，即按下发话按钮，关掉自己的接收机而使发射机工作，此时由于对方的接收机仍处于守听状态，故可实现通信。这种操作通常称为“按—讲”方式。同频单工的优点是：仅使用一个频率工作，能够最有效地使用频率资源；由于是收发信机间断工作，线路设计相对简单，价格也便宜。其缺点是：通信双方要轮流说话，即对方讲完后我方才能讲话，使用不方便。

异频单工是指通信双方的收发信机轮流工作，且工作在两个不同的频率 $f_1$ 和 $f_2$ 上。例如基站以 $f_1$ 发射，移动台以 $f_1$ 接收，而移动台以 $f_2$ 发射，基站以 $f_2$ 接收。异频单工只在有中转台的无线电通信系统中才使用。

#### 2. 双工通信

所谓双工通信，是指通信双方可同时向对方传输信息的通信方式，即发送和接收可同时进行，故亦称全双工通信。如图 1-8 所示，基站的发射机和接收机分别使用一副天线，而移动台通过双工器共用同一副天线。

双工通信同普通有线电话很相似，使用方便，其缺点是在使用过程中，不管是否发话，发射机总是工作的，故电能消耗很大，这对以电池为能源的移动台是很不利的。针对此问题的解决办法是：保持移动台接收机的始终工作状态，而令发射机仅在发话时才工作。这样构成的系统称为准双工系统，可以和双工系统兼容。这种准双工系统目前在移动通信系统中获得了广泛的应用。

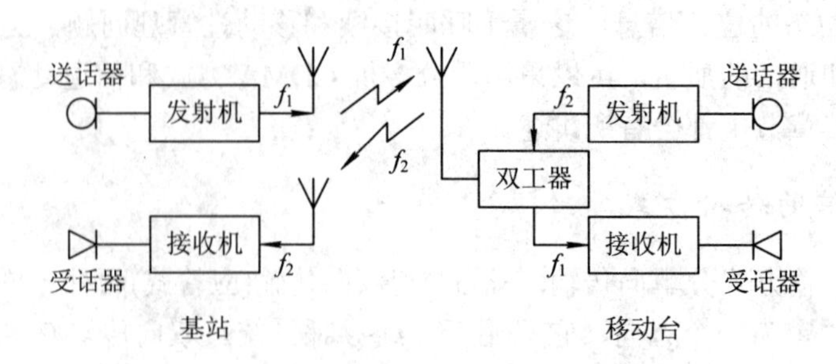


图 1-8 双工通信

### 3. 半双工通信

半双工通信是介于单工通信和全双工通信之间的一种通信方式，如图 1-9 所示。

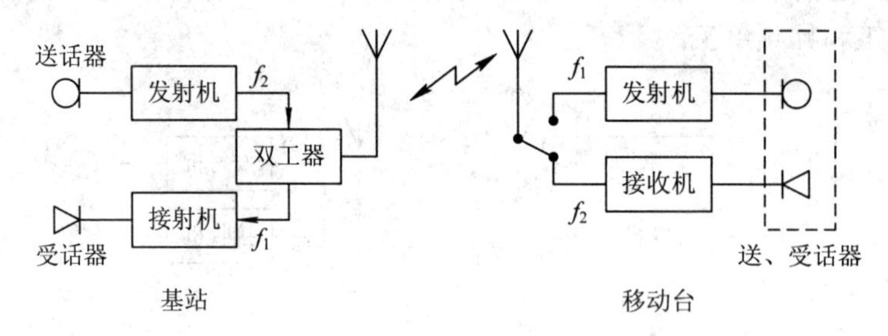


图 1-9 半双工通信

其中，移动台的工作情况与单工通信时相似：采用“按—讲”方式，即按下按讲开关，发射机才工作，而接收机总是在工作。基站的工作情况与全双工通信时相似，只是可以采用双工器，使收发信机共用一副天线。

半双工通信的特点是：设备简单，功耗小，克服了单工通信断断续续的现象，但操作仍不太方便。所以半双工方式主要用于专业移动通信系统中，如汽车调度等。

## 1.5.3 移动通信系统的分类

移动通信系统的种类按照使用要求和工作场合的不同可以分为以下几类。

### 1. 集群移动通信系统

集群移动通信系统诞生于 20 世纪 70 年代，是一种高级移动调度系统，是指挥调度最重要和最有效的通信方式之一，代表着专用移动通信网的发展方向，在铁路运输、野外作业、抢险救灾、公安、电力、石油等领域得到了广泛应用。典型的应用有公安系统的指挥员指挥警员围捕罪犯、出租车公司统一指挥调度出租车去向。

国际无线电咨询委员会(Consultative Committee of International Radio，简称 CCIR)对其定义为“系统所具有的全部可用信道可为系统的全体用户共用”，即系统内的任一用户想要和系统内另一用户通话，只要有空闲信道，就可以在中心控制台的控制下，利用空闲信道沟通联络，进行通话。从某种意义上讲，集群通话系统是一个自动共享若干个信道的多信道中继(转发)通信系统。

和普通的移动通信系统相比，集群通信主要有两点不同之处：一是话音通信采用一按即通(Push To Talk，简称 PTT)的方式接续，被叫无须摘机即可接听，且接续速度较快；二是支持群组呼叫功能，通话往往为一点到多点或者多点到多点的形式。后者也是其名称“集群”的由来。

集群移动通信系统主要由基站(中继转发器)、移动台、调度台和控制中心四部分组成。其中，基站负责无线信号的转发，移动台用于在运行中或停留在某个不确定的地点进行通信，调度台负责对移动台进行指挥、调度和管理，控制中心主要负责控制和管理整个集群通信系统的运行、交换和接续。

按照控制方式，集群移动通信系统可分为集中式控制和分布式控制两种，这两种方式的基本系统组成都是一样的。根据系统规模及用户数量，集群移动通信系统又可分单区系统和多区系统两种。多区系统只是若干个单区系统的叠加。图1-10中所示为集中式控制方式的单区系统。

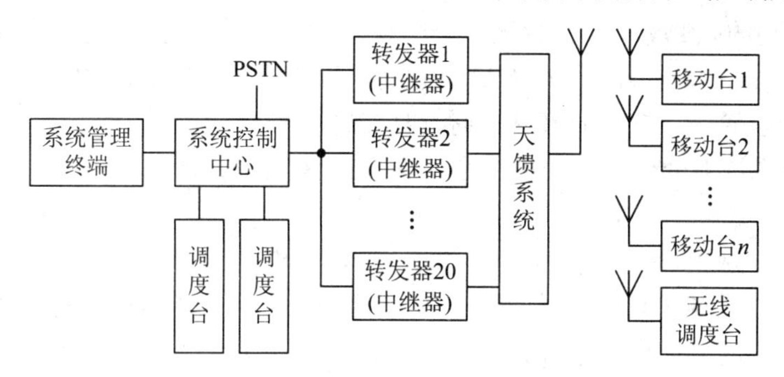


图1-10 集中式控制方式的单区系统

最早的集群系统是模拟的，20世纪90年代有七种数字集群移动通信系统的标准提交给国际电信联盟(International Telecommunication Union，简称ITU)。目前，国际上广泛应用的是欧洲电信标准协会(European Telecommunication Standards Institute，简称ETSI)推出的TETRA系统和Motorola公司的iDEN系统。

## 2. 陆地蜂窝移动通信系统

陆地蜂窝移动通信系统在移动通信中处于统治地位，是目前应用最广泛、用户数量最多、与人们日常生活最紧密的移动通信系统。本书内容将以介绍陆地蜂窝移动通信系统为主。

与集群移动通信系统的大区制不同，陆地蜂窝移动通信系统采用小区制规划方式。利用超短波电波传播距离有限的特性及蜂窝状结构，可有效实现信道复用，在提高频率利用率的同时，可以保证通信的质量。陆地蜂窝移动通信系统采用分级的网络结构，如图1-11所示。

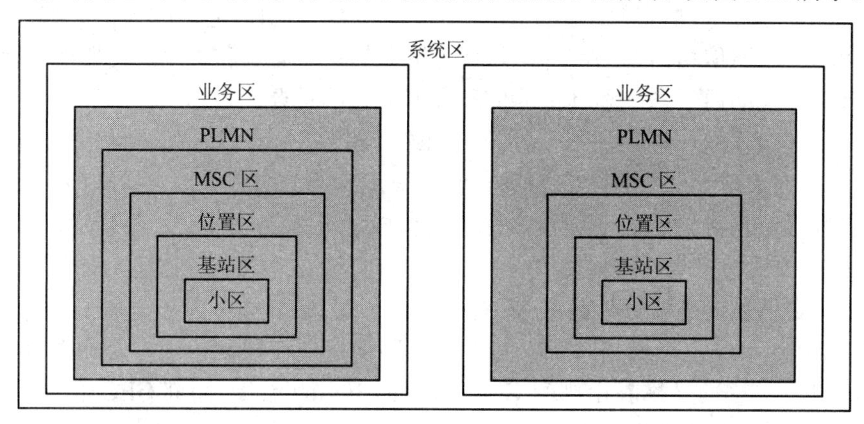


图1-11 陆地蜂窝移动通信系统网络结构

图中，小区是最基本的、最低一级的组成部分。它是采用基站识别码(Base Station Identity Code，简称 BSIC)或全球小区识别码(Cell Global Identifier Code，简称 CGIC)进行标识的无线覆盖区域。在采用 360° 全向天线结构的模拟网中，小区即为基站区；在采用较小角度(如 120° )天线结构的数字蜂窝移动网中，小区是该角度的天线所对应的正六边形区域覆盖到的那部分。

基站区指的是一个基站所覆盖的区域。一个基站区可包含一个或多个小区，故不是所有的小区都设有一个专有的基站，但必须为一个特定的基站所覆盖。

位置区(Location Area，简称 LA)指的是一个移动台可以自动移动而不必重新"登记"其位置(位置更新)的区域，一个位置区由一个或若干个基站区组成。不同的位置区用位置区识别码(Location Area Identity，简称 LAI)来区分。要想向一个位置区中的某个移动台发出呼叫，可以在这个位置区中向所有基站同时发出寻呼信号。

MSC 区指的是由一个移动交换中心所覆盖的区域。一个 MSC 区可由若干个位置区组成。

公用陆地移动网(Public Land Mobile Network，简称 PLMN)就是这里所说的陆地蜂窝移动通信系统。在该系统内具有共同的编号制度(比如相同的国内地区号)和共同的路由计划。例如，整个天津市的移动通信系统就是一个 PLMN，所有天津手机号码的第 4～7 位都必须符合天津地区所属范围。一个 PLMN 可以由若干个 MSC 区组成。MSC 构成固定网与 PLMN 之间的功能接口，用于呼叫接续等。

业务区指的是由一个或多个移动通信网所组成的区域。只要移动台在业务区中，就可以被另一个网络的用户找到，而该用户也无须知道这个移动台在该区内的具体位置。这里的另一个网络可以是另一个PLMN、公共交换电话网或综合业务数字网。一个业务区可由若干个 PLMN 组成，也可由一个或若干个国家组成，也可能是一个国家的一部分。

系统区由一个或多个业务区组成，这些业务区要有全兼容的移动台—基站接口。

### 3. 移动卫星通信系统

卫星通信的发展经历了如下几个阶段：国际卫星通信、国内卫星通信、VSAT(Very Small Aperture Terminal)卫星通信、当今的移动卫星通信和未来的空间信息高速公路。

所谓移动卫星通信，是指以通信卫星为中继站，在较大地域及空间范围内实现移动台与固定台、移动台与移动台以及移动台或固定台与公众网用户之间的通信。移动卫星通信是移动通信和卫星通信相结合的产物，兼具卫星通信覆盖面宽和移动通信服务灵活的优点，是实现未来个人移动通信系统和真正的信息高速公路的重要手段之一。

移动卫星通信系统一般由通信卫星、关口站、控制中心、基站以及移动终端组成，如图 1-12 所示。在地球上空设置多条卫星轨道，每条轨道上均有多颗卫星顺序地运行，在卫星与卫星之间通过星际链路相互连接，这样就构成了环绕地球上空、不断运动且能覆盖全球的卫星中继网络。

移动卫星通信系统主要分为两大类：

(1) 同步轨道移动卫星通信系统，其特点是移动终端在移动，卫星是相对静止的(卫星与地球同步自转)，因而又称静止轨道(Geostationary Earth Orbit，简称 GEO)移动卫星通信系统。典型系统有美国的 MSAT、澳大利亚的 MOBILESAT 等。

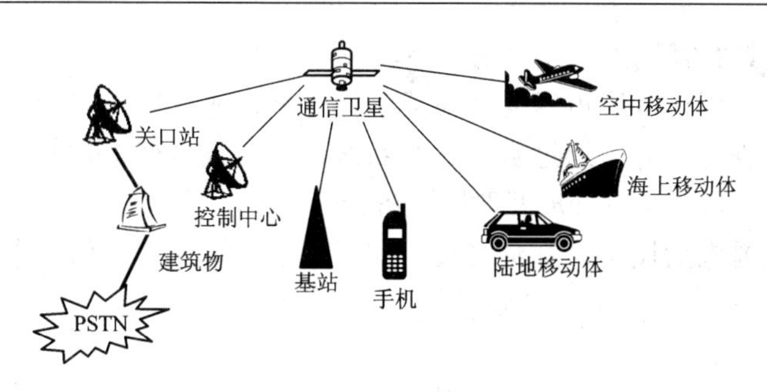


图 1-12 移动卫星通信系统

(2) 中、低轨道(Middle/Low Earth Orbit，简称 MEO/LEO)移动卫星通信系统，其特点是移动终端相对静止(相对移动中的卫星而言)，因而又称非同步轨道移动卫星通信系统。典型的中轨道系统有 ICO 系统；典型的低轨道系统有 Motorola 公司的铱(Iridum)系统和美国高通(Qualcomm)公司的全球星(Globalstar)系统。这类系统更适合于手持终端的通信。

移动卫星通信系统的特点是：覆盖范围广，用户容量大，通信距离远且不受地理环境限制，质量优，经济效益高等。

目前移动卫星通信系统主要应用于大型远洋船舶的位置测定、导航和海难救助，移动无线电，无线电寻呼等。在 IMT-2000(International Mobile Telecommunication - 2000)提案中，有 6 个关于移动卫星通信的提案，基于这些提案的系统已经通过实验并开始投入商用。

#### 4. 无绳电话系统

无绳电话(Cordless Telephone，简称 CT)系统指的是以无线电波(主要是微波波段的电磁波)、激光、红外线等作为主要传输媒介，利用无线终端、基站和各种公共通信网(如 PSTN、ISDN 等)，在限定的业务区域内进行全双工通信的系统。无绳电话系统采用的是微蜂窝或微微蜂窝无线传输技术。

无绳电话系统经历了从模拟到数字，从室内到室外，从专用到公用的发展历程，最终形成了以公共交换电话网为依托的多种网络结构。20 世纪 70 年代出现的无绳电话系统称为第一代模拟无绳电话系统(CT-1)，亦称子母机系统，仅供室内使用，由于采用模拟技术，通话质量不是很理想，保密性也差；20 世纪 80 年代后期开始使用的无绳电话系统称为第二代数字无绳电话系统(CT-2)，由于采用数字技术，通话质量和保密性得以大大改善，并逐步向网络化、公用化方向发展；20 世纪 90 年代中期出现的新一代的无绳电话系统，具有容量大、覆盖面宽、支持数据通信业务等特点，其典型代表有泛欧数字无绳电话系统(Digital European Cordless Telephone，简称 DECT)、日本的个人手持电话系统(Personal Handy-phone System，简称 PHS)和美国的个人接入通信系统(Personal Access Communication System，简称 PACS)。我国国内曾经一度流行的小灵通系统(Personal Access System，简称 PAS)即是在日本 PHS 基础上结合我国具体国情开发出来的一种现代数字无绳电话系统。

简单的无绳电话系统是把普通电话机分成座机和手机两部分，座机与有线电话网连接，手机与座机之间用无线电波连接，手机在座机周围的业务区内即可进行移动通信，如图 1-13 所示。

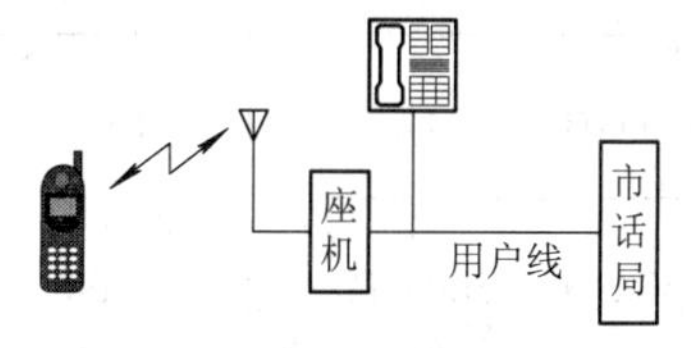


图 1-13 无绳电话系统示意图

无绳电话系统具有容量大、发射功率小、技术简单、应用灵活、成本低廉等特点。

无绳电话系统除用作有线市话的补充或延伸之外，还可实现多种数据业务，如数字传真、可视图文、可视电话等。通过数字无绳系统，可以很方便地建立无线局域网络，如果借助于一些外加设施，还可以开展互联网业务。

一般认为，无绳电话技术、蜂窝网技术和低轨道卫星移动通信技术构成了个人通信网的基础。

## 1.6 频谱划分

频率是宝贵而有限的资源，不同的频段适合于不同的通信用途。按系统中通信设备的工作频率(波长)不同可将移动通信分为长波通信、中波通信、短波通信、微波通信、远红外线通信等。表 1-1 列出了频段的常规划分方法及其主要用途。其中，工作频率和波长的换算关系为

$$f=\frac{c}{\lambda}=\frac{3\times10^{8}}{\lambda}$$

式中，$f$ 为工作频率(单位为 Hz)，$\lambda$ 为工作波长(单位为 m)，$c$ 为光速(单位为 m/s)。

表 1-1　频段的划分及主要用途

| 频率范围 | 对应波长 | 名称/符号 | 传输媒质 | 主要用途 |
|---|---|---|---|---|
| 3 Hz～30 kHz | $10^4$ m～$10^8$ m | 甚低频(VLF) | 有线线对<br>长波无线电 | 音频、电话、数据终端、长距离导航、时标 |
| 30 kHz～300 kHz | $10^3$ m～$10^4$ m | 低频(LF) | 有线线对<br>长波无线电 | 导航、信标、电力线通信 |
| 300 kHz～3 MHz | $10^2$ m～$10^3$ m | 中频(MF) | 同轴电缆<br>短波无线电 | 调幅广播、移动陆地通信、业余无线电 |
| 3 MHz～30 MHz | 10 m～$10^2$ m | 高频(HF) | 同轴电缆<br>短波无线电 | 移动无线电话、短波广播定点军用通信、业余无线电 |
| 30 MHz～300 MHz | 1 m～10 m | 甚高频(VHF) | 同轴电缆<br>米波无线电 | 电视、调频广播、空中管制、车辆通信、导航 |
| 300 MHz～3 GHz | 10 cm～100 cm | 特高频(UHF) | 波导分米波无线电 | 微波接力、卫星和空间通信、雷达 |
| 3 GHz～30 GHz | 1 mm～10 cm | 超高频(SHF) | 波导厘米波无线电 | 微波接力、卫星和空间通信、雷达 |
| 30 GHz～300 GHz | 1 mm～10 mm | 极高频(EHF) | 波导毫米波无线电 | 雷达、微波接力、射电天文学 |
| 100 GHz～10 000 GHz | $3\times10^{-5}$cm～$3\times10^{-4}$ cm | 可见光、红外光、紫外光 | 光纤、激光空间传播 | 光通信 |

对应表 1-1，移动通信使用的频段主要为：60 MHz、150 MHz、450 MHz、800 MHz、900 MHz、1 GHz、2 GHz 等，即主要为甚高频(Very High Frequency，简称 VHF)频段(30 MHz～300 MHz)和特高频(Ultra High Frequency，简称 UHF)频段(300 MHz～3000 MHz)。1G、2G、3G 三代陆地蜂窝移动通信系统使用的都是微波(特高频)波段。

移动通信是利用无线电波在空间传递信息的，即所有用户共用同一空间，因此，不能在同一时间、同一场所、同一方向上使用相同频率的无线电波。为了能够有效地使用有限的频率资源，同时防止产生相互之间的有害干扰，对频率的分配和使用必须服从国际和国内的统一管理。

(1) 1979 年，国际电信联盟 ITU 首次给陆地移动通信划分出主要频段。

根据 ITU 的规定，1980 年我国国家无线电管理委员会制定出陆地移动通信使用的频段(以 900 MHz 为中心)如下：

- 集群移动通信：806 MHz～821 MHz(上行)，851 MHz～866 MHz(下行)。
- 军队：825 MHz～845 MHz(上行)，870 MHz～890 MHz(下行)。
- 大容量公共陆地移动通信：890 MHz～915 MHz(上行)，935 MHz～960 MHz(下行)。

此时，我国大容量公用陆地移动通信采用的是英国的 TACS 体制的模拟移动通信系统，相邻频道间隔 25 kHz，上行链路采用 890 MHz～905 MHz 频段，下行链路采用 935 MHz～950 MHz 频段。

(2) 为支持个人通信发展，1992 年，ITU 在世界无线电管理大会(World Administrative Radio Conference，简称 WARC)上，对工作频段作了进一步划分。

① 未来移动通信频段：

- 1710 MHz～2690 MHz 在世界范围内可灵活应用，并鼓励开展各种新的移动业务。
- 1885 MHz～2025 MHz 和 2110 MHz～2200 MHz 用于 IMT-2000 系统，以实现世界范围的移动通信。

② 移动卫星通信频段：

- 中低轨道移动卫星通信：148 MHz～149.9 MHz(上行)，137 MHz～138 MHz、400.15 MHz～401 MHz(下行)。
- 大轨道移动卫星通信：1610 MHz～1626.5 MHz(上行)，2483.5 MHz～2500 MHz(下行)。
- 第三代移动卫星通信：1980 MHz～2010 MHz(上行)，2170 MHz～2200 MHz(下行)。1995 年，修改为 1980 MHz～2025 MHz(上行)，2160 MHz～2200 MHz(下行)。

此时，我国大容量公用陆地移动通信采用的是 GSM 体制的数字移动通信系统，相邻频道间隔 200 kHz，上行链路采用 905 MHz～915 MHz 频段，下行链路采用 950 MHz～960 MHz 频段。随着业务的发展，可据需要向下扩展，相应缩小模拟公用移动电话网的频段。

(3) 2000 年，ITU 在世界无线电管理大会(WARC'2000)上为 IMT-2000 重新分配了频段，标志着建立全球无线系统新时代的到来。这些频段是 805 MHz～960 MHz、1710 MHz～1885 MHz 和 2500 MHz～2690 MHz。

3G 移动通信系统的频段划分情况如图 1-14 所示。图中，2025～2110 MHz 频段尚未分配。卫星移动通信系统占用频段为 1980 MHz～2010 MHz 和 2170 MHz～2200 MHz。TDD(Time Division Duplex，时分双工)代指 TD-SCDMA 系统。FDD(Frequency Division

Duplex，频分双工)代指 WCDMA 和 CDMA2000 两个系统。由图 1-14 可见，ITU 为 TD-SCDMA 系统在 3G 核心频段及其周围区域规划出 55 MHz 频段，再加上 2300 MHz～2400 MHz 的附加频谱，TD-SCDMA 系统共有 155 MHz 频谱可用。FDD 同时获得了两个核心频段(60 MHz × 2 = 120 MHz)，加上其周围的预留附加频谱(30 MHz × 2 = 60 MHz)，共计 180 MHz。再加上 2G 的 800 MHz/900 MHz/1800 MHz 频段的 FDD 频谱(140 MHz)，未来 3G FDD 可使用频谱共计 320 MHz。

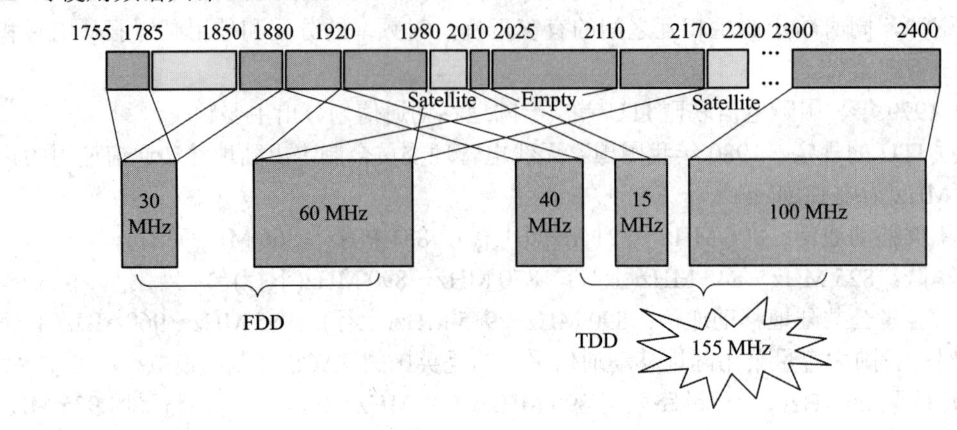


图 1-14　3G 移动通信系统频段划分

按照 ITU 的统一规定，结合我国国情，国家无线电管理局科学地做出了我国 3G 的频率划分方案，具体为：

(1) 主要工作频段：

- FDD 方式：1920 MHz～1980 MHz，2110 MHz～2170 MHz。
- TDD 方式：1880 MHz～1920 MHz，2010 MHz～2025 MHz。

(2) 补充工作频段：

- FDD 方式：1755 MHz～1785 MHz，1850 MHz～1880 MHz。
- TDD 方式：2300 MHz～2400 MHz，与无线电定位业务共用，均为主要业务，共用标准另行制定。

(3) 卫星移动通信系统工作频段：1980 MHz～2010 MHz，2170 MHz～2200 MHz。

# 思考与练习题

1. 查一查本地是否还在开通无线寻呼业务，有或没有都请说明原因。
2. 举例说明你所了解的集群移动通信系统。
3. 了解一下日常生活中收听广播的频段以及相应的波段。
4. 陆地移动通信系统通常的四个主要组成部分是什么？各有什么功能？
5. 我们日常生活中的固定电话、手机、对讲机、寻呼机分别属于什么通信系统？
6. 在我国使用的 2G 和 3G 移动通信系统都有哪些？分别由哪个运营商在运营？
7. 概括个人通信系统特征的 5 个 W 的中英文分别指什么？
8. 了解你家所在居民区或你的学校基站覆盖情况，判断是属于大区制，还是小区制，是属于宏蜂窝、微蜂窝，还是微微蜂窝。

9. 指出单工、半双工和全双工通信方式的典型实例。

10. 除了本书所提及的之外，你还能举出集群移动通信系统的其他具体应用领域吗？

11. 一般来说，陆地移动通信系统主要是相对什么移动通信系统来讲的？

12. 试从移动通信系统分类的角度来解释为什么一般小灵通通信效果都没有手机好？

13. 指出目前 2G 和 3G 移动通信系统所使用的频段和波段。

# 第 2 章

# 移动通信中的基本技术

## 2.1 电 波 传 播

移动通信技术是一种通过空间电磁波来传输信息的技术，如图 2-1 所示。掌握无线电波传播特性是学习移动通信技术的基础，也是设计移动通信系统的必要前提。电波的传播特性如何直接关系到通信设备的性能、天线高度的确定、通信距离的计算以及为实现优质可靠的通信所必须采用的技术措施等一系列问题。

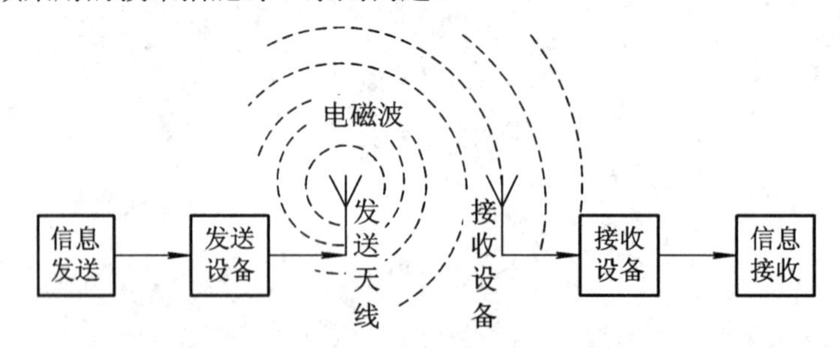


图 2-1　移动通信系统中的电波传播

研究无线电波传播特性，首先要按照不同的传播环境和地形特征，找出各种类型的无线电波的传播规律和各种物理现象的机理以及这些现象对信号传输所产生的不良影响，进而研究消除各种不良影响的对策，以获得良好的信号传输质量和通信效果。

### 2.1.1 电波传播方式

移动通信电波传播的方式有直射波、折射波、反射波、散射波、绕射波以及它们的合成波等多种。下面介绍其中主要的四种，如图 2-2 所示。

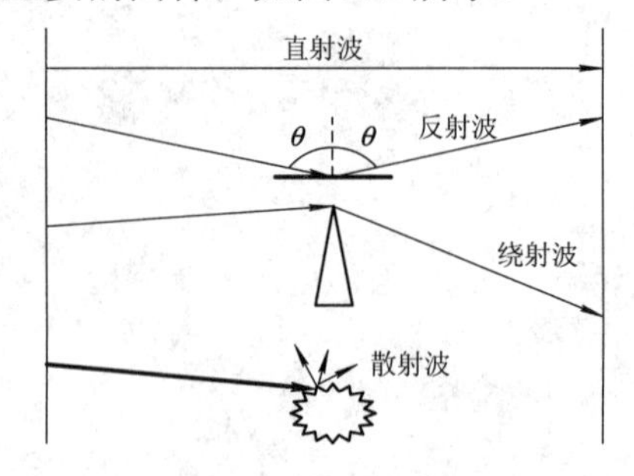


图 2-2　移动通信的主要电波传播方式

1. 直射波

电波传播过程中没有遇到任何的障碍物，直接到达接收端的电波，称为直射波。直射波更多出现于理想的电波传播环境中。

2. 反射波

电波在传播过程中遇到比自身的波长大得多的物体时，会在物体表面发生反射，形成反射波。反射常发生于地表、建筑物的墙壁表面等。这种波传输的情况常被称为视距(Line of Sight，简称 LOS)传输，其它波传输情况称为非视距(None Line of Sight，简称 NLOS)。

3. 绕射波

电波在传播过程中被尖利的边缘阻挡时，会由阻挡表面产生二次波，二次波能够散布于空间，甚至到达阻挡体的背面，那些到达阻挡体背面的电波就称为绕射波。由于地球表面的弯曲性和地表物体的密集性，绕射波在电波传播过程中起到了重要作用。

4. 散射波

电波在传播过程中遇到障碍物表面粗糙或者障碍物体积小但数目多时，会在其表面发生散射，形成散射波。散射波可能散布于许多方向，因而电波的能量也被分散到多个方向。

## 2.1.2　电波传播现象

移动通信的无线信道有两个最基本的特性：衰落和干扰。由于移动台大都处于运动状态之中，电波传播环境复杂多变，由此电波在传播过程中受到各种各样的干扰和影响，同时会出现严重的电波衰落现象。移动通信中的电波传播主要包括以下四种效应和三种损耗/衰落。

1. 阴影效应

在电波传播过程中，遇到地形的起伏、建筑物，尤其是高大树木和树叶的遮挡，会在传播接收区域上形成半盲区，产生电磁场的阴影，这种随移动台位置的不断变化而引起的接收信号场强中值的起伏变化叫做阴影效应，如图 2-3 所示。

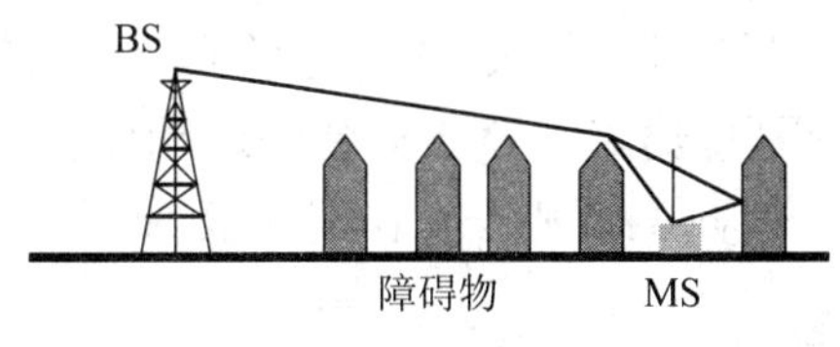


图 2-3　阴影效应

2. 远近效应

由于系统用户具有随机移动性，因而移动用户与基站间的距离也是随机变化的。若移动用户的发射功率都相同且固定不变，则离基站近的用户信号会很强，相反会很弱，离基站近的用户信号会对远处的信号形成强的干扰，这就是远近效应，如图 2-4 所示。由于 CDMA 系统是自干扰系统，许多用户共用同一频段，因此远近效应问题更加突出。要克服远近效应，必须采用功率控制技术。

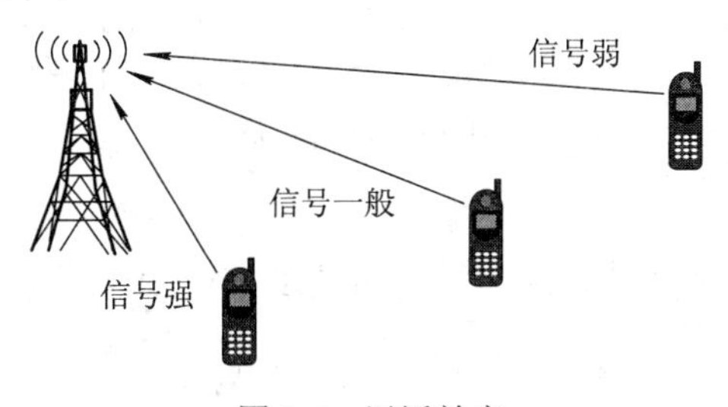


图 2-4　远近效应

### 3. 多径效应

移动通信中的电波传播最具特色的现象是多径效应。无线电波在传输过程中会受到地形、地物的影响而产生反射、绕射、散射等，从而使电波沿着各种不同的路径传播，这称为多径传播。由于多径传播使得部分电波不能到达接收端，而接收端接收到的信号也是在幅度、相位、频率和到达时间上都不尽相同的多条路径上的信号的合成信号，因而会产生信号的频率选择性衰落和时延扩展等现象，这就是多径效应，如图 2-5 所示。

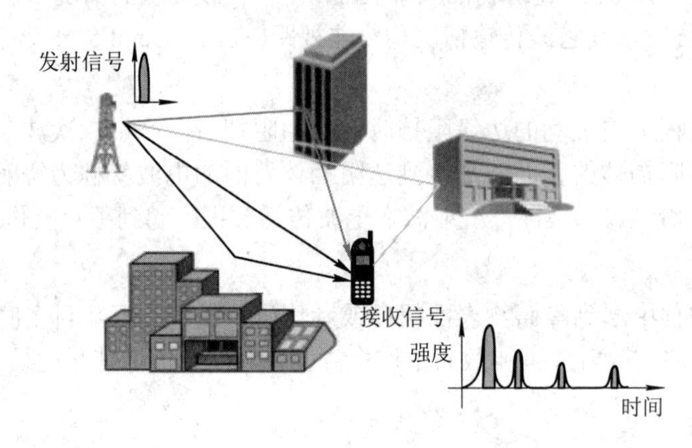


图 2-5　多径效应

所谓频率选择性衰落，是指信号中各分量的衰落状况与频率有关，即传输信道对信号中不同频率成分有不同的随机响应。由于信号中不同频率分量衰落不一致，所以衰落信号波形将产生失真。

所谓时延扩展(或时延散布)，是指由于电波传播存在多条不同的路径，路径长度不同，且传输路径随移动台的运动而不断变化，因而可能导致发射端一个较窄的脉冲信号 $s_0(t)=a_0\delta(t)$ 在到达接收端时变成了由许多不同时延脉冲构成的一组很宽的信号 $s(t)=a_0\sum_{i=1}^{N}a_i\delta(\tau-\tau_i)\mathrm{e}^{\mathrm{j}wt}$，即引起接收信号脉冲宽度的扩展，如图 2-6 所示。时延扩展可直观地理解为在一串接收脉冲中，最大传输时延和最小传输时延的差值，即最后一个可分辨的延时信号与第一个延时信号到达时间的差值，记为 $\Delta$。实际上，$\Delta$ 就是脉冲展宽的时间。

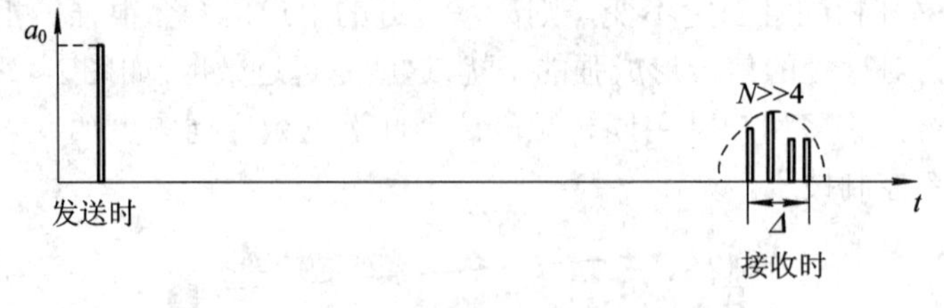


图 2-6　时延扩展

### 4. 多普勒效应

多普勒效应指的是由于移动台高速运动而使接收信号在传播频率上产生扩散的现象。其特性可用下述公式来描述：

$$f_a = \frac{v}{\lambda} \cdot \cos\theta \tag{2-1}$$

式中，$v$ 为移动台的相对速度，$\lambda$ 为无线信号波长，$\theta$ 为电波入射角，$f_a$ 为信号频移，如图 2-7 所示。式(2-1)表明，移动速度越快，入射角越小，多普勒效应就越明显。需要指出的是，这一现象只产生在高速(大于 70 km/h)车载通信时，而对于通常慢速移动的步行和准静态的室内通信，则无需考虑。

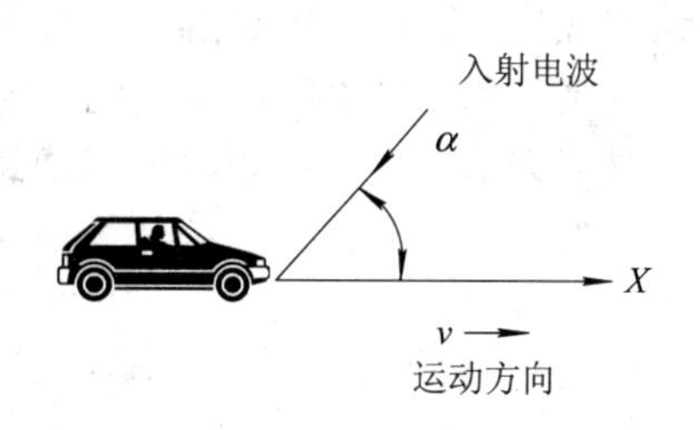


图 2-7　多普勒效应

多普勒效应会引起时间选择性衰落。所谓时间选择性衰落，指的是由于移动台相对速度的变化引起频移度也随之变化，这时即使没有多径信号，接收到的同一路信号的载频范围也会随时间而不断变化。采用交织编码技术可以克服时间选择性衰落。

#### 5. 自由空间传播损耗

所谓自由空间，指的是相对介电常数和磁导率为 1 的均匀介质所存在的空间，该空间具有各向同性、电导率为零的特点，它是一种理想的传播环境，即人们平常所说的真空。由于真空环境是不吸收电磁能量的，所以自由空间的传输损耗只有直线传播的扩散损耗，即电磁波在传播过程中随着传播距离的增大、能量的自然扩散而引起的损耗。

自由空间电波传播是无线电波最简单、最理想化的传播方式。在实际的传播介质中，无线电波的传播不仅有扩散损耗，还有介质的折射和吸收造成的损耗。

#### 6. 慢衰落

慢衰落(Slow Fading)指的是无线信号强度随机变化缓慢，具有十几分钟或几小时的长衰落周期，因此也称为长期衰落。

慢衰落的产生原因主要有两个：地形地貌和传输媒质的结构。无线电波在传播过程中会遇到各种不同的地形地貌，受到各种障碍物的阻挡，从而产生阴影效应，引起慢衰落，如图 2-8 所示。因此慢衰落也称为阴影衰落。另外，由于气象条件的变化，电波折射系数随时间也会发生平缓变化，使得同一地点接收到的信号场强中值也随时间缓慢地变化。显然，在陆地上这种变化比由于阴影效应引起的信号变化要慢得多，因此在工程上往往被忽略掉。

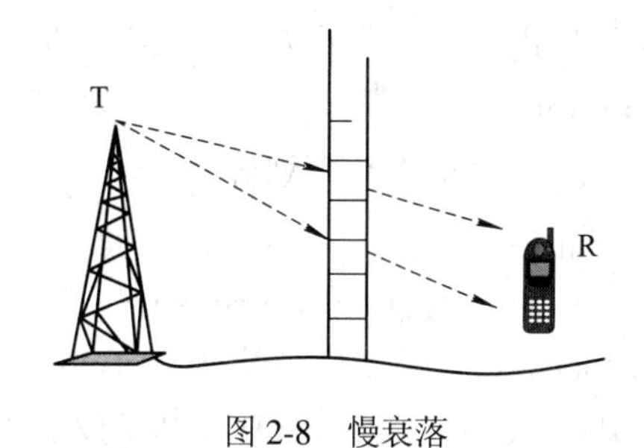


图 2-8　慢衰落

慢衰落一般具有对数正态分布的统计特性，因此又有一个名字叫对数正态衰落。

#### 7. 快衰落

快衰落(Fast Fading)指的是无线信号强度在足够短的时间间隔内(如几秒、几分钟内)发生随机的快速变化，因此也称为短期衰落。

快衰落的产生原因主要是多径传播。移动台周围往往存在很多散射体、反射体和折射体，会引起信号的多径传播，使得经由不同路径到达的信号相互叠加，其合成信号幅度表现为快速的起伏变化。因此，快衰落也称为多径衰落。

快衰落具有莱斯分布或瑞利分布的统计特性。当发射机和接收机之间有视距 LOS 路径时一般服从莱斯分布，无视距(NLOS)路径时一般服从瑞利分布。无视距路径的情况更符合通信的现状，因此，快衰落也称为瑞利衰落。

慢衰落和快衰落的信号变化情况如图 2-9 所示。图中，信号强度曲线的中值呈现慢速变化的是慢衰落；曲线的瞬时值呈快速变化的是快衰落。可见快衰落与慢衰落尽管形成原因不同，但并不是两个独立的衰落，快衰落反映的是瞬时值，慢衰落反映的是瞬时值加权平均后的中值。

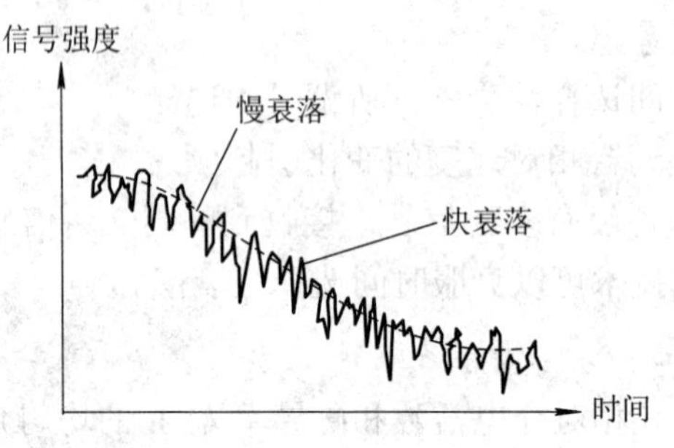


图 2-9　慢衰落与快衰落的信号变化

综上所述，自由空间的传播损耗是自然现象，是不可避免的。衰落对传输信号的质量和传输可靠度都有很大的影响，严重的衰落甚至会使传播中断。对于慢衰落来讲，由于它的变化速度十分缓慢，通常可以通过调整设备参量(如调整发射功率)来补偿。快衰落必须通过采用分集接收、自适应均衡等技术来抵抗。

### 2.1.3　电波传播的分类

当电波频率、移动台和电波传播环境不同时，电波传播特性也不相同。以下是电波传播常见的几种分类。

#### 1. 根据电波频率划分

如 1.6 节所述，可以根据电波的频率不同，将电波传播分为甚低频(Very Low Frequency，简称 VLF)、低频(Low Frequency，简称 LF)、中频(Middle Frequency，简称 MF)、高频(High Frequency，简称 HF)、甚高频 VHF、特高频 UHF 和更高频(超高频、极高频等)几种情况。其中特高频是目前移动通信电波传播研究工作应侧重的频段。

#### 2. 根据移动通信系统的类型划分

根据移动通信系统的不同类型，电波传播可以分为陆地移动通信的电波传播、海上移动通信的电波传播、空中移动通信的电波传播和卫星移动通信的电波传播等。陆地移动通信的电波传播又可分为自由空间电波传播、建筑物内电波传播、隧道内电波传播、小区(微小区、微微小区)电波传播等。

#### 3. 根据电波传播途径划分

根据传播的途径，电波传播可分为地波传播、空间传播、电离层传播等，如图 2-10 所示。地波传播就是电波沿着地球表面到达接收点的传播方式，因此又称为表面波传播。电波在地球表面上传播，以绕射方式可以到达视线范围以外。地面对表面波有吸收作用，吸收的强弱与带电波的频率、地面的性质等因素有关。空间传播就是自发射天线发出的电磁波，沿着空间直射或者经地表反射后到达接收点的传播方式，亦称为天波传播。电离层传播就是无线电波经电离层反射或折射后到达接收点的传播方式。电离层对电磁波除了具有反射作用以外，还有吸收能量与引起信号畸变等作用。其作用强弱与电磁波的频率和电离层的变化有关。

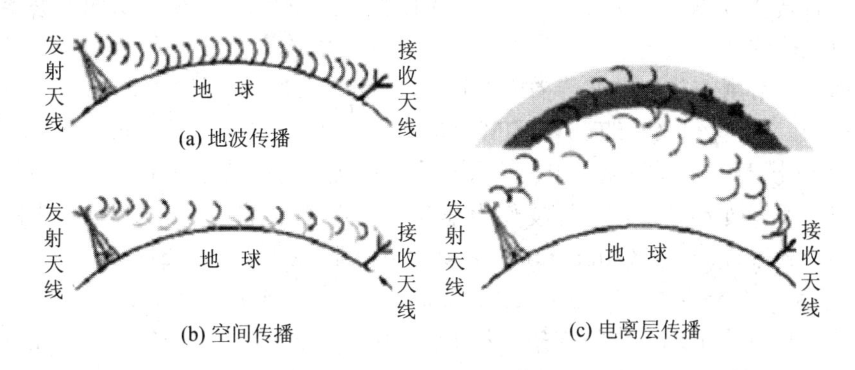


图 2-10　不同途径的电波传播

本书的侧重点为陆地移动通信系统中特高频频段的地波传播和空间传播。

### 2.1.4　典型电波传播的分析

#### 1. 自由空间电波传播

对于移动通信系统而言，其自由空间传播损耗 $L_{bs}$ 仅与传输距离 $d$ 和电波频率 $f$ 有关，而与收、发天线增益无关，可用下式来表示：

$$[L_{bs}]_{dB} = 32.45 + 20\lg d + 20\lg f \tag{2-2}$$

式中，传输距离 $d$ 的单位为 km，电波频率 $f$ 的单位为 MHz。从式(2-2)可看出，传播距离 $d$ 越远，自由空间传播损耗 $L_{bs}$ 越大，当传播距离 $d$ 加大一倍时，$L_{bs}$ 就增加 6 dB；电波频率 $f$ 越高，$L_{bs}$ 就越大，当电波频率 $f$ 提高一倍时，自由空间传播损耗 $L_{bs}$ 就增加 6 dB。

在无线电传播中，自由空间传播是最简单的形式。当讨论其它传播方式时，常用自由空间传播作为参考。

#### 2. 由建筑物外部向内部的穿透传播

发射机在建筑物外部时，电磁波可能会在穿透建筑物后继续传播，称为穿透传播。穿透传播会造成穿透损耗。穿透损耗可定义为建筑物室外场强与室内场强之比(以 dB 表示)。

影响穿透损耗的几点要素有：建筑物结构(砖石、钢筋混凝土、土等)和建筑物厚度、电波频率、楼层高度、进入室内的深度等。

简单来说，钢筋混凝土结构的穿透损耗大于砖石或土结构的穿透损耗；建筑物厚度大的穿透损耗比厚度小的低；电波频率越高，穿透能力越强，越容易通过门窗到达室内，越有利于在建筑物内部传播；楼层越高，穿透损耗越小；建筑物内的损耗随电波穿透深度(即进入室内的深度)的增大而增大。

### 2.1.5　电波传播模型

对移动环境中电波传播特性的研究，可以采用两种方法：理论分析方法和实测分析方法。理论分析方法通常用射线表示电磁波束的传播，在确定收发天线的高度、位置和周围环境的具体特征后，根据直射、折射、反射、散射、透射等波动现象，用电磁波理论计算电波传播路径损耗及有关信道参数。实测分析方法是在典型的传输环境中进行现场测试，并用计算机对大量实测数据进行统计分析。这两种方法最终都要建立有普遍适用性的数学模型，以进行传播预测。在实际工作中，人们往往把二者结合起来，从而能够实现对电波传播特性更准确的估算。

移动通信中常用的几种电波传播模型有：Okumura-Hata 模型、Walfish-Ikegami 模型、COST231-Hata 模型和 COST231-WIM 模型等。下面仅介绍 Okumura-Hata 模型。Okumura-Hata 模型是由国际无线电咨询委员会(CCIR)推荐、由日本科学家奥村提出的，其特点是：以准平坦地形城市市区环境作为基准，对其它传播环境和地形条件等因素分别以校正因子的形式进行修正。Okumura-Hata 模型中值路径损耗经验公式为

$$L_b = 69.55 + 26.16\ \lg f - 13.82\ \lg h_b - a(h_m) + (44.9 - 6.55\ \lg h_b)\lg d \tag{2-3}$$

其中，$L_b$ 为市区准平滑地形电波传播损耗中值(dB)，$f$ 是工作频率(MHz)，$h_b$ 是基站天线有效高度(m)，$h_m$ 是移动台天线有效高度(m)，$d$ 为移动台与基站之间的距离(km)，$\alpha(h_m)$是移动台天线高度因子。

在移动网络的实际建设中，首先应根据网络所用无线电频段的传播特点及基站和移动台的实际天线高度等，初步选择合适的电磁波传播模型，然后再根据各个地区不同的地理环境进行测试，运用分析和计算手段对传播模型的参数进行修正。通过实地架设发射机进行连续波测试，网络规划人员可获得准确的无线电信号的路径损耗值，再与仿真模拟的结果进行反复比较修正，最终得出所用频段在当地传播环境中的最实际可靠的传播模型。

综上所述，移动通信的电波传播环境复杂多变，信号在传输过程中存在着各种衰落和损耗。要在这样的传播条件下获得可以接受的传输质量，就必须采用各种抗衰落技术。常用的抗衰落技术有分集、扩频/跳频、均衡、交织和差错控制编码等。另外，信号传输方式(如调制方式)对信道中的衰落也有一定的适应能力。这些技术将在本书的后续章节中陆续加以介绍。

## 2.2 网络组建

移动通信用户的移动性和无线信道的开放性，使得移动通信的组网比固定的有线通信的组网复杂得多。与移动通信网络组建紧密相关的问题包括无线网络覆盖技术、无线资源管理技术、移动性管理技术、安全性管理技术和无线网络结构组成、相关协议信令等。

### 2.2.1 区域覆盖和网络结构

如前所述，陆地移动通信系统都采用小区制蜂窝结构进行区域覆盖。这种小区制蜂窝结构采用信道复用技术，能够大大缓解频谱资源紧缺的问题，提高频谱利用率，增加用户数目和系统容量。如图 2-11 所示，相邻小区不使用相同的信道组，但相隔几个小区间隔的不相邻小区可以重复使用同一组信道。不使用同一组信道的若干个相邻小区就组成了一个区群/簇(Cluster)(图中的阴影区域即为一个区群/簇)，则整个通信服务区也可看成是由若干个

区群/簇构成的。

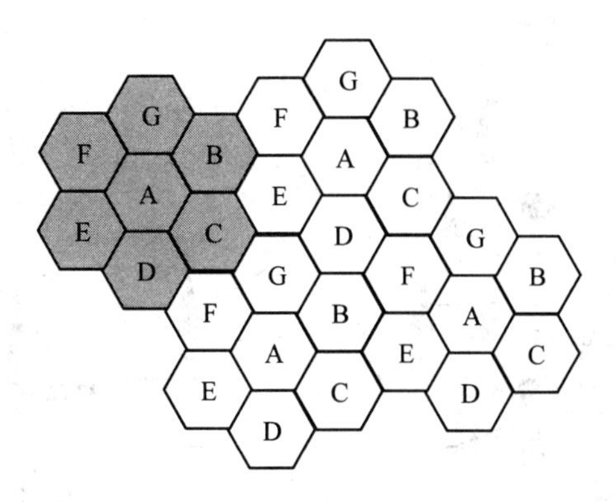


图 2-11　蜂窝结构信道复用技术

在通信网络的总体规划和设计中，必须解决一个问题，即为了满足系统的实际运行环境、用户数量、覆盖范围和提供的业务类型等要求，应该设置哪些基本组成部分以及这些部分应该如何部署，才能构成实用的通信网络。1.2 节移动通信系统的基本组成结构和 1.5.3 节分级的网络结构都只是对移动通信网络结构的基本介绍，针对不同的具体要求，其实际网络结构会有很大的不同。

为了方便运营和管理，实际的移动通信网络可以分为本地网和本地网互联两个级别。所谓本地网，指的是受一个移动电话局管理的本地范围内的网络组成部分。图 2-12 所示为移动通信系统本地网的具体结构组成。图中，管理多个基站的移动交换中心 MSC 设置在移动电话局中，所有的本地移动业务只需经由移动电话局就能完成。为了实现与固定电话的通信，移动电话局要同市话汇接局和固话长途局相连。为了实现不同运营商之间的互通，移动电话局还必须连接关口局。

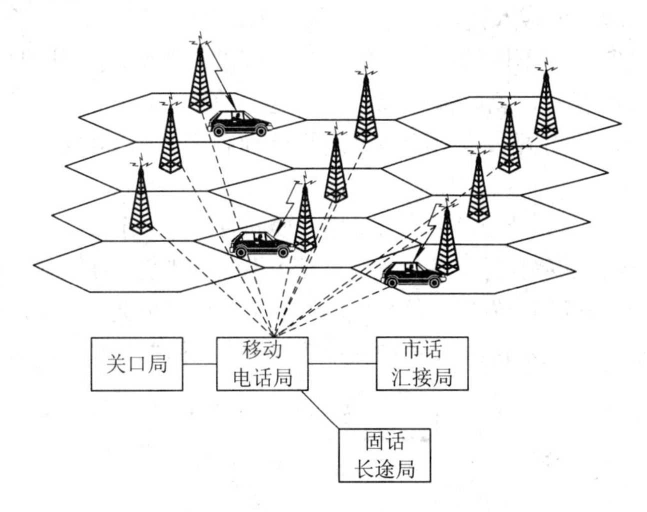


图 2-12　本地网的结构组成

所谓本地网互联，指的是为了实现各个本地网之间的业务以及本地网与远端网络之间的移动长途业务，通过移动汇接局将多个本地网汇接在一起的网络结构。如图 2-13 所示，两个移动电话局通过同移动汇接局的连接来实现两个本地网之间的互通，不同地区的移动

汇接局互联即可实现移动长途业务。与移动汇接局相对，移动电话局也称为端局。通常在省会或经济中心设置一个或两个移动汇接局，而移动端局可以根据实际需要设置多个。

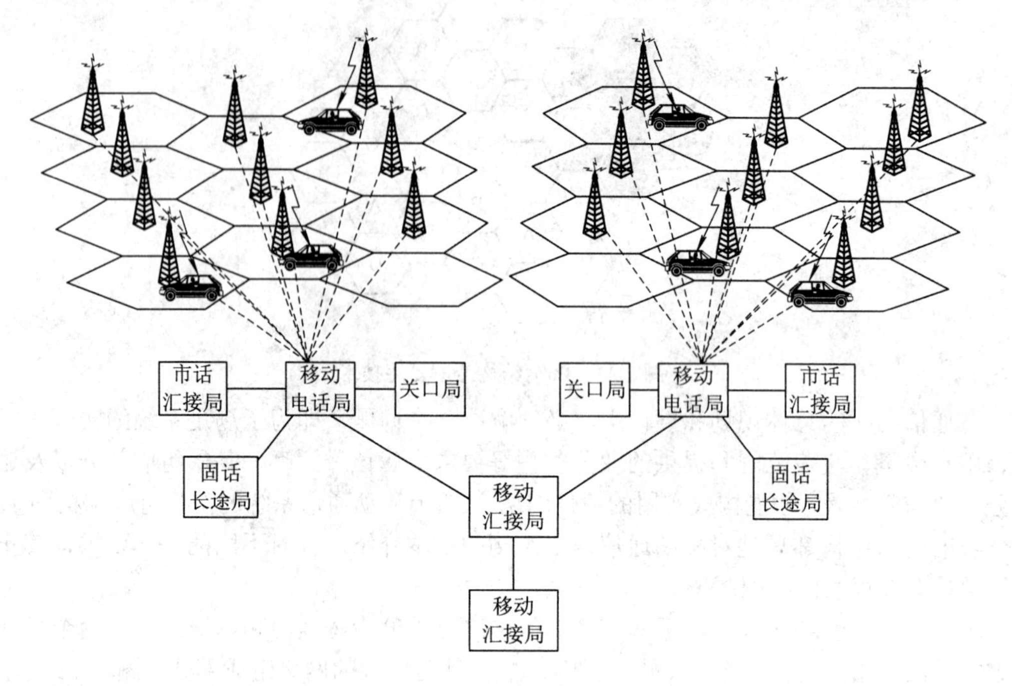


图 2-13　本地网互联的结构组成

## 2.2.2　多址接入技术

为了提高频谱利用率，保证系统的容量，移动通信的网络组建必须要考虑多个用户共享无线信道的问题，即多址接入技术。所谓多址接入，指的是把同一个无线信道按照时间、频率、码道等进行分割，使不同的用户都能够在不同的分割领域中使用这一信道，而又不会明显地感觉到他人的存在，就好像自己在专用这一信道一样。占用不同的分割领域就像是拥有了不同的地址，使用同一信道的多个用户就拥有了多个不同的地址，这就是多址接入名称的由来。

例如，在蜂窝移动通信系统中，多个移动用户要同时通过一个基站和其它移动用户进行通信，就必须对基站和不同的移动用户发出的信号赋予不同的特征，使基站能从众多移动用户的信号中区分出是哪一个移动用户发来的信号，同时各个移动用户又能够识别出基站发出的信号中哪个是发给自己的。蜂窝移动通信系统中多址接入技术的简单模型如图 2-14 所示。

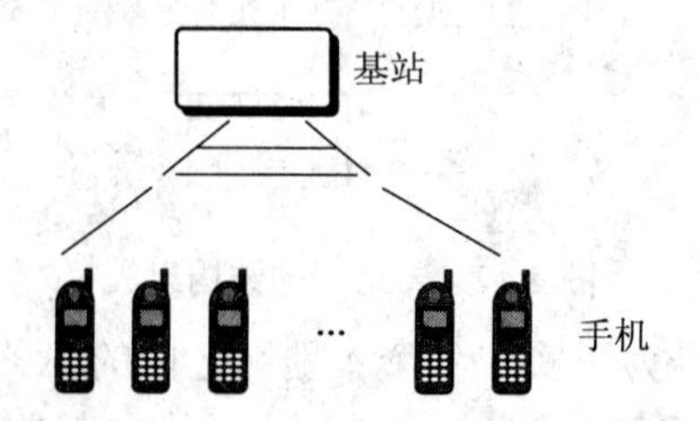


图 2-14　蜂窝移动通信系统中多址接入技术的简单模型

不同的多址方式对通信系统的容量和质量影响很大，因此，寻求更好的多址方式就成为重要的研究目标。按照信道资源的共享方式，多址接入技术通常可分为三类：固定分配多址接入(Fixed Assignment Multiple Access，简称 FAMA)、按需分配多址接入(Demand Assignment Multiple Access，简称 DAMA)和随机多址接入(Random Multiple Access，简称 RMA)。

FAMA 的信道分配形式固定，只适用于用户数量比较少，通信业务量又比较稳定的系统。DAMA 根据用户的需要为其分配一定的信道容量，适用于通信业务量随时间变化，且这种变化又难以预测的情况，但实现 DAMA 需要一个专用信道，以供所有用户以固定分配或随机接入方式提出呼叫申请。当网络由大量用户组成，而这些用户又只是间歇性地工作时，采用 FAMA 或 DAMA 效率会很低，这时可采用随机多址接入技术。

按照信道的分割依据不同，多址接入技术又可分为四种基本类型：频分多址接入(FDMA)、时分多址接入(TDMA)、码分多址接入(CDMA)和空分多址接入(Space Division Multiple Access，简称 SDMA)。目前的移动通信系统中，常采用这些多址方式的混合方式(FD/TDMA、TD/CDMA、TD/FD/CD/SDMA 等)。下面简要介绍四种基本的多址方式。

**1. 频分多址接入(FDMA)**

频分多址接入技术按照频率来分割信道，即给不同的用户分配不同的载波频率以共享同一信道。FDMA 是模拟载波通信、微波通信、卫星通信的基本技术，也是第一代模拟移动通信的基本技术。

在 FDMA 系统中，信道总频带被分割成若干个间隔相等且互不相交的子频带(地址)，每个子频带分配给一个用户，每个子频带在同一时间只能供一个用户使用，相邻子频带之间无明显的干扰。

以模拟系统 TACS 为例，其总频带宽度为 45 MHz，频道间隔(子频带)为 25 kHz，那么在 935～960 MHz 的上行频带内，每 25 kHz 取一个载波频率，可以得到 935 MHz，935.025 MHz，935.05 MHz，…，959.05 MHz，959.075 MHz 和 960 MHz 一共 1000 个互不交叠的载频。FDMA 将移动台发出的信号调制到移动通信频带内的不同载频上，这些载频在频率轴上分别排开、互不重叠。基站可以根据载频的不同来识别发射地址(移动台)，从而完成多址连接。所以，在 FDMA 中，每个载频对应一个信道，而且由于信道在时间轴和空间轴上没有被分割，所以信号可以在每一个载频信道上连续传输。FDMA 的示意图如图 2-15 所示。

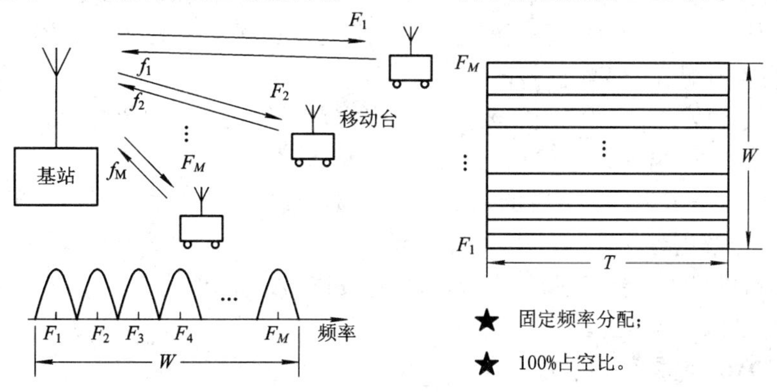


图 2-15　频分多址接入

2. 时分多址接入(TDMA)

时分多址接入技术按照时隙(Time Slot，简称 TS)来划分信道，即给不同的用户分配不同的时间段以共享同一信道。TDMA 是数字数据通信和第二代移动通信的基本技术。

在 TDMA 系统中，时间被分割成周期性的帧，每一帧再分割成若干个时隙(地址)。无论帧或时隙都是互不重叠的。然后，根据一定的时隙分配原则，使各个移动台在每帧内只能按指定的时隙向基站发送信号，在满足定时和同步的条件下，基站可以分别在各时隙中接收到各移动台的信号而互不混淆。同时，基站发向多个移动台的信号都按顺序安排，在预定的时隙中传输。各移动台只要在指定的时隙内接收，就能在合路的信号中把发给它的信号区分出来。

以数字系统 GSM 为例，每一载频对应一帧，每一帧可分成 8 个时隙，每一时隙对应一个信道。因此，一个载频最多可供 8 个移动用户共享。系统总信道数为每个基站使用的载频数乘以每载频的时隙数。TDMA 示意图如图 2-16 所示。

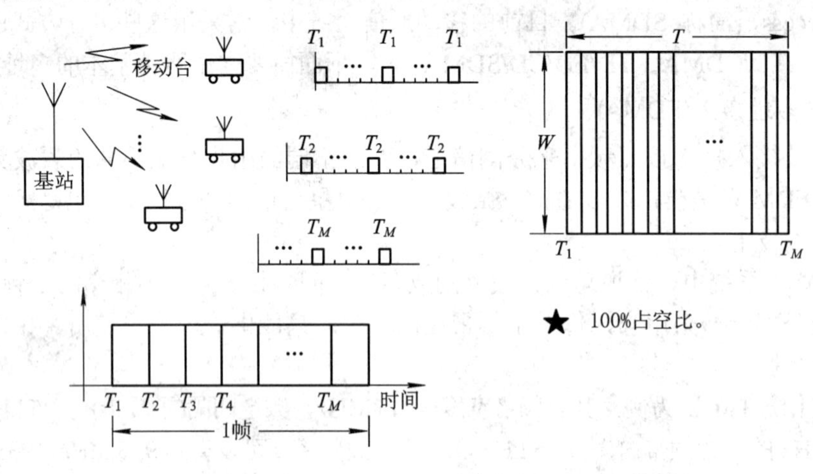


图 2-16 时分多址接入

与 FDMA 技术相比，TDMA 具有如下特性：

(1) 每载频多路。TDMA 系统能够在每一载频上产生多个时隙，而每个时隙都是一个信道，因而能够进一步提高频谱利用率，增加系统容量。

(2) 传输速率高。每载频含有时隙多，则频率间隔宽，传输速率高。

(3) 对新技术开放。例如当因话音压缩编码算法的改进而降低比特速率时，TDMA 系统的信道很容易重新配置以接纳新技术。

(4) 共享设备成本低。由于每一载频为许多客户提供业务，因此 TDMA 系统共享设备的每客户平均成本与 FDMA 系统相比是大大降低了。

(5) 更易管理与分配。对时隙的管理和分配通常要比对频率的管理与分配简单而经济。所以，TDMA 系统更容易进行时隙的动态分配。

(6) 基站可以只用一台发射机。可以避免像 FDMA 系统那样因多部不同频率的发射机同时工作而产生的互调干扰。

同时，TDMA 也具有一定的缺陷：

(1) 必须有精确的定时和同步。为保证各移动台发送信号不会在基站发生重叠或混淆，并且能准确地在指定的时隙中接收基站发给它的信号，TDMA 系统必须采用精确的定时和同步技术。

(2) 移动台较复杂。它比 FDMA 系统移动台能完成更多的功能，但需要复杂的数字信号处理。

(3) 传输开销大。由于 TDMA 分成时隙传输，使得收信机在每一时隙脉冲序列上都得重新获得同步。为了把一个时隙和另一个时隙分开，保护时间也是必需的，因此，TDMA 系统通常比 FDMA 系统需要更多的开销。

### 3. 码分多址接入(CDMA)

码分多址接入技术按照码序列来划分信道，即给不同的用户分配一个不同的编码序列以共享同一信道。CDMA 是第二代移动通信的演进技术和第三代移动通信的基本技术。

在 CDMA 系统中，每个用户被分配给一个唯一的伪随机码序列(扩频序列)，各个用户的码序列相互正交，因而相关性很小，由此可以区分出不同的用户。与 FDMA 划分频带和 TDMA 划分时隙不同，CDMA 既不分频带又不分时隙，而是让每一个频道使用所能提供的全部频谱，因而 CDMA 采用的是扩频技术，它能够使多个用户在同一时间、同一载频以不同码序列来实现多路通信。CDMA 示意图如图 2-17 所示。

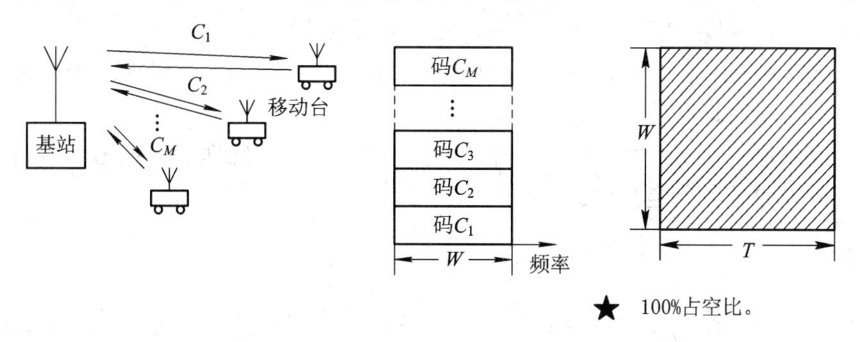


图 2-17　码分多址接入

以上三种多址技术相比较，CDMA 技术的频谱利用率最高，所能提供的系统容量最大，它代表了多址技术的发展方向；其次是 TDMA 技术，目前技术比较成熟，应用比较广泛；FDMA 技术由于频谱利用率低，将逐渐被 TDMA 和 CDMA 所取代，或者与后两种方式结合使用，组成 TD/FDMA、TD/CD/FDMA 方式。

### 4. 空分多址接入(SDMA)

空分多址接入技术是按照空间的分割来构成不同信道的。理论上来讲，空间中的一个信源可以向无限多个方向(角度)传输信号，从而可以构成无限多个信道。但是由于发射信号需要用天线，而天线又不可能是无穷多个，因而空分多址的信道数目实际上是有限的。SDMA 技术是卫星通信和使用智能天线的第三代移动通信系统的基本技术。

以卫星通信为例，在一颗卫星上安装多个天线，这些天线的波束分别指向地球表面上的不同区域，使各区的地球站所发射的电波不会在空间出现重叠，这样即使是工作在相同时隙、相同频率或相同地址码的情况下，这些地球站信号之间也不会形成干扰，从而可以使系统的容量大大增加，如图 2-18 所示。

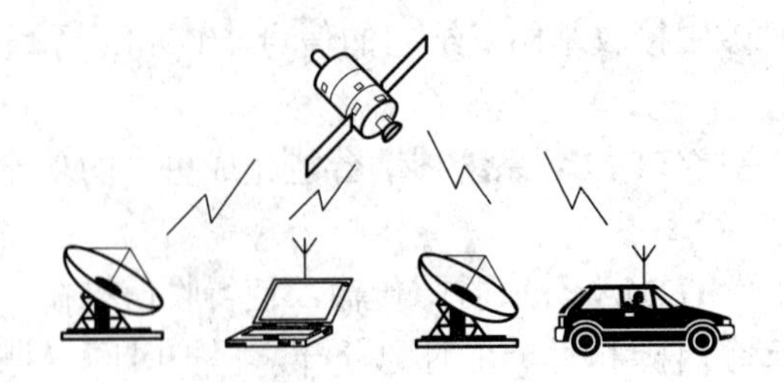

图 2-18　空分多址接入

总的来看，SDMA 技术具有如下优点：

- 系统容量大幅度提高。
- 扩大覆盖范围。天线阵列的覆盖范围远远大于任何单个天线，因此采用 SDMA 技术系统的小区数量就可大大减少。
- 兼容性强。SDMA 可以与任何调制方式、带宽或频段兼容，包括 AMPS、GSM、PHP、DECT、IS-54、CDMA IS-95 和其它格式。SDMA 可以实施在多种阵列和天线类型中。SDMA 还可以和其它多址方式相互兼容，从而实现组合的多址技术，例如 SD/CDMA。
- 大幅度降低来自其它系统和其它用户的干扰。在极端吵闹、干扰强烈的环境中，系统可以实现有选择地发送和接收信号，从而提高通信质量。
- 功率大大降低。由于 SDMA 采用有选择性的空间传输，因此 SDMA 基站发射的功率可以远远低于普通的基站。
- 定位功能强。每条空间信道的方向是已知的，可以准确地确定信号源的位置，从而为提供基于位置的服务奠定基础。

### 2.2.3　越区切换

所谓越区切换，指的是当移动台从一个小区移动到另一个小区时，为了保证用户通话的不中断而必须要进行的信道的切换。越区切换涉及一些技术指标，包括：越区切换失败率、通信中断概率、越区切换速率、通信中断时间间隔和越区切换时延等。关于越区切换必须要考虑切换判决条件/准则、切换控制方式和信道分配方法三个方面的问题。

#### 1. 切换判决条件/准则

在通信过程中，MS 不断向 MSC 和 BS 周期性地提供大量的参考数据是系统判断是否需要发起切换过程的重要依据。以这些参考数据为基础，不同的系统可能采取不同的切换判断准则，有不同的切换判决条件。这些准则主要包括以下三种：

(1) 按接收信号强度指示(Received Signal Strength Indication，简称 RSSI)进行判断。接收到的射频信号强度直接反映了话音传输的质量。因此，依据射频信号强度进行判决是一种常用基准。它测量的是 BS 接收到的 MS 信号的强度，当测量值低于规定门限时，切换程序启动。

(2) 按接收信号的载干比(Carrier to Interference Ratio，简称 CIR)进行判断。CIR 是接收机接收到的载波信号平均功率和干扰信号平均功率的比值，反映了通话质量，因此也是一种常用的判决标准。在测量的载干比低于规定门限时启动切换程序。

(3) 按 MS 到 BS 的距离进行判断。越区切换都是在 MS 距离 BS 较远的小区边缘时发生的，因此可以将 MS 距离 BS 的距离作为切换判决条件。当 MS 和 BS 的距离超出了规定值时，启动切换。

由上可见，BS 会根据以上的判决准则设置一个门限值。门限值的设置必须合适，过高或过低都会影响正常的切换。如图 2-19 所示，设移动台当前所处为基站 1 覆盖的小区，移动台连续监测各个小区的信号强度，随着移动台的移动，当基站 2 覆盖的小区的信号强度超过当前小区，并且当前小区基站 1 的信号强度低于设置的门限时，发起切换。由图 2-19 可见，如果选择高于两基站等信号强度(B 点)的门限 1(A 点)，则该门限就没有什么意义了；如果选择略微低于 B 点的门限 2(C 点)，移动台将推迟切换一小段时间(由 B 点到 C 点的时间段)，直到基站 1 的信号强度经过此门限值；如果选择远低于 B 点的门限 3(D 点)，将会造成过大的时延(由 B 点到 D 点的时间段)，这必然会降低通信链路的质量，甚至导致呼叫中断。

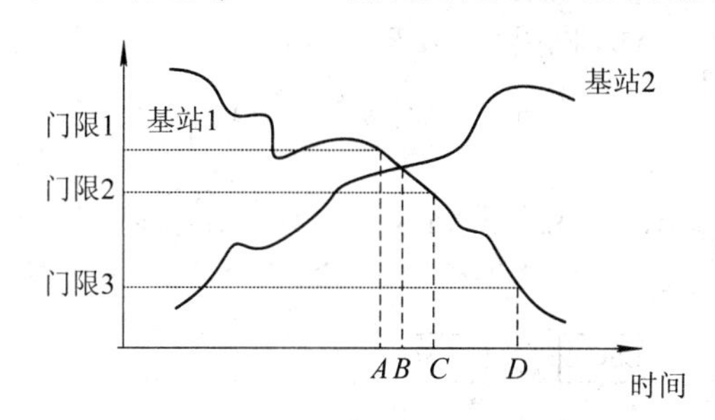


图 2-19　越区切换判决门限

### 2. 切换控制方式

根据切换控制的主体不同，常用的切换控制方式主要包括如下三种：

(1) 网络控制切换(Network Control Hand Over，简称 NCHO)。NCHO 方式是指由通信端口监测信号强度和质量，当信号强度低于门限时，将通信切换到新的通信端口。在实际工作时，由 BS 监测所有通信链路，MSC 决定和完成切换，MS 不参与切换。其缺点是若 MS 失去联系，则会造成信号的中断；切换时间长，可达 10 s。这种切换控制方式为第一代移动通信系统 TACS 和 AMPS 所采用。

(2) MS 控制切换(Mobile station Control Hand Over，简称 MCHO)。MCHO 方式是指由 MS 持续监测通信端口的信号强度和质量，在满足切换条件时，MS 就选择其中最好的候选项进行切换。DECT 和 PACS 等无绳电话系统采用的就是这种控制方式，大的移动通信系统采用该方式容易引起切换冲突。

(3) MS 辅助切换(Mobile station Auxiliary-control Hand Over，简称 MAHO)。MAHO 方式是 NCHO 的一种演化。它要求 MS 测量临近端口的信号强度并报告给原端口，由网络决定切换，即切换是由 MS、BS 和 MSC 共同完成的。这是第二代 GSM、CDMA 系统和第三代移动通信系统所采用的切换控制方式。其优点是：切换过程时间短，只有 1 s～2 s，信号中断时间小于 1 s。

### 3. 信道分配方法

越区切换属于信道切换的一种。切换发生时的信道分配方法一般都是在每个小区预留部分信道专门用于越区切换，以保证越区切换失败的概率尽量小。

## 2.2.4　位置管理

移动通信网络中位置管理的实质就是通过移动通信网络的具体操作来实现对移动用户

的定位，对应定位业务(Location Service，简称 LCS)。具体来说，就是确保在有外来呼叫移动用户时，该移动用户能有效及时地被移动通信网络“找”到，也即在移动用户变换自己的位置的情况下，移动通信网络能及时地进行跟踪，当呼叫到达时，能够被及时准确地传递到移动用户当前的位置。

位置管理的进程涉及 MS、BS、MSC 和位置寄存器几个功能实体以及相应的接口。这里的位置寄存器包括归属位置寄存器(Home Location Register，简称 HLR)和访问位置寄存器(Visit Location Register，简称 VLR)两种。通常一个 PLMN 网络由一个 HLR 和若干个 VLR 组成，每个 VLR 管理着多个位置区 LA。HLR 负责存储在其网络注册的所有用户信息，包括用户预定业务、记账信息、位置信息等。VLR 负责管理该网络中若干位置区内的移动用户。图 2-20 所示为在一个 PLMN 网络中 HLR 和 VLR 负责的位置区关系结构图。

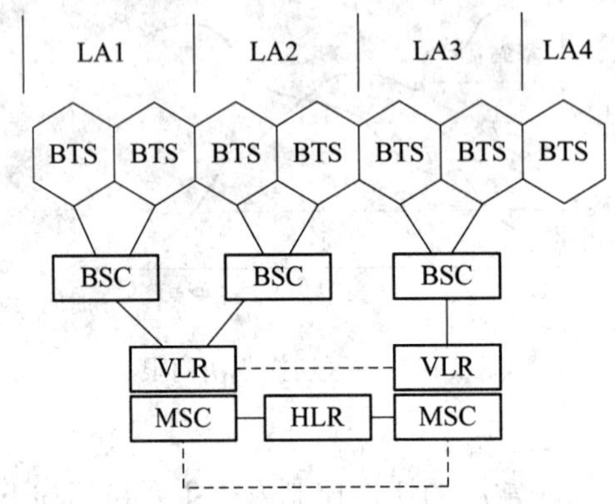


图 2-20 HLR 和 VLR 负责的 LA 关系结构

位置管理与网络的处理能力和通信能力紧密相关。网络处理能力主要包括数据库的大小、查询的频度和响应速度等；网络通信能力包括传输位置更新和查询信息所增加的业务量和时延等。位置管理追求目标是：以尽可能小的处理能力和附加的业务量，最快地确定用户位置，以容纳尽可能多的用户。

位置管理主要包括位置更新和寻呼两个过程，如图 2-21 所示。

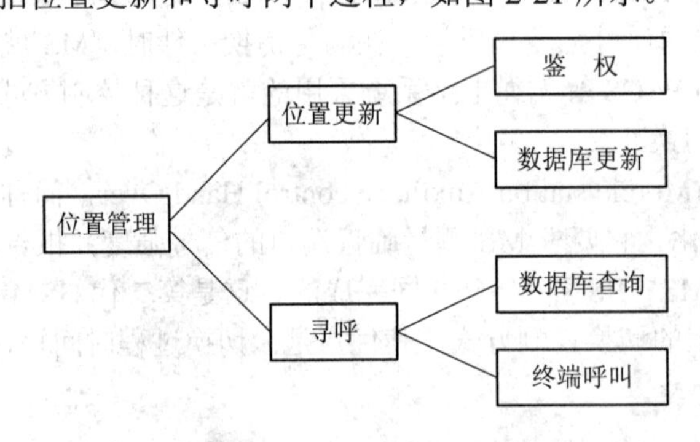


图 2-21 位置管理功能框图

位置更新和寻呼是两个对立的过程。移动终端进行位置更新越频繁，即位置更新消耗的系统资源越多，则移动通信网络对该移动终端位置信息的掌握就越精确，而寻呼该移动终端的效率也就越高，即寻呼代价越小；反之，移动终端位置更新得越少，移动通信网络对该移动终端具体所在位置的信息掌握得越少，则寻呼到该移动终端要求移动通信网络消耗的系统资源就越多。

1. 位置更新(Location Update)

为了减少位置的不确定性，移动终端需要不时地向移动通信系统报告其当前所在位置，这就是位置更新。有效的位置更新方法可以平衡并优化位置管理过程中移动通信系统信令消耗的代价。位置更新要解决的问题是移动台如何发现位置变化及何时报告它的当前位置。

根据网络对位置更新的标识不同，位置更新情况可以分为以下三种：

(1) 正常位置更新，即跨位置区的位置更新。

(2) 周期性位置更新，即在一定的特定时间内，网络与移动台没有发生联系时，移动台自动地、周期地与网络取得联系，核对数据信息。

(3) IMSI 附着分离，即移动台开机时的位置登记。

总的来说，位置更新方法分为静态位置更新(Static Location Update，简称 SLU)和动态位置更新(Dynamic Location Update，简称 DLU)两种。第二代移动通信系统 GSM 使用的就是静态位置更新策略。这里的静态指的是位置区的范围是固定的。静态位置更新方法是基于网络发起位置更新操作的。它存在以下几个缺点：

(1) 当移动终端在边界上来回运动时，将产生大量的不必要的位置更新操作。

(2) 信令负载过于集中，边界小区的信令负载要远大于内部小区。

(3) 位置区的大小、形状、配置并不是对所有的移动终端都是最佳的。

(4) 寻呼业务量过大，当呼叫到达时，要在 LA 的所有小区中进行寻呼。

在无线个人通信系统中，要求系统能够容纳更多的用户和适应用户的更大的移动性。但静态位置更新策略存在一个很大的问题：随着移动用户数目的增长，移动网络所承受的信令负载急剧增加。对于位置管理来说，信令负载的增加是一个很沉重的负担，特别是无线带宽资源的稀缺，因此必须采用有效的方法来减少信令负载。基于以上的分析和考虑，在移动性管理方面，特别是在位置更新策略上研究人员提出了诸多动态的优化方案，以提高移动通信系统的工作效率和网络的移动性能。相对于静态位置更新算法而言，动态位置更新方法是基于移动用户的呼叫和运动模式来发起位置更新操作的。现阶段，动态位置更新策略主要有以下几种：

(1) 基于时间的位置更新策略(Time-based Scheme)。用户每隔 $\Delta T$(时间门限)秒周期性地更新其位置。$\Delta T$ 可由系统根据呼叫到达间隔的概率分布动态确定。

(2) 基于运动的位置更新策略(Movement-based Scheme)。当移动台跨越一定数量的小区边界(运动门限)以后，移动台就进行一次位置更新。

(3) 基于距离的位置更新策略(Distance-based Scheme)。若移动台离开上次位置更新时所在小区的距离超过一定的值(距离门限)，则移动台进行一次位置更新。最佳距离门限的确定取决于各个移动台的运动方式和呼叫到达参数。

(4) 基于状态的位置更新策略(Status-based Scheme)。移动台的状态信息变更时，进行一次位置更新。这里的状态信息可以指上一次位置更新后所经历的时间、跨越的小区数目或者运动的距离等。不同的状态信息对应于不同的位置更新策略。其中一种情况是状态信息包括当前所在位置及上一次位置更新后所经过的时间，移动终端运动模型为时变高斯过程，则基于该状态信息的位置更新方案比基于时间的方案能够获得 10%的性能改善。

(5) 基于预测的位置更新策略(Prediction-based Scheme)。该策略的思想是认为移动终端将来的速度和位置与当前的速度和位置是相关的，并且移动终端在位置更新过程中向网络报告它的位置地点及运动速度，网络根据这些信息确定移动终端位置的概率密度函数，并据此预测移动终端未来时刻所处的位置，网络端和移动终端都维持预测信息，移动终端周期性地检查它的位置，当移动的距离超过根据预测信息所确定的距离门限时执行位置更新。

位置更新过程中最重要的一步是位置登记。所谓位置登记，是指移动台向通信网报告其当前所在位置的过程，也称位置注册。下面是移动台进入一个新的位置区后位置登记过程的一般执行步骤，如图 2-22 所示。

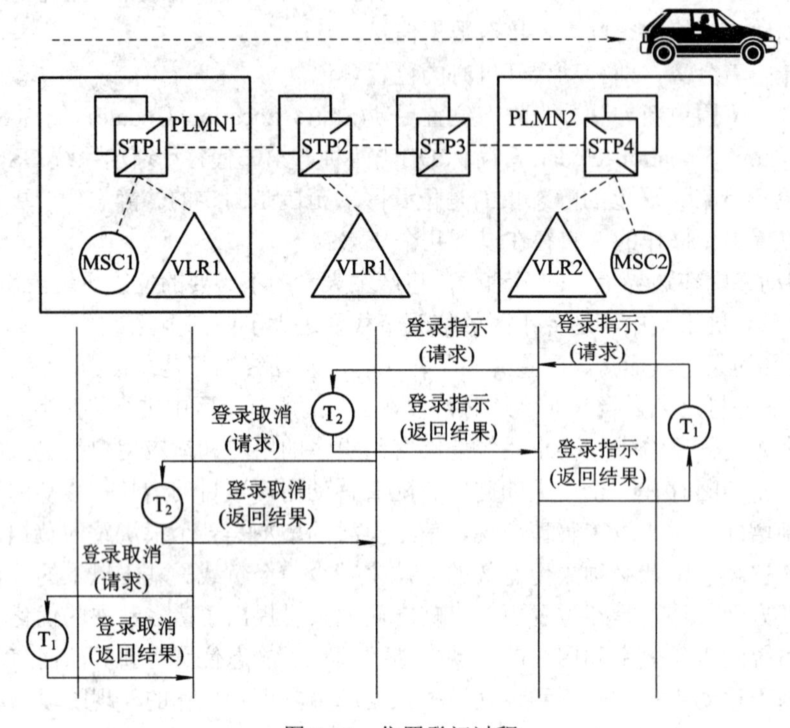


图 2-22　位置登记过程

(1) MS 进入一个新的 LA 并向新 BS 发送位置更新消息。

(2) BS 向 MSC 转发位置更新消息，MSC 向其相应的 VLR 发出登记请求。

(3) VLR 更新 MS 的位置记录。如果新 LA 与原 LA 属于同一个 VLR，则位置登记过程结束；如果属于不同的 VLR，则新 VLR 根据 MS 的移动台标识码(Mobile Identity Number，MIN)来确定 MS 的 HLR 地址，并向该 HLR 发送一个位置登记消息。

(4) HLR 执行必要的操作对 MS 进行鉴权并记录新 VLR 的 ID。HLR 向新 VLR 发送登记应答消息。

(5) HLR 向旧 VLR 发送登记删除消息。

(6) 旧 VLR 删除 MS 的记录并向 HLR 发送一个删除应答消息。

在(3)～(6)步中，信令消息在到达目的地之前可能经过几个中间信令转接点(Signaling Transfer Point，简称 STP)，这取决于 MS 的当前位置和原籍位置。例如，一个在中国北京开户的移动电话用户会分配到一个位于北京的 HLR。当这个用户漫游到天津时，其移动电话的每一次位置更新都会执行上述六个步骤的操作。

2. 寻呼(Paging)

寻呼指的是当某个移动用户有呼叫(Incoming Call)时，移动通信网络要及时搜索并确定该移动终端所在具体蜂窝位置并将该呼叫传递到该移动用户的过程。

在一次寻呼期间，移动网络通过下行控制信道向移动终端可能驻留的小区发送寻呼消息，即在位置区内以一次或多次呼叫方式向一个或多个寻呼区(Paging Area，简称PA)内的所有移动终端广播寻呼信号以进行寻呼，而所有的移动终端时刻都在监听寻呼消息，只有被呼移动终端通过上行控制信道发回应答消息。每一个寻呼周期都有一个超时期，如果移动终端在超时期之前响应，则寻呼过程终止，否则进入下一个寻呼周期。为了避免掉线，移动网络必须在允许的时延内确定移动终端位置。最大寻呼时延对应于定位移动终端所允许的最大寻呼周期数。例如，最大寻呼时延为1，则必须在一个寻呼周期内确定移动终端的位置。

由于无线信道资源有限，因此设计和实现有效的寻呼方案非常重要。寻呼方案的有效性主要体现在如下几个方面：

(1) 寻呼过程消耗移动网络的信令代价要比较小。

(2) 寻呼时延要比较小。

(3) 实用性要强。

常用的寻呼方案主要分为以下六类。

1) 同步全呼(Simultaneous Paging)

图2-23为同步全呼示意图。图中整个区域为一个位置区。当有呼叫到来时，移动网络在移动终端所在位置区内的所有小区(图中阴影部分)同时发起对目标移动终端的寻呼。可见，在同步全呼策略中，寻呼区其实就是位置区。

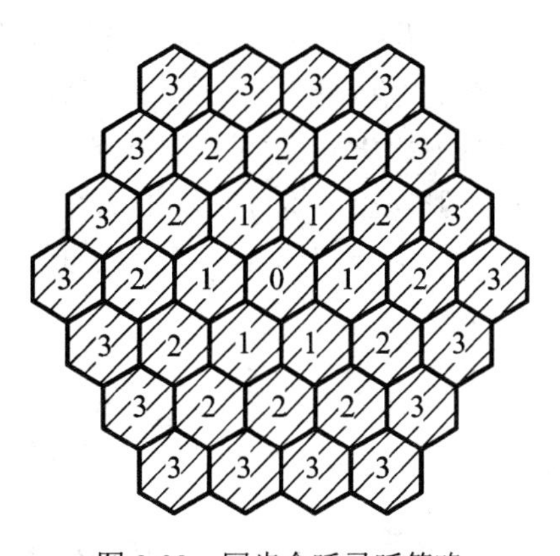

图2-23　同步全呼寻呼策略

同步全呼策略在所有的寻呼方案中是最简单易行的。这种方法的寻呼延迟最小，只有一个单位的寻呼时延。但是，该方法的寻呼开销要依赖于位置区内蜂窝数目的多少。目前，移动通信网络中位置区内的小区数目越来越多，采用该寻呼策略所引起的开销必然会很高，会引起过量的信令负载。

2) 依序单呼(Sequential Paging)

传统的依序单呼是指以每个蜂窝小区为单元依一定的概率按次序单个地寻呼，直到找到移动终端为止，如图2-24所示。当然，该寻呼策略的前提是当前移动网络能够承受不少于该位置区域内所有蜂窝小区数目的单位时延数。如果移动网络能够满足这一前提条件，也就可以认为它对时延不敏感，可以承受任意大的时延。显然，这种传统的依序单呼方案是不切实际的。

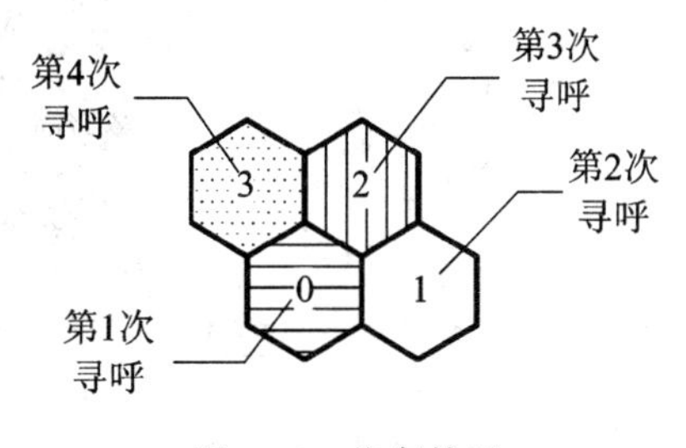


图2-24　依序单呼

改进的依序单呼方案采用以每层小区为单位进行寻呼的方法，如图 2-25 所示。图中，从中心第 0 层小区开始向外逐层寻呼，直至寻呼到移动终端为止。这里所谓的中心小区是个相对的叫法，一般选取移动终端上次位置更新所在小区为此次寻呼的中心小区。由图可见，把这种依序单层寻呼称为环状寻呼更准确，即以上次位置更新时移动终端所在小区为中心，把寻呼区域划分为环绕中心小区的若干个环，然后进行依次寻呼。当然，这种寻呼策略也要求移动网络的最大时延不小于寻呼区域的层数。

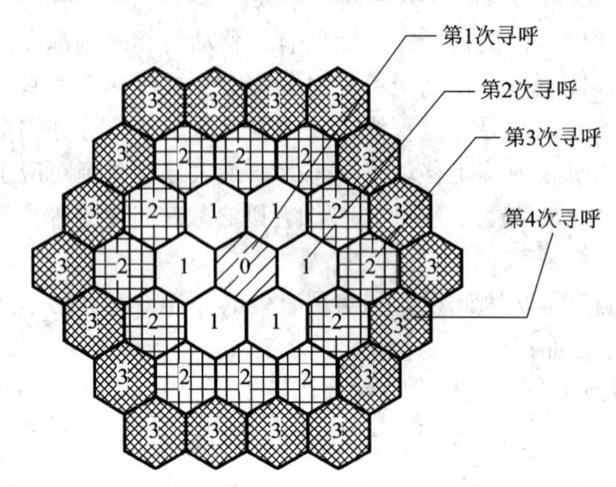


图 2-25　依序单层寻呼

3) 依序组呼(Sequential Group Paging)

顾名思义，依序组呼就是以多环为一组按组依次进行寻呼的方法。如图 2-26 所示，所有的位置区被分为两个寻呼区 PA1 和 PA2(图中以不同的阴影标识出来)，中心第 0 环和第 1 环形成一组(PA1)，对该组做第一次寻呼，如果这次寻呼过程中未发现移动终端，则进行下一次寻呼。第二次寻呼以第 2 环和第 3 环形成一组(PA2)，一起寻呼。

依序组呼的关键问题便是如何分组，即如何将各环组成寻呼区。

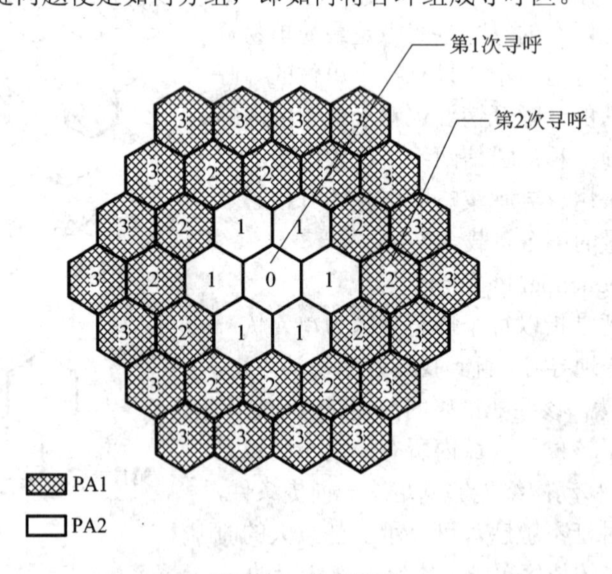


图 2-26　依序组呼

4) *用户档案法*

该方法的基本思想是：由于大多数移动用户的工作和生活都很有规律，因此其移动终端的位置也是有规律可循的，可以将这些规律记录成档案，按照档案来进行位置管理。

移动终端在最初登记时，就要下载它的档案和位置区 LA 列表。当移动终端更新这个档案时，系统就要再产生一个新的 LA 列表。LA 列表是所有在档案中出现的 LA 的集合。表中 LA 的顺序按照移动终端在各个 LA 中停留的概率由高到低排列。只有当移动终端进入一个没有在 LA 列表中出现过的 LA 时，移动终端才进行登记，将这个新 LA 添加到 LA 列表中。当移动终端有呼叫到达时，则按照 LA 列表的顺序依次呼叫直到找到该移动终端。

用户档案法对于长期规律性事件来说，具有较好的性能，但是对于短期突发事件不是十分理想。

5) *直线寻呼*

直线寻呼法的基本思想是：

如图 2-27 所示，为每个位置区 LA 赋予一个合适的坐标($X_m$，$Y_n$)，保证在一条直线上的所有 LA 中相邻 LA 坐标之差都相等。例如 LA(0，0)、LA(1，0)和 LA(2，0)在一条直线上，依据是相邻两个 LA 坐标之差值都是(1,0)。移动终端每进入一个新的 LA，就将这个新 LA 的坐标和前一个 LA 的坐标进行相减运算，并将差值与存储在移动终端中的在前一个 LA 中相减运算得到的坐标差值进行比较。若比较结果相同，则认为该移动终端在沿直线移动；若结果不同，则认为移动终端改变了移动方向，此时应发起位置更新操作。当有呼叫到达时，寻呼的过程就是在移动终端最新所在的整条直线上依次对每个 LA 进行寻呼。

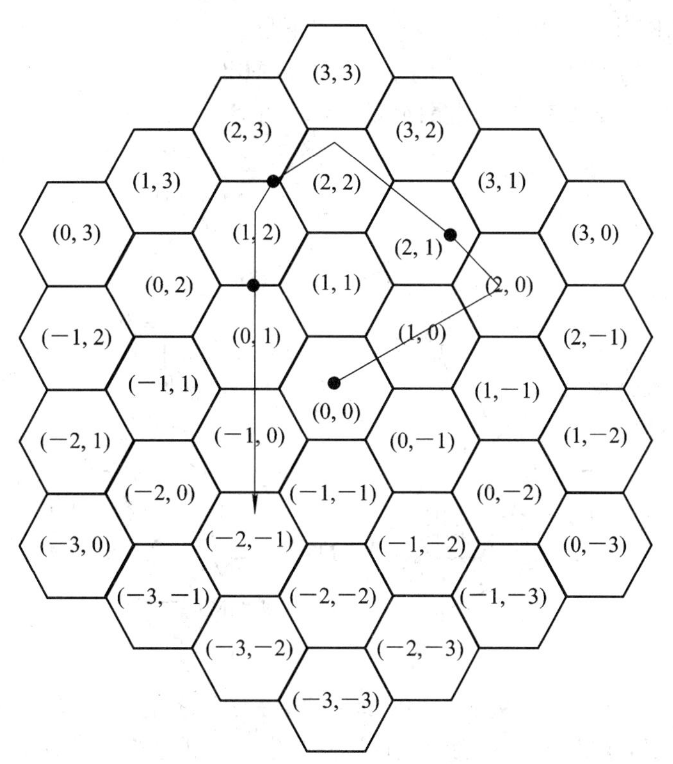


图 2-27　直线寻呼

直线寻呼策略相比于环形寻呼策略来说，能够大大减少寻呼的信令负载。另外，由于这一策略只需进行相减运算和比较运算，因此其计算的复杂度也不高。但是，对于频繁变换移动方向的用户，其位置更新的代价可能会很大。

6) 智能寻呼

智能寻呼指的是要充分利用用户、用户所在基站甚至移动网络的相关信息来选择位置区中的部分小区构成寻呼区 PA 以进行寻呼。显然，若在第一次选择的 PA 中没有找到移动终端，则需选择新的 PA 进行再次寻呼，直到找到用户为止。为了减少寻呼代价和寻呼延迟，应使第一步寻呼成功的概率尽可能高，这主要取决于信息选取的准确性、信息记录的及时性和智能算法的有效性。智能寻呼对于 LA 较大的区域比较合适，但是它需要较大的存储空间和一定的运算处理能力。

除了上述寻呼方案的设计与选取以外，还要考虑与寻呼紧密相关的一个过程——呼叫传递。所谓呼叫传递，指的是将呼叫接续至移动终端的过程。呼叫传递主要分为两步：首先确定为被叫 MS 服务的 VLR；然后确定被叫 MS 当前正访问的小区。第一步的主要过程如图 2-28 所示，具体包括：

(1) 主叫 MS 通过附近的基站向为其服务的 MSC 发出呼叫初始化信号。

(2) MSC 通过查询确定被叫 MS 的 HLR 并向该 HLR 发送一个位置请求消息。

(3) HLR 查找出为被叫 MS 服务的 VLR，并向该 VLR 发送路由请求消息。该 VLR 将该消息发给为被叫服务的 MSC。

(4) MSC 给被叫 MS 分配一个临时本地号码(Temporary Local Directory Number，简称 TLDN)，并向 HLR 发送一个带有 TLDN 的应答消息。

(5) HLR 将上述消息转发给为主叫 MS 服务的 MSC。

(6) 主叫 MSC 通过七号信令网络向被叫 MSC 请求呼叫建立。

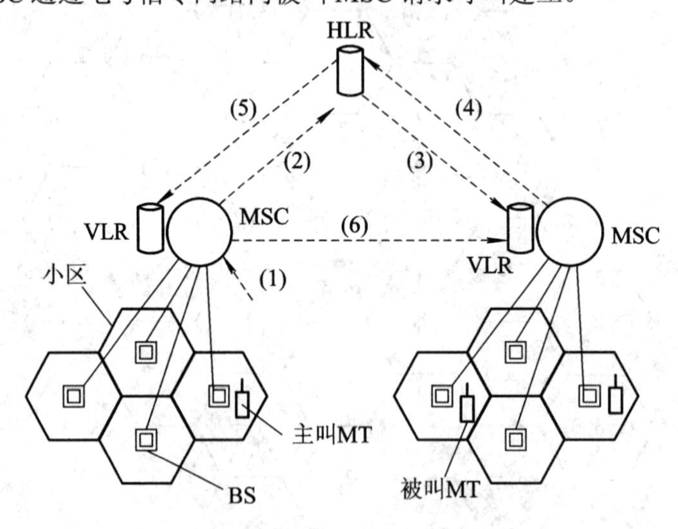


图 2-28 呼叫传递过程

经过第一步，网络建立了从主叫 MS 到为被叫 MS 服务的 MSC 的连接，第二步就是选择上述寻呼方案来确定被叫 MS 当前正在访问的小区，通过第二步也就将呼叫传递到了被叫 MS。

### 2.2.5　鉴权与加密

由于移动通信系统所采用的无线电波传播具有开放性，其安全措施必须可靠有效，因此，安全性管理是移动通信网络组建中一个非常重要的方面。这里的安全既包括系统本身的安全，如防止非法用户的盗打、盗用，又包括系统中合法用户的安全，如防止窃听、跟踪等。移动通信网络的安全性主要通过鉴权和加密两个手段来保证。

**1. 鉴权**

所谓鉴权，就是用户权限的鉴别，也叫用户身份认证，是一种判别用户身份是否合法以及用户是否具有使用其所申请业务的合法权限的技术，具体是通过对用户所属的一系列参数的识别与核对来完成的。鉴权是一个需要全网配合、共同支持的处理过程，几乎涉及移动通信网络中的所有实体，包括移动交换中心MSC、访问位置寄存器VLR、归属位置寄存器 HLR、鉴权中心(AUthentication Center，简称 AUC)以至基站子系统(Base Station Subsystem，简称 BSS)和移动台。显然，AUC 是鉴权的核心实体，它是存储用户身份的数据库，能够产生相应的鉴权参数和密钥证书以认证移动用户的身份。鉴权技术主要涉及鉴权场合、鉴权算法和鉴权规程三个方面的问题，不同的系统、不同的运营商其具体技术内容各有不同。

1) 鉴权场合

鉴权场合用来解决何时需要鉴权的问题。在哪些场合需要进行鉴权，不仅关系到技术实现的复杂性和技术应用的覆盖范围，而且影响鉴权的作用效果，同时也关系到整个移动通信网络的信令负荷和业务处理能力等诸多方面。需要鉴权的场合越多，网络能够防范和保护的面也就越宽，但这也加重了网络实体的处理负担，并且由于在整个网络信令消息中，与鉴权有关的消息占据相当的比例，因而它对公网信令流量的影响也是不容忽视的。

移动通信系统一般都支持以下场合的鉴权：

(1) 移动用户发起呼叫(不含紧急呼叫)。

(2) 移动用户接受呼叫。

(3) 移动台位置登记。

(4) 移动用户进行补充业务操作。

(5) 切换(包括在 MSC-A 内从一个 BS 切换到另一个 BS、从 MSC-A 切换到 MSC-B 以及在 MSC-B 中又发生了内部 BS 之间的切换等情形)。

另外，CDMA 系统在更新共享加密数据(Shared Secret Data，简称 SSD)时还需要特殊的鉴权，这主要是为了保证 SSD 的安全性。

2) 鉴权规程

鉴权规程定义了移动台和各网络实体相互之间为了实施和完成鉴权而进行的一系列交互过程及信令消息处理过程。一般的鉴权规程包括：为用户分配用于访问各个服务的多个服务专用标识；从所述用户发出请求，该请求标识出将要访问的服务并且包含该用户的公开密钥；在鉴权中心对所述请求进行鉴权，发出用于将所述服务专用标识与所述请求中的公开密钥绑定的公开密钥证书，并且将所述公开密钥证书返回给所述用户。

不同的系统所采用的具体规程各有不同。2G 的 GSM 系统采用 09.02 MAP(Mobile

Application Part)协议，DAMPS 和窄带 CDMA 系统采用 IS-41 MAP 协议，它们各成一派，形成了两大有代表性的用户鉴权技术体系。3G 系统是从 2G 演进而来的，其鉴权采用统一框架下的认证与密钥协商(Authentication and Key Agreement，简称 AKA)协议。但是由于 CDMA2000 与 WCDMA 和 TD-SCDMA 系统归属于不同的标准化组织，因而其具体鉴权机制还是有所区别的。

相比于 2G 的鉴权机制，3G 系统主要在两个方面进行了改进：一是鉴权参数：2G 系统采用三元参数组(RAND、SRES 和 Kc)，3G 系统采用五元参数组(RAND、XRES、CK、IK、AUTN)；二是 2G 网络只有网络设备对用户终端的身份识别，而 3G 系统还增加了用户终端对网络设备的身份识别功能，即网络和用户终端之间的双向鉴权。

3) 鉴权算法

鉴权算法是用于产生用户鉴权所需签名响应值的数学方法，它区别于加密算法。GSM 系统中的用户鉴权算法为 A3 算法。北美的 DAMPS 和窄带 CDMA 系统的鉴权算法、话音加密算法和信令加密算法统称为蜂窝鉴权与话音保密算法(Cellular Authentication Voice Encryption，简称 CAVE)。CAVE 中与鉴权有关的算法程序共有两种：鉴权签名算法程序和共享秘密数据生成算法程序。3G 中的 WCDMA 和 TD-SCDMA 采用 f0～f5、f1*和 f5*几种算法，CDMA2000 在此基础上，又增加了手机卡认证密钥产生算法(f11)和手机卡存在认证算法(UMAC)。

2. 加密

这里的加密既包括用户数据信息的加密，又包括用户参数的加密。加密的关键技术就是加密算法。相应地，加密算法可分为对用户信令信息加密的算法和为获得加密密钥所用的算法两种。随着系统的演进，加密算法也在不断地更新和改进。

GSM 用户信息加密采用 A5 算法，密钥加密采用 A8 算法。北美系统的用户信息加密和密钥加密分别采用 ORYX(数据加密)和 ECMEA(信令加密)算法。WCDMA 和 TD-SCDMA 分别采用 f8 和 f6 算法。CDMA2000 则分别采用 ORYX 和 ESPAES 算法。

除了加密算法之外，3G 系统还增加了数据完整性算法，WCDMA 和 TD-SCDMA 采用 f9 算法，CDMA2000 则采用 EHMAC 算法。

### 2.2.6 信令系统

一个完整的移动通信网络除了以传递电信业务为主的业务网之外，还需有若干个用来保障业务网正常运行、增强网络功能和提高网络服务质量的支撑网。支撑网一般包括同步网、公共信道信令网、传输监控和网络管理网等。其中，公共信道信令网(Common Channel Signaling Network，简称 CCSN)是一种专门用来传送信令的专用数据网。

所谓信令(Signaling)，指的是在通信网的实体之间传输的，除用户信息之外的，专门为实现建立接续和接续控制的一系列控制信号。信令的作用是保证用户信息有效而可靠的传输。如果把整个通信网比作一个大的交通系统的话，用户信息就是系统中被运输的货物，而信令就是运输货物的交通工具。其实，人们对于信令并不陌生，因为电话网中的摘机音、挂机音、空闲音、忙音、振铃、回铃音等都是信令。此外，呼叫建立、监控、拆除、网络管理控制等信息也是信令。图 2-29 所示为两个交换机连接的两个固定电话之间通话过程中传输信令的流程。

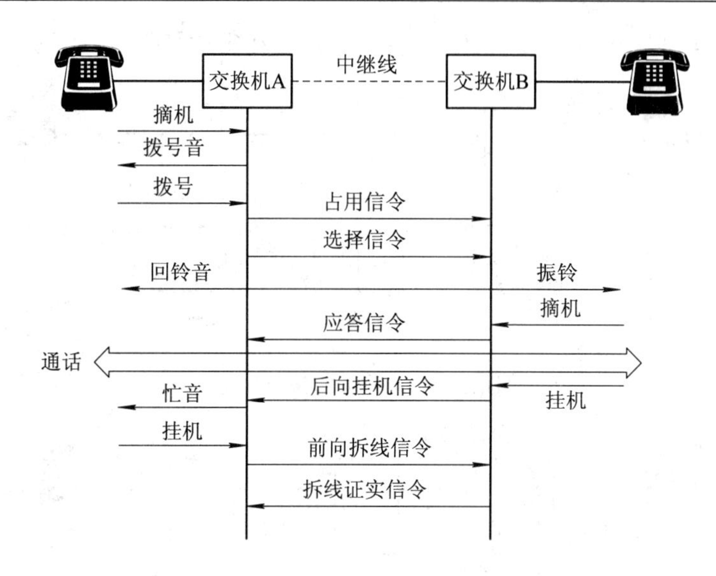


图 2-29 两个电话间通话过程中的信令流程

按照业务信息和信令是否分开传输，可以将信令分为随路信令和共路信令两种。所谓随路信令(Channel Associated Signaling，简称 CAS)，指的是信令和业务信息在同一条链路中传送的信令方式。这是一种早期的信令系统，可以应用于小容量的专用网络(如集群系统)中。其缺点是传输速率低，信息容量及处理能力有限。所谓共路信令，也称公共信道信令(Common Channel Signaling，简称 CCS)，指的是将信令信息在一条独立于电信业务信道的高速数据链路上传输的信令方式，为目前移动通信系统所普遍采用。CAS 与 CCS 示意图如图 2-30 所示。

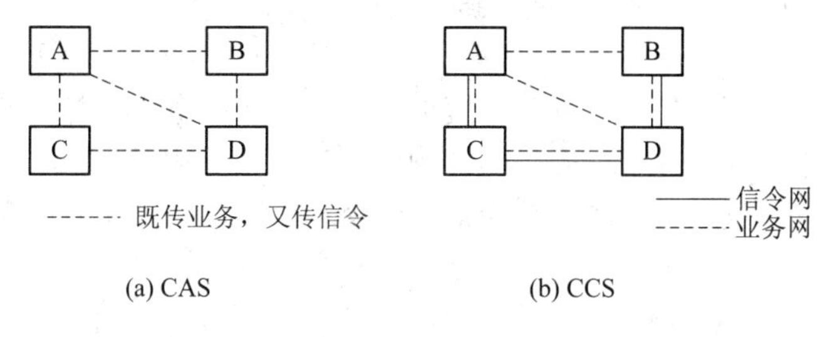


图 2-30 CAS 与 CCS

随路信令在多段路径上传输时其传输方式有三种：端到端的连接、逐段转发和混合方式。所谓端到端的连接，指的是无论相隔多远，无论中间要经过多少个网络节点，通信的收发双方之间都要建立一条相连接的逻辑链路。端到端的连接方式如图 2-31 所示。图中，主叫方向发端局传输的信令中包含有被叫号码和终端局局号两种信息，终端局局号被用于在发端局到终端局之间建立一条端到端的链路连接，链路一旦建立，发端局只需将被叫号码以信令形式发送出去即可，且无需知道中间要经历多少个转接局。这种方式速度快，拨号后等待时间短，但是要求信令在多段路径上的类型必须相同。所谓逐段转发，指的是在信令传输路径上的局和局之间都要建立连接，都要传输包括被叫号码和终端局局号的完整信令信息，直到传输到终端局之前为止。逐段转发方式如图 2-32 所示。该方式传输速度慢，接续时间长，但是信令在不同路段上可以采取不同的类型，且对线路要求低。所谓混合方

式，指的是在优质线路上使用端到端的连接方式，而在劣质线路上使用逐段转发的方式。

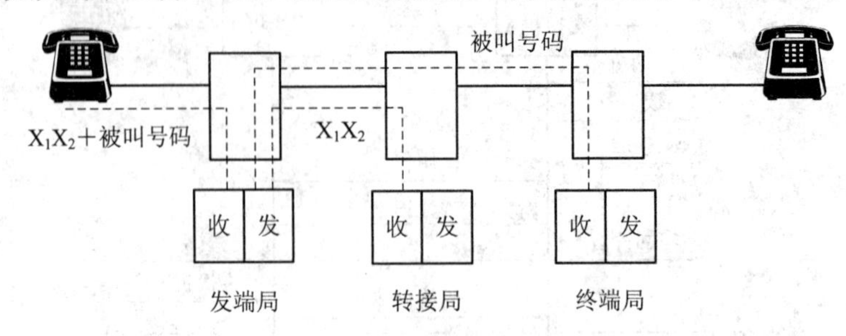


图 2-31　端到端的传输方式

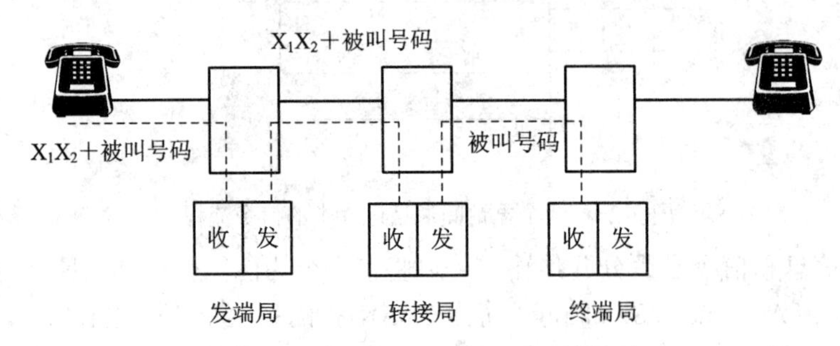


图 2-32　逐段转发方式

按照在网络中所处位置不同，可以将信令分为接入信令和网络信令。所谓接入信令，指的是移动台和基站之间的信令，即接入网范围内的信令。随着移动通信技术的发展，移动通信系统的接入网一般都设有专用控制信道，但是有少数信令仍然要采用随路方式来传输。所谓网络信令，指的是网络节点之间传输的信令。七号信令(No.7)是目前国际、国内普遍使用的网络信令。

按照信号形式的不同，信令可以分为模拟信令和数字信令。随着技术进步，模拟信令逐渐被数字信令所取代，但模拟信令中的音频信令为人们所熟识，仍然有着广泛的应用。按照信号传输的方向不同，信令可以分为前向信令和后向信令。前向信令指的是由主叫方向被叫方传输的信令；后向信令指的是由被叫方向主叫方传输的信令。按照所处频段，信令又可分为带内信令和带外信令。所谓带内信令，指的是频率处在标准音频频段范围(300 Hz～3400 Hz)内的信令；否则，为带外信令。

按照控制信令发送的方式不同，可以分为非互控、半互控和全互控方式。所谓非互控方式，指的是发端不断地将信令发往收端，而不管收端是否收到。这种方式实现设备简单，但可靠性太差，现在很少使用。所谓半互控方式，指的是发端向收端每发送一个信令后，必须等接收到收端回送的证实信令后，方可接着发送下一信令，即前向信令受控于后向信令。该方式目前被广泛应用。所谓全互控方式，指的是发端发前向信令不能自动中断，要等收到收端的证实信令之后，才能停止发送；收端发证实信令也不能自动中断，须在发端信令停发后，方可停发证实信令。该方式抗干扰能力强，可靠性高，但所需设备复杂，传输速度低。

下面重点介绍音频信令和七号信令。

### 1. 音频信令

按照构成信令的音频信号种类的多少，音频信令可以分为单音频信令、双音频信令和多音频信令。其中应用比较广泛的有属于单音频信令的亚音频信令和属于双音频信令的双音多频信令两种。

1) 亚音频信令

在对讲机产品的说明书中都标识有CTCSS、CDCSS、DCS、DTCS、QT、DQT、PL、TPL和DPL等英文名词，或是亚音频、数字亚音频、私线、数字私线、亚音频编解码器、数字亚音频编解码器等中文名词，这些都是不同厂家对亚音频信令的不同称谓。所谓亚音频信令，指的是选择低于标准音频频段的一种频率的单音作为信令附加在音频信号中一起传输的信令形式。显然，亚音频信令属于带外信令。最常用的亚音频是连续单音控制静噪系统(Continuous Tone Controlled Squelch System，简称CTCSS)，它在67.0 Hz到250.3 Hz的频率范围内选择几十个频点作为亚音频点来使用，不同的系统选择使用不同的频点，只有接收到的亚音频与本机设置的亚音频一致才能实现正常通信。CTCSS属于模拟亚音，与之相对应的，还有一种数字亚音信令——连续数字控制静噪系统(Continuous Digital Controlled Squelch System，简称CDCSS)。二者的区别在于后者是以数字编码方式和音频信号一起传输的，它的编解码速度更快，误码率也更低，同时其可用频点数更多，因此允许的用户容量更大。

总的来看，在中小容量移动通信系统中设置亚音频信令具有如下几个作用：

(1) 防止非法用户盗用信道入网。

(2) 抗干扰能力强，特别在中转通信系统中可有效地防止干扰信号对中转台的干扰。

(3) 实现小区域频率复用，提高频率的利用率，达到频率共享。

(4) 可以实现不同组别的组呼、全呼等选呼功能，操作简单，方便实用。

需要说明的是，尽管说是亚音，但事实上是可以听到的，尤其把亚音设置在高限(250 Hz)附近时，或者接收机的低频频响比较好的时候。因此，我们设置亚音频信令的时候，都尽量设置得低一些，以免不必要的干扰。

2) 双音多频信令

双音多频(Dual Tone Multiple Frequency，简称DTMF)信令是一种带内信令，它是在音频频段内选择7或8个频点，并将其分为两组，高频率组由3或4个高频频点组成，低频率组由4个低频频点组成，每次从高、低频率组各取一个频点信号并将二者叠加在一起构成一个信令信号。由于这样的高低频组合可以有多种，因此称为双音多频。

DTMF由贝尔实验室发明，最初的目的是克服脉冲拨号的缺陷，自动实现长途呼叫。脉冲拨号是较早的拨号方式，这种方式下的长途接续必须由电信局的操作员手动完成。DTMF拨号的优点有：两个构成DTMF的频率频差大，易于检出；与各种话音系统都兼容，无需转换，传输速度快；设备简单，有国际通用的集成电路可用，性能可靠，成本低。因此，DTMF拨号逐渐取代了脉冲拨号。DTMF信令在其它方面也有所应用，例如在语音菜单、电话银行和ATM终端等交互式控制系统中。

常用的4×3方式(高频组取3个频点)DTMF的频率组成与拨号按键的对应关系如表2-1所示。4×4方式的DTMF多取一个高频频点1633 Hz，对应增加4个按键“A”、“B”、“C”和“D”。

表 2-1　4×3 方式 DTMF 的频率组成与拨号按键的对应关系

| 低频组 \ 高频组 | 1209 Hz | 1336 Hz | 1477 Hz |
|---|---|---|---|
| 697 Hz | 1 | 2 | 3 |
| 770 Hz | 4 | 5 | 6 |
| 852 Hz | 7 | 8 | 9 |
| 941 Hz | * | 0 | # |

以按键“1”为例，用正弦波形式描述其高、低两个频率信号合成 DTMF 信号的时域波形如图 2-33 所示。

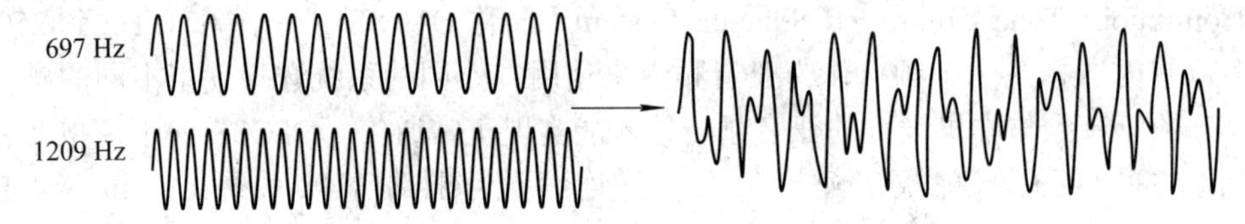


图 2-33　按键“1”的 DTMF 信号合成过程

2. 七号信令

一号信令(No.1)是我国广泛使用的随路信令，而 No.7 是一种国际性标准化的共路信令。No.7 系统简称 SS7(Signaling System 7)。SS7 除了应用于移动通信网之外，还广泛应用于数据网、综合业务数字网 ISDN 和固定电话网等。在移动通信网中，No.7 主要用于交换机之间、交换机与数据库(如 HLR、VLR 和 AUC)之间。

1) SS7 的体系结构

SS7 采用分层的体系结构，其基本思想是：

(1) 将通信的功能划分为若干层次，每层只完成一部分功能；

(2) 每层只和其直接相邻的两层打交道，它利用下层提供的服务，并且向高层提供本层所能完成的功能；

(3) 每层都是独立的，只要接口关系保持不变，各层之间就不受影响。

SS7 的分层体系结构如图 2-34 所示。由图可见，SS7 可以分为四层，由高到低依次为用户部分(User Part，简称 UP)和三层消息传递部分(Message Transfer Part，简称 MTP)。其中，用户部分 UP 的主要功能是控制各种基本业务呼叫的建立和释放，其组成部分表明 SS7 能够支持哪些网络类型和哪些业务，具体详见表 2-2。

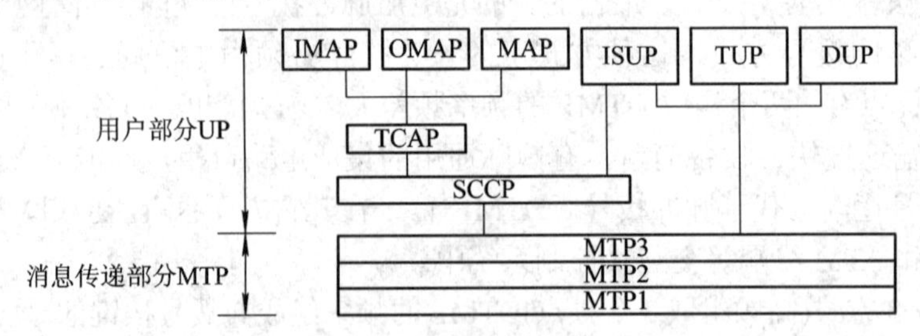


图 2-34　SS7 的分层体系结构

表 2-2　SS7 用户部分 UP 的组成

| 中文名称 | 英 文 全 称 | 英文简称 | 功能级别 |
|---|---|---|---|
| 智能网应用部分 | Intelligent Network Application Part | INAP | 高级用户部分 |
| 操作维护应用部分 | Operation Maintenance Application Part | OMAP | |
| 移动应用部分 | Mobile Application Part | MAP | |
| 事务处理能力应用部分 | Transaction Capability Application Part | TCAP | |
| 信令连接控制部分 | Signaling Connection Control Part | SCCP | |
| ISDN 用户部分 | ISDN User Part | ISUP | 常用用户部分 |
| 电话用户部分 | Telephone User Part | TUP | |
| 数据用户部分 | Data User Part | DUP | |

三层消息传递部分的组成及其功能如下：

(1) MTP1(信令数据链路层)。该层定义了数据链路的物理、电气和功能特性以及链路接入方法，为信令链路提供了一个信息载体。这里的信令链路是由一个数据信道组成的信令传输双向通路。

通信系统中常用一种 E1 线/接口，它的数据基群采用 PCM(Pulse Coding Modulation，脉冲编码调制)30/32 路帧结构。该结构每帧由 32 个时隙组成(TS0-TS31)。其中，有 30 个业务时隙用作语音或数据通道，TS0 固定用于传输帧同步信息，TS16 固定用于传输公共信道信令。

(2) MTP2(信令链路层)。该层定义了信令消息沿信令数据链路传送的功能和过程。MTP2 与 MTP1 结合完成点对点信令消息的可靠传输。

(3) MTP3(信令网功能层)。该层定义了关于信令传递的过程和功能以及信令网的操作和管理功能。相对于前面两层完成点对点的可靠传输，它完成的是网络寻址功能。

2) No.7 信令网

完成 No.7 传输的网络称为 No.7 信令网。No.7 信令网由信令点、信令转接点和互连的信令链路组成。信令点(Signaling Point，简称 SP)指的是信令网中处理信令的节点。SP 一般都既可以发送信令，也可以接收并处理信令。信令转接点 STP 指的是信令网中负责将信令由一条信令链路转接到另一条信令链路的节点。有的 STP 除具有转接功能外，本身也具有收发信令的处理功能。

为了保证信令的准确传输，信令网中的每个 SP/STP 都要相区分，这就要靠信令点编码。No.7 信令网中的每个节点都有唯一的编码。国际电报电话咨询委员会(Consultative Committee for International Telegraph & Telephone，简称 CCITT)规定的国际通用的信令点编码为 14 位，采用 3_8_3 结构(编码分为三组，用下划短线分隔，数字表示每组中二进制的位数)。我国国内使用的是 24 位编码，采用 8_8_8 结构。24 位信令点编码示意图如图 2-35 所示。图中标出的编码为 A、B、C 三个节点的源信令点编码(Original Point Code，简称 OPC)，同时，也是其它节点的目的信令点编码(Destination Point

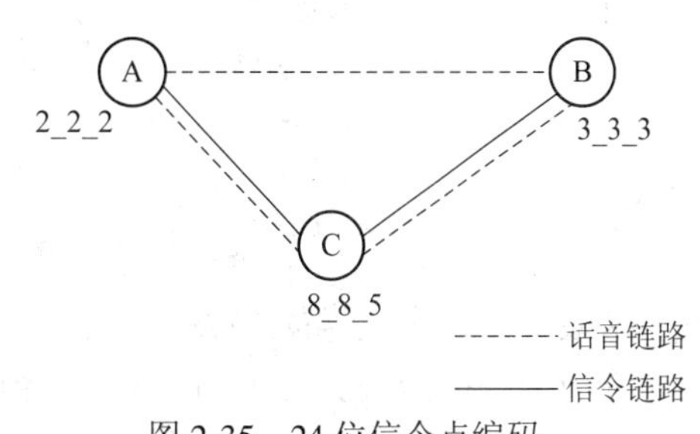

图 2-35　24 位信令点编码

Code，简称 DPC)。例如节点 A 的 OPC 为 2_2_2，DPC 为 8_8_5 和 3_3_3；而节点 B 的 OPC 为 3_3_3，DPC 为 8_8_5 和 2_2_2。可见，OPC 和 DPC 只是相对的说法。

在信令网中，信令点之间的连接方式各有不同，可以大体分为两种：直连式和非直连式。直连式指的是两个 SP 之间既有直接相连的话路又有直接相连的信令链路，如图 2-36 所示。非直连式指的是两个 SP 之间有直接相连的话路，而信令链路要经过若干个中间节点的转接，而且在不同的时刻，信令链路的转接路径也不同，如图 2-37(a)和(b)所示。还有一种准直连式，它是非直连式的特例，它是指两个 SP 之间有直接相连的话路，也有确定的信令链路转接路径，如图 2-38 所示。

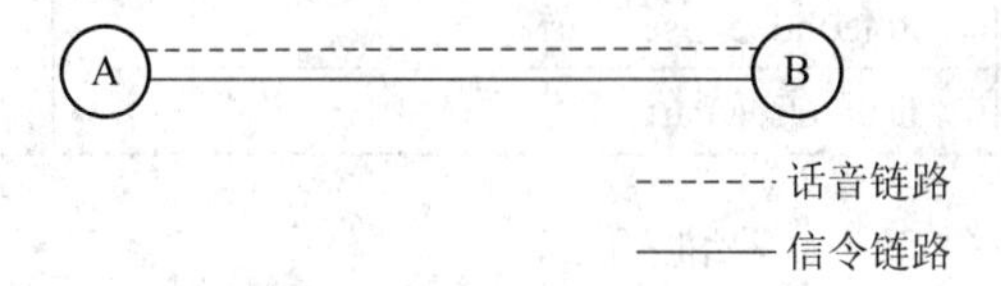


图 2-36　直连式

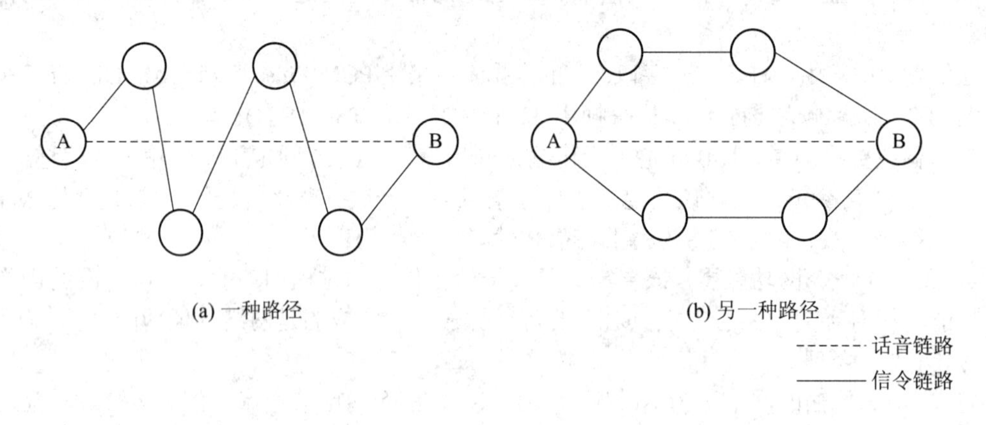


图 2-37　非直连式

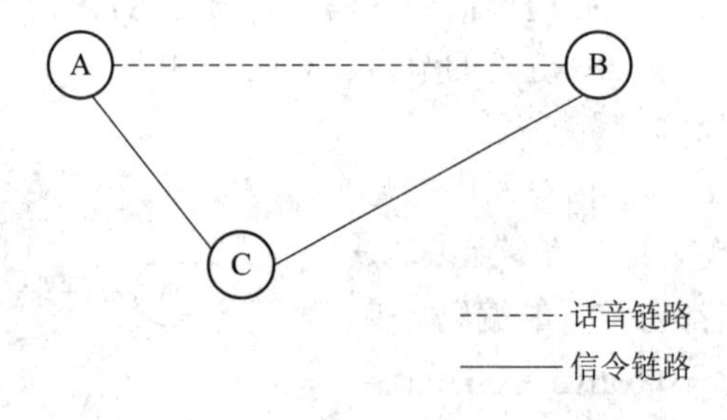


图 2-38　准直连式

由很多个以上这样的 SP/STP 就组成了信令网。按照是否分级，信令网可分为无级信令网和分级信令网两种。我国的 No.7 信令网采用三级结构，由高到低依次为高级信令转接点(High STP，简称 HSTP)、低级信令转接点(Low STP，简称 LSTP)和信令点 SP，其示意图如图 2-39 所示。

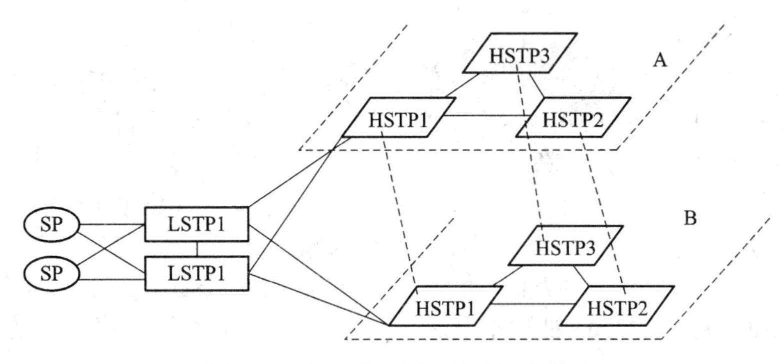


图 2-39 No.7 信令网三级结构示意图

HSTP 负责转接它所汇接的第二级 LSTP 和第三级 SP 的信令消息。它通常采用独立型的信令转接点设备，必须具有 MTP 功能，如果要实现移动通信业务、移动智能网业务，则该信令转接点还需要具有 SCCP 的功能。LSTP 负责转接它所汇接的第三级 SP 的信令消息。它可以采用独立型的信令转接设备，也可以采用与 SP 合设在一起的综合型信令转接设备，此时要求它具备用户部分 UP 功能。SP 是信令网中各种信令消息的源点或目的点。三级节点的对照比较详见表 2-3。

**表 2-3 三级节点的对照比较**

| 三级节点 | 地位 | 结构 | 为保证可靠性采取的措施 | 设置的地区 |
| --- | --- | --- | --- | --- |
| 高级信令转接点 HSTP | 高 | 网状 | 一个地区设两个。平时分担业务，故障时由一个承担 | C1、C2 级即大区，省一级 |
| 低级信令转接点 LSTP | 中 | 星型或网状 | 每个 LSTP 都要与两个 HSTP 相连 | C3 级即地区、市级 |
| SP | 信令消息的发起点和目的点 | 星型 | 任意 SP 都要与两个 LSTP 相连 | 每个网元至少有一个信令点 |

我国 No.7 信令的网络结构如图 2-40 所示。由图可见，No.7 信令网是平行于 PSTN 和移动网的一个相对独立的网络。这里，信令点 SP 包括两种设备：业务交换点(Service Switch Point，简称 SSP)和业务控制点(Service Control Point，简称 SCP)。SSP 主要完成业务交换功能，在 PSTN 中指的是程控交换机，在移动通信网中指的是 MSC。SCP 是提供业务数据查询的数据库，在 PSTN 中指的是用户数据中心(Subscriber Data Centre，简称 SDC)，在移动网中指的是 HLR 或 VLR。

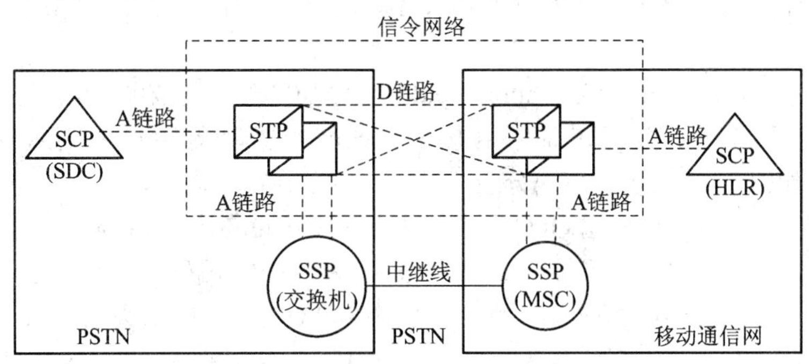


图 2-40 No.7 信令的网络结构

3) No.7 信令格式

No.7 信令采用分组交换，即把每一个信令消息都划分到一个分组中在信令点之间传送。为保证传输的可靠性，分组中除包含信令消息之外，还包括传送控制字段和检错校验字段。分组在这里称为单元。信号单元(Signal Unit，简称 SU)是信令消息的最小单位。由于各种信令消息的长度不相等，故信号单元也不等长，但都是由若干个 8 位位组构成的。

No.7 信令有三种格式的 SU：消息信号单元(Message SU，简称 MSU)、链路状态信号单元(Link Status SU，简称 LSSU)和填充信号单元(Fill In SU，简称 FISU)。三种 SU 的组成格式如图 2-41 所示。由图可见，不同 SU 的不同组成部分可能来自于 No.7 信令体系结构的不同层次。

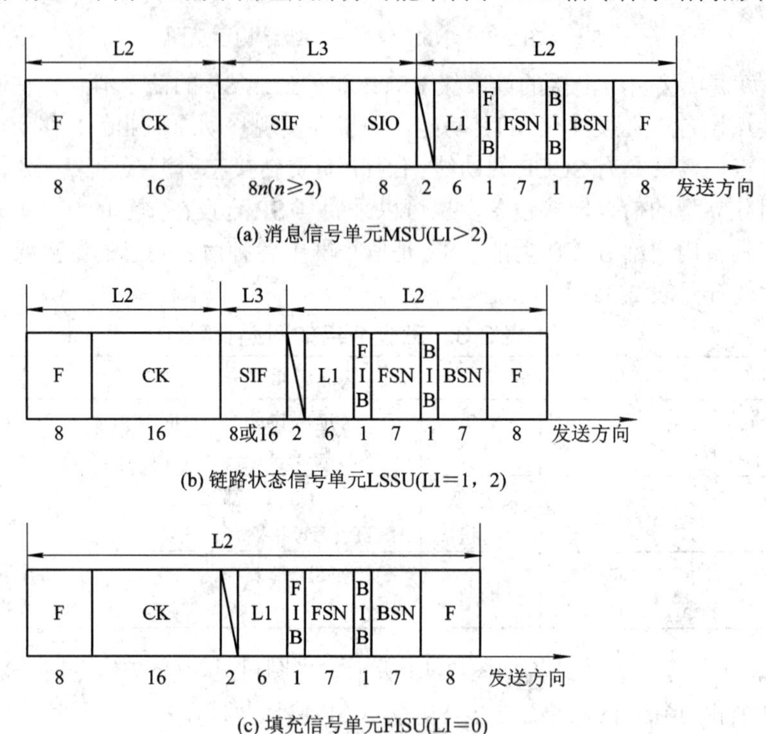


(a) 消息信号单元MSU(LI＞2)

(b) 链路状态信号单元LSSU(LI＝1，2)

(c) 填充信号单元FISU(LI＝0)

F—信号单元分界标志码；FSN—前向信序号；CK—校验位；BIB—后向指示语比特；
LI—长度指示语；BSBN—后向序号；FIB—前行指示语比特；SF—状态字段

图 2-41 信令单元的组成格式

图 2-41 中标示了除 SIF 和 SIO 之外各个字段的含义，下面重点介绍 SIF 和 SIO 这两个字段。

信令信息字段(Signaling Information Field，简称 SIF)的长度是可变的，它与电话用户部分的电话呼叫控制信号有关。SIF 通常由电路标记、消息类型(标题码)和消息内容(信令消息)三部分组成，如图 2-42 所示。各部分组成都是低字节在前，高字节在后。电路标记由目的信令点编码 DPC、源信令点编码 OPC 和电路识别码(Circuit Identity Code，简称 CIC)等组成。其中，CIC 由高 7 位和低 5 位组成。高 7 位表示基群 PCM 编码，低 5 位表示在每个 PCM 中通话所占用的时隙。例如收端获得的 CIC 依次为 23 0H，对应二进制为 00100011 0000B，按照低字节在前、高字节在后重排为 0000 001 00011，再按高 7 位和低 5 位分开为 0000001 00011，即 PCM 号为 1，TS 号为 3。再如，SIF 为 04 03 02 03 02 01 23 00 11 18 00 74 66 06 00

01，则表示 DPC 为 2_3_4，OPC 为 1_2_3，CIC 对应 PCM1 和 TS3，H0 和 H1 均为 1，信令消息为 01000666740018H。

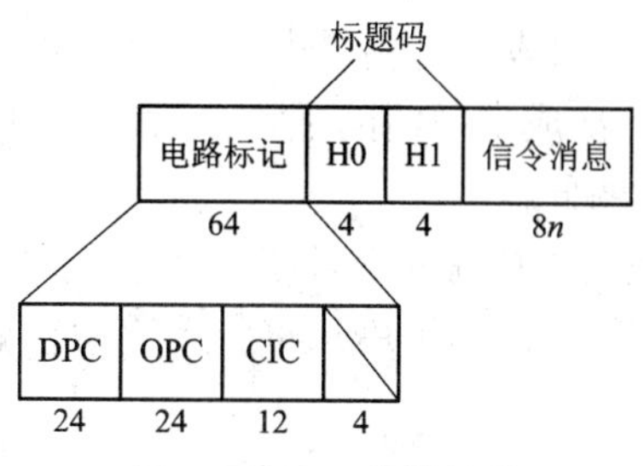


图 2-42　SIF 字段组成

业务信息八位组(Service Information Octet，简称 SIO)包括业务表示语(Service Index，简称 SI)和子业务字段(Sub-Service Field，简称 SSF)两部分，如图 2-43 所示。例如 SIO 为 84H，即 10000100B，则表示国内网路，TUP 业务。

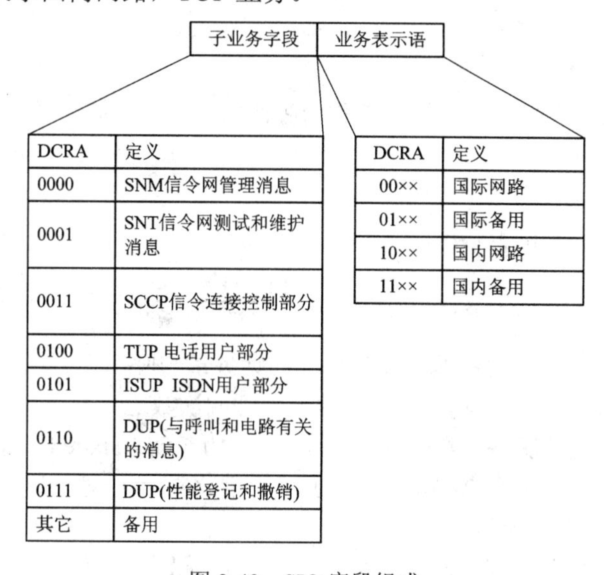


| DCRA | 定义 |
|---|---|
| 0000 | SNM信令网管理消息 |
| 0001 | SNT信令网测试和维护消息 |
| 0011 | SCCP信令连接控制部分 |
| 0100 | TUP 电话用户部分 |
| 0101 | ISUP ISDN用户部分 |
| 0110 | DUP(与呼叫和电路有关的消息) |
| 0111 | DUP(性能登记和撤销) |
| 其它 | 备用 |

| DCRA | 定义 |
|---|---|
| 00×× | 国际网路 |
| 01×× | 国际备用 |
| 10×× | 国内网路 |
| 11×× | 国内备用 |

图 2-43　SIO 字段组成

## 2.2.7　技术指标

在进行移动通信系统组网时除了考虑技术内容外，同时要考虑一些相关的技术指标。以下技术指标是衡量组网技术性能优劣的重要依据。

### 1. 话务量

话务量是通信系统中衡量通话业务量大小或繁忙程度的指标，其性质如同客运系统中心客流量，具有随机性，只能用统计的方法来获取。话务量可分为呼叫话务量、完成话务量和忙时话务量等几种。

所谓呼叫话务量，指的是单位时间(一个小时)内的平均电话交换量，其表达式为

$$A = C \times t_0 \tag{2-4}$$

式中，$A$ 为话务量，其单位是爱尔兰(Erl)；$C$ 为每小时平均呼叫次数(包括呼叫成功和呼叫失败的次数)；$t_0$ 为每次呼叫平均占用信道的时间(包括接续时间和通话时间)。如果在一个小

时之内连续地占用一个信道，则其呼叫话务量为 1Erl。这是一个信道所能完成的最大话务量。

所谓完成话务量，指的是呼叫成功而接通电话的话务量，用 $A'$ 表示。设 $C_0$ 为 1 小时内呼叫成功而通话的次数，$t_0$ 为每次成功呼叫的平均占用信道的时间，则有 $A' = C_0 \times t_0$。显然，完成话务量是呼叫话务量的一部分。

所谓忙时话务量，指的是一天中最忙的那个小时(即“忙时”)中每个用户的平均话务量，用 $A_\alpha$ 来表示，单位为 Erl/用户。由于用户每一天的话务量都可能不同，因此 $A_\alpha$ 是一个统计平均值。$A_\alpha$ 的表达式为

$$A_\alpha = \frac{CTK}{3600} \tag{2-5}$$

式中，$C$ 为每位用户每天平均的呼叫次数，$T$ 为每次呼叫平均占用信道的时间(单位为秒)，$K$ 为忙时集中系数，是忙时话务量与全日话务量之比，它反映了该通信系统“忙时”话务量的集中程度。

2. 呼损率

在一个通信系统中，呼叫失败的概率称为呼叫损失概率，简称呼损率，记为 $B$。呼损率的计算方法有以下两种。

1) 利用话务量计算

利用话务量，呼损率可表示为

$$B = \frac{A - A'}{A} = \frac{C - C_0}{C} = \frac{C_i}{C} \tag{2-6}$$

由式(2-6)可见，呼损率的物理意义是损失的话务量与呼叫话务量之比(用百分比形式表示)，同时，它在数值上等于呼叫失败的次数与总呼叫次数之比。

呼损率也称为系统的服务等级(或业务等级)，记为 GOS(Grade Of Service)。GOS 是系统的一个重要的质量指标。由式(2-3)可见，呼损率与话务量是一对矛盾。

2) 利用 Erlang B 公式计算

呼损率用 Erlang B 公式计算的前提条件是呼叫必须具有下列性质：

(1) 每次呼叫相互独立，互不相关，即呼叫具有随机性；

(2) 每次呼叫在时间上都有相同的概率；

(3) 每个用户选用无线信道是任意的，且是等概的。

Erlang B 公式是电话工程中的第一爱尔兰公式，其表达式为

$$B = \frac{\frac{A^n}{n!}}{1 + \frac{A}{1!} + \frac{A^2}{2!} + \cdots + \frac{A^n}{n!}} = \frac{\frac{A^n}{n!}}{\sum_{i=0}^{n} \frac{A^i}{i!}} \tag{2-7}$$

式中，$A$ 为话务量；$n$ 为系统中总的电路数量或信道数量。

**例 2-1** 有个系统容量 $n = 10$；话务量 $A = 6$Erl，系统服务的用户有很多，根据 Erlang B 公式求解系统呼损率。

解 系统的呼损率为

$$B=\frac{\dfrac{6^{10}}{10!}}{1+\dfrac{6}{1!}+\dfrac{6^2}{2!}+\cdots+\dfrac{6^{10}}{10!}}\approx 4.3\%$$

由于 Erlang B 公式计算起来比较费事，人们将 $A$、$B$ 和 $n$ 三个参数的关系列成了表格形式，称为爱尔兰呼损表，如附表 A 所示。只要知道三个参数中的任意两个，就可通过查表方便地求出第三个。

### 3. 信道利用率

信道利用率 $\eta$ 定义为多信道共用时每个信道平均完成的话务量，其表达式为

$$\eta=\frac{A'}{n}=\frac{A(1-B)}{n} \tag{2-8}$$

由式(2-8)可见，信道利用率与话务量成正比。根据前述结论，呼损率与话务量是一对矛盾，因此服务等级(呼损率)与信道利用率也是矛盾的。

### 4. 多信道共用系统的容量

多信道共用系统的容量可以用以下三种方法表示。

#### 1) 系统中的信道总数 $n$

一个共有 $S$ 个双向信道的蜂窝系统，如果每簇(Cluster)含有 $N$ 个小区，每个小区分配 $K$ 个信道($K<S$)，则有

$$S=K\bullet N \tag{2-9}$$

这里，$N$ 叫做簇的大小，它表征了移动台或基站在保证通信质量的同时，可以承受的同频干扰的程度。$N$ 的典型值为 4、7、12，图 2-44 给出了各种 $N$ 值的频率复用情况。

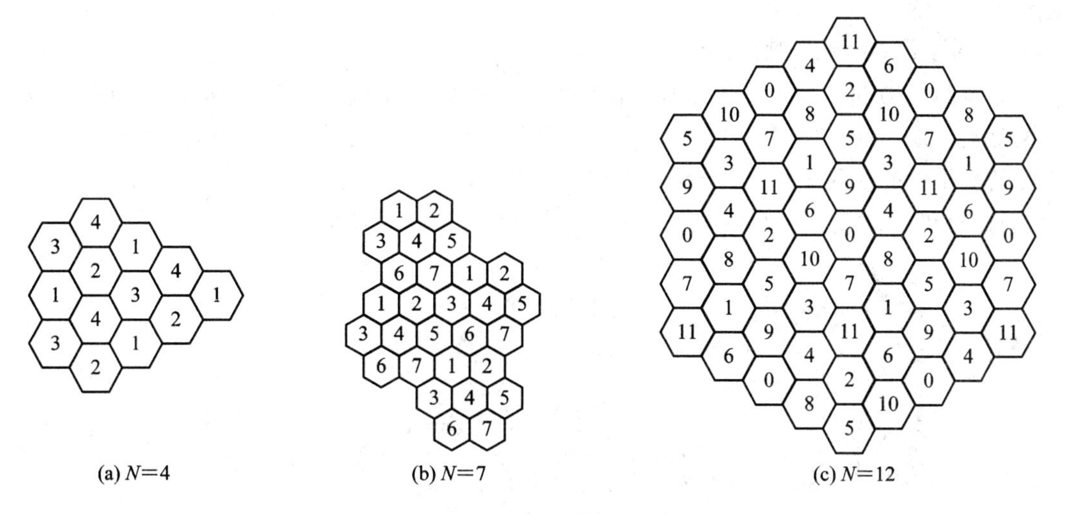


图 2-44　各种 $N$ 值的频率复用情况

如果簇在系统中共同复制了 $L$ 次，则系统中的信道总数 $n$ 为

$$n=L\bullet S=L\bullet K\bullet N \tag{2-10}$$

#### 2) 系统所能容纳的总用户数 $M$

系统所能容纳的总用户数 $M$ 定义为系统呼叫话务量 $A$ 与每个用户忙时话务量 $A_\alpha$ 的比

值，即

$$M=\frac{A}{A_{\alpha}}=\frac{A}{\frac{CTK}{3600}} \tag{2-11}$$

3) 每个信道所能容纳的用户数 $m$

每个信道所能容纳的用户数 $m$ 定义为系统所能容纳的总用户数 $M$ 与信道总数 $n$ 的比值，即

$$m=\frac{M}{n}=\frac{\frac{A}{A_{\alpha}}}{n}=\frac{\frac{A}{n}}{A_{\alpha}}=\frac{\frac{A}{n}}{\frac{CTK}{3600}} \tag{2-12}$$

**例 2-2** 已知某移动通信系统，每天每个用户平均呼叫 10 次，每次占用信道平均时间 80 秒，要求呼损率不高于 10%，忙时集中系数 $K=0.125$，给定 8 个信道可容纳多少个用户？

解 (1) 利用爱尔兰呼损表求出话务量 $A$。由已知条件可得 $B=10\%$，$n=8$，查表可得 $A=5.5971(\text{Erl})$。

(2) 求每个用户忙时话务量 $A_{\alpha}$：

$$A_{\alpha}=\frac{CTK}{3600}=\frac{10\times80\times0.125}{3600}=\frac{1}{36}\ (\text{Erl/用户})$$

(3) 求系统所能容纳的用户数：

$$M=\frac{A}{A_{\alpha}}=\frac{5.5971}{\frac{1}{36}}\approx201.5(\text{用户})$$

### 5. 同频距离与频率复用因子

同频距离 $D$ 也叫频率复用距离，指的是最近的两个同频点小区的小区中心之间的距离，如图 2-45 所示。图中两个阴影小区是最近的同频点小区，在两个小区的中心分别做两条与小区边界垂直的直线 $I$ 和 $J$，根据正六边形的特性，$I$ 和 $J$ 必然交汇于另一个相邻小区的中心，且夹角为 120°。不妨用 $I$ 和 $J$ 表示这两条线段的距离，根据三角公式，则有

$$D^2=I^2+J^2-2IJ\cdot\cos120°=I^2+IJ+J^2 \tag{2-13}$$

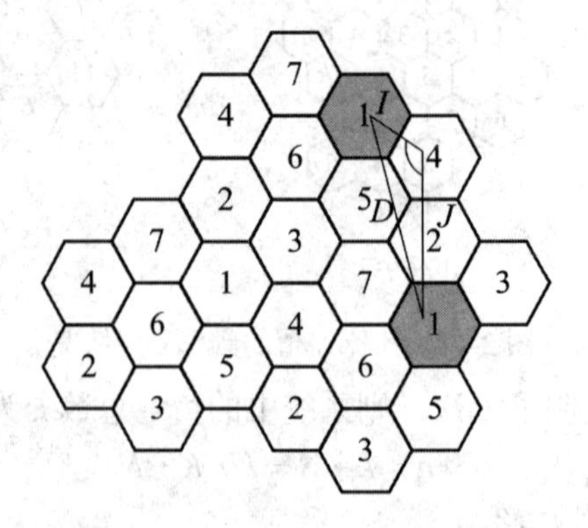


图 2-45 同频距离示意图

设 $R$ 为小区半径，$H$ 为小区中心到边的距离，则有 $H=\dfrac{\sqrt{3}}{2}R$。再另 $I=2iH$，$J=2jH$，即 $I=\sqrt{3}iR$， $j=\sqrt{3}jR$，这里的 $i$ 和 $j$ 都是两个相邻小区中心距的整数倍，将这些等式代入式(2-10)，整理后可得

$$D^2=3(i^2+ij+j^2)R^2 \tag{2-14}$$

即

$$D=\sqrt{3N}R \tag{2-15}$$

式中，$N=i^2+ij+j^2$，称为频率复用因子，代表的是每个簇中小区的个数，也就是式(2-9)中簇的大小。

由公式(2-15)可见，$N$ 越大，则 $D$ 越大，这样同频干扰越小，但是频率利用率越低；$N$ 越小，则 $D$ 越小，频率利用率越高，但是同频干扰越大。可见，频率利用率和同频干扰是一对矛盾。

常用的 $N$ 值与 $i$ 值和 $j$ 值的对应关系如表 2-4 和图 2-46 所示。

表 2-4　频率复用因子 $N$ 与 $i$ 和 $j$ 的对应关系

| $N$ | $i$ | $j$ |
|---|---|---|
| 4 | 0 | 2 |
| 7 | 1 | 2 |
| 12 | 2 | 2 |

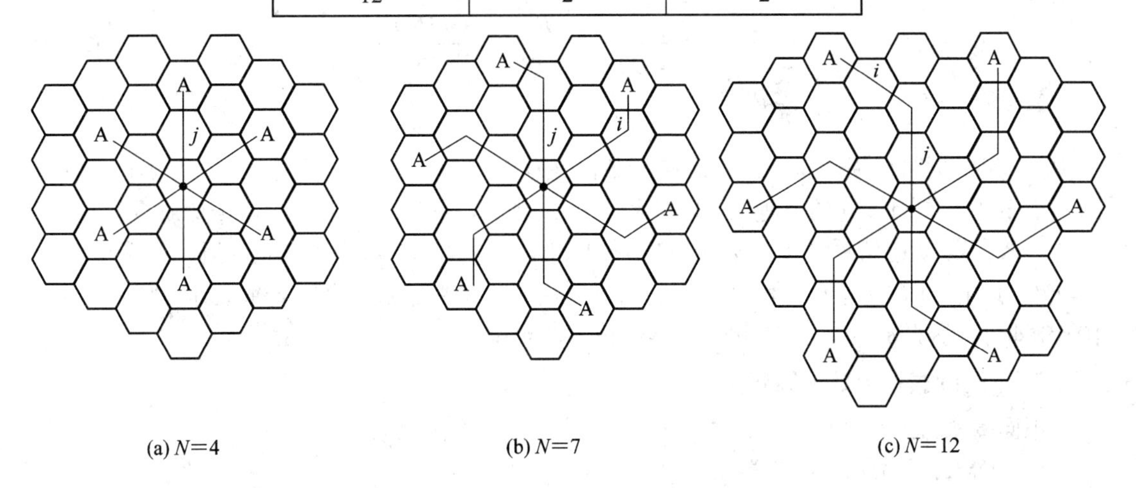


图 2-46　频率复用因子 $N$ 与 $i$ 和 $j$ 的对应关系

### 6. 同频道干扰抑制因子与同频载干比

同频道干扰抑制因子 $q$ 也叫同频复用比例、同频再用比。其定义为同频距离 $D$ 与小区半径 $R$ 的比值，即

$$q=\frac{D}{R}=\sqrt{3N} \tag{2-16}$$

由式(2-16)可见，同频再用比 $q$ 与簇的大小 $N$ 成正比。

通常在被干扰小区周围的干扰小区是多层的，如图 2-47 所示。但第一层的干扰作用最大且一般在所有干扰中占据很大的比重，因此只有第一层为有效干扰小区。由图 2-46 可知，无论簇的大小 $N$ 是多少，第一层干扰小区的个数 $L$ 都为 6，这是由六边形蜂窝结构决定的。

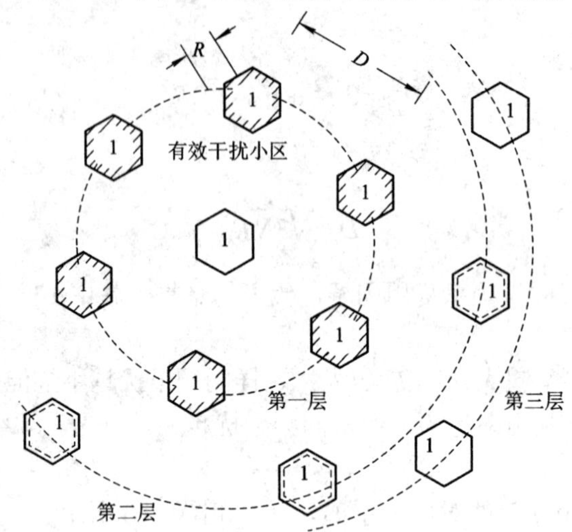


图 2-47　小区的同频多层干扰示意图

现假设所有干扰基站与预设被干扰基站间的间距 $D$ 都相等，则根据无线电传输特性可推导出同频载干比的计算公式如下：

$$\frac{C}{I}=\frac{R^{-\gamma}}{\sum\limits_{l=1}^{l}D_l^{-\gamma}}=\frac{R^{-\gamma}}{6D^{-\gamma}}=\frac{\left(\frac{D}{R}\right)^{\gamma}}{6}=\frac{(\sqrt{3N})^{\gamma}}{6}=\frac{q^{\gamma}}{6} \tag{2-17}$$

式中，$\gamma$ 为传播路径损耗斜率或称衰减指数，在移动通信系统中一般取 4。由式(2-17)可见，同频道干扰抑制因子 $q$ 的值越大，即簇的大小 $N$ 越大，同频干扰就越小，传播质量就越好。一般在模拟移动通信系统中，要求 $C/I>18$ dB，据式(2-17)可求出簇的大小 $N$ 至少应为 6.49(约为 7)。在数字移动通信系统中，由于采用了纠检错措施，所以一般要求 $C/I>7$ dB～10 dB 即可，因此簇的大小 $N$ 可以取小一些，如 $N=4$。

### 7. 不同制式系统的无线容量

不同接入方式系统的容量用每个小区占用的信道数 $m$ 来表征。

#### 1) FDMA 系统的无线容量

FDMA 系统容量的计算公式为

$$m=\frac{B_t}{B_c\cdot N} \tag{2-18}$$

式中，$B_t$ 为系统总的频带宽度，$B_c$ 为信道带宽，$N$ 为频率复用因子(簇的大小)。可见，在 $B_t$ 和 $B_c$ 一定的情况下，频率复用因子越大，系统容量越小。

将公式(2-17)变形，可以得到用 $C/I$ 表示的 $N$ 的公式为：

$$N = \frac{\sqrt{6 \quad C/I}}{3} \tag{2-19}$$

将式(2-19)代入式(2-18)，可得 FDMA 系统的容量与同频载干比的关系式为

$$m = \frac{3B_t}{B_c \sqrt[r]{6 \cdot C/I}} \tag{2-20}$$

由式(2-20)可知，$C/I$ 越大，$m$ 越小，因此，传输质量与系统容量是一对矛盾，在系统设计时要协同考虑、统筹兼顾。

2) TDMA 系统的无线容量

对于数字 TDMA 系统来说，由于数字信道所要求的载干比可以比模拟制的小几 dB，因而频率复用距离可以再近一些，频率复用因子 $N$ 可以取得更小些，因此，TDMA 系统的无线容量比 FDMA 的要大。TDMA 系统的无线容量计算公式为

$$m = \frac{B_t}{B_c \cdot N'} = \frac{B_t}{B_c' \cdot N} = \frac{3B_t}{B_c' \sqrt{6 \cdot C/I}} \tag{2-21}$$

式中，$N'$ 为 TDMA 系统实际的频率复用因子，$N'$ 比 FDMA 系统的 $N$ 要小，$B_c'$ 为等效带宽。设载频间隔为 $B_c$，每载波共有 $M$ 个时隙，则等效带宽为

$$B_c' = \frac{B_c}{M} \tag{2-22}$$

3) CDMA 系统的无线容量

FDMA 和 TDMA 系统的容量是带宽受限的，而 CDMA 系统的容量是干扰受限的，因而，它们的容量计算公式的参数也不同。以直接序列扩频(Direct Sequence Spread Spectrum，简称 DSSS)方式的 CDMA 系统为例，其无线容量计算公式为

$$m = \left[\frac{W/R_b}{E_b/N_0}\right] \cdot \frac{1}{d} \cdot G \cdot F \tag{2-23}$$

式中，$W/R_b$ 为处理增益，$E_b/N_0$ 为每个比特能量与干扰的比，$d$ 为话音负荷周期，$F$ 为频率再用效率，$G$ 为扇区数。

从载干比角度考虑的 CDMA 系统容量的推导过程如下：

(1) CDMA 系统接收信号的载干比可以用下式表示：

$$\frac{C}{I} = \frac{E_b/N_0}{W/R_b} = \frac{R_b \cdot E_b}{N_0 \cdot W} \tag{2-24}$$

(2) 设 $m$ 个用户共用一个无线信道，显然每一个用户的信号都受到其它 $m-1$ 个用户信号的干扰。假设到达一个接收机的信号强度和各干扰强度都相等，则载干比为

$$\frac{C}{I} = \frac{1}{m-1} \tag{2-25}$$

(3) 根据式(2-24)和式(2-25)，整理后可得

$$m = 1 + \frac{W/R_b}{E_b/N_0} \tag{2-26}$$

(4) 式(2-26)没有考虑在扩频带宽中的背景热噪声 $\eta$。将 $\eta$ 考虑进去，则能够接入此系统的用户数可表示为

$$m = 1 + \frac{W / R_b}{E_b / N_0} - \frac{\eta}{C} \tag{2-27}$$

由式(2-23)与(2-27)可得出相同的结论：CDMA 系统的无线容量 $m$ 与处理增益 $W/R_b$ 成正比，与 $E_b/N_0$ 成反比。

由理论计算可得，在总频带宽度为 1.25 MHz 时，以上三种体制的系统容量的比较结果为：$m_{\mathrm{CDMA}} \approx 16m_{\mathrm{FDMA}} \approx 9m_{\mathrm{TDMA}}$。显然，CDMA 系统的容量比 TDMA 的高，而 TDMA 系统的容量比 FDMA 的要高。CDMA 系统容量的实际值要比理论值低一些，具体低多少要看其采用的各种关键技术及其技术水平。一般认为，CDMA 系统的容量是模拟 FDMA 系统的 8～10 倍。

# 2.3 调制与解调

根据通信系统中传输信号的形式不同，通信系统可以分为基带传输系统、频带传输系统和宽带传输系统三种。通信系统中信号源产生的信号一般都是基带信号。基带信号一般指的是未经过处理的原始信号，其频带通常从低频甚至零频开始，具有低通形式，如图 2-48(a)所示。在某些有线信道中，特别是传输距离不太远的情况下，可以直接传输这种基带形式的信号，这样的系统就称为基带传输系统。在另外一些信道，特别是无线信道和光信道中，数字基带信号必须经过调制，将信号频谱搬移到高频处才能在信道中传输，这样的系统称为频带传输系统。频带信号如图 2-48(b)所示。由于这种系统的实现必须采用调制技术，因此也称为调制传输系统。又由于调制过程必须有载波的参与，因此这种系统又称为载波传输系统。随着 CDMA 技术的提出和发展，人们又提出了宽带传输系统的说法。在频带传输系统中采用的调制技术都是通过使信道带宽尽量变窄来提高频率利用率。但是随着频率需求的增加，这种窄带化调制日趋接近极限，调制技术又开始向相反的方向发展，即宽带调制技术。宽带传输系统采用的宽带调制技术称为扩频调制，扩频信号如图 2-48(c)所示，在 4.2 节将对此给予介绍。

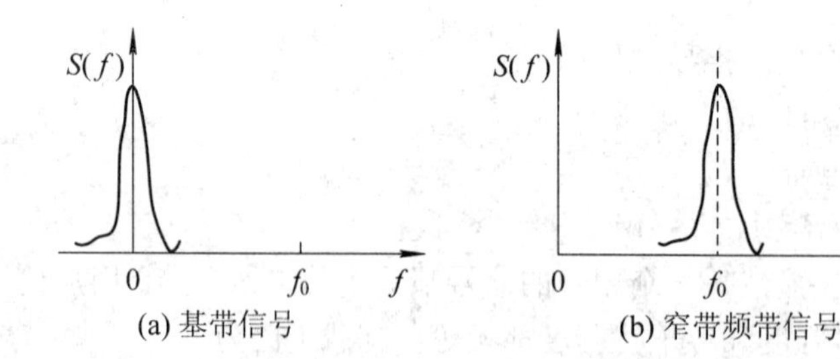

(a) 基带信号　　(b) 窄带频带信号

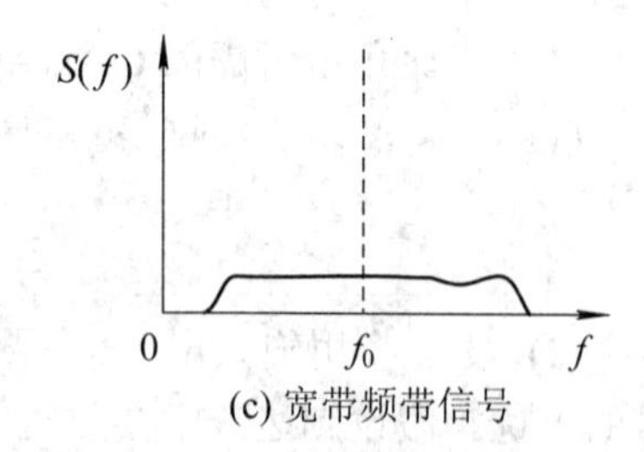

(c) 宽带频带信号

图 2-48　不同的传输信号形式

通信系统采用调制技术的目的除了提高频率利用率外，还包括适应信道衰落，减小传输过程中的能量损失，提高信噪比，减小差错概率和增强纠错能力等。

鉴于移动通信系统的数字化发展方向，本节将仅介绍在移动通信系统广泛应用的窄带数字调制技术。关于普通的数字调制技术，如幅移键控(Amplitude Shift Keying，简称 ASK)、频移键控(Frequency Shift Keying，简称 FSK)和相移键控(Phase Shift Keying，简称 PSK)，请参阅有关通信原理的相关书籍。

数字调制技术按信号是否具有线性特性可分为线性调制(如 PSK 和 QAM)和非线性调制(MSK 和 GMSK)；按信号相位是否连续可分为相位连续的调制(如 MSK 和 GMSK)和相位不连续的调制(如 QPSK、OQPSK 和 π/4-QPSK)；按信号包络是否恒定可分为恒定包络调制(如 MSK 和 GMSK)和非恒定包络调制(如 QPSK、OQPSK 和 π/4-QPSK)。下面介绍高斯最小频移键控、四相相移键控及改进型和交振幅调制。

### 2.3.1　高斯最小频移键控

最小频移键控(Minimum frequency Shift Keying，简称 MSK)调制是调频指数 $\beta_{FM}=0.5$ 的二进制数字频率调制，其调频带宽较窄，且具有恒定的包络，因而可以在接收端采用相干检测法进行解调。但是数字移动通信系统对信号带外辐射功率的限制十分严格，一般都要求带外衰减在 70 dB～80 dB 以上，再采用 MSK 就不能满足要求了。这时，可以采用 MSK 的改进型——高斯最小频移键控(Gauss MSK，简称 GMSK)。

GMSK 的基本原理如图 2-49 所示，首先基带信号经过高斯低通滤波器的预滤波，使基带信号形成高斯脉冲，然后再进行 MSK 调制。

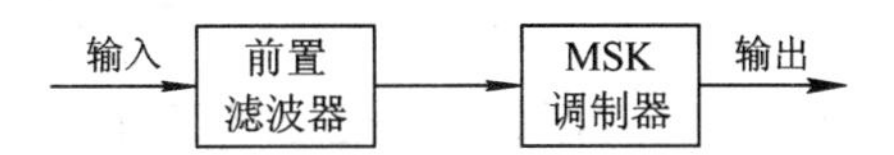


图 2-49　GMSK 的基本原理方框图

相比于 MSK，GMSK 只是多了一步预滤波，却能在两个方面获得了性能上的改进：一方面，由于滤波形成的高斯脉冲包络无陡峭的边沿，也无拐点，所以经调制后的已调波相位路径在 MSK 的基础上进一步得到了平滑，如图 2-50 所示；另一方面，由于高斯滤波使得调制频偏进一步减小，因而调制后的频谱主瓣更窄，旁瓣衰落更快，使得更少的能量扩散到邻近信道中去，所以干扰更小，且满足了移动通信系统带宽尽量窄的要求，如图 2-51 所示。

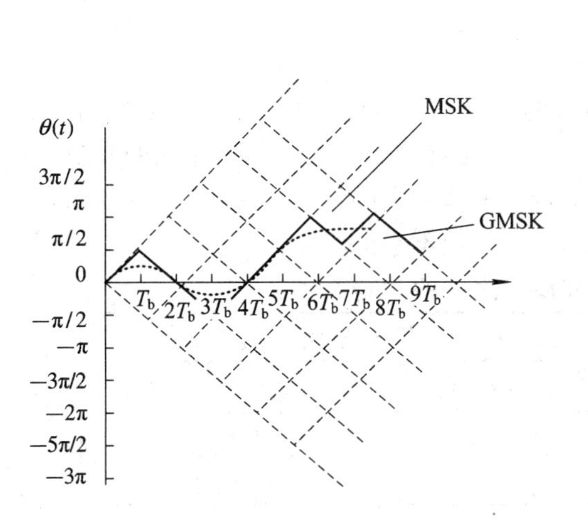


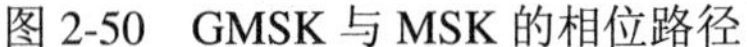

图 2-50　GMSK 与 MSK 的相位路径

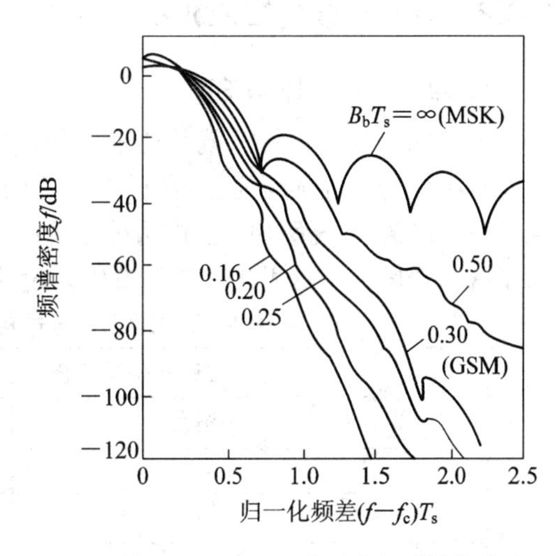


图 2-51　GMSK 信号的频谱特性曲线

图 2-51 为 GMSK 信号的归一化频谱密度特性曲线。图中参变量为高斯低通滤波器的归

一化 −3 dB 带宽 $B_b \cdot T_s$($B_b$ 为高斯低通滤波器的 −3 dB 带宽，如图 2-52 所示；$T_s$ 为码元宽度)，横坐标为归一化频差 $(f - f_c) \cdot T_s$($f_c$ 为载波频率)。由图 2-51 可知，$B_b \cdot T_s$ 越小，功率谱越集中。当 $B_b \cdot T_s = \infty$，即相当于不通过滤波器时，GMSK 就蜕变为 MSK。

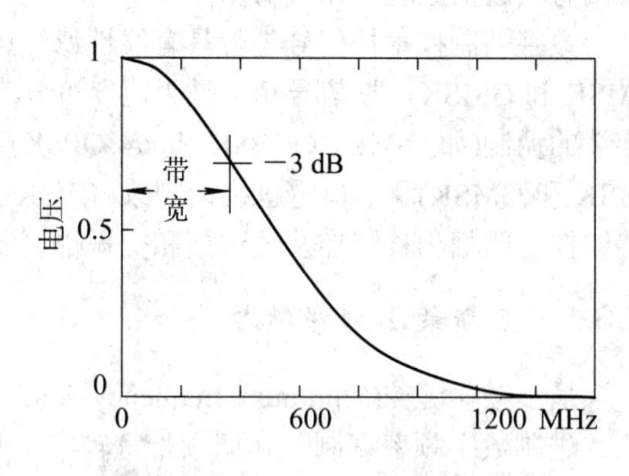

图 2-52 高斯低通滤波器的 −3 dB 带宽

需要指出的是，GMSK 信号的频谱特性的改善是通过降低误码率的性能换来的。前置滤波器的带宽越窄，输出功率谱就越紧凑，但误码率性能就变得越差。因此，在实际系统中二者要同时考虑、统筹兼顾。

GMSK 信号的解调可采用正交相干解调，也可采用鉴频器或差分检测器。在移动通信系统中，由于存在多径衰落，相干解调的相干载波难以提取，而鉴频器的性能也不理想，因此，这两种方法都不适用。差分检测不需要恢复相干载波的波形，在多径传播条件下是一种较好的方案。二比特差分检测法如图 2-53 所示。

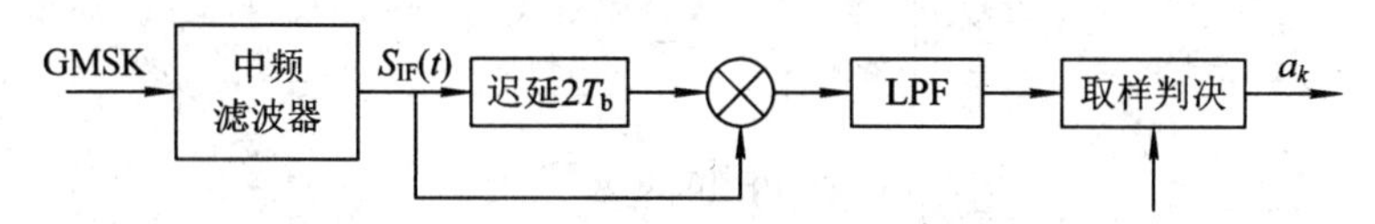

图 2-53 GMSK 的二比特差分检测法

GMSK 在移动通信中有着广泛的应用，如 2G 的 GSM 移动通信系统即采用这种调制方法。GSM 系统的高斯低通滤波器的归一化 −3 dB 带宽 $B_b \cdot T_s$ 取值为 0.3，其频谱密度特性曲线如图 2-51 所示。研究证明，当 $B_b \cdot T_s = 0.3$ 时，GMSK 的功率谱完全满足 GSM 标准的要求。

## 2.3.2 四相相移键控及其改进型

### 1. 四相相移键控 4PSK

所谓四相相移键控，就是通过调制，使载波的四种不同的起始相位来对应要传输的信息序列中四种不同的码元符号(0、1、2 和 3)。根据选取的起始相位的不同，常用的4PSK 有 π/4 系统和 π/2 系统两种。在这两种系统中，起始相位和码元之间的对应关系如表 2-5 所示。为了降低误码率，这里的二进制编码采用的是格雷码，而不是自然编码。

表 2-5 4PSK 信号相位和码元之间的对应关系

| 四进制码元 $a_n$ | 二进制码元组合 | | 信号相位 | |
|---|---|---|---|---|
| | $a$ | $b$ | π/2 系统($\theta_0 = 0$) | π/4 系统($\theta_0 = -135°$) |
| 0 | 0 | 0 | 0° | −135° |
| 1 | 1 | 0 | 90° | −45° |
| 2 | 1 | 1 | 180° | 45° |
| 3 | 0 | 1 | 270° | 135° |

按照这种对应关系可以得到相应的矢量图，如图 2-54 所示。

4PSK 调制器的原理框图如图 2-55 所示，它可以看成由两个完全正交的二进制相移键控(Binary PSK，简称 BPSK 或 2PSK)调制器构成，因此，也称为正交相移键控(Quadrature PSK，简称 QPSK)。

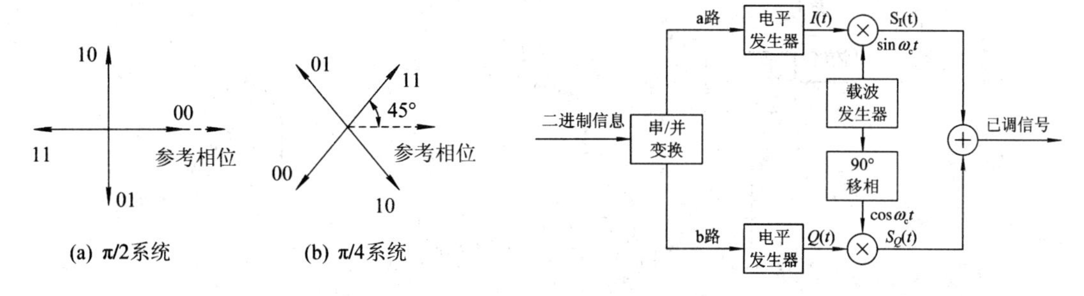


图 2-54　4PSK 矢量图　　　图 2-55　π/4 系统 QPSK 调制器原理框图

图 2-55 中，信源产生的串行二进制信息序列首先经串/并变换，分成上下两条支路，上支路称为同相支路，下支路称为正交支路。经过串/并变换后两路信号 a、b 速率都减半，然后经电平发生器分别产生双极性二电平信号 $I(t)$和 $Q(t)$，继而对两路正交的载波 $\sin\omega_c t$ 和 $\cos\omega_c t$ 分别进行调制，最后上下两路信号 $s_I(t)$和 $s_Q(t)$相加即得 QPSK 信号。

以二进制信息序列 1001111011 为例，与图 2-55 所对应的各点信号波形如图 2-56 所示。

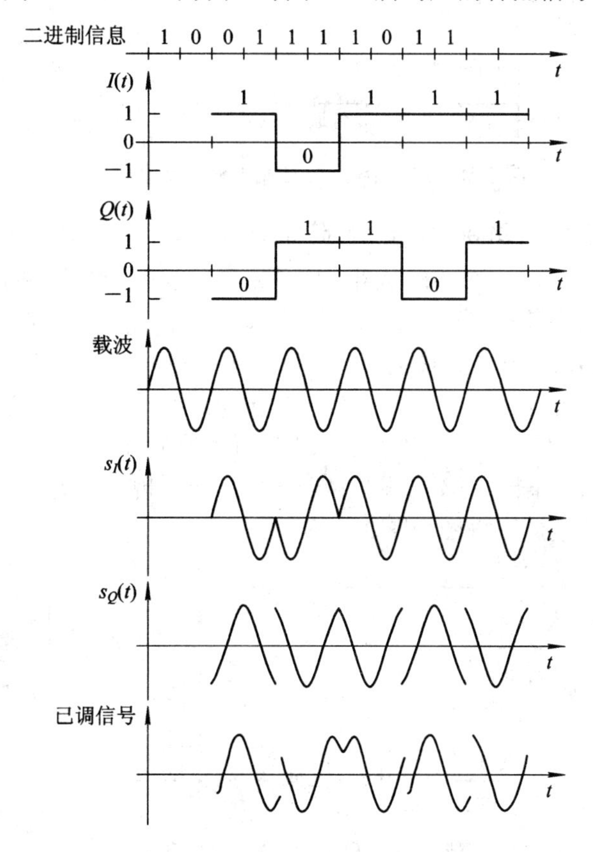


图 2-56　π/4 系统 QPSK 实现波形图

需要说明的是，图 2-55 和图 2-56 中所示同相支路中采用的载波为正弦波，且这两个图描述的都是 π/4 系统的 QPSK。π/2 系统 QPSK 调制器的原理框图如图 2-57 所示。

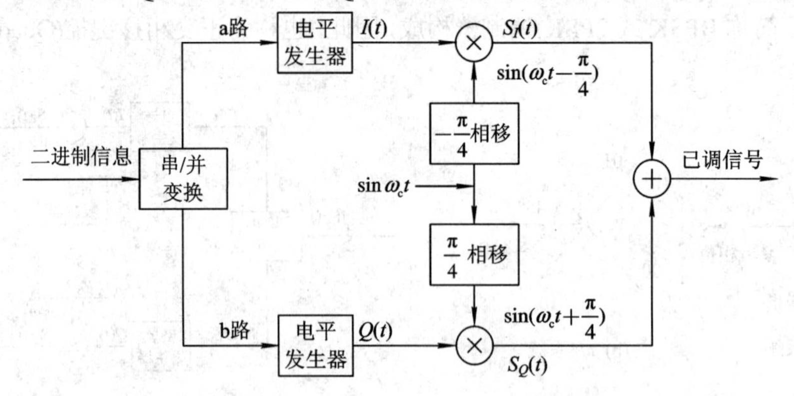


图 2-57　π/2 系统 QPSK 调制器原理框图

QPSK 与 2PSK 相同，也可以采用相干解调法进行解调。图 2-58 所示为 π/4 系统 QPSK 相干解调器原理框图，关于 π/2 系统 QPSK 的解调请参考此图。

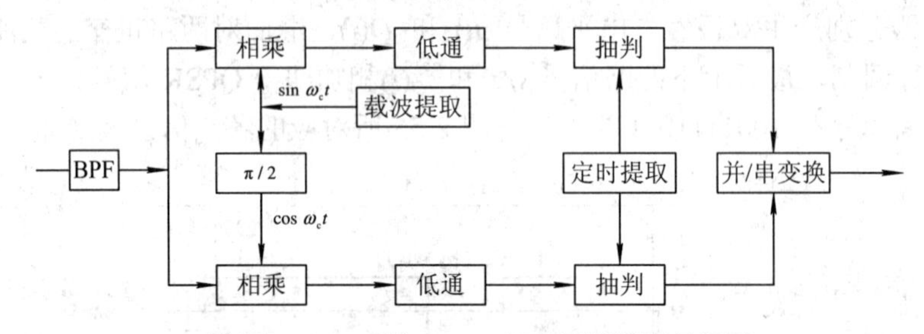


图 2-58　π/4 系统 QPSK 相干解调器原理框图

## 2. 交错正交相移键控(Offset QPSK，简称 OQPSK)

由 QPSK 的星座图可知，QPSK 信号在码元变换处易产生 180° 的相位跳变，从而在限带后导致包络起伏大、旁瓣分量增加。为了克服此缺点，提出了 QPSK 的改进型——交错正交相移键控 OQPSK，使相位跳变只有 0° 和 ±90° 三种。

OQPSK 的调制原理为：在原有 QPSK 产生电路的基础上，通过使正交支路延迟半个符号周期的方法，使同相和正交数据流在时间上错开半个码元周期，这样在相位转换处每次只有一路可能发生极性翻转，而不会发生两路同时翻转的现象，从而避免了 180° 相位跳变的发生。OQPSK 的实现原理框图如图 2-59 所示。

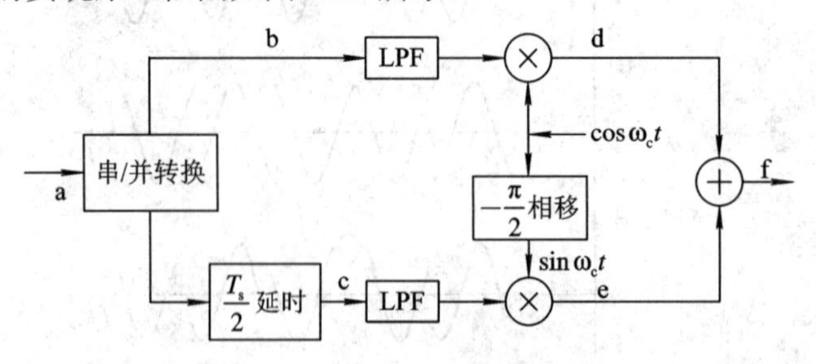


图 2-59　OQPSK 调制原理框图

以二进制信息序列 0100100110110 为例，与图 2-59 所对应的各点信号波形如图 2-60 所示。

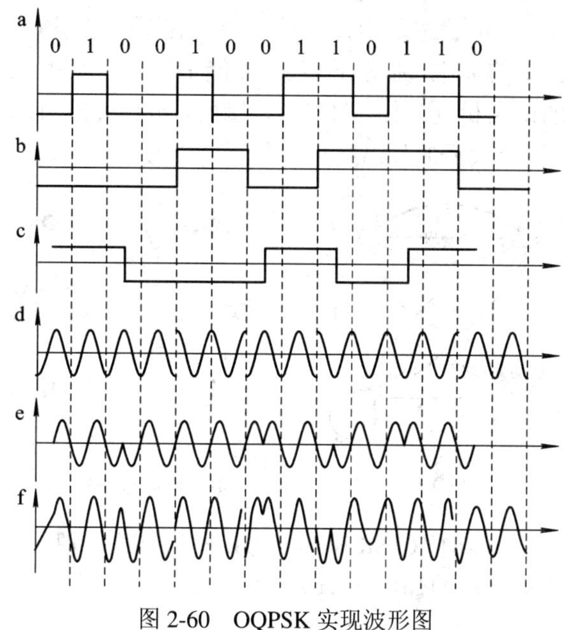


图 2-60　OQPSK 实现波形图

OQPSK 信号的解调也可以采用相干解调，其实现原理框图如图 2-61 所示。其解调原理与 QPSK 的基本相同，只是正交支路信号要与发送端保持一致，在抽样判决前也应延迟 $T_s/2$。

QPSK 和 OQPSK 都属于非恒定包络调制技术，这类调制的功率放大器可以工作在非线性状态而不引起严重的频谱扩散，但它们存在频带利用率低的缺陷，显然不能适应通信发展的现状和趋势。目前各种具有高频带利用率的线性调制方式日益受到人们的关注，如 π/4-QPSK 和 QAM。

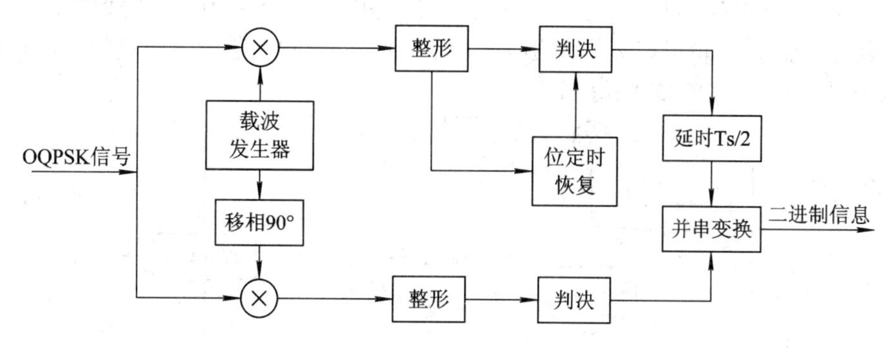


图 2-61　OQPSK 相干解调原理图

### 3. π/4-QPSK

π/4-QPSK 也是 QPSK 的改进型，改进之一是将 QPSK 的最大相位跳变由 ±π 降为 ±3/4π，从而减小了信号的包络起伏，改善了频谱特性。具体来看，π/4-QPSK 可以看成是在 QPSK 的基础上，每个码元周期内其相位旋转 π/4 而形成的。QPSK 共有四个状态，由其中一个状态可以转换为其它三个状态中的任何一个，相位跳变量可能为 ±π/2 或 ±π，因而存在 180° 的

相位变化，如图 2-62(a)所示。π/4-QPSK 共有八个状态，分为两组，相位相差 45°，在图 2-62(b)中分别以白点和黑点表示。π/4-QPSK 矢量转换只能在这两组之间进行，也就是说，如果现在的码元周期内，相位状态是白点中的一个，在下一个码元周期内相位状态只能是黑点中的某一个。这样的相位跳变量就只可能有 $\pm\pi/4$ 和 $\pm3\pi/4$ 四种取值。可见 π/4-QPSK 中可能出现的最大相位变化是 135°。因此，π/4-QPSK 已调信号的包络起伏比原型 QPSK 要小，经非线性放大后的频谱特性也优于 QPSK。

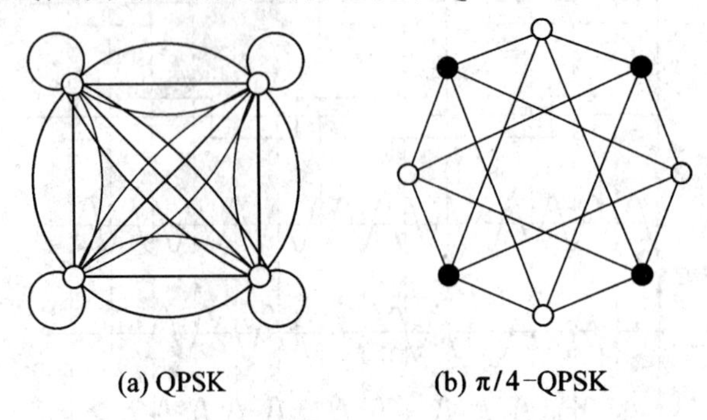


图 2-62 QPSK 和 π/4-QPSK 星座相位转移图

π/4-QPSK 调制器的原理框图如图 2-63 所示。

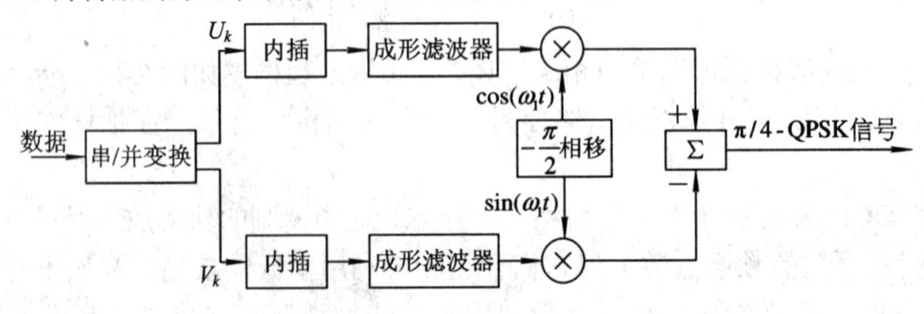


图 2-63 π/4-QPSK 调制器原理框图

π/4-QPSK 对 QPSK 的改进之二是解调方式。QPSK 只能采用相干解调，而 π/4-QPSK 既可以采用相干解调，也可以采用非相干解调，如差分检测和鉴频器检测等。图 2-64 所示为差分检测法实现 π/4-QPSK 的解调。

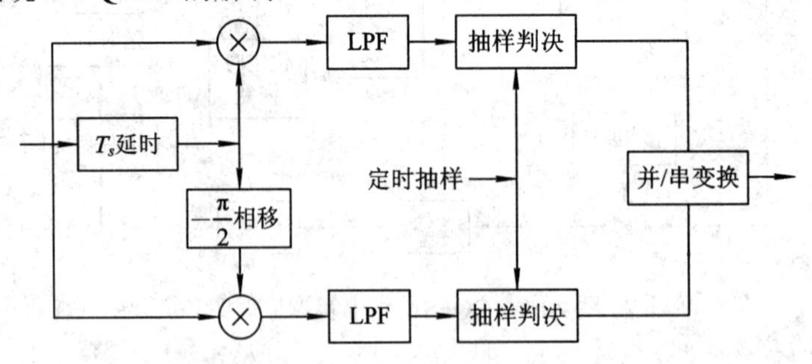


图 2-64 π/4-QPSK 的差分检测解调法

π/4-QPSK 相位调制技术是 2G 移动通信中使用较多的一种调制方式，美国的 IS-136 数字蜂窝系统、日本的个人数字蜂窝系统 PDC 和美国的个人接入通信系统 PACS 都采用这种调制技术。

### 2.3.3　正交振幅调制

正交幅度调制(Quandrative Amplitude Modulation，简称 QAM)是一种振幅和相位联合键控(Amplitude & Phase Keying，简称 APK)的调制方式。由通信原理的基本知识可知，系统的抗干扰能力与进制数 $M$ 有关：$M$ 越大，各种状态间的距离就越近，抗干扰能力也就越差。采用幅度和相位联合键控的方式显然能够提高系统的可靠性。而且，QAM 属于线性调制，具有较高的频带利用率，因此，是目前应用较为广泛的一种调制方式。3G 标准中就普遍应用了 16QAM 调制方式。

QAM 的一般表达式为

$$Y(t)=A_m\cos\omega t+B_m\sin\omega t,\quad 0<t<T_s \tag{2-28}$$

式(2-28)由两个相互正交的载波构成，每个载波被一组离散的振幅$\{A_m\}$和$\{B_m\}$所调制，故称这种调制方式为正交振幅调制。式中，$T_s$ 为码元宽度，$m=1，2\cdots，M$，$M$ 为$\{A_m\}$和$\{B_m\}$中电平的个数。

QAM 中的振幅 $A_m$ 和 $B_m$ 可以表示为

$$\begin{cases}A_m=d_mA\\B_m=e_mA\end{cases} \tag{2-29}$$

式中，$A$ 是固定的振幅，$(d_m，e_m)$由输入数据确定，同时又决定了 QAM 信号在信号空间(星座图)中的坐标点，如图 2-65 所示。

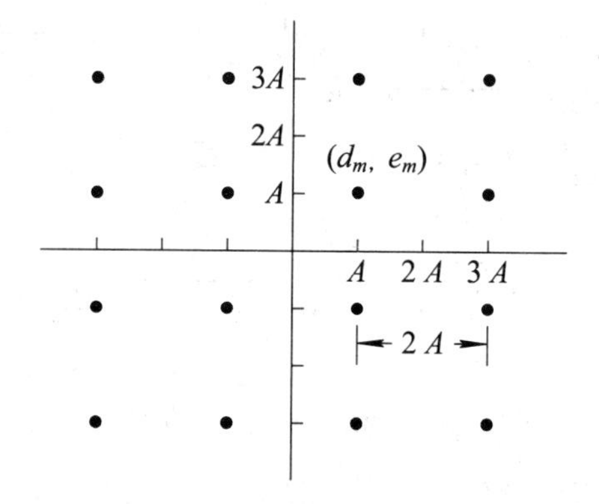


图 2-65　16QAM 星座图

QAM 调制和相干解调的原理框图如图 2-66 所示。在调制端，速率为 $R_b$ 的输入二进制序列经过串/并变换后，转换成两路速率均为 $R_b/2$ 的两电平序列，这两个序列再分别经过 2-$L$ 电平变换器的转换，形成速率为 $R_b/\mathrm{lb}M$ 的 $L$ 电平信号 $A_m$ 和 $B_m$，为了抑制已调信号的带外辐射，$A_m$ 和 $B_m$ 先要经过预调制低通滤波器(Low Pass Filter，简称 LPF)，然后与两个正交的载波相乘，最后将两路信号相加，即得 MQAM 信号。在接收端，输入信号 MQAM 与本地恢复的两个正交载波相乘后，经过低通滤波、多电平判决、$L$-2 电平变换器转换后，再经过并/串变换就恢复出原始数据。

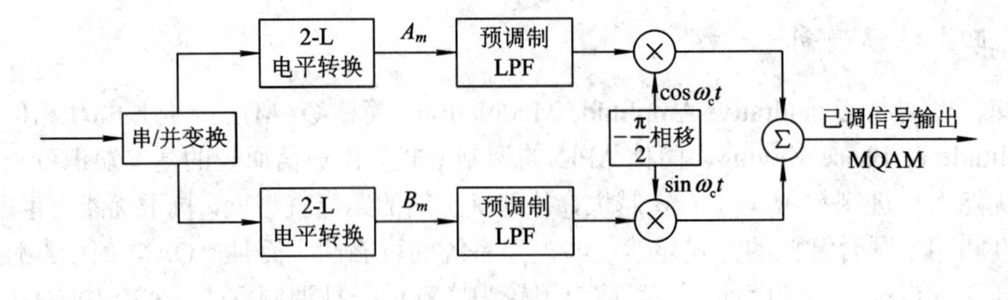


(a) QAM调制

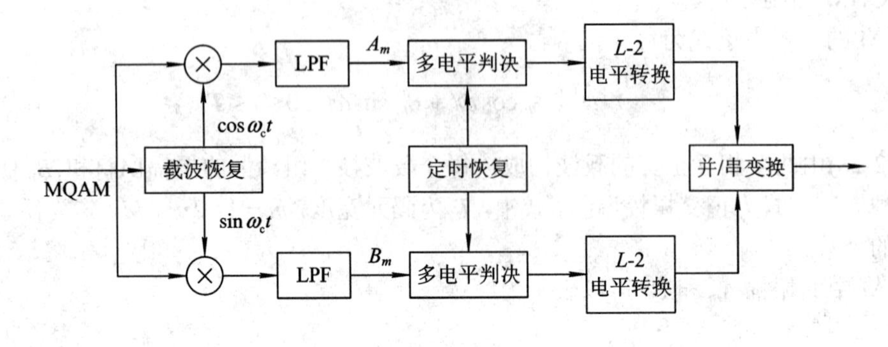


(b) QAM解调

图 2-66　QAM 调制和相干解调

QAM 的另一种相干解调原理框图如图 2-67 所示。

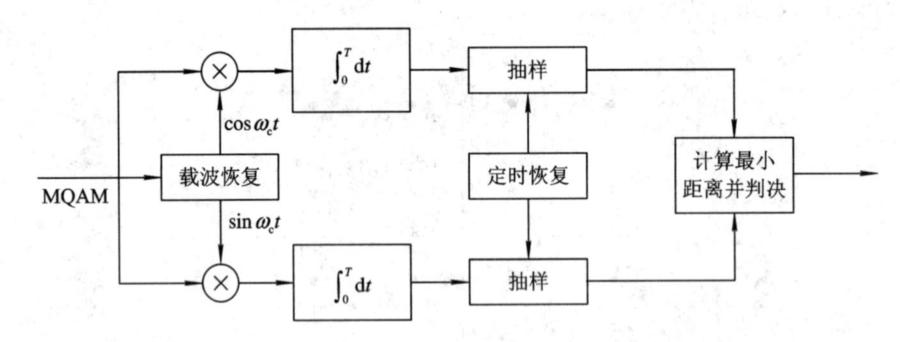


图 2-67　QAM 另一种相干解调

在该解调电路中，接收信号与本地恢复的正交载波相乘后，再经过积分抽样后就可以得到解调信号($d_m$，$e_m$)的估值($d'_m$，$e'_m$)，然后经过计算($d'_m$，$e'_m$)与所有可能发送的信号点($d_m$，$e_m$)之间的距离，与($d'_m$，$e'_m$)距离最小的信号点即为判决后得到的最佳输出信号点。对于这种在解调 QAM 信号时采用计算接收信号与发送点距离来判决的方法，显然要求信号点之间的最小距离越大越好，以利于判决。设信号点间最小距离为 2$A$，则平均发射功率为

$$P_{ar}=\frac{A^2}{M}\sum_{m=1}^{M}(d_m^2+e_m^2) \tag{2-30}$$

由式(2-30)可见，由于信号点之间最小距离的平方与信号的平均发射功率成正比，而发射功率是受限的，因此，也就限制了信号点间距离的增长。

经分析可知，QAM 具有更高的频谱效率，这是由于它具有更大的符号数。对于给定的系统，所需要的电平数为 $2^n$，这里 $n$ 是每个电平的比特数。每个电平包含的比特(基本信息单位)越多，效率就越高。例如，16QAM 在 25 kHz 信道中可实现 64 kb/s 的传输速率，其频谱利用率高达 2.56(b・$s^{-1}$)/Hz；而 64QAM 的频带利用率可达 5(b・$s^{-1}$)/Hz。但需要指出的是，QAM 的高频带利用率是以牺牲其抗干扰性来获得的，电平数越大，信号星座点数越多，其抗干扰性能越差。因为随着电平数的增加，电平间的间隔减小，噪声容限减小，同样噪声条件下误码增加。在时间轴上也会如此，各相位间隔减小，码间干扰增加，抖动和定时问题都会使接收效果变差。因此，并不能无限制地通过增加电平级数来增加传输数码率。

此外，QAM 的星座图形状不同，其通信效果也不相同。QAM 有方型(标准型)和星型两种不同形状的星座图。图 2-68(a)和(b)所示分别为 16QAM 的方型和星型星座图。

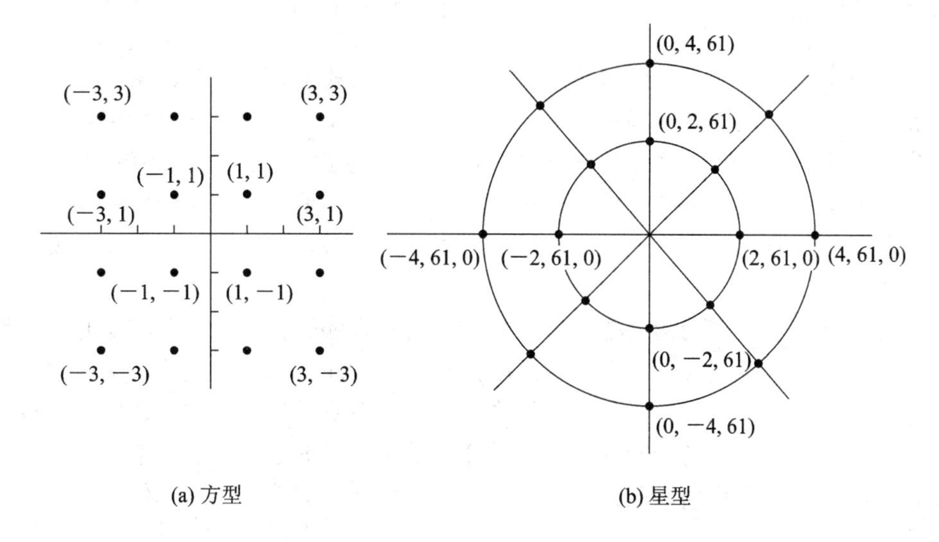


图 2-68　16QAM 的方型和星型星座图

在信号点之间的最小距离为 $2A$ 的情况下，求得这两种形式的信号功率分别为

- 方型 QAM：

$$P_{\text{ar}}=\frac{[(1^2+1^2)\times 4+(3^2+1^2)\times 8+(3^2+3^2)\times 4]\times A^2}{16}=10A^2$$

- 星型 QAM：

$$P_{\text{ar}}=\frac{(2.61^2\times 8+4.61^2\times 8)\times A^2}{16}=14.0321A^2$$

单从发射功率的角度去看，两者功率相差 6 dB，似乎方型 QAM 要优于星型。但从二者的星座图结构上观察，星型 QAM 要优于方型 QAM。原因之一是星型 QAM 只有两个振幅值，而方型 QAM 有三种振幅值；原因之二是星型 QAM 只有 8 种相位，而方型 QAM 有 12 种相位。综合考虑以上原因，实际系统中往往采用的都是星型 QAM。如美国 Motorola 公司研制生产的 800 MHz 数字集群移动通信系统采用的 M-16QAM，就是以星型 QAM 调制技术为基础的。

# 2.4 信源编解码

调制与解调技术在模拟和数字系统中都有应用，而编码与解码却是数字通信系统所特有的，是其基本技术之一。数字编码分为信源编码和信道编码两种。所谓信源编码，是指将信号源中多余的信息除去，从而形成一个适合传输的信号的过程。信源编码主要包括模拟信号的数字化和压缩编码两种，其目的是提高系统的有效性。所谓信道编码，是指为了减小衰落和抑制信道噪声对信号的干扰，给信号编码增加冗余的纠、检错码或是把信号编码进行重新排列的过程。信道编码主要包括差错控制编码和交织两种，其目的是保证系统的可靠性。系统的有效性和可靠性往往是相互矛盾和相互制约的，因此必须尽量选择合理的信源编解码和信道编解码方法，以同时满足系统这两方面的要求。本节先介绍信源编解码。

由于自然界的信号源产生的原始信号大都是模拟形式的，如声音、图像等，而通信系统大都是数字的，因而需要将模拟信号首先经过抽样、量化和编码变成数字信号后，才能够在数字信道中传输，这就是模拟信号的数字化过程。同时，为了提高系统的频带利用率、保证系统的有效性，必须把信号的传输速率降下来，这就要用到信号的压缩编码技术。在接收端，只要经过相反的过程——解压缩编码和数模转换，就能恢复出原始的模拟信号，从而实现正常通信。

由于移动通信中最多的信号是语音信号，因而语音编码技术在数字移动通信中具有相当重要的作用。语音编码技术可以直接影响到数字移动通信系统的通信质量、频谱利用率和系统容量。所谓语音编码，是指利用语音信号及人在听觉特性上的冗余性，在将信号的冗余性进行压缩的同时，将模拟语音信号转变为数字信号的过程。语音编码的目的是在保证一定的算法复杂度和通信时延的前提下，占用尽可能少的信道容量，传输尽可能高质量的语音信号。

移动通信中采用的语音编码方法主要取决于无线移动信道的条件：由于频率资源十分有限，所以要求编码信号的速率较低；由于移动信道的传播条件恶劣，因而编码算法应有较好的抗误码特性；另外，从用户的角度出发，还应有较好的语音质量和较短的时延。移动通信对数字语音编码的要求如下：

- 速率较低，纯编码速率应低于 16 kb/s；
- 在一定编码速率下的音质应尽可能高；
- 编码时延要短，要控制在几十毫秒之内；
- 编码算法应具有较好的抗误码性能，计算量小，性能稳定；
- 编码器应便于大规模集成。

根据利用的语音信号的不同特征，语音编码技术可以分为三类：波形编码、参量编码和混合编码。其中波形编码和参量编码是两种基本的类型，而混合编码是对波形编码和参量编码的综合应用。下面对这三类编码技术加以简要介绍。

**1. 波形编码**

波形编码是将时域模拟信号直接进行取样、量化并变换成数字代码而形成的数字语音信号。具体来讲，波形编码是在时间轴上对模拟话音信号按照一定的速率来抽样，然后将幅度样本分层量化，并使用代码来表示，如图 2-69 所示。波形编码技术以尽可能重构语音为原则进行数据压缩，即在编码端以波形逼近为原则对语音信号进行压缩编码，解码端根据这些编码数据恢复出语音信号的波形。

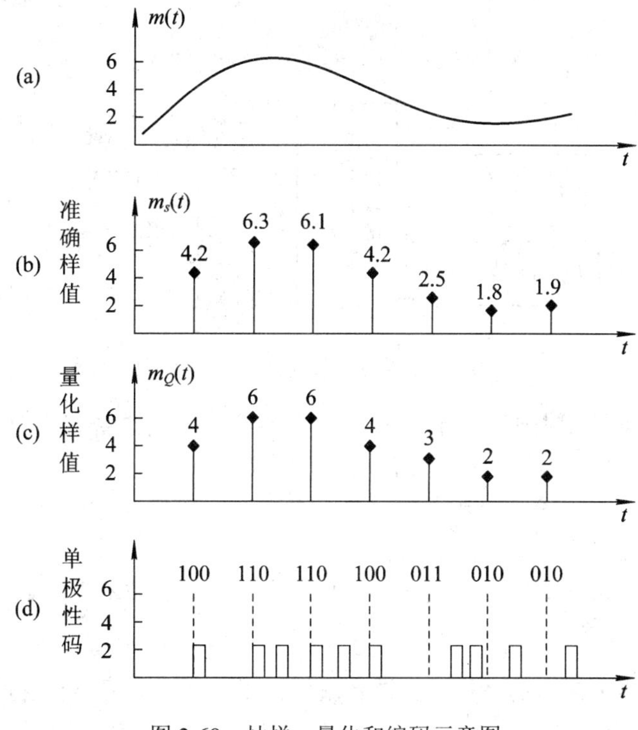


图 2-69　抽样、量化和编码示意图

典型的波形编码技术包括脉冲编码调制(Pulse Code Modulation，简称 PCM、脉码调制)和增量调制(ΔM)以及它们的各种改进型，如差分脉码调制(Differential PCM，简称 DPCM)、自适应差分脉码调制(Adaptive DPCM，简称 ADPCM)、连续可变斜率增量调制(Continuous Variable Slope Delta Modulation，简称 CVSDM)、自适应变换编码(Adaptive Transform Coding，简称 ATC)、子带编码(Sub-Band Coding，简称 SBC)和自适应预测编码(Adaptive Predictive Coding，简称 APC)等。

波形编码的优点是：① 具有很宽范围的语音特性，对各种各样的模拟语音波形信号进行编码均可达到很好的效果；② 抗干扰性能强，具有较好的话音质量；③ 技术成熟，复杂度很低；④ 费用适中。

波形编码的缺点是：编码速率要求高，一般在 16 kb/s 至 64 kb/s 之间，因而所占用的频带较宽，只适用于有线通信中，对于频率资源相当紧张的移动通信来说，这种编码方式显然不适合。

### 2. 参量编码

参量编码又称声源编码，它通过模仿人类发声机制的数字声码器来构建一个语音生成的模型，从而实现语音信号到数字信号的转变。构成声码器的主体是一个滤波器，这个滤波器的作用相当于人类的发音器官——喉、嘴、舌的组合。声码器中滤波器的系数和若干

声源参数由人类语音信号的频谱特性所决定。声码器不断提取出人类语音信号中的各个特征参量并进行量化编码，进而输出相应的激励脉冲序列，从而获得相应的数字信号。在接收端，激励脉冲序列通过声码器的变换，恢复成原有的特征参量，进而重新建立起原来的语音信号。典型的参量编码技术包括线性预测编码(Linear Predictive Coding，简称 LPC)及其各种改进型。

图 2-70 所示为线性预测编码(LPC)声码器的构成原理框图。

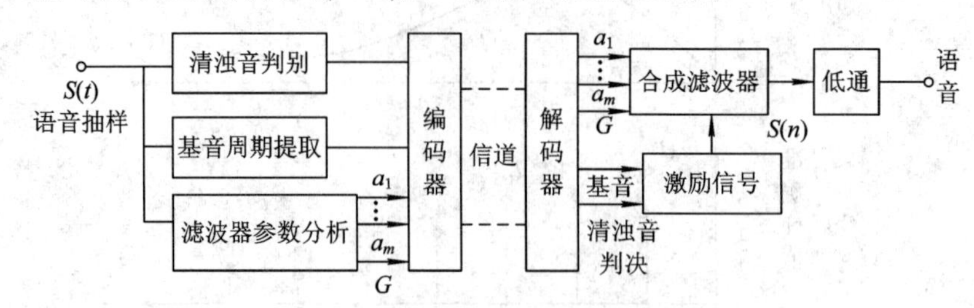


图 2-70　LPC 声码器的构成原理框图

参量编码的优点是：由于只需传送语音特征参数，因而语音编码速率可以很低，一般在 2 kb/s 至 4.8 kb/s 之间，而且不影响语音的可懂性。

参量编码的缺点是：语音有明显的失真，而且对噪声较为敏感；语音质量只能达到中等水平，不能满足商用语音质量的要求。

目前，移动通信系统的语音编码技术大都以这种类型的技术为基础。

### 3. 混合编码

混合编码是近年来提出的一种新的语音编码技术，是波形编码和参量编码的有机结合。它基于语音产生模型的假定并采用了分析与合成技术，这一点与参量编码相同；同时，它又利用了语音信号时域波形的信息，增强了重建语音的自然度，使得语音质量有明显的提高，这一点又与波形编码相似。由于混合编码的数字语音信号中既包括若干语音特征参量又包括部分波形编码信息，因而综合了参量编码和波形编码各自的优点，既保持了参量编码低速率的长处，又有波形编码高质量的优点。混合编码的比特率一般在 4 kb/s 至 16 kb/s 之间。当编码速率在 8 kb/s 至 16 kb/s 范围时，其语音质量可达到商用语音通信标准的要求。因此，混合编码技术在数字移动通信中得到了广泛的应用。

典型的混合编码技术包括：规则脉冲激励长期预测(Regular Pulse Excitation - Long Term Prediction，简称 RPE-LTP)编码、矢量和激励线性预测(Vector Sum Excited Linear Prediction，简称 VSELP)编码、码本激励线性预测(Code Excited Linear Prediction，简称 CELP)编码、残余激励线性预测(Residual Excited Linear Prediction，简称 RELP)编码、自适应比特分配的子带编码(Sub Band Coding – Adaptive Bit，简称 SBC-AB)、多脉冲激励线性预测编码(Multi Pulse excited - Linear Prediction Coding，简称 MP-LPC)、自适应多速率宽带(Adaptive Multi Rate – Wide Band，简称 AMR-WB)语音编码和新型可变速率多模式宽带(Variable Rate Multimode – Wide Band，简称 VMR-WB)语音编码等。

语音编码技术经历了多年的发展，已日趋成熟。各种实用技术在不同种类的通信网中得到了广泛的应用。表 2-6 给出了常用数字移动通信系统的语音编码类型。

表 2-6 常用数字移动通信系统的语音编码类型

| 阶段 | 标准 | 服务类型 | 语音编码技术 | 编码速率/(kb/s) |
|---|---|---|---|---|
| 2G | GSM | 数字蜂窝网 | RPE-LTP | 13 |
| | DAMPS(IS-54、IS-136) | 数字蜂窝网 | VSELP | 16 |
| | IS-95(CDMA) | 数字蜂窝网 | QCELP | 8、4、2、0.8 |
| | CT2、DECT、PHS | 数字无绳电话 | ADPCM | 32 |
| | DCS-1800 | 个人通信系统 | RPL-LTP | 13 |
| | PACS | 个人通信系统 | ADPCM | 32 |
| 3G | WCDMA/TD-SCDMA | 数字蜂窝网 | AMR-WB | 23.85-6.6 |
| | CDMA2000 | 数字蜂窝网 | VMR-WB | 13.3、6.2、2.7、1.0 |

## 2.5 信道编、解码与交织

广义的信道编码是为特定信道传输而进行的传输信号的设计与实现，包括以下几种。

(1) 描述编码：用于对特定信号进行描述，如不归零(Not Return Zero，简称 NRZ)码、美国信息交换标准码(American Standard Code for Information Interchange，简称 ASCII)等，各种数字基带信号的变换码型也属于这种编码。

(2) 约束编码：用于对特定信号的特性进行约束，如用于同步检测的巴克(Barker)码。

(3) 扩频编码：用于扩展信号频谱为近似白噪声谱并满足某些相关特性，如 $m$ 序列等，将在 4.2.6 节加以介绍。

(4) 纠错编码：用于检查与纠正信号传输过程中因噪声干扰而导致的差错，也叫差错控制编码，是本节将介绍的内容。

### 2.5.1 差错控制编码

由于通信信道，尤其是无线通信信道，容易受到外界干扰和噪声的影响，而导致信息在传输过程中发生改变，因此在接收端接收不到完全正确的信息。为了保证通信的可靠性，必须采用差错控制编码。差错控制编码能够检查、甚至纠正接收信息流中的差错。

差错控制编码的基本原理是按一定规则给数字信息序列 $m$(该序列中的码元称为信息码元)增加一些多余的码元(称为监督码元)，使不具有规律性的信息序列 $m$ 变换为具有某种规律性的数码序列 $C$。数码序列 $C$ 中的信息码元与监督码元之间是相关的。接收端的译码器利用这种预知的编码规则进行译码，检验接收到的数字序列 $R$ 是否符合既定的规则，从而发现 $R$ 中是否有错。当这种规则的约束性很强时，甚至可以纠正一定的差错。这种根据相关性来发现和纠正传输过程中产生的差错的思想就是差错控制编码的基本原理。无线通信差错控制编码结构框图如图 2-71 所示。

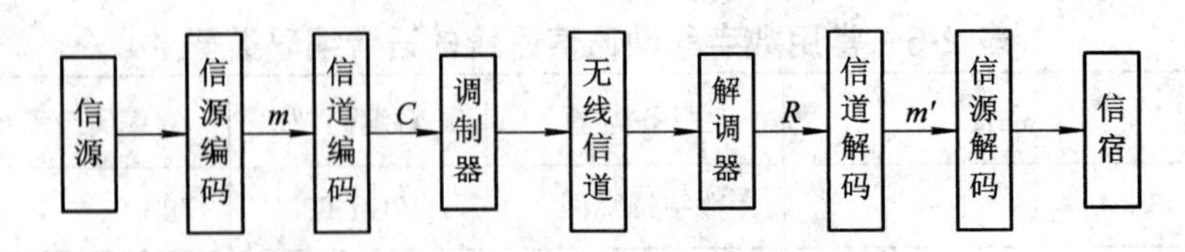

图 2-71 无线通信差错控制编码结构框图

显然，差错控制编码属于冗余编码，而且冗余度与误码率存在一定的反比关系，即冗余度越高，误码率就越小，系统的可靠性就越高。但需要指出的是：冗余度越高，编码位数就越多，需要的传输速率就越高，占用的信道带宽就越宽。因此，必须研究一种差错控制编码技术，在保证系统可靠性的前提下，尽量降低传输速率，减小信道带宽。

差错控制编码有很多，具体包括的类型如表 2-7 所示。

**表 2-7 差错控制编码的分类**

| 分类依据 | 类型 | 含 义 |
|---|---|---|
| 差错的类型 | 纠正随机错误的编码 | 随机错误是指码元间的错误互相独立，即每个码元的错误概率与它前后码元错误与否无关 |
| | 纠正突发错误的编码 | 突发错误是指一个码元的错误往往影响其前后码元的错误概率，换句话说，一个码元产生错误，则后面几个码元都可能发生错误 |
| 信息码元和监督码元之间的约束方式 | 分组码 | 分组码是指编码的规则仅局限于本码组之内，本码组的监督码元仅和本码组的信息码元相关 |
| | 卷积码 | 卷积码是指本码组的监督码元不仅和本码组的信息码元相关，而且还与本码组相邻的前 $n-1$ 个码组的信息码元相关 |
| 信息码元和监督码元之间的检验关系 | 线性码 | 线性码是指信息码元与监督码元之间的关系为线性关系，即监督码元是线性码元的线性组合，编码规则可用线性方程来表示 |
| | 非线性码 | 非线性码的信息码元与监督码元之间不存在线性关系 |
| 码字的结构 | 系统码 | 系统码是指前 $k$ 个码元与信息码组一致的编码 |
| | 非系统码 | 非系统码不具有系统码的特性 |
| 码字中每个码元的取值 | 二进制码 | 二进制码的码元有 0 和 1 两个取值，它是应用最广泛的编码制式 |
| | 多进制码 | $M$ 进制码的码元有 $M$ 个取值 |

我国移动通信系统中采用的差错控制编码如表 2-8 所示。

**表 2-8 我国移动通信系统中的差错控制编码**

| 阶段 | 标 准 | 差错控制编码 |
|---|---|---|
| 2G | GSM | 分组码、奇偶校验码、卷积码 |
| | IS-95(CDMA) | CRC 校验、卷积码 |
| 3G | WCDMA/TD-SCDMA/CDMA2000 | Turbo 码、卷积码 |

## 2.5.2 交织

前述的差错控制编码只能纠正随机比特的错误或连续有限个比特的错误，但在陆地移动通信系统中，由于信号在传输信道中经常会发生瑞利深度衰落，因而大多数误码的产生并非是随机离散的，而更可能是长突发形式的成串比特错误。此时，就必须要在差错控制编码的基础上再加上交织技术。

交织的基本原理是将已编码的信号比特按一定规则重新排列，这样，即使在传输过程中发生了成串差错，在接收端进行解交织时，也会将成串差错分散成单个(或长度很短)的差错，再利用信道解码的纠错功能纠正差错，就能够恢复出原始信号。总之，交织的目的就是使误码离散化，使突发差错变为信道编码能够处理的随机差错。

下面，我们结合实例，介绍交织技术的一般过程。

假设现将发送信息“Shall□we□hold□a□meeting□this□evening”，其中，“□”表示空格。考虑到信息中字符的相关性，我们把这些字符按照先后顺序平均分成六组，如图 2-72(b)所示。首先，我们取出这六组中的第一个字符，并把它们结合在一起，形成一个新的组合，编号为 1。然后，再依次取出这六组中的第二个、第三个……第六个字符，并分别结合成一组，编号依次为 2、3……6，如图 2-72(c)所示。最后，我们把六组新的组合按顺序重新排列起来，就是交织的最终结果，如图 2-72(d)所示。若该结果在传输过程中发生了长突发错误，用下划线表示，则在接收端，经过解交织后，所得的接收信息为“Shall□we□hold□a□meeting□this□evening”，如图 2-72(e)所示。可见，长突发错误已分散成离散的随机差错，被限制在信道编码的纠、检错能力之内。这就是交织技术的一般过程。

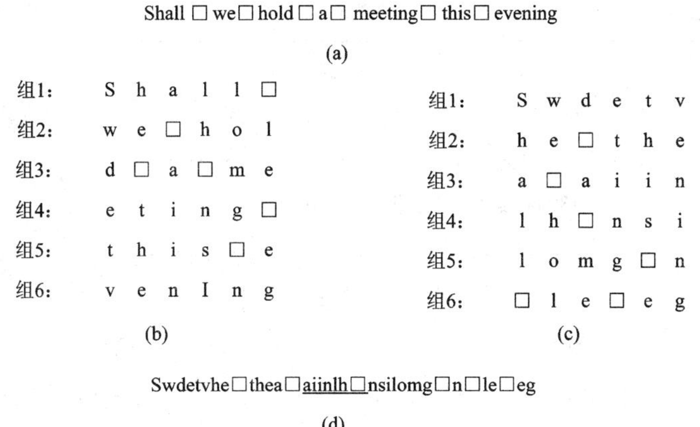


Shall□we□hold□a□meeting□this□evening

(e)

图 2-72　交织过程举例

交织技术的主要参数是交织深度。交织深度是指交织前相邻的符号在交织后的最小距离，如上面例子中的交织深度为 6。经分析可知，交织深度越大，长突发错误的离散度越大，传输特性越好。但由于交织需要花费时间，因而传输时延也会随着交织深度而增大，所以在实际使用中必须作折中考虑。

## 2.5.3　差错控制编码与交织举例

这里以广泛应用的 GSM 系统为例，具体介绍其全速率语音业务所采用的差错控制编码和交织技术。总的来看，GSM 通信系统采用外编码与内编码级联的差错控制编码和交织技

术，使系统具有很强的纠错能力和很高的工作可靠性。GSM 系统的差错控制技术流程如图 2-73 所示。图中，外编码采用线性分组码，具体采用的是奇偶校验码和费尔(Fire)码；内编码采用的是卷积码；交织做了两次，首先是内部交织，然后是块间交织。

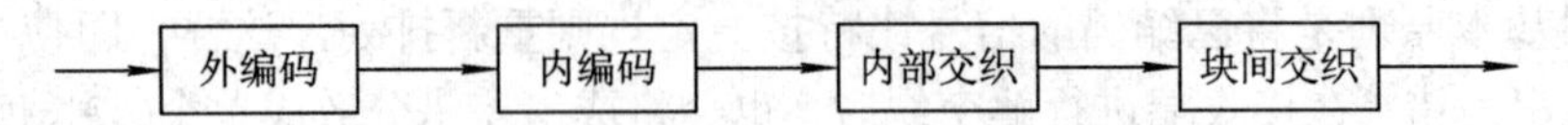


图 2-73　GSM 系统中的差错控制技术流程

GSM 系统首先把语音分成若干个 20 ms 的音段，然后将每个 20 ms 的音段通过语音编码器进行数字化和压缩编码，产生一个 260 bit 的比特流。这些比特按照其重要性不同被分为以下三种：

(1) 50 个最重要比特；

(2) 132 个重要比特；

(3) 78 个不重要比特。

首先进行外编码。给 50 个最重要比特按照分组编码方式添加上 3 个奇偶检验比特。然后将形成的这 53 bit 连同另外的 132 个重要比特与 4 个尾比特一起卷积编码(编码效率为 1:2)，从而得到 378 bit。另外 78 个不重要比特不予保护。这样，一共形成 456 bit。这两次编码的过程如图 2-74 所示。

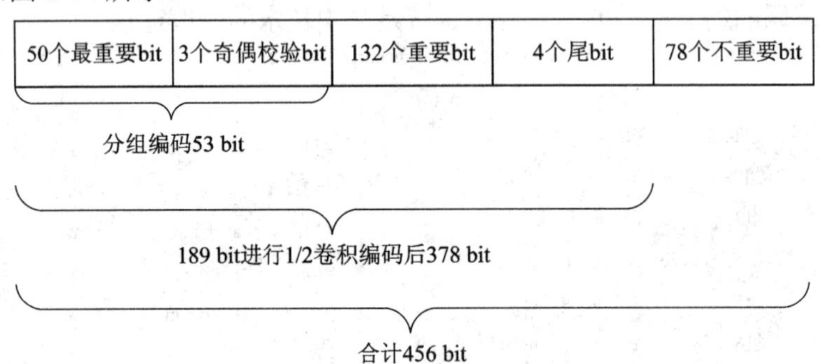


图 2-74　GSM 全速语音业务的差错控制编码

下面进行交织。把上述的每 456 bit 作为一个块，每个块的内部又分为 8 组，每组 57 bit。这 8 组间完成第一次交织，即块内交织，如图 2-75 所示。

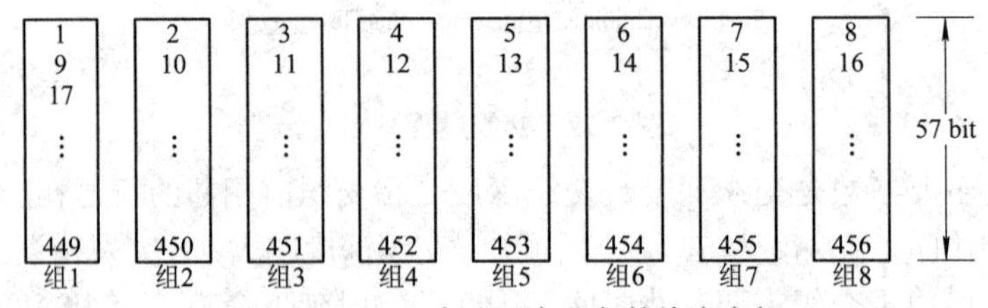


图 2-75　GSM 全速语音业务的块内交织

GSM 系统的每个 TDMA 帧的结构如图 2-76 所示。由图可见，每帧包含上述 2 个 57 bit 的分组。但是若将同一个 20 ms 音段对应的块中的两个分组插入同一 TDMA 帧中传输的话，一旦该数据帧整体发生突发错误，就会导致这 20 ms 的语音损失 1/4 的比特，这是系统无法容忍的。因此，还需要进行二次交织，即块间交织，使每个帧中包含的两个分组为不同语音音段对应的分组。

| 3 | 57 | 1 | 26 | 1 | 57 | 3 | 8.25 |
|---|---|---|---|---|---|---|---|

图 2-76　GSM 系统的每个 TDMA 帧的结构

GSM 系统全速语音业务的块间交织示意图如图 2-77 所示。图中，有 A、B、C、D……数据块，每个块的内部分组用数字序号 1、2、…、7、8 标示，将每个块内的各个分组分别插入相邻的不同的 TDMA 帧中，即完成了块间交织。二次交织会增加系统的时延。GSM 系统中，在移动台和中继电路上增加了回波抵消器，以改善由于时延而引起的通话回音。

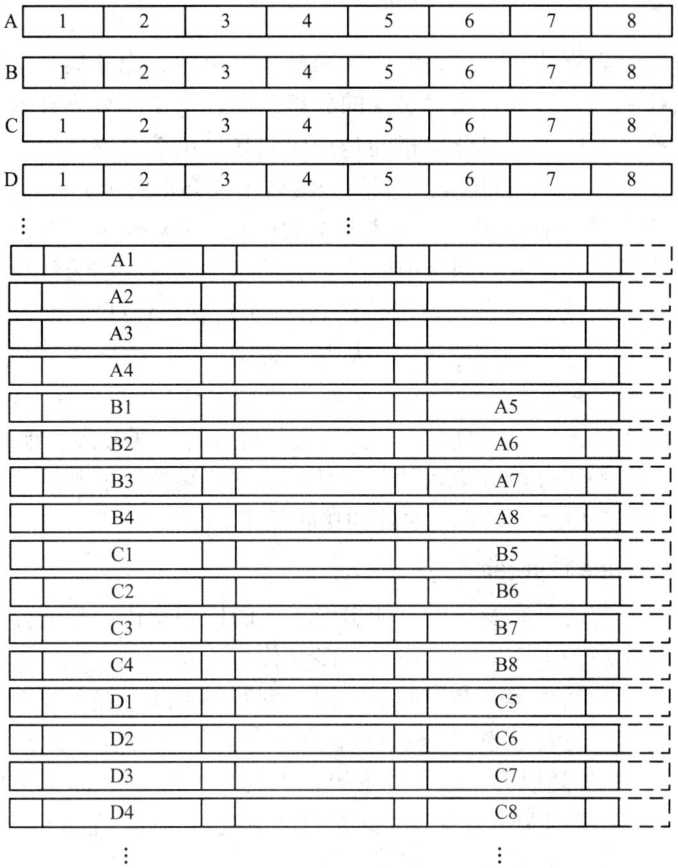

| | | | | | | | | |
|---|---|---|---|---|---|---|---|---|
| A | 1 | 2 | 3 | 4 | 5 | 6 | 7 | 8 |
| B | 1 | 2 | 3 | 4 | 5 | 6 | 7 | 8 |
| C | 1 | 2 | 3 | 4 | 5 | 6 | 7 | 8 |
| D | 1 | 2 | 3 | 4 | 5 | 6 | 7 | 8 |

⋮　　　　⋮

| | | | | | | | |
|---|---|---|---|---|---|---|---|
| | A1 | | | | | | |
| | A2 | | | | | | |
| | A3 | | | | | | |
| | A4 | | | | | | |
| | B1 | | | | A5 | | |
| | B2 | | | | A6 | | |
| | B3 | | | | A7 | | |
| | B4 | | | | A8 | | |
| | C1 | | | | B5 | | |
| | C2 | | | | B6 | | |
| | C3 | | | | B7 | | |
| | C4 | | | | B8 | | |
| | D1 | | | | C5 | | |
| | D2 | | | | C6 | | |
| | D3 | | | | C7 | | |
| | D4 | | | | C8 | | |

⋮　　　　⋮

图 2-77　GSM 系统全速语音业务的块间交织

# 2.6　分集接收

随参信道的衰落特性和多径效应是严重影响信号传输的重要因素。其中，慢衰落可以通过调整设备参量来补偿，而快衰落则必须采取各种抗衰落的技术手段，如各种调制解调技术、分集接收技术及均衡技术等。其中，明显有效且被广泛应用的措施之一就是分集接收技术。

分集接收(Diversity Reception)技术是一种利用多径信号来改善系统性能的技术。其理论基础是认为不同支路的信号所受的干扰具有分散性，即各支路信号所受的干扰情况不同，

因而，有可能从这些支路信号中挑选出受干扰最轻的信号或综合出高信噪比的信号。其基本思想是利用移动通信的多径传播特性，在接收端通过某种合并技术将多条符合要求的支路信号合并起来后再输出，从而大大降低多径衰落的影响，改善传输的可靠性。分集接收对这些支路信号的基本要求是：传输相同信息，具有近似相等的平均信号强度和相互独立的衰落特性。分集接收包含两层含义：一是分集传输，指的就是 2.6.1 节的分集技术；二是集中处理，也就是 2.6.2 节的合并技术。

## 2.6.1 分集技术

从大范围来讲，分集技术可分为隐分集和显分集两种。隐分集是指分集作用含在传输信号中，在接收端利用信号处理技术实现的分集。它包括交织编码技术、跳频技术等，一般用在数字移动通信系统中。显分集指的是构成明显分集信号的传输方式，多指利用多副天线接收信号的分集方式。人们经常提到的分集技术大都指的是显分集。

按照主要目的不同，显分集又可分为宏分集(macro-diversity)和微分集(micro-diversity)两种。宏分集是指移动台同时与两个或两个以上的基站或扇区的天线保持联系，从而达到增强接收信号质量的目的，它是以克服长期衰落(即慢衰落)为目的的。宏分集一般存在于 CDMA 网络的基站扇区服务的交叠区内。从某种意义上讲，CDMA 系统的软切换、接力切换过程都属于宏分集。微分集是以减小短期衰落(即快衰落)为目的的，在各种无线通信系统中都会使用。按照路径选择方法的不同，微分集又可分为空间分集、频率分集、时间分集、极化分集、角度分集和场分量分集六种。各种移动通信系统一般都选择这六种分集技术中的几种，结合起来一起使用，以实现更佳的接收效果。

### 1. 空间分集(Space Diversity)

在移动通信中，空间略有变动就可能出现较大的场强变化，空间分集就是利用场强随空间的随机变化而实现的。空间距离越大，多径传播的差异就越大，所接收场强的相关性就越小。具体来讲，空间分集是在发射端采用一副发射天线，接收端采用多副接收天线。只要接收端天线之间的间隔足够大，就能保证各接收天线输出信号衰落特性的相互独立性。经过测试和统计，CCIR 建议为了获得满意的分集效果，接收天线之间的间距 $d$ 应大于 0.6 个波长，即 $d > 0.6\lambda$，并且最好选在 $\lambda/4$ 的奇数倍附近。当然，在实际环境中，接收天线之间的间距要视地形、地物等具体情况而定。

空间分集的原理示意图如图 2-78 所示。

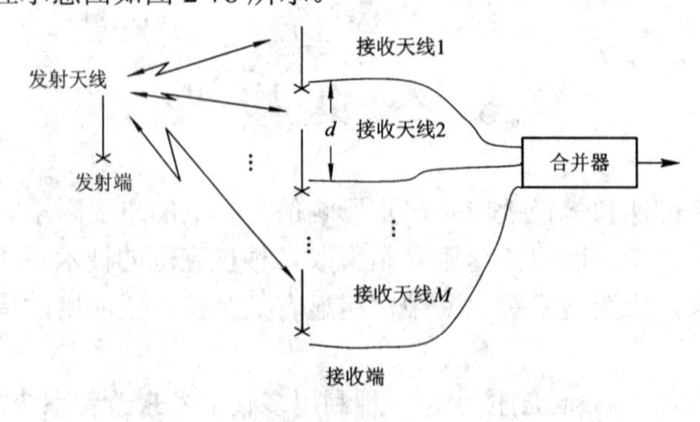


图 2-78 空间分集

对于空间分集而言，分集的支路数 $M$ 越大，分集效果越好。但当 $M$ 较大(如 $M > 3$)时，分集的复杂度增加，分集增益的增加随着 $M$ 增大而变得缓慢。空间分集是移动通信系统中最常用的分集技术。

2. 频率分集(Frequency Diversity)

频率分集就是在发射端将要传输的信息分别以不同的载频发射出去，只要载频之间的间隔足够大(大于相干带宽)，那么在接收端就可以得到衰落特性互不相关的信号，从而减小信号的衰落，提高通信质量。相干带宽指的是频带最大带宽，在此带宽内，两个信号的传输系数的统计特性是强相关的，但当两个频率之间的间隔超过相干带宽时就不相关了。相干带宽 $B_c$ 近似等于最大多径时延 $\Delta$ 的倒数，即

$$B_c = \frac{1}{\Delta}(\text{Hz}) \tag{2-31}$$

频率分集的原理示意图如图 2-79 所示。

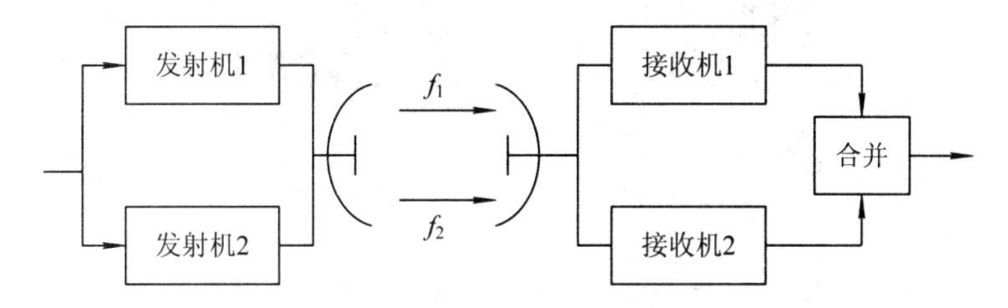


图 2-79　频率分集

一般窄带通信系统的带宽是不能满足相干带宽要求的，因而不能使用频率分集。也就是说，频率分集是扩频通信系统所特有的。频率分集的优点是天线的数目少(只需一副天线)。其缺点是发射端和接收端的设备(发射机和接收机)数目要加倍。

3. 时间分集(Time Diversity)

时间分集是将给定的信号在时间上相隔一定的间隔 $\Delta T$ 重复发送($M$ 次)，只要这些时间间隔大于信道的相干时间，就能保证信号衰落的不相关性，从而在接收端得到 $M$ 条独立的分集支路。

时间分集的原理如图 2-80 所示。

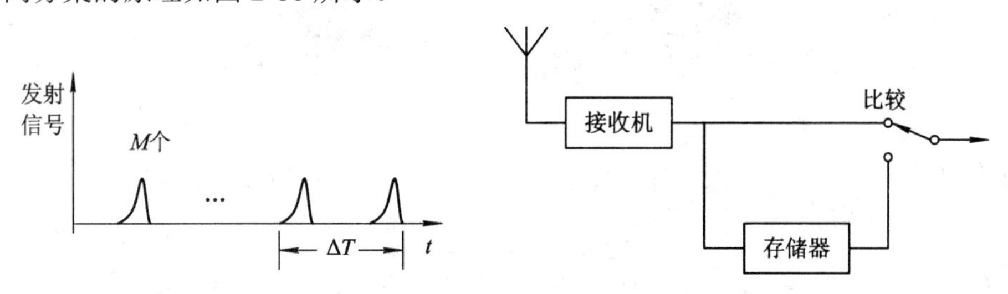


图 2-80　时间分集

时间分集有利于克服移动通信中由多普勒效应引起的信号衰落现象。由于该衰落速率与移动台的运动速度及工作波长有关，为了保证重复发送的信号具有相互独立性，必须要使信号的重发时间间隔 $\Delta T$ 满足如下关系：

$$\Delta T \geqslant \frac{1}{2f_m} = \frac{1}{2v/\lambda} = \frac{\lambda}{2v} \tag{2-32}$$

式中，$f_m$ 为衰落速率，$v$ 为车速，$\lambda$ 为工作波长。可见，当移动台处于静止状态(即 $v = 0$)时，要求 $\Delta T$ 为无穷大，因而此时的时间分集基本上是没有用处的。

瑞克(Rake)接收技术及瑞克接收机是时间分集在移动通信系统中的典型应用，尤其是在3G系统中。本书将在4.3.5节加以介绍。

#### 4. 极化分集(Polarization Diversity)

极化指的是无线电波在空间传播时，其电场方向按一定规律而变化的现象。垂直极化和水平极化是两种最基本的极化方式，其示意图如图2-81所示。垂直极化指的是电场强度方向垂直于地面的极化方式；水平极化指的是电场强度方向平行于地面的极化方式。

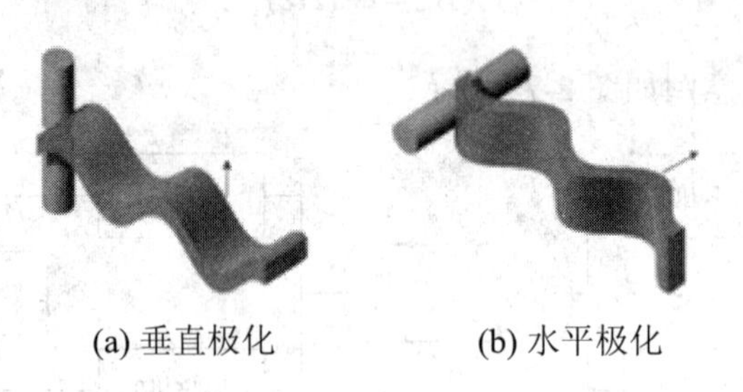

(a) 垂直极化　　(b) 水平极化

图2-81　两种基本极化方式

极化分集的理论依据是两个在同一地点极化方向相互正交的天线发出的信号具有不相关的衰落特性。具体来讲，在发射端的同一地点分别装上垂直极化天线和水平极化天线，在接收端的同一位置也分别装上垂直极化天线和水平极化天线，就可得到两路衰落特性不相关的信号。实际上，现在用得更多的是双极化天线。双极化天线由极化方向彼此正交的两根天线封装在同一个天线罩中而组成，常用的有垂直/水平双极化和+45°/−45°双极化两种，如图2-82所示。采用双极化天线能够简化工程安装，降低成本，减少占地空间。

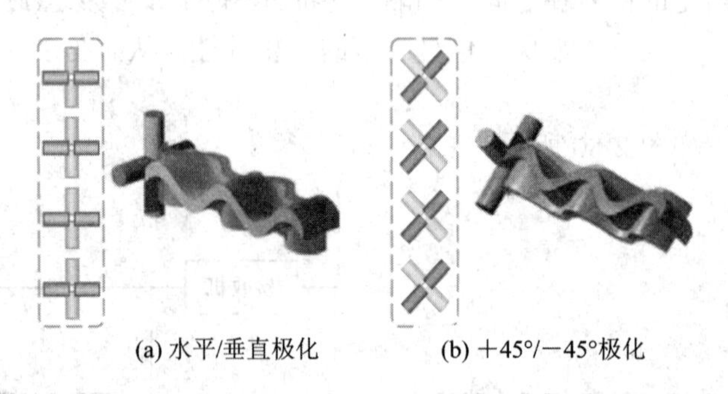

(a) 水平/垂直极化　　(b) +45°/−45°极化

图2-82　常用双极化天线

极化分集实际上是空间分集的特殊情况——分集支路只有两路且相互正交。极化分集的优点是结构比较紧凑，节省空间；缺点是由于发射功率被分配到两副天线上，因而信号功率将有3 dB的损失。

#### 5. 角度分集(Angle Diversity)

角度分集的理论依据是由于地形地貌和建筑物等环境因素的影响，到达接收端的不同路径的信号可能来自于不同的方向(角度)，这些信号具有不相关性。这样，在接收端采用指向两个或更多个不同方向(角度)的有向天线，接收并合并信号，就能够达到克服衰落的目的。当然，为了保证分集效果，发射时可以将发射信号朝向不同的方向。角度分集也是空间分集的一种形式。

6. 场分量分集(Field Diversity)

由电磁波理论可知，电磁波的电场分量 $E$ 和磁场分量 $H$ 承载着相同的信息，但是反射机理却不相同。在移动信道中，多个 $E$ 波和 $H$ 波叠加，结果 $E_z$、$H_x$ 和 $H_y$ 的分量是互不相关的，因此，通过接收这三个场分量就可获得分集的效果。场分量分集的优点是不会有 3 dB 的功率损失，但只适用于较低的频段。

## 2.6.2 合并技术

接收端接收到 $M(M \geqslant 2)$个分集信号后，如何利用这些信号以减小衰落的影响，这就是合并问题。从合并所处的位置来看，合并可以在检测器以前，即在中频和射频上进行；也可以在检测器之后，即在基带上进行。大多数的合并是在中频上进行的。根据合并时采用的准则和方式不同，合并技术主要包括以下四种。

(1) 选择式合并(Selection Combining，简称 SC)。

选择式合并是从 $M$ 个接收到的分散信号中选择信噪比最好的一个作为接收信号的方式，因此也称最佳选择式合并。如图 2-83 所示，采用选择式合并技术时，$M$ 个接收机的输出信号先送入选择逻辑，选择逻辑再从 $M$ 个接收信号中选择具有最高基带信噪比的基带信号作为输出。每增加一条分集支路，对选择式分集输出信噪比的贡献仅为总分集支路数的倒数倍。

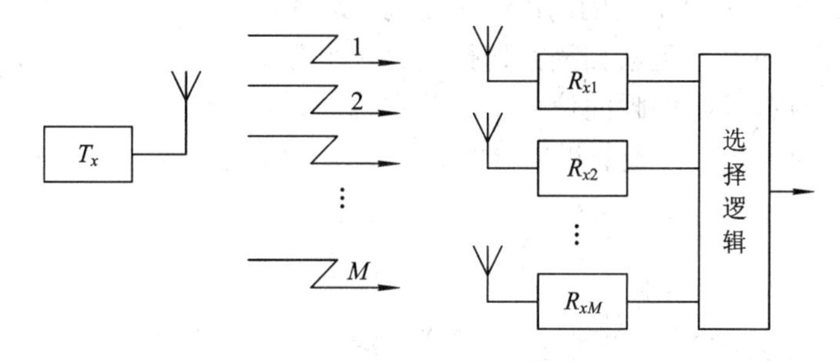


图 2-83　选择式合并

(2) 最大比值合并(Maximal Ratio Combining，简称 MRC)。

最大比值合并是控制各支路增益，使它们分别与本支路的信噪比(Signal to Noise Ratio，简称 SNR)成正比，即根据各支路的信噪比来设置增益值，然后再相加以获得接收信号的方式。如图 2-84 所示，在接收端接收到多个不相关的分集支路，首先经过相位调整，然后按照适当的增益系数进行加权，再同相相加，最后送入检测器进行检测。

最大比值合并方案在接收端只需对接收信号做线性处理，然后利用最大似然检测即可还原出发送端的原始信息。其译码过程简单、易实现。合并增益与分集支路数 $M$ 成正比。

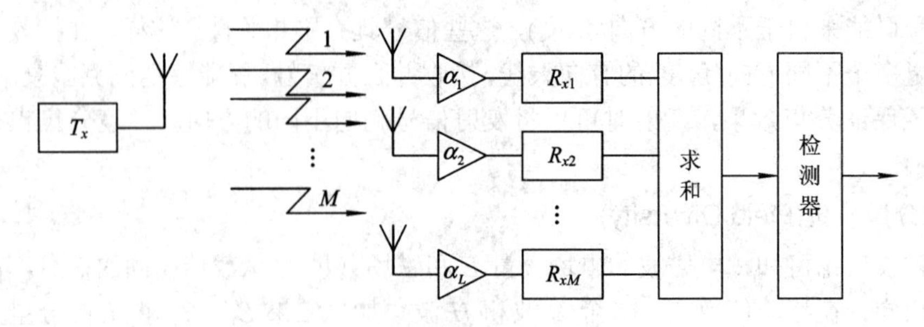


图 2-84　最大比值合并

(3) 等增益合并(Equal Gain Combining，简称 EGC)。

等增益合并是把 $M$ 个分散信号以相同的支路增益直接相加的结果作为接收信号的方式。由于等增益合并仅仅对信道的相位偏移进行校正而幅度不做校正，因而也称为相位均衡。将图 2-84 中的 $\alpha_1$，$\alpha_2$，…，$\alpha_L$ 等增益值统一改为 $\alpha$，即可表示等增益合并。等增益合并不是任何意义上的最佳合并方式，只有假设每一路信号的信噪比相同的情况下，在信噪比最大化的意义上，它才是最佳的。它输出的结果是各路信号幅值的叠加。对 CDMA 系统而言，它维持了接收信号中各用户信号间的正交性状态，即认可衰落在各个通道间造成的差异，也不影响系统的信噪比。当在某些系统中对接收信号的幅度测量不便时可以选用这种方式。当分集路数 $M$ 较大时，等增益合并与最大比值合并效果相差不多，约差 1 dB，但等增益合并实现更容易，其设备也简单。

(4) 切换合并(Switching Combining，简称 SC)。

切换合并是根据接收信号的SNR是否满足预设门限值来选择分集支路作为输出的方式。如图 2-85 所示，接收机扫描所有的分集支路，并选择 SNR 在特定的预设门限之上的特定分支。在该信号的 SNR 降低到所设的门限值下之前，选择该信号作为输出信号。当 SNR 低于设定的门限时，接收机开始重新扫描并切换到另一个分支，该方案也称为扫描合并。由于切换合并并非连续选择最好的瞬间信号，因此它比选择式合并还要差一些。但是，由于切换合并并不需要同时连续不停地监视所有的分集支路，因此这种方法要简单得多。

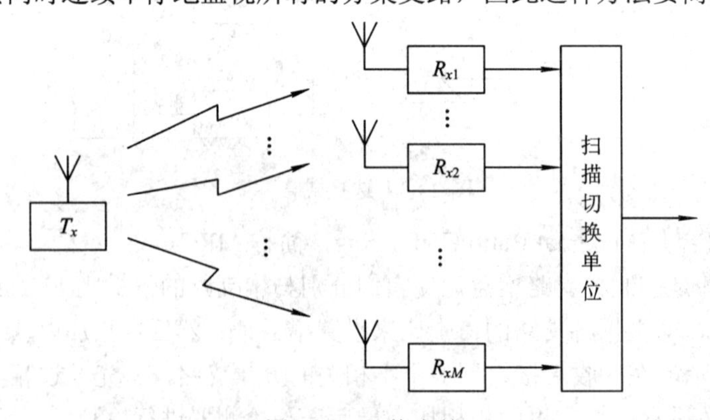


图 2-85　切换合并

以上四种合并方式中，选择式合并和切换合并相对比较简单，但是由于其输出信号只是所有分集支路中的一个，因此接收效果都不如最大比值合并和等增益合并。而且，切换合并的接收效果最差。图 2-86 所示为另外三种合并方式的性能比较。由图可见，三种方式

中最大比值合并的性能最好，选择式合并的性能最差。当 $N$ 较大时，等增益合并的合并增益接近于最大比值合并。

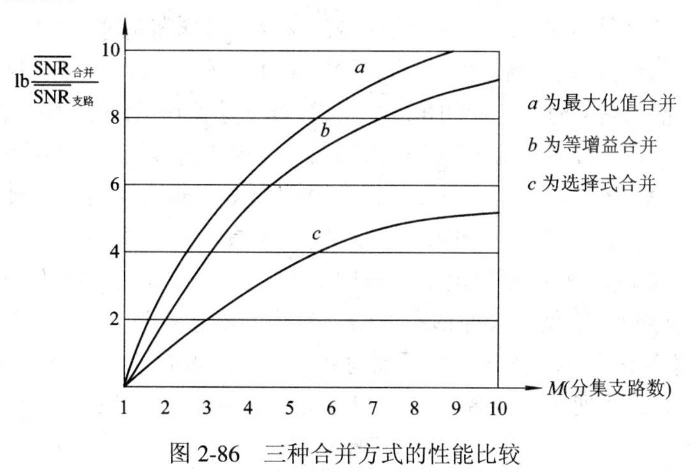


图 2-86　三种合并方式的性能比较

## 2.7　自适应均衡

均衡技术在模拟通信系统中就有应用，如在模拟微波通信系统中，为了改善电路的群时延特性和微波增益特性，就使用了均衡器，但它仅仅是对静态特性进行的补偿。在数字通信系统，为了对抗信号的衰落，为了对抗因多径传播而引起的多径衰落和波形失真以及码间串扰问题，大都采用了自适应均衡技术。

均衡技术就是利用接收端的均衡器来产生与信道特性相反的性质，用来抵消信道的时变多径传播所引起的干扰，即通过均衡器来消除时间和信道的选择性。它用于解决符号间的干扰问题，适用于信号不可分离多径的条件下，且时延扩展远大于符号的宽度。均衡器一般被放在接收机的基带或中频部分来实现。自适应均衡是指均衡器能够根据传输信道的变化而自适应地调整设备参数，以达到最佳的接收效果。

自适应均衡技术的基本原理如图 2-87 所示。设 $X_{1j}$，$X_{2j}$，…，$X_{nj}$ 为接收端获得的来自于不同传输路径的发送信号，它们分别通过带有自动调整抽头的增益器的增益后，再进行叠加，只要各增益器的自动调整抽头增益值 $C_i$ 设置合理，就可使输出响应的码间串扰最小，从而能够获得高质量的接收信号 $y_j$。而增益值 $C_i$ 的调整是以输出 $y_j$ 与所希望的值 $d_j$ 进行比较而获得的误差 $e_j$ 为依据的。用 $e_j$ 去控制 $C_i$，以使 $C_i$ 逐步达到一定准则下的最佳值 $C^*$。计算最佳值 $C^*$ 所依据的准则和导出更新抽头系数 $C_i$ 的算法是实现自适应均衡器的关键。实际情况下，由于无线信道的不断变化，自适应均衡器的抽头系数要随着输入信号序列$\{x_{ij}\}$的变化而进行不断的调整，从而能够跟踪信道的变化，使输出信号序列与发送序列最为接近，以消除因信道特性不理想而引起的码间串扰。

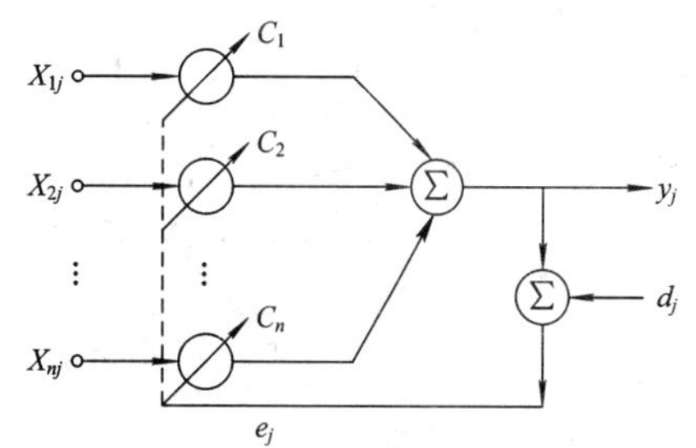


图 2-87　自适应均衡基本原理图

常用的均衡的算法有最小均方误差算法(Least Mean Square Error，简称 LMS)、递归最

小二乘法(Recursive Least Square，简称 RLS)、快速递归最小二乘法(Fast RLS)、平方根递归最小二乘法(Square Root RLS)和梯度最小二乘法(Gradient RLS)等。

根据均衡的特性对象不同，均衡可分为频域均衡和时域均衡两种。频域均衡是使包括均衡器在内的整个系统的总传输函数满足无失真传输的条件，频域均衡往往分别校正幅频特性和群时延特性；时域均衡就是从时间响应的角度来考虑，使包括均衡器在内的整个系统的冲激响应满足无码间串扰的条件。频域均衡多用于模拟通信，时域均衡多用于数字通信。

根据均衡器的线性特性不同，均衡可分为线性均衡和非线性均衡两种。线性均衡器一般适用于信道畸变不太大的场合，也就是说，它对深衰落的均衡能力不强，故在移动通信系统中都采用即使是在严重畸变信道上也有较好的抗噪声性能的非线性均衡器。但由于许多均衡器(线性和非线性)都是以线性横向滤波式自适应均衡器为基础的，所以本书也给出它的原理框图，如图 2-88 所示。非线性均衡器有判决反馈均衡器(Decision Feedback Equalizer，简称 DFE)和最大似然序列估值器(Maximum Likelihood Sequence Estimator，简称 MLSE)等。

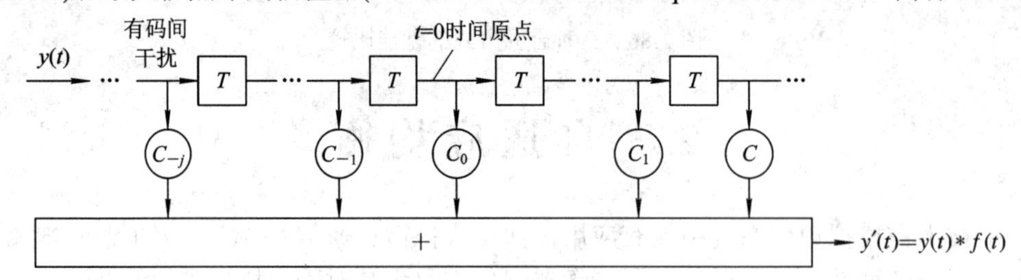


图 2-88 线性横向滤波器

在此，我们仅以横向滤波式判决反馈均衡器为例，讨论自适应均衡器的工作过程，横向滤波式判决反馈均衡器的结构示意图如图 2-89 所示。由图可见，判决反馈均衡器包括两个主要的组成部分：前馈横向滤波器和反馈横向滤波器。前馈横向滤波器的功能是用来均衡信号的前导失真；反馈横向滤波器的功能是用来抵消后尾失真。

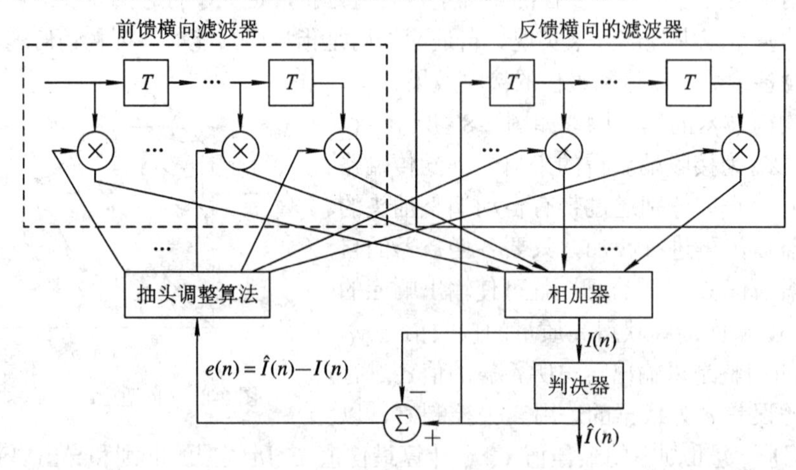


图 2-89 横向滤波式判决反馈均衡器

自适应均衡器通常工作在两种模式：训练模式和跟踪模式。图 2-90 为判决反馈均衡器的工作模式示意图。在训练模式，DFE 的开关置于 A 点，发端发送一个接收端已知的序列来使均衡器迅速收敛，完成抽头增益的初始化。具体来看，在训练过程中，将已知的接收

序列 $y(n)$送入均衡器，均衡器的输出信号为 $I(n)$，然后将本地参考训练序列 $I_R(n)$与 $I(n)$相减，求得误差信号 $e(n) = I_R(n) - I(n)$，再利用 $e(n)$并根据自适应抽头算法调整抽头增益。在跟踪模式，DFE 的开关置于 B 点，其误差信号为 $e(n) = \hat{I}(n) - I(n)$，自适应算法根据 $e(n)$调整抽头增益，以适应信道的变化，消除码间串扰。

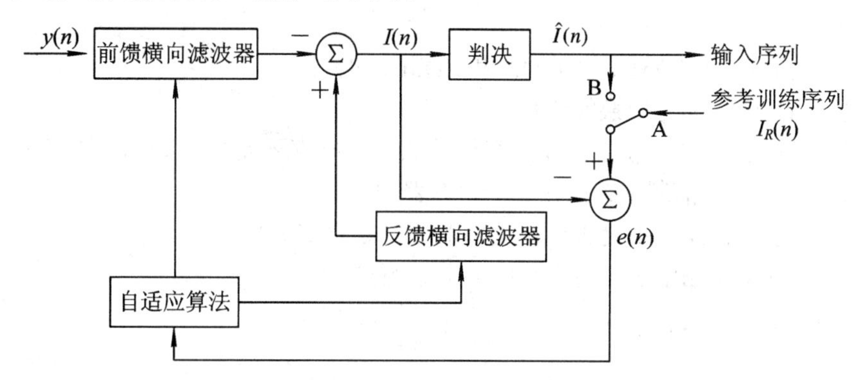


图 2-90 判决反馈均衡器的工作模式

# 思考与练习题

1. 已知移动台运动速度为 30 千米/小时(km/h)，工作频段为 900 MHz，若采用时间分集，问发射端发送信号的时间间隔应为多少？

2. 已知某自由空间传播的电波传输距离为 100 km，路径损耗为 130 dB，试确定其工作频率。

3. 设基站天线高度为 40 m，发射频率为 900 MHz，移动台天线为 2 m，通信距离为 15 km，给定移动台天线修正因子为 1.00，试根据 Okumura/Hata 模型的经验公式计算中值路径损耗。

4. 下图所示是簇为 7 的频率复用蜂窝小区，请根据已有的频率值将空白的蜂窝小区填上合适的频率值。

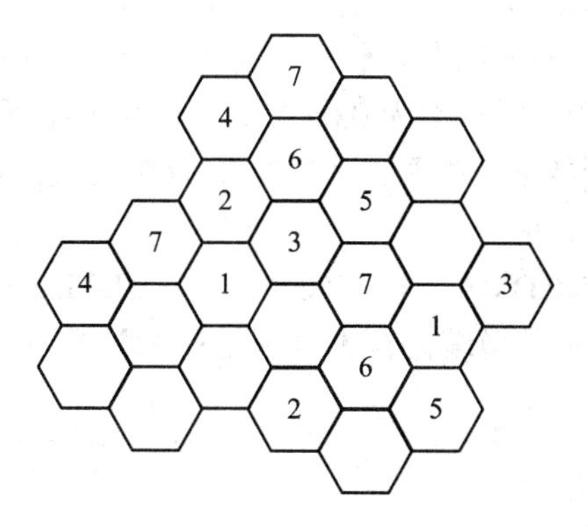


5. 已知在电话网中，完成一次接续双向需要传送 5.5 个消息(统计平均)，每个消息长度为 140 bit，则一个 64 kb/s 的信令网络每小时能完成接续多少次？

6. 设某系统平均呼叫时长为 1 分钟，中继线平均话务量为 0.7Erl，则一个中继话务每

小时平均传送的呼叫次数是多少？

7. 明确阴影响应、远近效应、多径效应、多普勒效应、频率选择性衰落、快衰落和慢衰落等概念。

8. 已知移动台速度为 100 km/h，无线信号频率为 900 MHz，电波入射角为 60°，试计算多普勒效应。

9. 试比较 FDMA、TDMA、CDMA 和 SDMA 的异同。

10. 试明确越区切换与切换的关系。

11. 移动通信系统中与位置管理紧密相关的两个寄存器是什么？用户在购买手机进行初始信息登记时，这些信息都存储在哪个寄存器中？

12. 目前移动通信系统中是否还在使用随路信令 CAS？

13. 试分别计算下图中各矢量点之间的最小距离。

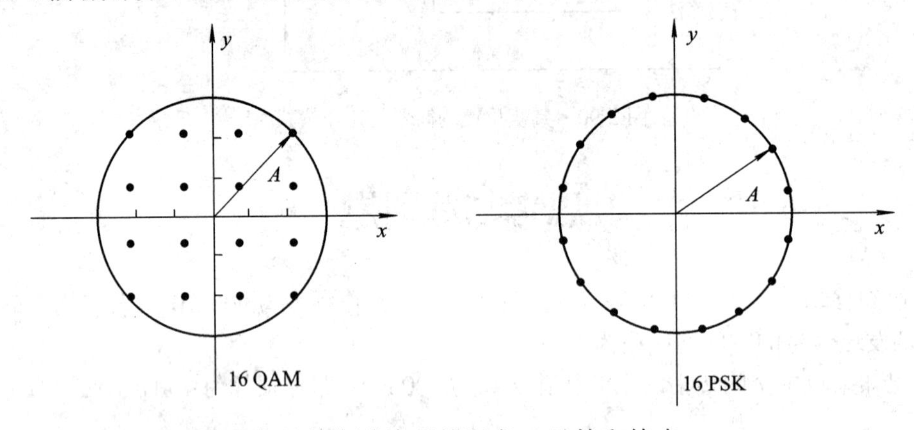


14. 列表对比说明信源编码和信道编码的涵义、目的和特点。

15. 试用手机或固定电话上的按键体会一下双音多频信令 DTMF。

16. 试分别计算方型 64QAM 和星型 64QAM 的平均发射功率(设信号点间距离为 2A)。

17. 分别举出采用各种多址方式的典型通信系统。

18. 交织技术中的交织度是如何计算的？

19. 七号信令系统共分几层？各层分别是什么？功能是什么？

20. 明确呼叫话务量、完成话务量、忙时话务量、全天话务量几个概念。

21. 有个系统容量 $n = 12$，呼损率为 0.05，试根据 Erlang 呼损表求解话务量。

22. 如果小区半径 $r = 15$ km，同频复用距离 $D = 60$ km，用面状服务区组网时，可用的单位无线区群的小区最少个数是多少？

23. 试写出 GSM、IS-95 CDMA、TD-SCDMA、WCDMA 和 CDMA2000 几种移动通信系统所使用的数据调制技术和信道编码技术分别是什么？

# 第③章

# GSM 移动通信系统

## 3.1　概　述

第一代模拟蜂窝移动通信系统的出现可以说是移动通信的一次革命。其频率复用技术大大提高了频谱利用率、增大了系统容量；网络智能化实现了越区切换和漫游功能，扩大了客户的服务范围。但上述模拟系统存在以下四大缺陷：

(1) 各分立系统间没有公共接口；

(2) 很难开展数据承载业务；

(3) 频谱利用率低，无法适应大容量的需求；

(4) 安全保密性差，易被窃听，易做“假机”。

对于各自拥有模拟蜂窝移动通信网络(如北欧多国的 NMT 和英国的 TACS)的欧洲各国来说，由于没有系统间的公共接口，不能实现跨国漫游，非常不方便。1982 年，欧洲邮电大会(Conference Europe of Post and Telecommunication，CEPT)组建了一个新的标准化组织，称为移动通信特别小组(Group Special Mobile，简称 GSM)，专门用于制定 900 MHz 频段的公共欧洲电信业务规范，以实现全欧移动漫游功能。这就是 GSM 数字蜂窝移动通信系统开始研究的背景情况。

1986 年，泛欧 11 个国家为 GSM 提供了 8 个实验系统和大量的技术成果，并就 GSM 的主要技术规范达成共识。这些技术规范包括窄带时分多址(TDMA)、规则脉冲激励线性预测(RPE-LTP)话音编码和高斯滤波最小移频键控(GMSK)调制方式等。1990 年，GSM 系统试运行。1991 年，第一个实用系统在欧洲开通，同时，GSM 被更名为“全球移动通信系统”(Global System for Mobile communications)。从此移动通信跨入了第二代数字移动通信的发展阶段。

此后，GSM 系统又经历了不断的改进与完善。尽管其它的一些 2G 数字系统(如北美的 IS-54 和日本 PDC)也陆续被开发出来并投入使用，但是由于 GSM 系统规范、标准的公开化和优点的诸多性，很快就在全世界范围内得到了广泛的应用，实现了世界范围内移动用户的联网漫游。截止到本世纪初，全球共运行着 350 多个 GSM 网络，用户人数总计达到 3 亿。GSM 的另一个名字——“全球通”日趋名副其实。

## 3.2　系统组成

### 3.2.1　结构组成

GSM 蜂窝移动通信系统主要包括四个相互独立的子系统：操作维护子系统(Operation &

Maintenance Subsystem，简称 OMS)、网络交换子系统(Network Switch Subsystem，简称 NSS)、无线基站子系统 BSS 和移动台 MS，如图 3-1 所示。其中 BSS 介于 MS 和 NSS 之间，提供和管理它们之间的信息传输通路，也管理 MS 与 GSM 系统的功能实体之间的无线接口。NSS 保证 MS 与相关的公共通信网(如 ISDN 和 PSTN)或与其它 MS 之间建立通信。也就是说，NSS 不直接与 MS 互相联系，BSS 也不直接与公共通信网互相联系。OMS 与 BSS 和 NSS 都有直接连接，负责整个网络的操作维护和控制。

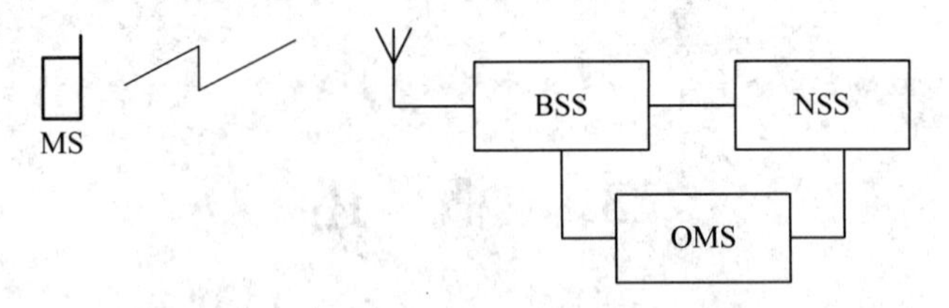


图 3-1　GSM 蜂窝移动通信系统的基本组成

GSM 的各个子系统又是由若干个功能实体构成的。所谓功能实体，指的是通信系统内的每一个具体的设备，它们各自具有一定的功能，完成一定的工作，如 VLR、HLR 等。各个子系统之间是通过接口来连接的，如 Um 接口、A 接口等。各个子系统之间的路由又分为通信路由和信令路由两种。GSM 系统的整体结构框图如图 3-2 所示。

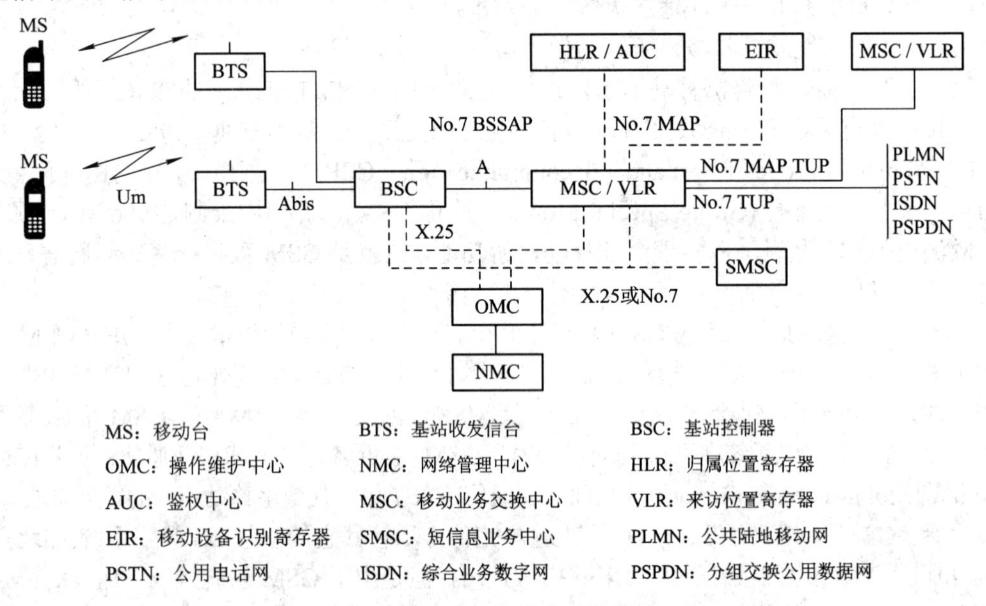


MS：移动台　BTS：基站收发信台　BSC：基站控制器
OMC：操作维护中心　NMC：网络管理中心　HLR：归属位置寄存器
AUC：鉴权中心　MSC：移动业务交换中心　VLR：来访位置寄存器
EIR：移动设备识别寄存器　SMSC：短信息业务中心　PLMN：公共陆地移动网
PSTN：公用电话网　ISDN：综合业务数字网　PSPDN：分组交换公用数据网

图 3-2　GSM 系统整体结构框图

在图 3-2 中，A 接口往右是网络交换子系统 NSS，它包括的功能实体有移动业务交换中心(MSC)、访问位置寄存器(VLR)、归属位置寄存器(HLR)、鉴权中心(AUC)和移动设备识别寄存器(Equipment Identity Register，简称 EIR)等；A 接口往左至 Um 接口是无线基站子系统 BSS，它包括的功能实体主要有基站控制器(Base Station Controller，简称 BSC)和基站收发信台(Base Tranceiver Station，简称 BTS)；Um 接口往左是移动台部分(MS)，其中主要包括移动终端(Mobile Termianl，简称 MT)和用户识别卡(Subscriber Identity Module，简称 SIM)。与 BSS 中的 BSC 和 NSS 中的 MSC 都有连接的就是操作维护子系统 OMS。OMS 包括网络管理中心(Network Management Centre，简称 NMC)和操作维护中心(Operations and Maintenance Center，简称 OMC)。

在 GSM 网中还配有短信息服务中心(Short Message Service Centre，简称 SMSC 或 SC)，既可开放点对点的短信息业务，类似数字寻呼业务，实现全国联网，又可开放广播式公共信息业务。另外配有语音信箱，可开放语音留言业务，当移动被叫用户暂不能接通时，可接到语音信箱留言，提高网络接通率，给运营部门增加收入。在实际设置时，SMSC 可以同 GMSC 设在一起，构成 SMS-GMSC，或者同互联移动交换中心(Inter-Working MSC，简称 IWMSC)设在一起，构成 SMS-IWMSC。IWMSC 是短消息进入短信息服务中心 SMSC 的关口局。

下面对四个子系统中的各个实体进行具体介绍。

**1. 网络交换子系统 NSS**

在 GSM 说明书的 phose2⁺中，该子系统所采用的名称术语是 SMSS(Switching and Management Sub-System，交换与管理子系统)。尽管这个名称表达得更恰当一些，但是由于网络交换子系统 NSS 这种叫法更具有普遍性，所以本书也使用 NSS。

网络交换子系统 NSS 负责 GSM 系统内各个指令的交换和路由选择(路由选择指的是当一个移动用户向外拨打或有外部电话拨打移动用户时，系统为了完成两部电话之间的接续所做的选择合适路径的过程)，并管理着用户的各种数据，进而可以进行用户安全的管理(如鉴权)和移动性的管理。它既可以看做是一台控制器又可看做是一个大型的数据库，存储着各种指令信息和用户信息。

NSS 由一系列功能实体构成，每一个功能实体都肩负着不可或缺的使命。各功能实体介绍如下：

1) *移动业务交换中心*(MSC，Mobile Service Switching Center)

MSC 是 GSM 系统的核心，是对位于它所覆盖区域中的移动台进行控制和完成话路交换的功能实体，也是移动通信系统与其它公用通信网之间的接口。它使用户享受各种业务成为可能。MSC 的具体功能如下：

① MSC 可从三种数据库(HLR、VLR 和 AUC)中获取处理用户位置登记和呼叫请求所需的全部数据。反之，MSC 也可根据其最新得到的用户请求信息(如位置更新，越区切换等)更新数据库的部分数据。

② MSC 作为网络的核心，应能完成位置登记、越区切换和自动漫游等移动管理工作。同时具有电话号码存储编译、呼叫处理、路由选择、回波抵消、超负荷控制等功能；

③ MSC 还支持信道管理、数据传输以及包括鉴权、信息加密、移动台设备识别等安全保密功能。

④ MSC 可为移动用户提供以下服务：

- 电信业务。例如：通话、紧急呼叫、传真和短消息服务等。
- 承载业务。例如：3.1 kHz 电话，同步数据 0.3 kb/s～2.4 kb/s 及分组组合和分解(PAD，Packet Assembly and Disassembly)等。
- 补充业务。例如：呼叫转移、呼叫限制、呼叫等待、电话会议和计费通知等。

对于容量比较大的 GSM 系统，一个网络子系统 NSS 可包括若干个 MSC、VLR 和 HLR，当固定网用户呼叫 GSM 移动用户时，无需知道移动用户所处的位置，此呼叫首先被接入到入口移动业务交换中心(亦称移动关口局，Gateway MSC，简称 GMSC)中，入口交换机负责从 HLR 中获取移动用户位置信息且把呼叫转接到移动用户所在的 MSC 那里。

2) 访问位置寄存器(VLR，Visitor Location Register)

VLR 是一个数据库，负责存储 MSC 为了处理所管辖区域中所有 MS 的来话接听和去话呼叫所需检索的信息，例如用户的号码、所处位置区域的识别、向用户提供的服务等参数。

具体来讲，VLR 是为其控制区域内的移动用户服务的，它存储着进入其控制区域内的已登记的移动用户的相关信息，从而为该用户以后的呼叫连接创造了前提条件。VLR 从该移动用户所在的归属位置寄存器(HLR)处获得并存储该用户的数据。一旦用户离开该 VLR 的控制区域，则重新在他所进入的另一个 VLR 登记，原 VLR 将取消临时记录的该移动用户的数据。因此，VLR 可看做一个动态的用户数据库。

MSC 会经常从 VLR 提取大量的用户数据，为了提高各项管理和呼叫建立的速度，VLR 和 MSC 总是将各自的功能合成一体，看上去就像一个整体一样，以 MSC/VLR 的形式成为 NSS 的组成部分。

3) 归属位置寄存器(HLR，Home Location Register)

HLR 是 GSM 系统的中央数据库，主要存储着管理部门用于移动用户管理的相关数据，具体包括两类信息：一是有关用户的参数，即该用户的相关静态数据：包括移动用户识别号码、访问能力、用户类别和补充业务等；二是有关用户目前所处状态的信息，即用户的有关动态数据，如用户位置更新信息或漫游用户所在的 MSC/VLR 地址及分配给用户的补充业务等。用户购买新的手机及 SIM 卡时，服务人员都会在相应的 HLR 处注册登记。HLR 可以与 MSC/VLR 一一对应，也可以是一个 HLR 控制若干个 MSC/VLR 或整个区域的移动网。

4) 鉴权中心(AUC，Authentication Center)

AUC 也是一个数据库，保存着与用户鉴权紧密相关的三个参数(随机号码 RAND、符合响应 SRES 和密钥 KC)，其作用是：通过鉴权能够确定移动用户的身份是否合法，还能够进一步满足用户的保密性通信等要求。

鉴权是 GSM 系统采取的一种安全措施，用来防止无权用户接入系统和保证通过无线接口的移动用户通信的安全。任何手机在通话前都要先经过鉴权，待得到系统确认，承认其为合法用户后，方可进入通话接续。在此过程中，AUC 起到了关键的作用。具体的鉴权过程请参阅 3.4.2 节。

5) 设备识别寄存器(EIR，Equipment Identity Register)

EIR 也是一个数据库，存储着有关移动台的设备参数，主要是国际移动设备识别码(International Mobile Equipment Identity，简称 IMEI)，其功能是完成对移动台设备的识别、监视、闭锁等，以防止非法移动台的使用。

对移动台身份的核准包括三个组成部分：入网许可证的核准号码、装配工厂号和手机专用号。针对不同的核准结果，移动台的 IMEI 会分列于白色清单、黑色清单或灰色清单这三种表格之一。白色清单中收录了所有的核准号码，拥有该清单中号码的移动台可以正常使用网络；黑色清单中收录了所有的挂失移动台和禁止入网移动台的号码，拥有这些号码的移动台会被暂时禁用(闭锁)；灰色清单收录了所有的出现异常或功能不全，但不足以禁用的移动台的号码，拥有这些号码的移动台会受到网络的监视，随时可能被鉴别出其非法身份，这样便可以确保入网移动设备不是被盗用的或是故障设备，确保注册用户的安全性。

一旦手机丢失，只要向系统报告该手机的IMEI号码，EIR就会将其列入黑色清单，使得盗用者空欢喜一场。

2. 基站子系统(BSS，Base Station Subsystem)

基站子系统(简称基站)又称无线子系统，因为它是GSM系统中与无线蜂窝网络关系最直接的基本组成部分，主要负责系统的无线方面。BSS 是一种在特定的蜂窝区域内建立无线电覆盖的设备，负责完成无线发送、接收和管理无线资源。

从整个GSM网络来看，基站子系统介于网络交换子系统和移动台之间，起中继作用。一方面，基站通过无线接口直接与移动台相接，负责空中无线信号的发送、接收和集中管理；另一方面，它与网络交换子系统中的移动业务交换中心(MSC)采用有线信道连接，以实现移动用户之间或移动用户与固定用户之间的通信，传送系统信号和用户信息等。以移动台用户与固定网络用户之间的通信为例：基站接收到移动台的无线信号，经过简单处理之后即传送给移动交换中心，经过交换中心的交换机等设备的处理，再通过固定网络传送给固定用户，这样网络通路建立，即可实现正常的网络通信了。

正是由于基站子系统在整个GSM网络中的重要地位，因而它在GSM网络中起着重要的作用，直接影响着GSM网络的通信质量。一个覆盖区中基站的数量、基站在蜂窝小区中的位置，基站子系统中相关组件的工作性能等都是决定整个蜂窝系统通信质量的重要因素。基站的选型与建设，已成为组建现代移动通信网络的重要一环。

GSM赋予基站的无线组网特性使基站的实现形式可以多种多样——宏蜂窝、微蜂窝、微微蜂窝及室内、室外型基站。无线频率资源的有限性又迫使人们发展出基站的各种不同应用形式——远端TRX、分布天线系统、光纤分路系统、直放站，以扩大覆盖范围、增强话务能力。

从组成上看，基站子系统主要包括两类设备：基站收发信台BTS和基站控制器BSC。通常来说，一个基站只包括一个BSC，而一个BSC根据话务量的需要可以控制一个或多个BTS。BTS可以与BSC直接相连，从而构成一个整体基站系统，其覆盖区为包含若干相邻小区的单一区域，如图3-3(a)所示；BTS与BSC也可以通过基站接口设备(Base-station Interface Equipment，简称BIE)采用远端控制(当BSC与BTS间距离超过15米时)的连接方式相连，此时基站系统服务区为若干个无线覆盖区，如图3-3(b)所示。

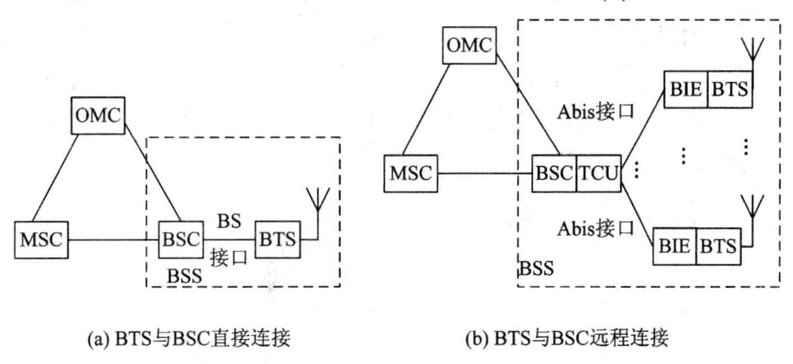


图3-3 BTS与BSC的连接方式

下面对BTS和BSC进行具体介绍。

1) 基站收/发信台(BTS，Base Transfer and Receive Station)

BTS属于基站子系统的无线接口设备，完全受BSC控制，主要负责无线传输，完成无

线与有线的转换、无线分集、无线信道加密、无线调制和编码等功能。具体来说，它可以接收来自移动台的信号，也可以把 BSC 提供的信号发送给移动台，从而完成 BSC 与无线信道之间的信号转换。

从覆盖范围上讲，每个 BTS 大致能覆盖 1 $km^2$。在某个区域内，多个基站共同组成一个蜂窝状的网络，通过控制收/发信台与收/发信台之间的信号相互传送和接收来达到移动通信信号的传送，这个范围内的地区也就是我们常说的网络覆盖面。如果没有了收发信台，那就不可能完成手机信号的发送和接收。基站收/发信台不能覆盖的地区也就是手机信号的盲区。所以基站收/发信台发射和接收信号的范围直接关系到网络信号的好坏以及手机是否能在这个区域内正常使用。

从容量上讲，1 个 BTS 的最大容量约为 16 个载频。由于 GSM 系统每个载频能够支持 7 个业务时隙，因此，每个 BTS 能够支持上百个(7 × 16 = 112)通信同时进行。在农村，BTS 的载频数可以减少到 1 个，即可以支持 7 个手机同时通信；在城市，一个 BTS 一般有 2～4 个载频，可同时支持 14～28 个手机通信。

BTS 主要包括收/发信机 TRX、天线和基站控制功能(Base-Station Control Function，简称 BCF)单元三个部分。BCF 单元在 BTS 中实现公共控制功能。基站收发信机 TRX 按照功能不同又可分为发信机和收信机两部分，它们各自的主要功能流程如图 3-4 所示。

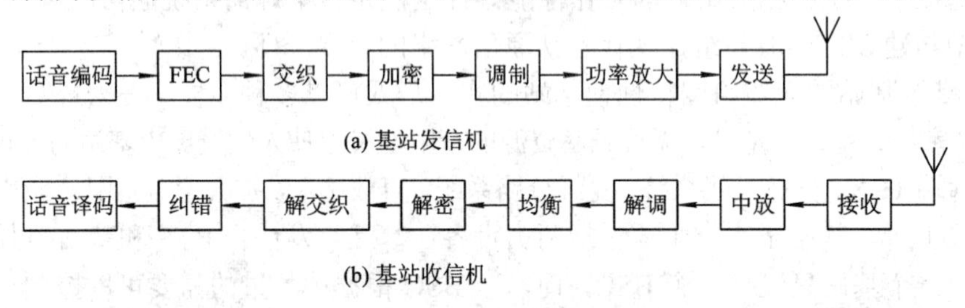


图 3-4　BTS 的功能流程

BTS 的另一个组成部分是天线。天线有发射天线和接收天线、全向天线和定向天线之分。全向天线是指收发全方位(360°)信号的天线；定向天线是指收发固定角度(如 80°)信号的天线，两者的外观图如图 3-5 所示。天线一般可有下列三种配置方式：发全向、收全向方式；发全向、收定向方式；发定向、收定向方式。在 GSM 系统中，频道数较少的基站(如位于郊区)常采用发全向、收全向方式，而频道数较多的基站则采用发全向、收定向或发定向、收定向的方式，且基站的建立也比郊区更为密集。一般来说，在农村用全向天线，城市和高速公路区域用定向天线。

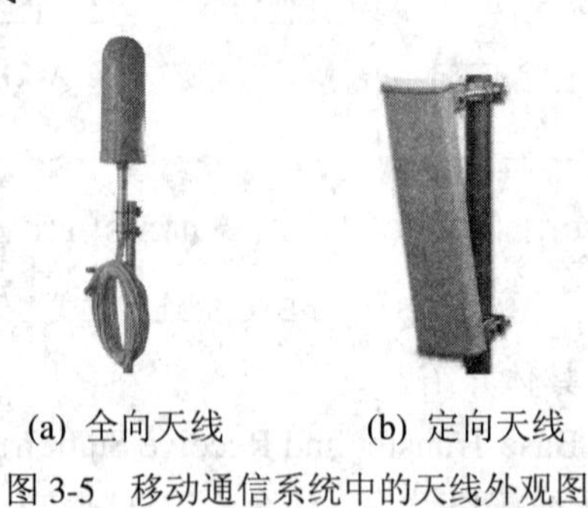

(a) 全向天线　　(b) 定向天线

图 3-5　移动通信系统中的天线外观图

2) 基站控制器 BSC

基站控制器 BSC 在 BSS 子系统内充当控制器和话务集中器，它主要负责管理 BTS，而且当 BSC 与 MSC 之间的信道阻塞时，由它进行指示。它同时具有对各种信道的资源管理、小区配置的数据管理、操作维护、观察测量和统计、功率控制、切换及定位等功能，是一个很强的功能实体。

一个 BSC 通常控制着几个 BTS，通过 BTS 和 MS 的远端命令，BSC 负责所有的移动通信接口管理，主要是无线信道的分配、释放和管理。当用户使用移动电话时，它负责打开一个信号通道，通话结束时它又把这个信道关闭，留给其它用户使用。除此之外，还对本控制区内移动台的越区切换进行控制。如用户在使用手机过程中跨入另一个基站的信号收发范围内时，BSC 则负责与另一个基站之间相互切换，并保持始终与移动交换中心的连接。

BSC 通过 A 接口与 MSC 相连，BSC 端的接口设备是数字中继控制器(Digital Trunk Controller，简称 DTC)。BSC 通过 Abis 接口与 BTS 相连，BSC 端的接口设备是终端控制单元(Terminal Control Unit，简称 TCU)，由此构成一个简单的通信网络。BSC 的核心是交换网络(SW)和公共处理器(Common Processing Resource，简称 CPR)。交换网络 SW 完成 Abis 接口与 A 接口之间 64 kb/s 的语音/数据业务信道的内部交换，其容量配置应根据系统容量的需要，可以是 16 个 2 Mb/s 端口，也可以是 64 个 2 Mb/s 端口。公共处理器 CPR 负责对 BSC 内部各模块进行控制管理，包括对内部数据库的管理，以及后备程序寄存器和各种软件的管理。此外，CPR 通过 X.25 接口与系统的操作维护中心(OMC)相连接。CPR 还提供 RS-232 接口，可用于 BSC 内部的人机通信。BSC 的主要组成及对外连接情况请参见图 3-6。

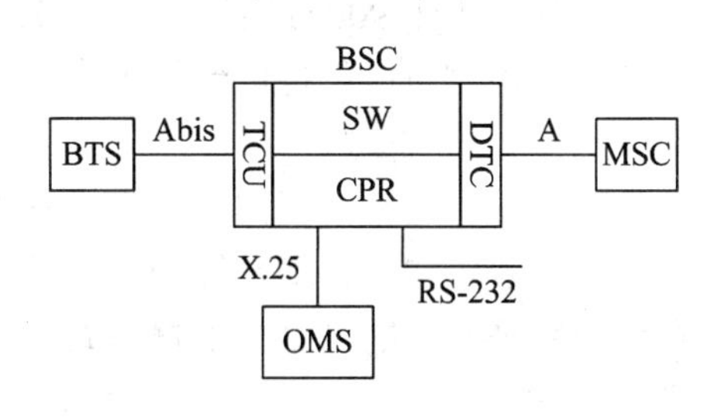

图 3-6　BSC 的主要组成及对外连接情况

除了 BSC 和 BTS 这两个主要组成部分之外，基站子系统 BSS 还必须包括码变换器(TransCoder，简称 TC)和相应的子复用设备(Sub Multiplexer，简称 SM)。码变换器 TC 通常放在 BSC 和 MSC 之间，主要完成 16 kb/s 的规则脉冲激励长期预测 RPE-LTP 编码和 64 kb/s 的 A 律 PCM 之间的语音转换。TC 配置 SM 可以增加组织网络时的灵活性并可减少传输设备的配置数量。基站子系统 BSS 完整的结构组成如图 3-7 所示。

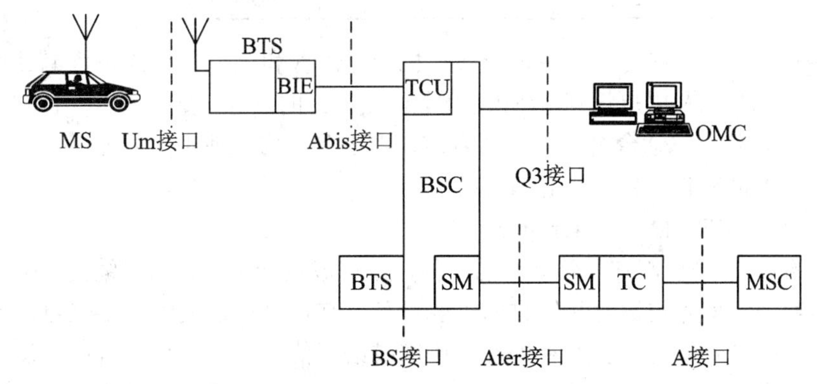

图 3-7　BSS 完整的结构组成图

### 3. 移动台 MS

MS 是 GSM 移动通信系统中用户所使用的设备，也是用户在整个 GSM 系统中能够接触到的唯一的设备，是硬件设备和用户数据的结合体。移动台可以在整个系统的服务区内移动，不论移动台是处于运动之中还是处在不同地点，都应该能够享受到网络服务。

如本书 1.2 节所述，移动台有三种类型：车载式、便携式和手持式。车载式移动台(简称车载台)的主体设备安装在车辆的内部，天线与主体设备分离，安装在车外。依靠着车辆本身，车载台可以在较大功率下使用。便携式移动台(简称便携台)为用户手提携带的设备，其天线与设备安装在一起。便携台可以支持系统所要求的所有功率。便携台也可以安装在车辆上，并且通常都具备车辆安装时所用的接头。手持式移动台(简称手持台或手持机)即现在人们通用的手机。与车载台和便携台相比，手机的体积更小、重量更轻、携带更方便，因而是移动台的主流发展方向。只要具备安装插头，手机同样可以安装在车辆上。当安装在车辆上时，可使用外部天线。

为了便于用户携带和使用，一般对手机做出如下要求：

- 总重量低于 0.8 kg；
- 体积小于 900 $cm^3$；
- 供电容量应保持电台的工作时间在连续通话状态下不少于 1 小时，在待机或接收状态下不少于 10 小时。

根据发射功率的不同，移动台还有不同的级别划分。具体划分及其应用类型如表 3-1 所示。由表可知，移动台等级的划分依据是移动台发射功率的峰值。也就是说，移动台的发射功率是可变的，这要根据基站的具体需要而定。一般来讲，移动台发射功率降低的步进为 2 dB。

**表 3-1　移动台功率等级**

| 等级 | 峰值功率/W | 类　型 |
|---|---|---|
| 1 | 20 | 车载台、便携台 |
| 2 | 8 | 车载台、便携台 |
| 3 | 5 | 手持机 |
| 4 | 2 | 手持机 |
| 5 | 0.8 | 手持机 |

从构成方式上看，移动台有两种形式：机卡分离式和机卡一体式。机卡分离式是指移动台由移动终端(MT)和用户识别卡(SIM)两个相互独立的部分构成；机卡一体式是指 MS 和 SIM 合二为一，整个移动台是一体的。目前，考虑到维修和使用的方便，移动台大都是机卡分离式。下面对 MT 和 SIM 进行具体介绍。

1) 移动终端(MT，Mobile Terminal)

移动终端就是“机”，它是移动台的主体，是完成话音编码、信道编码、信息加密、信息的调制和解调、信号的发射和接收的主要设备。它可以通过天线接收来自外界无线信道的信号，然后经过一系列的变换和处理，还原成语音信号，供用户接听；相反的，它也可以将用户的语音信号，经过一系列相反的变换和处理，转变成适合无线信道传输的信号形式，然后通过天线发送出去。移动终端的结构组成如图 3-8 所示。

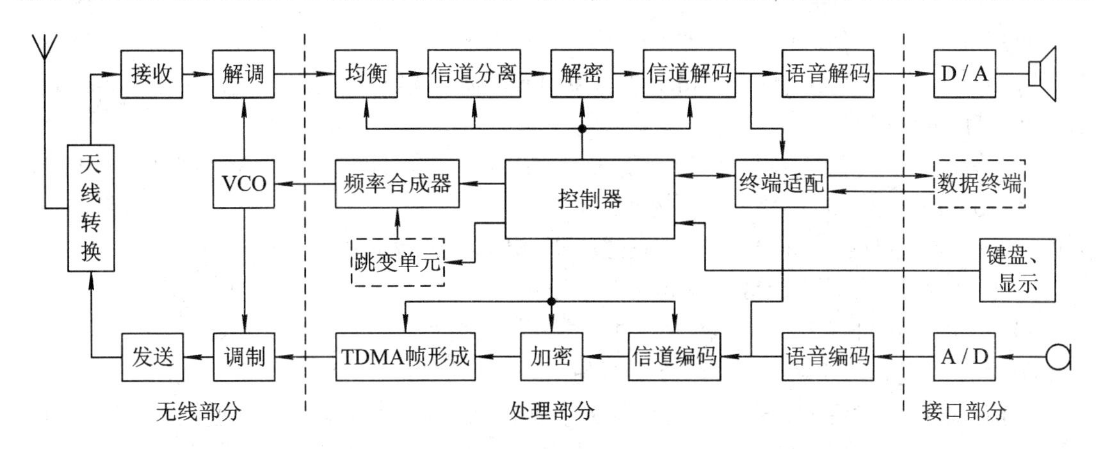


图 3-8 移动终端的结构组成

由图可见，移动终端可分为三大部分：无线部分、处理部分和接口部分。

(1) 无线部分为高频系统，包括天线系统、发送、接收、调制解调以及压控振荡器(Voltage Control Oscillator，简称 VCO)等。发送又包括带通滤波、射频功率放大等；接收又包括高频滤波、高频放大、变频、中频滤波放大等。

(2) 处理部分可分为两个子块：信号基带子块和控制子块。信号基带子块对数字信号进行一系列处理。发送通道的处理包括：语音编码、信道编码、加密、TDMA 帧形成等，其中信道编码包括分组编码、卷积编码和交织；接收通道的处理包括均衡、信道分离、解密、信道解码和语音解码等。控制子块对整个移动台进行控制和管理，包括定时控制、数字系统控制、无线系统控制以及人机对话控制等。若采用跳频，还应包括对跳频的控制。

(3) 接口部分包括语音模拟接口、数字接口以及人机接口三个子块。语音模拟接口包括 A/D、D/A 变换、麦克风和扬声器等；数字接口主要是数字终端适配器；人机接口主要有显示器和键盘等。

2) *用户识别卡*(SIM，Subscriber Identity Module)

SIM 卡中存储着有关用户的个人信息和网络管理的一些信息以及加密、解密算法等，通过这些信息可以验证用户身份、防止非法盗用、提供特殊服务等，因而 SIM 卡又称为智能卡。又由于 SIM 卡中存储着与用户通信费用相关的信息，因而又称为储值卡。网络正是根据 SIM 卡中存储的这些数据来为用户提供个性化服务和通信管理的。SIM 卡是用户移动终端的重要组成部分，是用户使用终端设备和享用网络服务的一把钥匙，用户只有把合法的 SIM 卡插入或嵌入任何一个移动设备，才能实现通信，而通信费用会自动计入该卡中的用户账户上。

如图 3-9 所示，按照尺寸大小不同，SIM 卡可以分为以下三种样式：

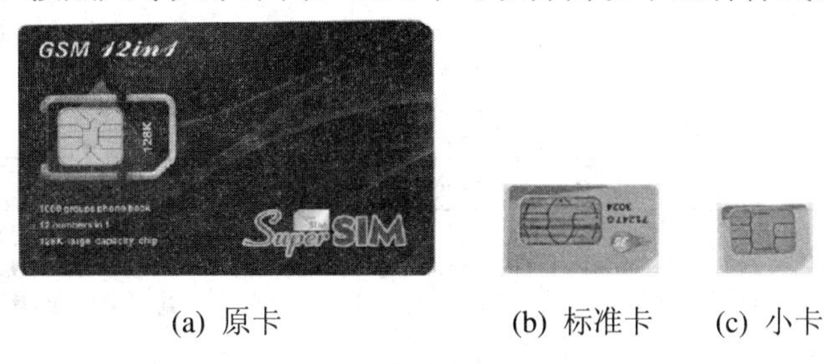


(a) 原卡　　(b) 标准卡　　(c) 小卡

图 3-9 不同样式的 SIM 卡

(1) 原卡，即 SIM 卡刚买来时的大卡，就是比标准卡多了一个框架，上面可能标示有 SIM 卡的个人识别密码(Personal Identity Number，简称 PIN)和用户码。其尺寸为 54 mm × 85 mm(银行卡标准尺寸)。

(2) 标准卡。将其从原卡上扣下来后插入 GSM 终端，即可接入 GSM 网络。标准卡的尺寸为 25 mm × 15 mm(比普通邮票还小)。

(3) 小卡，也称 Micro SIM 卡、第三类规格 SIM 卡，尺寸为 12 mm × 15 mm(拇指大小)。

按照付费方式不同，SIM 卡又可分为以下两类：

(1) 一次性预付费卡。该卡在制作过程中，预先被写入一定数量的话费单元，当话费单元扣减至零或超出有效期时，此卡不可再使用；

(2) 可增值预付费卡。这种卡在其中的话费单元扣减至零时，用户可通过指定服务点或电话转账等方式，向预付费卡中增加话费，之后此卡可继续使用。在有效期内，可多次向预付费卡中充值。

各种的 SIM 卡外包装都有防水、耐磨、抗静电、接触可靠和精度高的特点。SIM 卡内部是带有微处理器的智能芯片，它主要由以下五个模块构成：中央处理器(Central Processor Unit，简称 CPU)、只读存储器(Read Only Memory，简称 ROM)、随机存储器(Random Access Memory，简称 RAM)、数据存储器(电可擦除可编程只读存储器，Electronic Erasable Programmable ROM，简称 $E^2$PROM 或闪存 Flash)和串行通信单元。SIM 卡内部结构组成框图如图 3-10 所示。SIM 卡的五个组成模块都集成在一块集成芯片中，该芯片有八个触点，与移动设备相互接通是在 SIM 卡插入设备中、接通电源后完成的。此时，操作系统和指令设置才开始为 SIM 卡提供智能特性。

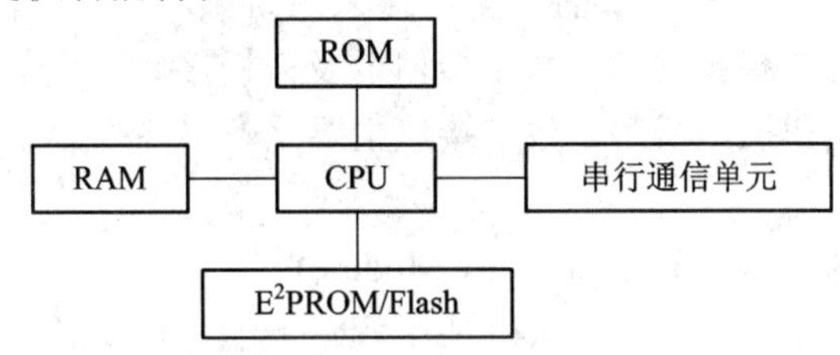


图 3-10 SIM 卡内部结构组成

由图 3-10 可见，SIM 卡内部最重要的组成就是各种的存储器。SIM 卡的内部存储结构在逻辑上属于树型结构，不同的数据信息分别存储在不同的目录下。如图 3-11 所示，整个结构的根目录下包括三个目录：行政主管部门应用目录和两个技术管理应用目录(GSM 应用目录和电信应用目录)。其中，行政主管部门应用目录下用于存储与持卡者相关的信息以及 SIM 卡将来准备提供的所有业务信息；GSM 应用目录下用于存储 GSM 应用中特有的信息；电信应用目录下用于存储 GSM 应用所使用的信息，以及其它电信应用或业务信息。

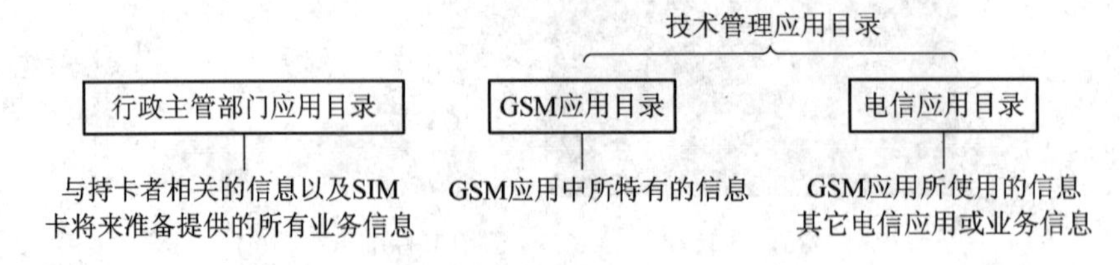


图 3-11 SIM 卡存储目录结构及内容

所有目录下存储的数据信息都是以数据字段的形式来表示的。这些数据字段分为两种类型：一种是透明的、非结构化的，由固定长度的字块构成；另一种是面向记录的、可随时更新的，它由固定长度的逻辑记录组成。每种数据字段都要表达出它的用途、更新程度、特性及类型等。SIM 卡除了存储正常的数据字段，也存储有非文件字段，如鉴权钥、个人身份鉴权号码、个人解锁码等数据。GSM Phase2 的 GSM 应用目录和电信应用目录下的数据字段分别如表 3-2 和表 3-3 所示。

**表 3-2　GSM 阶段 2 的 GSM 应用目录下的数据字段**

| 标识符 | 名　称 | 长度 |
| --- | --- | --- |
| 6F05 | 语种选择(Language Preference) | 4 |
| 6F07 | IMSI | 9 |
| 6F20 | Kc, n | 9 |
| 6F30 | PLMN 选择(PLMN Selector) | 42 |
| 6F31 | HPLMN 搜索(HPLMN Search) | 1 |
| 6F38 | 业务表(Service Table) | 4 |
| 6F45 | 小区广播消息标识(Cell Broad Message ID) | 8 |
| 6F74 | BCCH 消息(BCCH Information) | 16 |
| 6F78 | 接入控制(Access Control) | 2 |
| 6F7B | 禁止 PLMN(Forbidden PLMN) | 12 |
| 6F7E | TMSI LAI | 11 |
| 6FAD | 管理数据(Admin Data) | 3 |
| 6FAE | Phase 识别(Phase Identifying) | 2 |

**表 3-3　GSM 阶段 2 电信业务应用目录下的数据字段**

| 标识符 | 名　称 |
| --- | --- |
| 6F3A | 缩位拨号(Abbreviated Dialing) |
| 6F3C | 短消息存储(Short Message Storage) |
| 6F3D | 容量配置参数(Capability Configuration) |
| 6D40 | MSISDN |
| 6F42 | 短消息存储参数(SMS Parameters) |
| 6F43 | 短消息存储状态(SMS Status) |
| 6F44 | 最后拨号存储(Last Number Dialed) |
| 6F4A | 扩展 1 文件(Extension 1 file) |

在 GSM 系统中，SIM 卡的主要功能具体表现在如下三个方面：

(1) 用户相关数据和参数的存储功能。

SIM 卡中存有数据：ISDN、Ki、PIN、PUK(Personal Unlock Key，个人身份解钥码)、TMSI(Temporary Mobile Station Identity，临时移动台识别码)、LAI、ICCID(Integrate circuit card identity，集成电路卡识别码)以及用户短信息等。其中 ISDN、Ki、PIN、PUK 是相对固定的；TMSI 和 LAI 是随着用户移动，网络随时写入的；ICCID 就是 SIM 卡号，它的数据格式如图 3-12 所示。每个 SIM 卡的反面，即不带芯片的那一面上都印有 ICCID 号码。其印制方式有两种：条形码和数字号码，颜色为黑色。

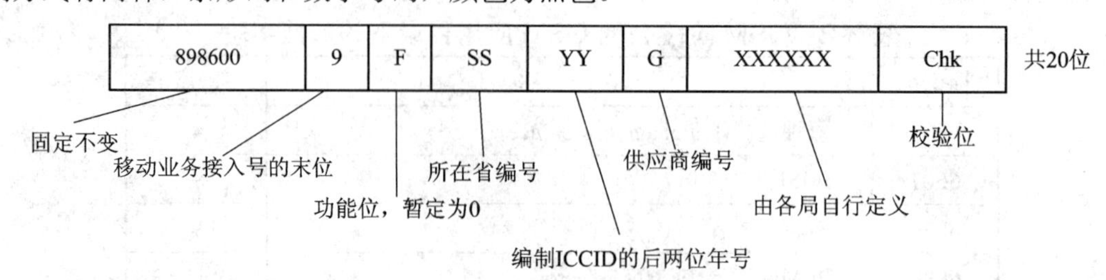


图 3-12 ICCID 的数据结构

除了数据之外，SIM 卡中还存有许多参数，分为 GSM 系统参数和电信业务参数两类。GSM 系统参数一般包括有管理类别、业务表、广播控制信道(Broadcast Control Channel，简称 BCCH)信息、TMSI、IMSI、Kc 等；电信业务参数包括有缩位拨号、短消息、话费数据等。这在 SIM 卡的存储结构中已有详细介绍。

(2) PIN 的操作和管理功能。

SIM 卡本身是通过 PIN 码来保护的，因而 SIM 卡具有 PIN 码的操作与管理功能。关于 PIN 码的构成及其保护功能，将在 3.4.2 节加以介绍。

(3) 存储保密算法和密钥进行用户身份鉴权和数据加密的功能。

用户的 SIM 卡中存储着有关鉴权和加密的各种算法和密钥，能够协助网络在必要的时候进行用户身份的识别、功能请求的鉴权以及数据的加密等。

#### 4. 操作维护子系统 OMS

如果把 GSM 网络比作一个繁忙的飞机场的话，网络管理子系统 OMS 就是飞机场上的总调度室。OMS 实现对 GSM 整个网络的维护和管理功能。GSM 规范没有对 OMS 作严格规定，不同厂家的设备也都不同，主要包括网络管理中心 NMC 和操作维护中心 OMC 两种。NMC 是全网管理的最高层，每一个网络只有一个，我国的 GSM 网络没有设此项。OMC 主要是对整个 GSM 网络进行管理和监控，通过它实现对 GSM 网内各种部件功能的监视、状态报告、故障诊断等功能。根据分工不同，OMC 又分为交换操作维护中心 OMC_S 和无线操作维护中心 OMC_R 两种。OMC_S 完成对网络交换子系统 NSS 的操作和维护；OMC_R 完成对基站子系统 BSS 的操作和维护。

### 3.2.2 接口

接口代表两个相邻实体之间的连接点，协议是说明连接点上交换信息需要遵守的规则。除了 OMC 与 MSC 之间的接口外，GSM 规范对系统中的大部分接口都有明确的规定。也就是说，大部分接口都是开放式的。通过这些接口，网络各单元之间交换信息，以此实现网络的功能。如图 3-13 所示，GSM 系统中接口有十余个。下面，分别对它们加以介绍。

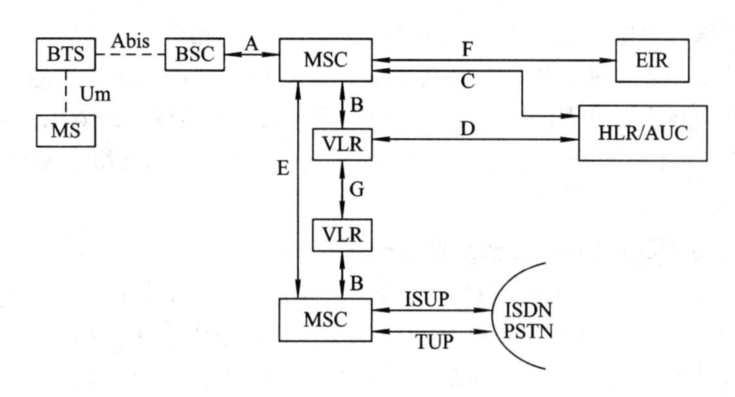


图 3-13　GSM 系统中的接口示意图

### 1. 基站(BS)与移动台(MS)之间的无线接口(Radio Interface)——Um 接口

在 GSM 系统中，移动台通过无线通道与网络的固定部分相连，使用户可以接入网中，从而得到通信服务。移动台(MS)和基站(BS)设备的研制开发是允许分别进行的。为了实现它们的互联，对无线通道上信号的传输必须做出一系列规定，建立一套标准，这套关于无线通道信号传输的规范就是所谓的无线接口，即 Um 接口，如图 3-14 所示。

Um 接口由下述特性所规定：

(1) 信道结构和接入能力；

(2) MS-BS 通信协议；

(3) 维护和操作特性；

(4) 性能特性；

(5) 业务特性。

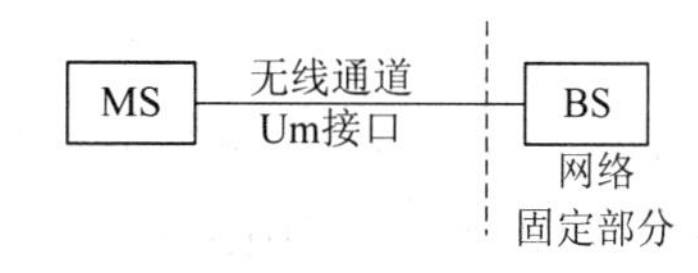


图 3-14　GSM 系统中的无线接口

Um 是 GSM 系统中最重要的接口，如果能够实现标准化，各移动台即使分布在世界的不同国家或地区、即使采用不同的技术和结构，也能够以统一标准的无线信道接入方式进入 GSM 系统，为实现全欧漫游功能奠定基础。这就是 Um 接口的接入能力，下面对 Um 接口的协议模型加以简单介绍。

作为第二代数字蜂窝移动通信网，GSM 的无线接口采用开放系统互联(Open System Interconnection，简称 OSI)参考模型的概念来规定其协议模型。有关 OSI 参考模型的相关规定，请参考其它技术资料。基于 OSI 参考模型，Um 接口可分为 3 层，如图 3-15 所示。

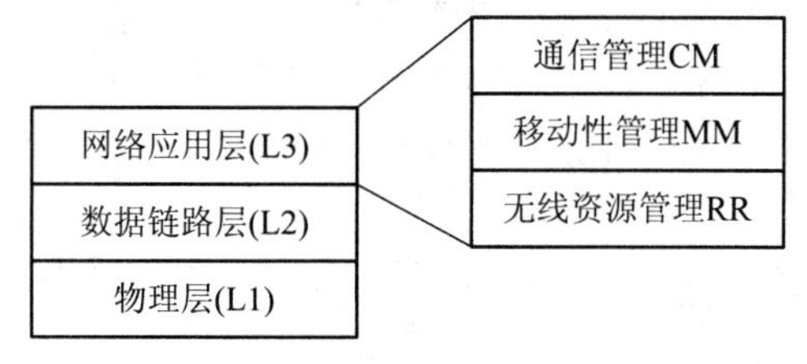


图 3-15　无线接口的分层结构

第一层是物理层，为最低层，记为 L1。它包括各类信道，为高层信息的传输提供基本的无线通道。

第二层是数据链路层，为中间层，记为 L2。它包括各种数据传输结构，对数据传输进行控制。数据链路层接受物理层的服务，并向第三层提供服务。

第三层为网络应用层，记为 L3。它提供 GSM 和与其相连接的其它公共移动网建立、维护和终止电路交换连接的功能。它还提供必要的支持补充业务和短消息业务的控制功能以及移动管理和无线资源管理的功能。第三层又可分为无线资源(Radio Resource，简称 RR)管理、移动性管理(Mobile Management，简称 MM)和呼叫管理(Calling Management，简称 CM)3 个子层。

### 2. 基站子系统 BSS 与移动业务交换中心 MSC 之间的 A 接口

A 接口实质上是基站控制器 BSC 与 MSC 之间的接口，属于固定网络接口。该接口的物理链路采用标准的 2.048 Mb/s PCM 数字传输链路，信令协议基于 CCITT 的 No.7 信令系统。信令主要包括移动台管理、基站管理、移动性管理和接续管理等。A 接口支持网络向移动用户提供的所有业务，同时支持在 PLMN 内分配无线资源以及对这些资源的管理。

A 接口可用下述特性来规定：

(1) 物理和电气参数；

(2) 信道结构；

(3) 网络操作过程；

(4) 操作与维护信息支持。

A 接口的分层协议模型如图 3-16 所示。第一层定义了 BSC 与 MSC 之间物理层结构，包括物理和电气参数及信道结构。采用公共信道信令 No.7(SS7)的第一级消息传递部分(MTP1)来实现。第二层定义了数据链路层和网络层，即 MTP2 和 MTP3、SCCP。其中 MTP2 是高级数据链路控制(High-level Data Link Control，简称 HDLC)协议的一种变体，MTP3 和 SCCP 主要完成信令路由选择功能。第三层是应用层，包括 BSS 应用部分(BSS Application Part，简称 BSSAP)规程和 BSS 操作维护应用规程(BSS Operation & Maintenance Application Part，简称 BSSOMAP)，完成基站系统资源和连接的维护管理，业务的接续及拆除的控制。

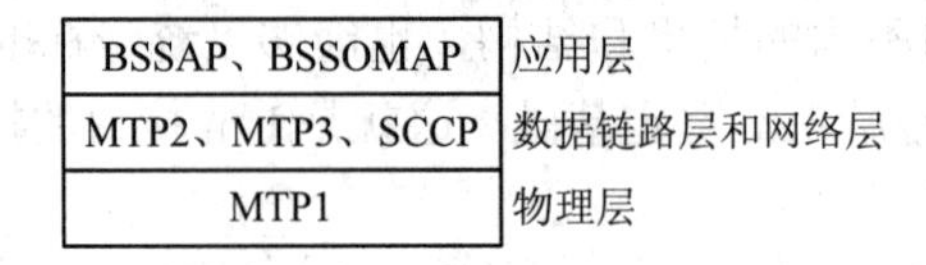


图 3-16　A 接口的分层协议模型

### 3. 基站收/发信机(BTS)与基站控制器(BSC)之间的 Abis 接口

Abis 接口是 BTS 与 BSC 之间的固定网络接口，主要为 BTS 和 BSC 完成各种功能时提供信息交换。当 BTS 和 BSC 不在同一地点时，必须有此接口。当二者直接相连时，可以改用 BS 接口。Abis 接口支持网络对移动用户提供的所有业务，同时还支持 BTS 内的无线设备控制和无线频率分配。

Abis 接口由下述特性所规定：

(1) 物理和电气参数；

(2) 信道结构；

(3) 信令传输程序；

(4) 配置和控制程序；

(5) 操作与维护信息支持。

由于GSM规范没有对该接口做出严格的规定，因此各个厂家对此接口的理解各有不同，不同厂家的BSC和BTS不能配合着一起工作。Abis接口也可以用三层分层结构模型来描述：第一层是物理层，规定了采用标准的2.048 Mb/s PCM数字传输链路；第二层是数据链路层，采用D信道链路接入规程(Link Access Procedure on D-channel，简称LAPD)协议，可实现一点到多点的通信；第三层是网络层，是以基站管理层(BTS Management，简称BTSM)和无线资源管理RR进行控制的，包括无线链路管理(Radio Link Management，简称RLM)功能和操作维护(Operation & Maintenance，简称OM)功能等。

#### 4. 移动业务交换中心MSC与公众网之间的ISUP和TUP接口

如2.2.6节所述，ISUP是No.7信令系统的ISDN用户部分，它定义了综合业务数字网ISDN中电路交换业务控制，包括话音业务(如电话)和非话业务(如电路交换数据通信)控制所必需的信令消息、功能和过程；TUP是No.7信令系统的电话用户部分，它规定了电话业务中呼叫控制所需的信令程序以及实现这些信令程序所需的消息和消息格式。通过这两个接口，MSC可分别与ISDN和公众电话交换网PSTN连接，因此，GSM系统具有广泛的联网能力。

#### 5. 移动业务交换中心MSC与访问位置寄存器VLR之间的B接口

MSC通过该接口向VLR传送漫游用户位置信息，并在呼叫建立时向VLR查询漫游用户的有关数据。当MSC与VLR合设在一起时，它们之间采用内部接口。

#### 6. 移动业务交换中心MSC与归属位置寄存器HLR之间的C接口

MSC通过该接口向HLR查询被叫移动台的路由信息，HLR提供路由。

#### 7. 访问位置寄存器VLR与归属位置寄存器HLR之间的D接口

D接口用于两个寄存器之间传送用户数据信息(位置信息、路由信息、业务信息等)。

#### 8. 移动业务交换中心MSC与MSC之间的E接口

E接口用于越局频道转接。该接口要传送控制两个MSC之间话路接续的常规的电话网局间信令。

#### 9. 移动业务交换中心MSC与设备识别寄存器EIR之间的F接口

MSC向EIR查询移动台设备的合法性时使用该接口。

#### 10. 访问位置寄存器VLR与VLR之间的G接口

当移动台由某一个VLR移动到另一个VLR覆盖区域时，新老两个VLR通过该接口交换必要的信息。

### 3.2.3 信道

信道指的是一种信息传输的通道，在这个通道中，信号可以以一定的形式稳定地传输。正是因为有了信道，各种通话话音、文字图片、控制信令等才能有效地进行传输。

信道有狭义和广义之分：狭义的信道指的是发送设备和接收设备之间用以传输信号的传输媒质；而广义的信道，除了包括传输媒质之外，还可以包括发送和接收端的有关部件和电路。

按照传输媒质的性质不同，狭义的信道可分为有线信道和无线信道两种。有线信道指

的是具有物理上实际存在的传输线路，如架空明线、同轴电缆、光缆等；无线信道不具有实际的传输线路，一般指的是通过自由空间、大气层等进行传输的情况。

GSM 系统中既包含有线信道，又包含无线信道。一般来讲，移动台与基站之间的通信信道属于无线信道；而系统其它部分的通信信道都属于有线信道。

在不同的体制中，信道又可以体现为不同的形式。在 FDMA 中，信道是电磁信号的一个特定频率区域，称为频带；在 TDMA 中，信道指的是信号的一个特定时间片段，称为时隙；在 CDMA 中，一个信道针对着一个特定的编码序列，称为伪随机序列。上述这些形式的信道都称为物理信道。GSM 系统采用的是 TDMA/FDMA 体制，其物理信道指的是对应 1 个载频上的 TDMA 帧的 1 个时隙 TS。因为 GSM 的 1 个 TDMA 帧包含 8 个时隙，因而，1 个载频对应 8 个信道(依次称为信道 0、信道 1、……、信道 7)。

在物理信道的上层，还有逻辑信道。GSM 中的逻辑信道是根据 BTS 与 MS 之间传输的信息种类的不同而定义的。这些逻辑信道在传输过程中都要被放到相应的物理信道上去，这称为映射。另外，从 BTS 到 MS 方向的信道称为下行信道或称信道的下行链路(Downlink)，反之则称为上行信道或信道的上行链路(Uplink)。

根据信息种类的不同，逻辑信道大体可分为两类：业务信道和控制信道。而这两类信道又有具体的划分，如图 3-17 所示。下面将对这些逻辑信道加以较详细地介绍。

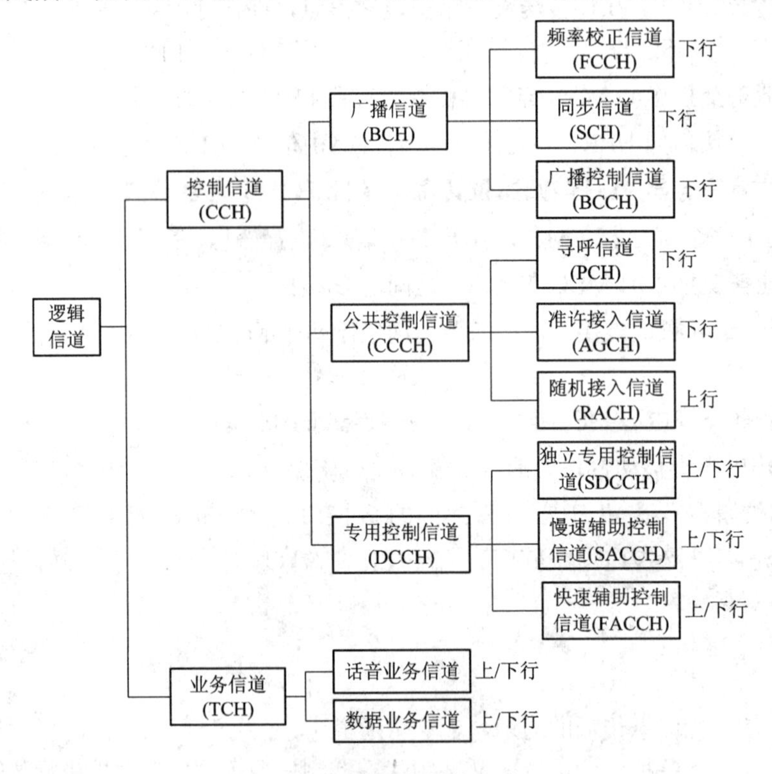


图 3-17　逻辑信道的分类

### 1. 业务信道(Traffic CHannel，简称 TCH)

业务信道主要用于传输用户编码及加密后的话音和数据，其次还传输少量的随路控制信令 CAS。业务信道采用的是点对点的传输方式，即一个 BTS 对一个 MS(下行信道)，或是一个MS对一个BTS(上行信道)。

根据传输速率不同，业务信道有全速率业务信道(TCH/F)和半速率业务信道(TCH/H)之分。半速率业务信道所用时隙是全速率业务信道所用时隙的一半，它采用低比特率的话音编码，从而可以在信道传输速率不变的情况下，使时隙的数目加倍。

根据传输业务不同，业务信道可分为话音业务信道和数据业务信道两种。

1) 话音业务信道

载有编码话音的业务信道分为全速率话音业务信道(TCH/FS)和半速率话音业务信道(TCH/HS)，两者的总速率分别为22.8 kb/s和11.4 kb/s。对于全速率话音编码，话音帧长度为20 ms，每帧含有260 bit的话音信息，提供净速率为13 kb/s。

2) 数据业务信道

在全速率或半速率信道上，通过不同的速率适配和信道编码，用户可以选用下列各种不同的数据业务：

(1) 9.6 kb/s，全速率数据业务信道(TCH/F9.6)。

(2) 4.8 kb/s，全速率数据业务信道(TCH/F4.8)。

(3) 4.8 kb/s，半速率数据业务信道(TCH/H4.8)。

(4) ≤2.4 kb/s，全速率数据业务信道(TCH/F2.4)。

(5) ≤2.4 kb/s，半速率数据业务信道(TCH/H2.4)。

此外，在业务信道中还可以设置慢速辅助控制信道或快速辅助控制信道。

### 2. 控制信道(Control CHannel，简称CCH)

控制信道主要用于传输信令和同步信号。按照信息种类的不同，控制信道又可分为三类：专用控制信道(DCCH)、公共控制信道(CCCH)和广播信道(BCH)。

1) 专用控制信道(Dedicated Control CHannel，简称DCCH)

专用控制信道是一种“点对点”的双向控制信道，其用途是在呼叫接续阶段以及在通信进行过程中，在移动台和基站之间传输必要的控制信息。DCCH又分为：

(1) 独立专用控制信道(Stand-alone Dedicated Control CHannel，简称SDCCH)：用于在分配业务信道之前的呼叫建立过程中传输有关信令。例如，传输登记、鉴权等信令。

(2) 慢速辅助(随路)控制信道(Slow Associated Control CHannel，简称SACCH)：用于移动台和基站之间连续地、周期性地传输一些控制信息。例如，移动台对为其正在服务的基站的信号强度的测试报告。这对实现移动台辅助参与切换功能是必要的。另外，基站对移动台的功率管理、时间调整等命令也在此信道上传输。SACCH可与一个业务信道或一个独立专用控制信道联用。SACCH安排在业务信道时，以SACCH/T表示；安排在控制信道时，以SACCH/C表示。

(3) 快速辅助(随路)控制信道(Fast Associated Control CHannel，简称FACCH)：用于传输与SACCH相同的信息，但只有在没有分配SACCH的情况下，才使用这种控制信道。它与一条业务信道联合使用，工作于借用模式，即中断原来业务信道上传输的话音或数据信息，把FACCH插入。这一般是在切换时发生，因而FACCH常用于传输诸如“越区切换”等紧急性指令。这种传输每次占用时间很短，约18.5 ms。由于语音译码器会重复最后20 ms的话音，因此这种中断不会被用户察觉到。

2) 公共控制信道(Common Control CHannel，简称 CCCH)

公共控制信道是一种双向控制信道，用于在呼叫接续阶段传输链路的连接所需要的控制信令。CCCH 又分为：

(1) 寻呼信道(Paging CHannel，简称 PCH)：用于传输基站寻呼(搜索)移动台的信息。属于下行信道、点对多点传输方式。

(2) 随机接入信道(Random Access CHannel，简称 RACH)：用于移动台向基站随时提出的入网申请，即请求分配一个独立专用控制信道 SDCCH，或者用于传输移动台对基站对它的寻呼做出的响应信息。属于上行信道、点对点传输方式。

(3) 准许接入信道(Access Grant CHannel，简称 AGCH)：用于基站对移动台的入网申请作出应答，即分配给移动台一个独立专用控制信道 SDCCH。属于下行信道、点对点传输方式。

3) 广播信道(Broadcast CHannel，简称 BCH)

广播信道是一种"一点对多点"的单方向(下行)控制信道，用于传输基站向移动台提供的公共广播信息。这些公共信息主要是移动台入网和呼叫建立所需要的有关信息。BCH 又分为：

(1) 频率校正信道(Frequency Correcting CHannel，简称 FCCH)：负责传输供移动台校正其工作频率的信息。移动台的工作必须要在特定的频率上进行。

(2) 同步信道(Synchronous CHannel，简称 SCH)：传输供移动台进行帧同步的信息(即 TDMA 帧号)和对基站的收发信台进行识别的信息(即基站识别码 BSIC)。

(3) 广播控制信道 BCCH：传输系统公用控制信息，例如公共控制信道 CCCH 号码以及是否与独立专用控制信道 SDCCH 相组合等。

### 3.2.4 帧和时隙

如前所述，GSM 数字蜂窝系统采用时分/频分多址(TDMA/FDMA)接入技术，因此 GSM 系统是一个由频率和时间分隔的蜂窝系统。GSM 的载频间隔为 200 kHz，一个载频对应一个 TDMA 帧。一个 TDMA 帧按时间又分隔为 8 个时隙(依次称为 TS0，TS1，…，TS7)，每个时隙相当于一个信道。每一个小区基站可以包含若干个预先分配的频率/时间信道。

GSM 系统的 TDMA 技术使用频分双工(FDD)方式。在 FDD 方式中，上行链路和下行链路的帧分别在不同的频率上，上下行链路的帧结构既可以相同又可以不同。与 FDD 相对应的是另一种双工方式——时分双工(TDD)。在 TDD 方式中，上下行帧都在相同的频率上。而且，通常将某频率上一帧中一部分时隙用于下行链路，另一部分时隙用于上行链路。两种双工方式示意图如图 3-18 所示。

图 3-18 TDD 与 FDD 双工方式

### 1. 帧结构

GSM系统中TDMA帧结构如图3-19所示。超高帧(Hyper Frame)是TDMA帧结构中的最大单位，可以用作加密和跳频的最小周期，其持续时间为3小时28分53秒760毫秒(3h28min53s760ms或12533.76 s)。每一个超高帧又可分为2048个超帧(Supper Frame)，一个超帧的持续时间为6.12 s，它是最小的公共复用时帧结构。每个超帧又是由复帧(Multi Frame)组成的。为了满足不同速率的信息传输的需要，复帧又分成以下两种类型：

(1) 26帧复帧(业务多帧)。它包括26个TDMA帧，持续时间为120 ms。每个超帧含有这种复帧的数目为51个。它由24个业务信道(TCH)、一个慢速随路控制信道(SACCH)和一个空闲信道组成。其中空闲的一帧无数据，是在将来采用半码率传输时，为兼容而设置的。

(2) 51帧复帧(控制多帧)。它包括51个TDMA帧，持续时间为235.4 ms。每个超帧含这种复帧的数目为26个。这种复帧可用于BCCH、CCCH(AGCH、PCH和RACH)以及SDCCH等信道。

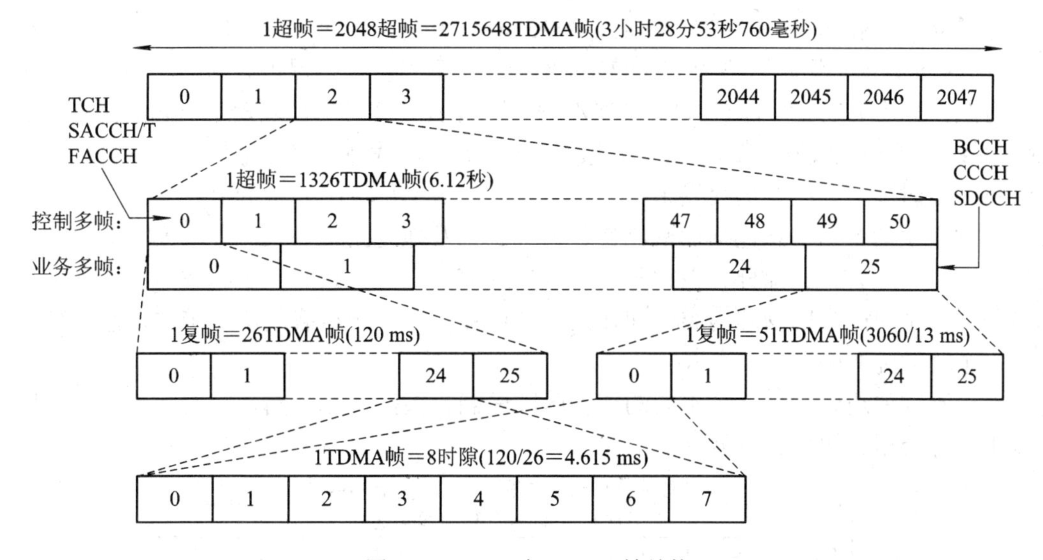


图3-19　GSM中TDMA帧结构

每个TDMA帧含有8个时隙TS，持续时间为4.615 ms。由于GSM系统的保密特性是通过在发送信息前对信息进行加密实现的，而计算加密序列的算法是以TDMA帧号为一个输入参数，因此每一帧都必须要有一个帧号。另外，有了TDMA帧号，移动台就可以判断该帧所包含的时隙TS0对应的是哪一类逻辑信道了。TDMA帧号是以2 715 648个TDMA基本帧的持续时间为周期循环编号的，因此帧号的范围是从0到2 715 647，记为FN(Frame Number)。每2 715 648个TDMA帧就是2048个超帧，也就是一个超高帧。

### 2. 时隙TS和突发(Burst)

在TDMA系统中，典型的时隙结构通常包括五种组成序列：信息、同步、控制、训练和保护。其中，信息序列是通信真正要传输的有用部分；为了便于接收端的同步，在每个时隙中要加入同步序列；为了便于控制信息和信令信息的传输，在每个时隙中要专门划分出控制序列；为了便于接收端利用均衡来克服多径引起的码间干扰，在时隙中要插入自适应均衡器所需的训练序列；上行链路的每个时隙中要留出一定的保护间隔(即不传输任何信

号)，即每个时隙中传输信息的时间要小于时隙长度，这样可以克服因移动台与基站间距离的随机变化而引起移动台发出的信号到达基站接收机时刻的随机变化，从而保证不同移动台发出的信号，在基站处都能落在规定的时隙内，而不会出现重叠现象。五种序列中，同步序列和训练序列可以分开传输，也可以合二为一，两种典型的时隙结构如图 3-20 所示。

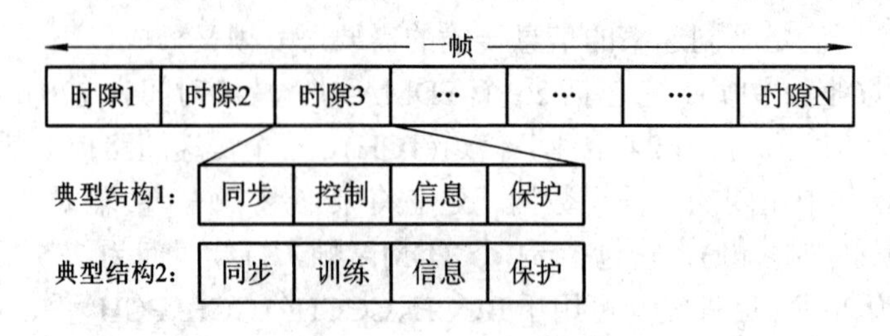


图 3-20　时隙的典型结构

在 GSM 系统中，一个 TDMA 帧占 4.615 ms，共包括 8 个时隙，因而，每时隙持续时间为 576.9 μs。由于调制速率为 270.833 kb/s，所以每时隙(包括保护时间)包含 156.25 bit。

时隙又称为突发。“时隙”是从 TDMA 角度讲的，“突发”是从发送信息的角度讲的。GSM 系统的无线载波发送采用间隙方式。突发开始时，载波电平从最低值迅速升到预定值并维持一段时间，此时发送突发中的有用信息。然后又迅速降到最低值，结束一个突发的发送。这里说的有用信息包括加密比特、训练序列及拖尾比特等。此外，为了分隔相邻的突发，突发中还有保护部分。保护部分不传输任何信息，它只对应于载波电平上升和下降的阶段。一个时隙中的物理内容，即在此时隙内被发送的无线载波所携带的信息比特串，称为一个突发脉冲序列。

对于不同的逻辑信道，有不同的突发脉冲序列。根据功能不同，突发脉冲序列可以分为以下 5 种类型，如图 3-21 所示。

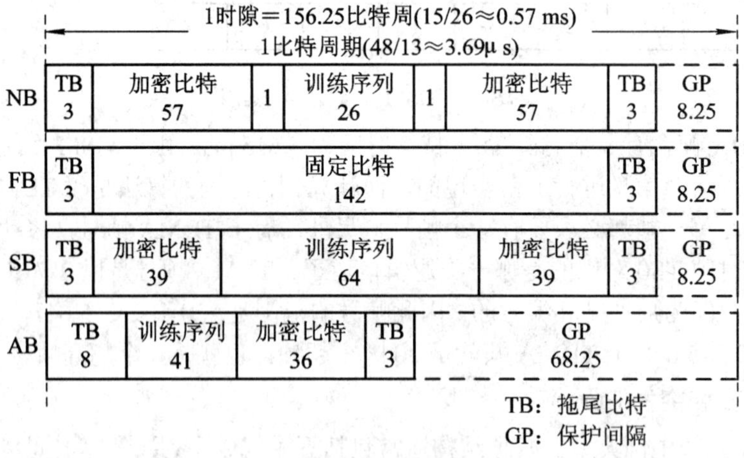

1时隙＝156.25比特周(15/26≈0.57 ms)
1比特周期(48/13≈3.69μ s)

NB：TB 3 | 加密比特 57 | 1 | 训练序列 26 | 1 | 加密比特 57 | TB 3 | GP 8.25
FB：TB 3 | 固定比特 142 | TB 3 | GP 8.25
SB：TB 3 | 加密比特 39 | 训练序列 64 | 加密比特 39 | TB 3 | GP 8.25
AB：TB 8 | 训练序列 41 | 加密比特 36 | TB 3 | GP 68.25

TB：拖尾比特
GP：保护间隔

图 3-21　突发结构

1) 普通突发脉冲序列(Normal Burst，简称 NB)

普通突发脉冲序列 NB 用于携带业务信道(TCH)和除 RACH、SCH 和 FCCH 之外的控制信道的信息。NB 中各比特的定义如表 3-4 所示。

表3-4 普通突发的比特定义

| 比特号(Bit Number，简称BN) | 长度 | 内 容 | 定 义 |
|---|---|---|---|
| 0～2 | 3 | 拖尾比特(TB) | (0, 0, 0) |
| 3～60 | 58 | 加密比特 | (e0, e1, …, e57) |
| 61～86 | 26 | 训练序列比特 | (BN61, …, BN86) |
| 87～144 | 58 | 加密比特 | (e58, e59, …, e115) |
| 145～147 | 3 | 拖尾比特(TB) | (0, 0, 0) |
| 148～156 | 8.25 | 保护比特(GP) | ～ |

对NB中各比特的简要说明如下：

(1) 拖尾比特(Tail Bit，简称TB)：固定为000，帮助移动台中的均衡器判断帧的起始位和终止位。

(2) 加密比特：是57 bit经过加密的用户话音或数据。

(3) 1比特借用标志：表示此突发脉冲序列是否被快速辅助控制信道(FACCH)的信令借用。也就是说该比特用来判断其前面所传的数据是业务信道的信息还是控制信道的信息。如果传的是FACCH的信令，则往往是越区切换命令。这1比特也要进行加密处理。

(4) 训练序列比特：是一串已知定义的比特，为接收端进行均衡训练时所用。对于NB，规定了8种训练序列，用训练序列码(Training Sequence Code，简称TSC)来标记。例如，当TSC = 2时，训练序列固定为01000011101110100100001110，共26位。

(5) 保护间隔(Guard Protection，简称GP)：共8.25个比特(约30.46 μs)，是一个空白空间，防止同一载频8个用户间的突发脉冲信号的重叠。

2) 频率校正突发脉冲序列(Frequency correction Burst，简称FB)

FB用于移动台与基站的频率同步。它相当于一个带频率偏移的未调制载波，它的重复发送就构成了频率校正信道(FCCH)。图3-21中，固定比特的组成全是0，TB和GP的位置、作用和组成与NB中的完全相同。

3) 同步突发脉冲序列(Synchronization Burst，简称SB)

SB用于移动台的时间同步。其中包括一个易被检测的较长的训练序列并携带有TDMA帧号(FN)和基站识别码(BSIC)信息。它与频率校正突发(FB)一起广播，它的重复发送就构成了同步信道(SCH)。

4) 接入突发脉冲序列(Access Burst，简称AB)

AB用于随机接入。其特点是：有一个较长的保护间隔，占68.25 bit，约252 μs。这是为了适应移动台首次接入BTS(或切换到另一个BTS)后不知道时间提前量而设置的。当移动台离BTS较远时，第一个接入突发脉冲序列到达BTS的时间就会晚一些。又由于这个接入突发脉冲序列中没有时间调整，为了不与下一时隙中的突发脉冲序列重叠，此接入突发脉冲序列必须短一些，从而留有很长的保护间隔。这样长的保护间隔最大允许35 km以内的随机接入，而对于小区半径大于35 km的情况，就要作某些可能的测量了。

5) 空闲突发脉冲序列(Devosd Burst，简称DB)

当无信息可发送时，由于系统的需要，在相应的时隙内还应有突发发送，这就是空闲突发DB。空闲突发不携带任何信息，其格式与普通突发相同，只是其中的加密比特要用具

有一定比特模型的混合比特来代替。

## 3.3 系统编号

GSM 系统的网络结构是很复杂的，为了将一个呼叫连接到正确的移动用户处，需要调用相应的功能实体。因此要正确寻址，编号计划就非常重要。一般来讲，编号应遵循以下原则：

(1) 全国的移动电话应有统一的编号计划，划分移动电话编号区，并应相对稳定。

(2) 每一个长途区号为三位的长途编号区可设一个移动电话编号区。对于长途区号为四位的长途编号区，须经批准方可设置移动编号区。

(3) 根据移动电话编号区的设置原则，一个移动编号区可以覆盖一个或几个长途编号区。

(4) 多个移动编号区可以合用一个移动电话局。

参照以上的编号原则，下面具体介绍 GSM 系统中的各种编号。

### 1. 国际移动用户识别码 IMSI

顾名思义，国际移动用户识别码就是指在世界上所有的 GSM 系统内(尤其是在其无线信道上)都适用的一个国际认可的移动用户身份的标识码。每个 GSM 移动用户都有一个 IMSI，而且具有全球唯一性和永久不变性(更换身份证或丢失 SIM 卡的情况除外)。IMSI 用于 GSM 通信网的所有信令中，在用户的 SIM 卡、系统的 HLR 和 VLR 中都有存储。就像一个人的银行卡密码一样，IMSI 码应尽可能的保密，否则，通信很容易被窃听或者身份被非法用户冒用。

为了满足各国的不同要求，IMSI 的长度是可变的，使用十进制数字 0～9，最长为 15 位。IMSI 号码的结构如图 3-22 所示。图中，MCC(Mobile Country Code)是移动台国家码，由 3 位数字组成，用以识别移动用户所属的国家。我国的 MCC 为 460。MNC(Mobile Network Code)是移动台网络号，由 1 位或 2 位数字组成，用以识别移动用户所归属的网络。中国移动的 GSM PLMN 的网号为 00，中国联通的 GSM PLMN 网号为 01。MSIN(Mobile Subscriber Identity Number)是移动用户识别码，由 10 位数字组成，用以识别国内 GSM 移动网中的移动用户。MCC 和 MNC 两部分码在世界上是唯一的，用来确定用户的 PLMN。当 MSC 与 VLR 在一起时，MSIN 应为 VLR 地址＋MSC 区内统一编号。另外，组成 MSIN 的前两位数($H_1$ 和 $H_2$)用来表示用户在其 PLMN 中的 HLR 地址。

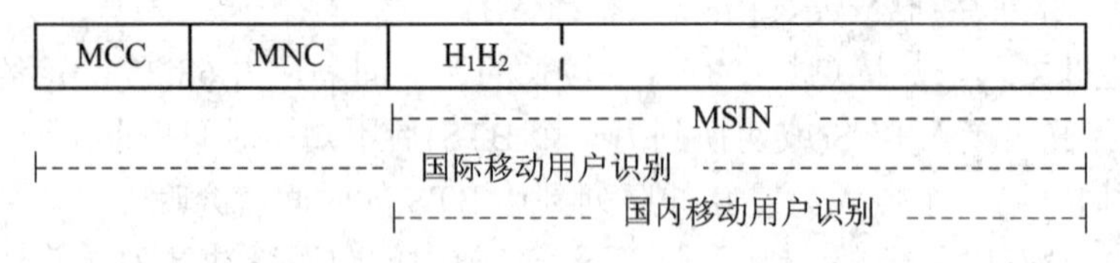


图 3-22　IMSI 号码结构

### 2. 移动台 ISDN 号码(Mobile Station ISDN Number，简称 MSISDN)

MSISDN 也是移动用户身份号码，是 GSM PLMN 之外的用户(如固定电话用户或 CDMA 网络用户)要与 GSM 用户通信时 GSM 用户所使用的号码。只有用户所在的 HLR 中存储着该号码。

MSISDN 号码的结构如图 3-23 所示。图中，CC(Country Code)是国家码，表示用户移动台注册的那个国家，我国为 86。NDC(National Destination Code)是国内目的地址码，即网络的接入号。中国移动 GSM 网为 139、138 等；中国联通 GSM 网为 130、131 等。SN(Subscriber Number)是用户号码，由 8 位数字组成。目前国内 SN 号码的结构主要有两种：$H_1H_2H_3H_4$ABCD 和 $H_1H_2H_3$ABCDE。$H_1H_2H_3H_4$ 或 $H_1H_2H_3$ 是每个移动业务本地网的 HLR 号码，ABCD 或 ABCDE 是移动用户码。显然，两种结构的差别只在于 HLR 的位数与移动用户码位数的比例不同。前者适用于用户数量较少的地区，如小城市、偏远地区等；后者适用于用户数量多的地区，如大中城市。随移动用户数量的不同，SN 号码的结构还可以调整。

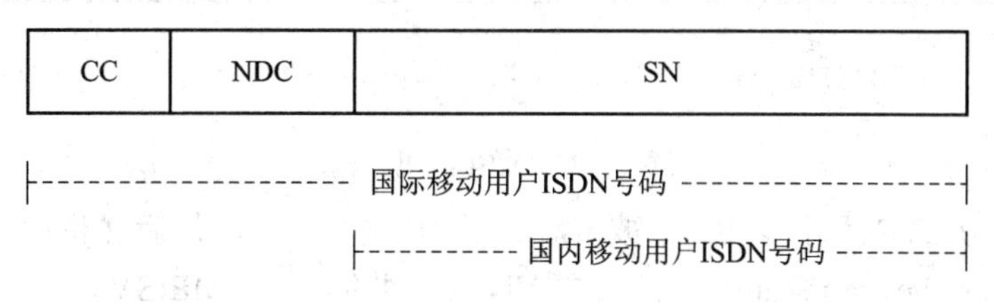


图 3-23　MSISDN 号码结构

3. 移动台漫游号码(Mobile Station Roaming Number，简称 MSRN)

移动台漫游号码是当移动台由所属的 MSC/VLR 业务区漫游至另一个 MSC/VLR 业务区中时，为了将对它的呼叫顺利发送给它而由其所属 MSC/VLR 分配的一个临时号码。

具体来讲，为了将呼叫接至处于漫游状态的移动台处，必须要给入口 MSC(即 GMSC)一个用于选择路由的临时号码。为此，移动台所属的 HLR 会请求该移动台所属的 MSC/VLR 给该移动台分配一个号码，并将此号码发送给 HLR，而 HLR 收到后再把此号码转送给 GMSC。这样，GMSC 就可以根据此号码选择路由，将呼叫接至被叫用户目前正在访问的 MSC/VLR 交换局了。一旦移动台离开该业务区，此漫游号码即被收回，并可分配给其它来访用户使用。

MSRN 只是临时性用户数据，但在 HLR 和 VLR 中都会有所保存。根据各国不同的要求，MSRN 也具有可变的长度。MSRN 与 MSISDN 有相似的结构。例如，中国移动 GSM 的 MSRN 有两种：1390$M_1M_2M_3M_4$ABC 或 1374$M_1M_2M_3M_4$ABC。其中，1390 和 1374 为漫游号码标记；1390$M_1M_2M_3M_4$ 和 1374$M_1M_2M_3M_4$ 为漫游地 MSC 的号码；ABC 为 MSC 临时分配给用户的号码，范围是 000～499。

4. 临时移动台识别码 TMSI

顾名思义，临时移动台识别码是指一种临时身份，是由某个 MSC/VLR 分配并且仅用于在该业务区内对移动台的识别。因此，从属于不同 VLR 的几个移动用户可以使用相同的 TMSI。TMSI 可以理解成为了保证 IMSI 的保密性而设置的一个替代性的密码。TMSI 是由 IMSI 转换而来的，是 4 字节的 BCD 码(Binary-Coded Decimal，二进制编码的十进制数)，比 IMSI 要短，这样可以减小无线信道上呼叫信息的长度。在呼叫建立和位置更新时，空中接口传输的就是 TMSI。

5. 国际移动设备识别码 IMEI

国际移动设备识别码 IMEI 是用来唯一标识一个移动台设备的编码，即 GSM 网络中的

所有终端设备都可用IMEI这种统一的格式来标识。IMEI最多由15位十进制数字组成，其结构如图3-24所示。其中，TAC(Type Approval Code)是型号批准码，有6位数，由欧洲型号认证中心统一分配，在设备通过验收时提供给生产厂家。FAC(Factory Assembly Code)是生产厂家装配码，有2位数，用以识别生产厂家及设备装配地。SNR(Serial NumbeR)是序列号，有6位数，由生产厂家分配，用以识别特定的设备。SP(Spare)是备用号码，有1位数，以备将来之用。

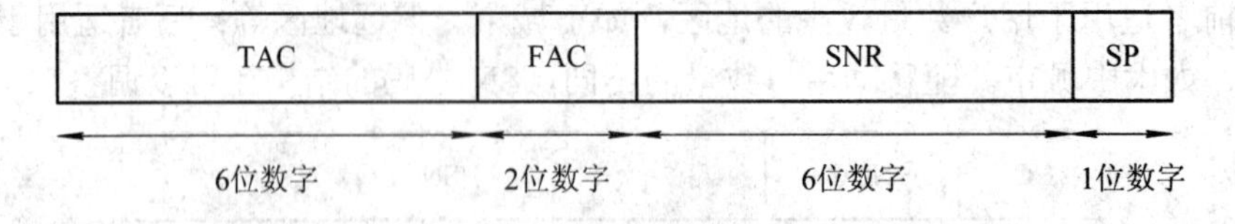


图3-24　IMEI号码结构

在GSM的Phase2+阶段，IMEI被扩展到了16位。其中，最后2位用来标明终端软件的版本号(Software Version Number，简称SVN)，因此简写为IMEISV。

### 6. 位置区识别码LAI

位置区识别码LAI用于移动用户的位置更新。LAI号码的结构如图3-25所示。其中，MCC是移动台国家码，同于IMSI中的前三位。MNC是移动台网络号，同于IMSI中的MNC。LAC(Location Area Code)是位置区号码，具有可变长度，最大时为一个双字节(16位二进制数)BCD编码，表示为$X_1X_2X_3X_4H$。由此可见，在一个GSM PLMN网中可以定义$2^{16}$即(65 536个)不同的位置区。LAI是临时性用户数据，存储于VLR中。当移动台的位置发生变更时，该编码也要发生相应的变化。

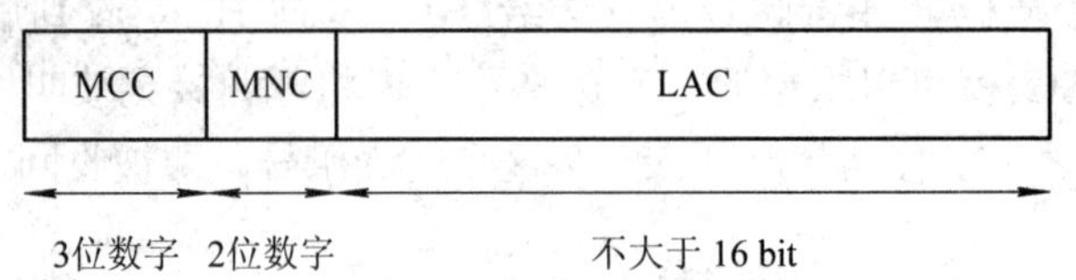


图3-25　LAI号码结构

### 7. 全球小区识别码CGI

全球小区识别码CGI是用来识别各个位置区中的不同小区的。它在位置区识别码LAI后再加上一个小区识别码(Cell Identity，简称CI)，其结构如图3-26所示。其中，CI是一个双字节的BCD编码，由各MSC自定。

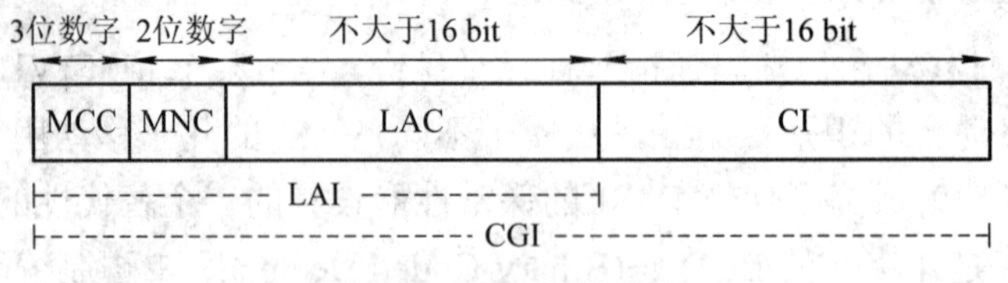


图3-26　CGI号码结构

### 8. 基站识别码BSIC

基站识别码BSIC用于移动台识别使用相同载波的不同基站，尤其是识别相邻国家的边界地区上使用相同载波的不同基站。BSIC占6个bit，其结构如图3-27所示。其中，

NCC(National Color Code)是国家色码，主要用来区别相邻国家边界各侧的不同运营者。其构成形式为 $XY_1Y_2$，当 X = 1 时表示中国移动，X = 0 时表示中国联通。而 $Y_1$ 和 $Y_2$ 的分配如表 3-5 所示。如：北京的 $Y_1Y_2$ = 00，而天津的 $Y_1Y_2$ = 01。BCC(Base-station Color Code)是基站色码，用以识别相同载波的不同基站。

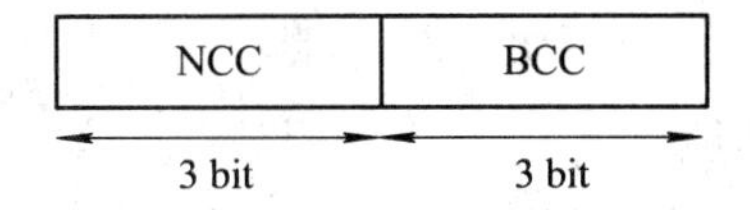


图 3-27　BSIC 号码结构

**表 3-5　$Y_1$ 和 $Y_2$ 的分配情况**

| Y1 \ Y2 | 0 | 1 |
|---|---|---|
| 0 | 吉林、甘肃、西藏、广西、福建、湖北、北京、江苏 | 黑龙江、辽宁、宁夏、四川、海南、江西、天津、山西、山东 |
| 1 | 新疆、广东、河北、安徽、上海、贵州、陕西 | 内蒙古、青海、云南、河南、浙江、湖南 |

### 9. VLR 地址号码

VLR 地址号码(当 MSC 和 VLR 为一体时，为 MSC/VLR 号码)，用以标识不同的 VLR。它是临时性用户数据，存储在 HLR 中。根据各国的不同要求，VLR 具有可变长度。MSC/VLR 号码的结构如图 3-28 所示。其中，CC 和 NDC 与 MSISDN 号码中的完全相同，LSP(Local Significant Part，本地重要部分)由当地运营商确定。

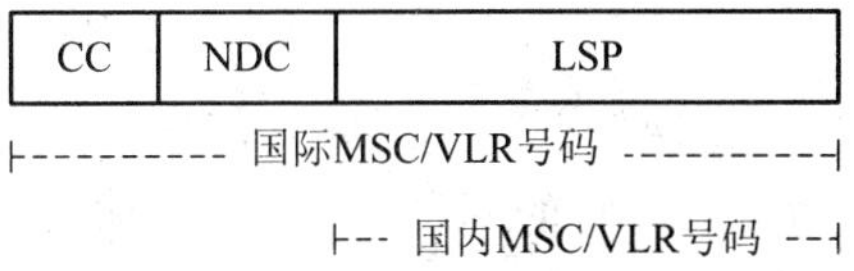

| CC | NDC | LSP |
|---|---|---|

├---------- 国际MSC/VLR号码 ----------┤

├-- 国内MSC/VLR号码 --┤

图 3-28　MSC/VLR 地址号码结构

VLR 地址号码仅在 No.7 信令信息中使用。中国移动 GSM 移动通信网的 MSC/VLR 号码的结构为 $861390M_1M_2M_3M_4$ 或 $861374M_1M_2M_3M_4$，其中 $M_1M_2$ 与 MSISDN 号码中的 $H_1H_2$ 相同。

### 10. HLR 地址号码

HLR 地址号码用以标识不同的 HLR。与 VLR 地址号码一样，HLR 号码仅在 No.7 信令信息中使用。根据各国的不同要求，HLR 具有可变长度。中国移动 GSM 移动通信网中的 HLR 号码的结构是用户号码为全零的 MSISDN 号码，如：$86139H_1H_2H_3H_40000$。

### 11. 切换号码(Hand Over Number，简称 HON)

切换号码 HON 是当移动台要进行 MSC 之间的越区切换时，为了选择路由，由目标 MSC(即切换要转移到的 MSC)临时分配给移动用户的一个号码。此号码为 MSRN 号码的一

部分。如：1390$M_1M_2M_3M_4$ABC 中的 ABC，ABC 的范围是 500～900。

## 3.4 移动网络功能

GSM 系统能够提供以下四大类移动网络功能。

1. 支持通信业务的网络功能

这种网络功能是 GSM 系统最基本的功能，它支持系统的基本业务和补充业务，保证系统用户间通信的建立。它支持呼叫的建立和释放、寻呼、信道分配和释放等呼叫处理过程，以及对附加业务的激活、去活、登记、删除等业务操作过程。

2. 移动性管理网络功能

这种网络功能支持处理由于用户的移动性带来的一系列问题，主要包括位置更新、切换和漫游。

3. 安全性管理网络功能

移动通信中最重要的通道是空中接口，由于它的开放性所带来的不安全因数使 GSM 系统的安全性管理功能显得尤为重要。GSM 系统在安全性管理方面设计了许多方法来保护空中接口信息的安全，网络安全功能支持移动用户鉴权、移动用户识别的保密、用户数据的保密以及信令数据的保密等安全措施。

4. 支持呼叫处理的附加网络功能

此功能支持呼叫重建、排队、非连续接收等附加网络功能。

以上这些移动网络功能使GSM系统在移动性方面的优势大大超过先前的模拟蜂窝移动通信系统。本章将分别介绍前三类移动网络功能。

### 3.4.1 呼叫处理

呼叫处理是 GSM 系统的支持通信业务的网络功能方面最主要的体现。GSM 的呼叫处理可以分移动用户主呼和移动用户被呼的两种情况，也可以分移动用户与固定用户之间的呼叫和移动用户与移动用户之间的呼叫两种情况。下面我们把上述分类结合起来进行介绍。

1. 固定用户至移动用户的入局呼叫

这种情况属于移动用户被呼的情况。如图 3-29 所示，其基本过程为：固定网络用户 A 拨打 GSM 网用户 B 的 MSISDN 号码(如 139$H_1H_2H_3H_4$ABCD)，A 所处的本地交换机根据此号码(139)与 GSM 网的相应入口交换局(GMSC)建立链路，并将此号码传送给 GMSC。GMSC 据此号码($H_1H_2H_3$ABCD)分析出用户 B 的 HLR，即向该 HLR 发送此 MSISDN 号码，并向其索要 B 的漫游号码 MSRN。HLR 将此 MSISDN 号码转换为移动用户识别码 IMSI，查询内部数据，获知用户 B 目前所处的 MSC 业务区，并向该区的 VLR 发送此 IMSI 号码，请求分配一个 MSRN。VLR 分配并发送一个 MSRN 给 HLR，再由 HLR 传送给 GMSC。GMSC 有了 MSRN，就可以把入局呼叫接到用户 B 所在的 MSC 处。GMSC 与 MSC 的连接可以是直达链路，也可以是由汇接局转接的间接链路。

MSC 根据从 VLR 处查到的该用户的位置区识别码(LAI)，将向该位置区内的所有 BTS

发送寻呼信息，而这些 BTS 再通过无线寻呼信道(PCH)向该位置区内的所有 MS 发送寻呼信息。用户 B 的 MS 收到此信息并识别出其 IMSI 码后(认为是在呼叫自己)，即发送应答响应。至此，就完成了固定用户呼叫 MS 的过程。该过程的流程图如图 3-30 所示。

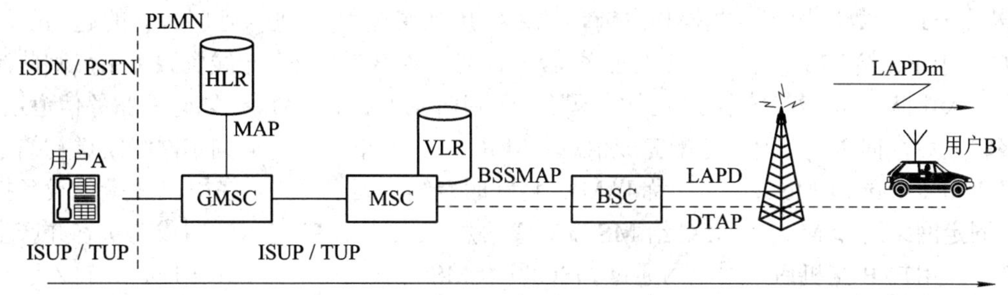


图 3-29　固定用户至移动用户的入局呼叫示意图

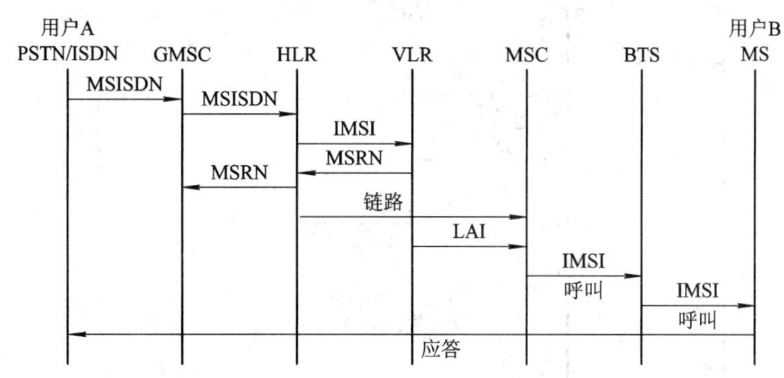


图 3-30　固定用户至移动用户的入局呼叫流程图

### 2. 移动用户至固定用户的出局呼叫

这种情况属于移动用户主呼的情况。如图 3-31 所示，其基本过程为：GSM 网用户 A 拨打固定网用户 B 的号码，A 的 MS 在随机接入信道 RACH 上向 BTS 发送“信道请求”信息。BTS 收到此信息后通知 BSC，并附上 BTS 对该 MS 到 BTS 传输时延的估算及本次接入的原因。BSC 根据接入原因及当前资料情况，选择一条空闲的独立专用控制信道(SDCCH)，并通知 BTS 激活它。BTS 完成指定信道的激活后，BSC 在允许接入信道(AGCH)上发送“立即分配”信息(Immediate Assignment)，其中包含 BSC 分配给 MS 的 SDCCH 描述、初始化时间提前量、初始化最大传输功率以及有关参考值。每个在 AGCH 信道上等待分配的 MS 都可以通过比较参考值来判断这个分配信息的归属，以避免争抢而引起混乱。

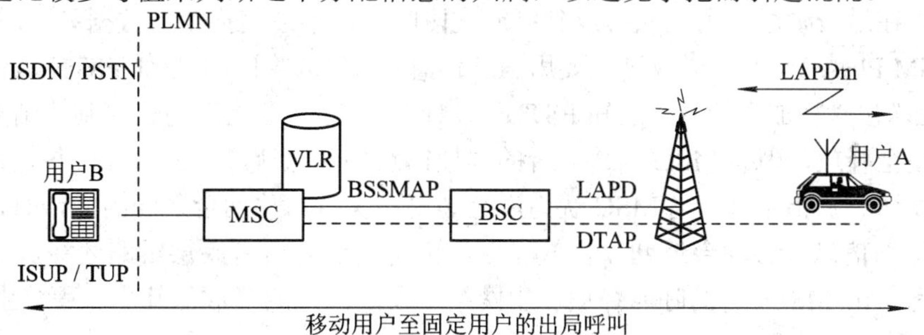


图 3-31　移动用户至固定用户的出局呼叫示意图

当A的MS正确地收到自己的分配信息后，根据信道的描述，把自己调整到该SDCCH上，从而和BS之间建立起一条信令传输链路。通过BS，MS向MSC发送"业务请求"信息。MSC启动鉴权过程，网络开始对MS进行鉴权。若鉴权通过，MS向MSC传送业务数据(若需要进行数据加密，此操作之前，还须经历加密过程)，进入呼叫建立的起始阶段。MSC要求BS给MS分配一个无线业务信道TCH。若BS中没有无线资源可用，则此次呼叫将进入排队状态。若BS找到一个空闲TCH，则向MS发指配命令，以建立业务信道连接。连接完成后，向MSC返回分配完成信息。MSC收到此信息后，向固定网络发送初始地址信息(Initial Address Message，简称IAM)，将呼叫接续到固定网络。在用户B端的设备接通后，固定网络通知MSC，MSC给MS发回铃信息。此时，MS进入呼叫成功状态并产生回铃音。在用户B摘机后，固定网通过MSC发给MS连接命令。MS作出应答并转入通话。至此，就完成了MS主呼固定用户的过程。该过程的流程图如图3-32所示。

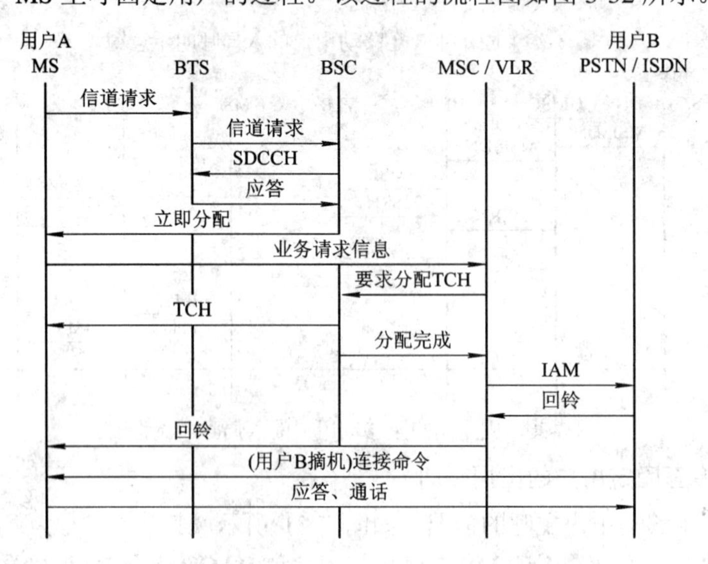


图3-32 移动用户至固定用户的出局呼叫流程图

### 3. 释放

GSM系统使用的呼叫释放方法与其它通信网使用的呼叫释放方法基本相同，通信的双方都可以随时终止通信。在GSM Phase1的规范中，释放过程可以简化成两条信息：当释放由移动台发起时，用户按"结束(END)"键，发送"拆除"信息，MSC收到后就发送"释放"信息；当释放由网络端(如PSTN)发起时，MSC收到"释放"信息就向移动台发出"拆线"信息。在这一阶段，用户从拆线到释放这段时间内不再交换信令数据。

在GSM Phase2阶段，释放过程要用三条信息。如释放由网络端(如PSTN)发起时，MSC在ISUP上送出"释放"信息，通知PSTN用户通信终止，端到端的连接到此结束。但至此呼叫并未完全释放，因为MSC到移动台的本地链路仍然保持，还需执行一些辅助任务，如向移动台发送收费指示等。当MSC认为没有必要再保持与移动台之间的链路时，才向移动台送"拆除"信息，移动台返回"释放完成"消息，这时所有底层链路才释放，移动台回到空闲状态。由MS发起的呼叫释放和由网络端发起的呼叫释放的基本流程分别如图3-33和图3-34所示。

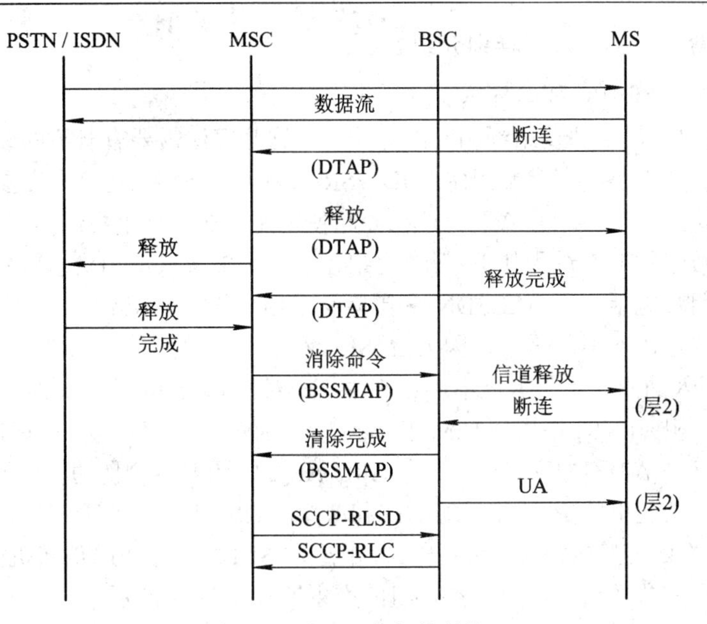


图 3-33　由 MS 发起的释放

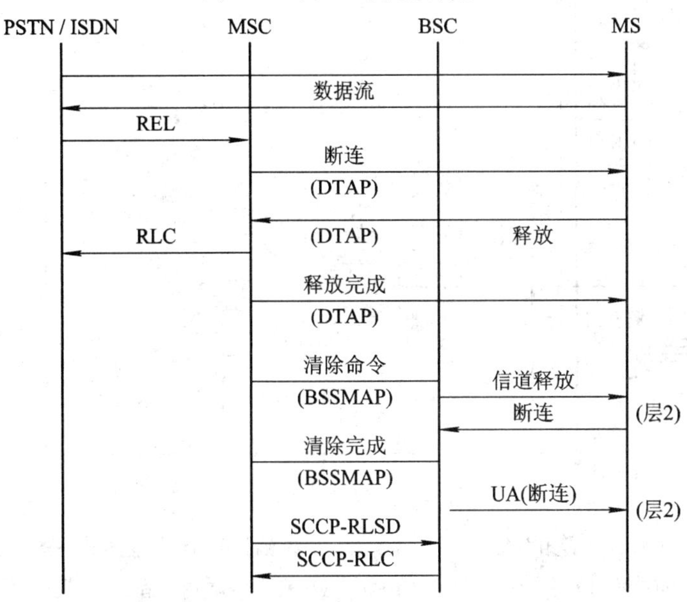


图 3-34　由网络端发起的释放

### 3.4.2　安全性管理

不采取任何措施的无线传输信道，其保密性和安全性是很差的，可能出现的问题如：非法用户从空中截获合法账号，然后用该合法账号偷打电话，占用他人的话费和资源；再如：从空中截获他人通信信息，窃听他人通话等。针对这些问题，GSM 系统采用了鉴权和加密措施，鉴权是为了确认移动台的合法性，加密是为了防止第三者窃听。

GSM 系统采取的各项安全、保密措施包括：接入网络时对用户进行鉴权；无线路径上对通信信息加密；移动设备采用设备识别；用户识别码用临时识别码(TMSI)保护；SIM 卡

用 PIN 码保护等。下面，加以详细介绍。

1. 三参数组和鉴权、加密算法

GSM 的鉴权和加密都要用到相应的算法，而这些算法需要有若干的参数，这些参数就是系统为每个用户提供的三参数组(RAND、SRES 和 Kc)。顾名思义，三参数组是由三个参数构成的，且这三个参数相互联系，往往一起使用而构成了一个数组。

用户三参数组的产生过程如下：每个用户在购买MS(或只是SIM卡)并进行初始注册时，都会获得一个用户电话号码 MSISDN 和国际移动用户识别码(IMSI)。这两个号码往往具有可选性，一旦选定，便不能修改，因为 IMSI 会被 SIM 卡写卡机一次写入到用户的 SIM 卡中。在 IMSI 写入的同时，写卡机中还会产生一个对应此 IMSI 的唯一的用户鉴权键(128 比特 Ki)。IMSI 和相应的 Ki 在用户 SIM 卡和鉴权中心(AUC)中都会分别存储，而且它们还分别存储着鉴权算法(A3)和加密算法(A5 和 A8)。AUC 中还有一个伪随机码发生器，用于产生一个不可预测的伪随机数(RAND)。RAND 和 Ki 经 AUC 中的 A8 算法产生一个密钥 Kc，经 A3 算法产生一个响应数(SRES)。密钥(Kc)、响应数(SRES)和相应的伪随机数(RAND)一起构成了用户的一个三参数组。用户三参数组的产生过程如图 3-35 所示。

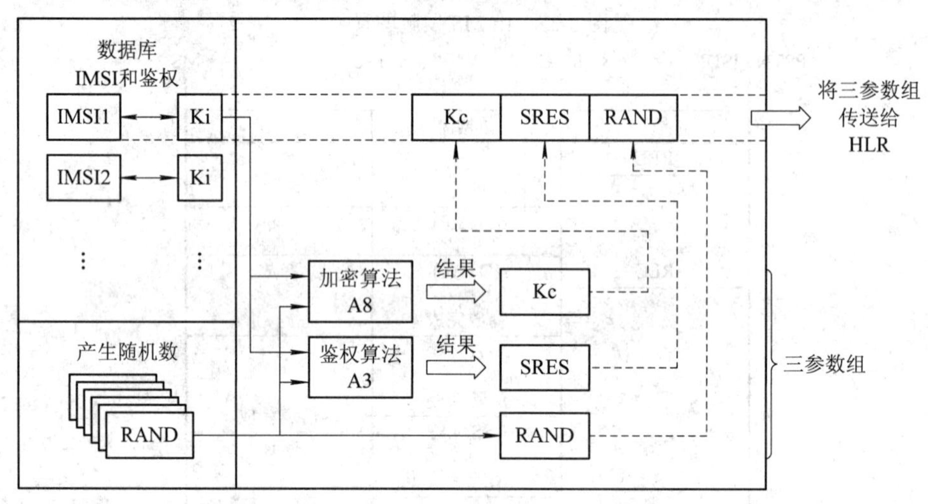


图 3-35　三参数组的提供

一般情况下，AUC 一次能产生这样的 5 个三参数组。AUC 会把这些三参数组传送给用户的 HLR，HLR 自动存储，以备后用。对一个用户，HLR 最多可存储 10 个三参数组。当 MSC/VLR 向 HLR 请求传送三参数组时，HLR 会一次性地向 MSC/VLR 传送 5 个三参数组。MSC/VLR 一组一组地用，当用到只剩 2 组时，就向 HLR 请求再次传送。这样做的一大好处是鉴权算法程序的执行时间不占用移动用户实时业务的处理时间，有利于提高呼叫接续的速度。

鉴权算法(A3)和加密算法(A5 和 A8)都由泛欧移动通信谅解备忘录组织(即 GSM 的 MOU(Memorandum of Understanding，理解备忘录)组织)进行统一管理，GSM 运营部门需与 MOU 签署相应的保密协定后方可获得具体算法，用户识别卡(SIM 卡)的制作商也需签定协议后才能将算法写到 SIM 卡中。

2. 鉴权

有关鉴权的基础知识见 2.2.5 节，这里仅介绍 GSM 系统的鉴权过程。GSM 的鉴权算法是A3算法，A3算法有两个输入参数：用户IMSI对应的固定密钥Ki和AUC本地产生的随机数RAND，其运算结果是一个32比特长的用户鉴权响应值SRES。

鉴权的过程简述如下：当移动台MS有接入请求或业务请求时，首先是网络方的MSC/VLR向移动台发出鉴权命令信息，其中包含鉴权算法所需的随机数RAND。移动台的SIM卡在收到该命令后，先将RAND与自身存储的Ki，经A3算法得出一个响应数SRES，再通过鉴权响应信息，将SRES值传回网络方。网络方在给移动台发出鉴权命令的同时，也采用同样的算法得到自己的一个响应数SRES。若这两个SRES完全相同，则认为该用户是合法用户，鉴权成功；否则，认为是非法用户，拒绝用户的接入请求或业务请求。网络方A3算法的运行实体可以是移动台访问地的MSC/VLR，也可以是移动台归属地的HLR/AUC。鉴权的过程示意图如图3-36所示。

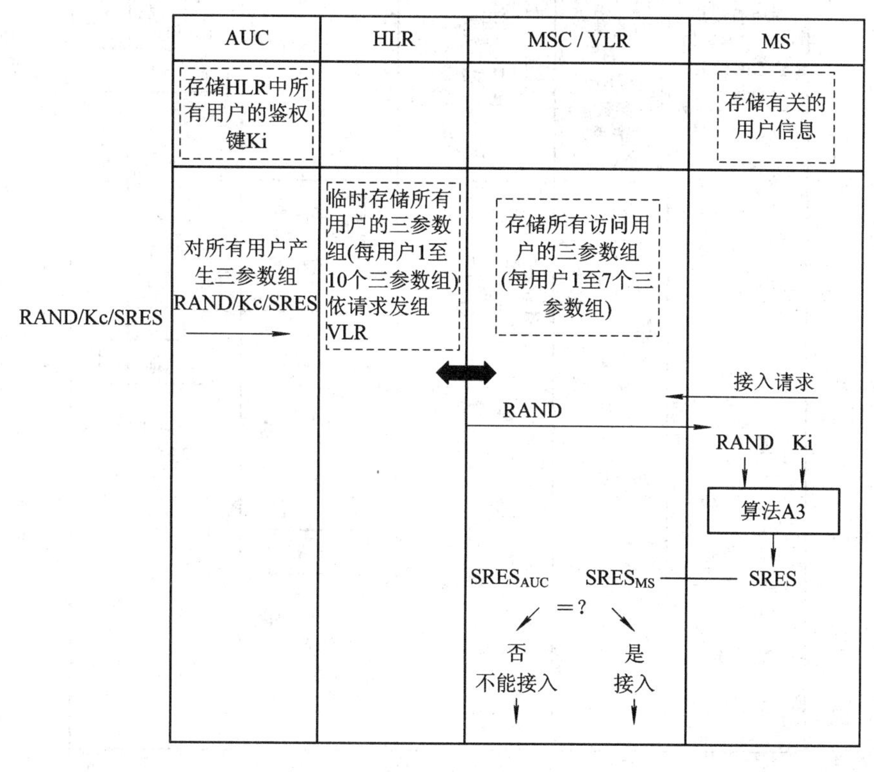


图3-36　鉴权过程

GSM系统中的鉴权都要符合鉴权规程，鉴权规程定义了移动台和各网络实体相互之间为了实施和完成鉴权而进行的一系列交互过程及信令信息处理。鉴权规程在GSM 09.02MAP协议中定义，所有场合下的鉴权都一视同仁，处理机制完全相同。

### 3. 加密

GSM系统中的加密是指为了在BTS和MS之间交换用户信息和用户参数时不被非法用户截获或监听而采取的措施。因此，所有的语音和数据均需加密，并且所有有关用户参数也需要加密。显然，这里的加密只是针对无线信道进行加密。

GSM系统加密过程简述如下：在鉴权过程中，移动台在计算SRES的同时，用另一算法(A8算法)计算出密钥Kc，并在BTS和MSC中暂存Kc。当MSC/VLR发送出加密命令(M)

时，BTS 先收到该命令，再传送给 MS。MS 将 Kc、TDMA 帧号和加密命令 M 一起经 A5 加密算法，对用户信息数据流进行加密(也叫扰码)，然后发送到无线信道上。BTS 收到用户加密后的信息数据流后，把该数据流、TDMA 帧号和 Kc 再经过 A5 算法进行解密，恢复信息 M，如果无误，则告知 MSC/VLR。至此，加密模式完成。加密过程的示意图如图 3-37 所示。

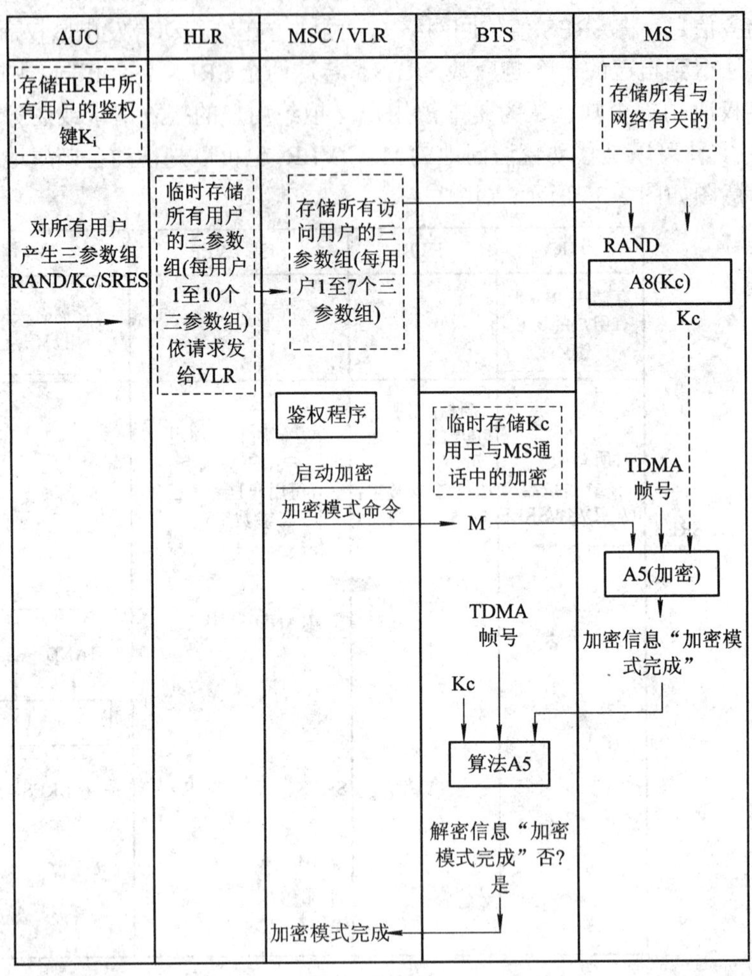


图 3-37　加密过程

### 4. 设备识别

GSM 系统中的每个移动台设备均有一个唯一的设备识别码(IMEI)。该识别码是由欧洲型号认证中心认可并分配的，其目的在于确保系统中使用的移动台设备不是盗用的或非法的。为此，在系统的设备识别寄存器(EIR)中存储了三种不同性质的清单，分别针对三种具有不同属性的移动台设备。具体详见本书 3.2.1 节。

设备识别过程为：首先是 MS 向 MSC/VLR 请求呼叫服务，MSC/VLR 反过来向 MS 要求 IMEI。MSC/VLR 在收到 MS 的 IMEI 后，将其发送给 EIR。EIR 将收到的 IMEI 与其内部的三种清单进行比较，并把比较结果发送给 MSC/VLR。MSC/VLR 根据此结果，决定是否接受该移动设备的服务请求。设备识别过程示意图如图 3-38 所示。

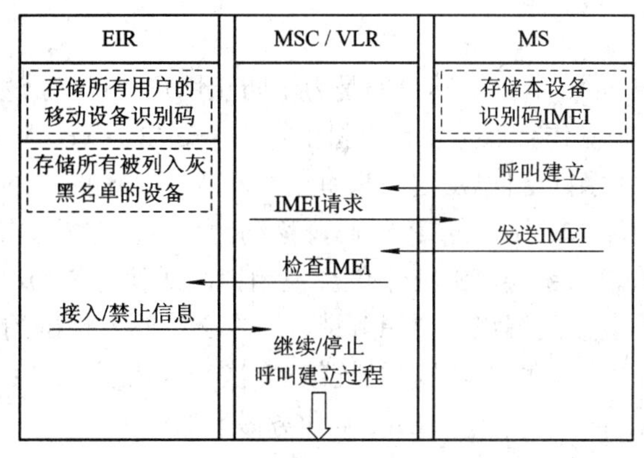


图 3-38 设备识别过程

何时需要设备识别取决于网络运营者。目前我国大部分省市的GSM网络均未配置EIR设备，所以此保护措施也未起作用。

**5. 临时移动台识别码TMSI**

临时移动台识别码(TMSI)是为了防止非法用户通过监听无线路径上传输的信令而窃得合法用户的用户识别码(IMSI)或跟踪移动用户的位置而采取的措施。为了提高安全性，IMSI应尽量不在无线路径上传输。为此，MSC/VLR根据IMSI变换出相应的TMSI，分配给用户使用，并且不断地进行更换，更换周期由网络运营者设置。更换的频率越高，起到的保护作用越大，但由于对用户的SIM卡寿命有影响，因而更换不能过于频繁。

利用TMSI进行鉴权措施的过程如下：每当MS用IMSI向系统请求位置更新、呼叫尝试或业务激活时，MSC/VLR对它进行鉴权。允许接入网络后，MSC/VLR由IMSI产生出一个新的TMSI，并将TMSI传送给移动台。移动台将该TMSI写入用户SIM卡。此后，MSC/VLR和MS之间的命令交换就使用TMIS，用户实际的识别码IMSI不再在无线路径上传输。图3-39所示为移动台位置更新时产生新的TMSI的过程。

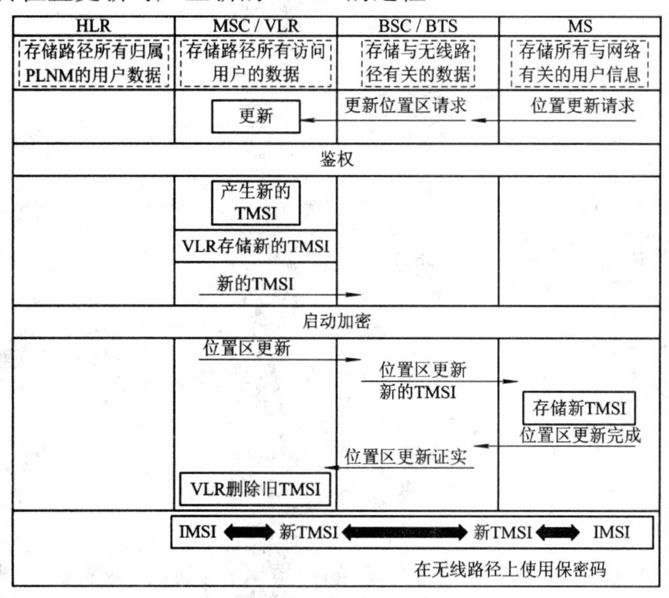


图 3-39 移动台位置更新时产生TMSI的过程

### 6. PIN码

PIN码存储在用户SIM卡中，其目的是为了防止用户帐单上产生讹误计费，保证入局呼叫被正确传送。PIN码操作就像是在计算机上输入密码(Password)一样。PIN码由4～8位数字构成，其具体位数由用户自己决定。只有用户输入了正确的PIN码，才能正常使用相应的移动台。如果用户输入了错误的PIN码，移动台会给用户发出错误提示，要求重新输入。如果用户连续3次输入错误，SIM卡就会被闭锁，即使将SIM卡拔出后再装上或关掉手机电源后再开机也不能使其解锁。要想解锁，用户必须输入正确的“个人解锁码”，它是由8位数字组成的。若“个人解锁码”又被连续10次输入错误，SIM卡将进入下一步闭锁。这种闭锁就只能靠SIM卡管理中心的SIM卡业务激活器来解锁了。

## 3.4.3 移动性管理

### 1. 位置更新

位置更新包括首次登记、正常位置更新、位置删除、周期性位置更新、IMSI分离/附着以及故障后位置寄存器恢复等过程。下面介绍其中主要的几种：

1) 首次登记

当一个移动用户首次入网时，由于在其SIM卡中找不到位置区识别码(LAI)，① 它会立即申请接入网络，向移动交换中心MSC发送“位置更新请求”信息，通知GSM系统这是一个该位置区内的新用户。② MSC根据该移动台发送的IMSI中的$H_1H_2H_3$信息，向某个特定的位置寄存器发送“位置更新请求”信息，该位置寄存器就是该移动台的归属位置寄存器(HLR)。③ 该HLR把发送请求的MSC的号码(即$M_1M_2M_3$)记录下来，并向该MSC回送“位置更新接受”信息。④ 至此，MSC认为此移动台已被激活，便要求访问位置寄存器(VLR)对该移动台作“附着”标记，并向移动台发送“位置更新证实”信息，移动台会在其SIM卡中把信息中的位置区识别码LAI存储起来，以备后用。移动台首次登记的示意图如图3-40所示。

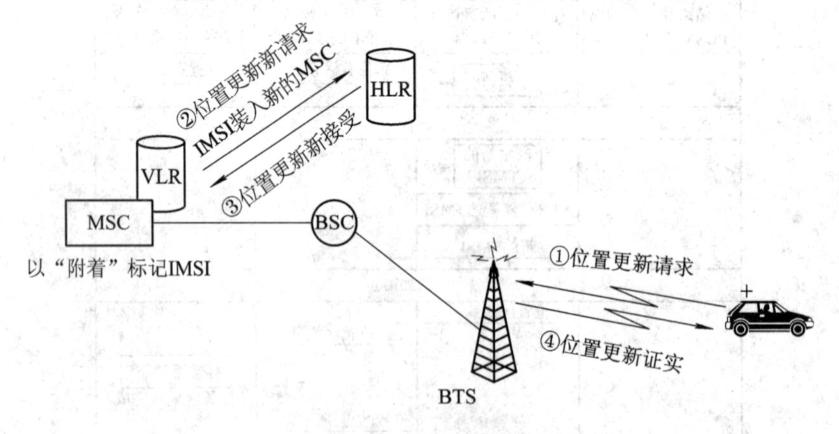


图3-40 移动台首次登记

2) 正常位置更新

位置更新指的是移动台向网络登记其新的位置区，以保证在有此移动台的呼叫时网络能够正常接续到该移动台处。移动台的位置更新主要由访问位置寄存器VLR进行管理。

移动台每次一开机，就会收到来自于其所在位置区中的广播控制信道(BCCH)发出的位置区识别码(LAI)，它自动将该识别码与自身存储器中的位置区识别码(上次开机所处位置区的编码)相比较，若相同，则说明该移动台的位置未发生改变，无需位置更新；否则，认为移动台已由原所在位置区移动到了一个新的位置区中，必须进行位置更新。上述这种情况属于移动台在关机状态下，移动到一个新的位置区，进行初始位置登记的情况，另外还有移动台始终处于开机状态，在同一个MSC/VLR服务区的不同位置区进行过区位置登记，或者在不同的MSC/VLR服务区中进行过区位置登记的情况。不同情况下进行位置登记的具体过程会有所不同，但基本方法都是一样的。

如图3-41所示，小区1、2和4(cell1、cell2和cell4)归属于$BSC_A$，小区3(cell3)归属于$BSC_B$，小区5(cell5)归属于BSC，而$BSC_A$和$BSC_B$又都归属于$MSC/VLR_A$，$BSC_C$归属于$MSC/VLR_B$。如前所述，蜂窝系统中的位置区和BSC是相对应的，即不同的BSC就划归为不同的位置区。显然，本图中的$BSC_A$、$BSC_B$和$BSC_C$共同划分了三个不同的位置区，而$BSC_A$和$BSC_B$中的小区都分属于同一个MSC/VLR中的不同位置区，$BSC_A$与$BSC_C$以及$BSC_B$与$BSC_C$中的小区都分属于不同的MSC/VLR中的不同位置区。所以，当移动台在cell1、cell2和cell4之间移动时，就不需要位置更新。下面，我们结合图3-41具体讨论两种需要位置更新的情况。

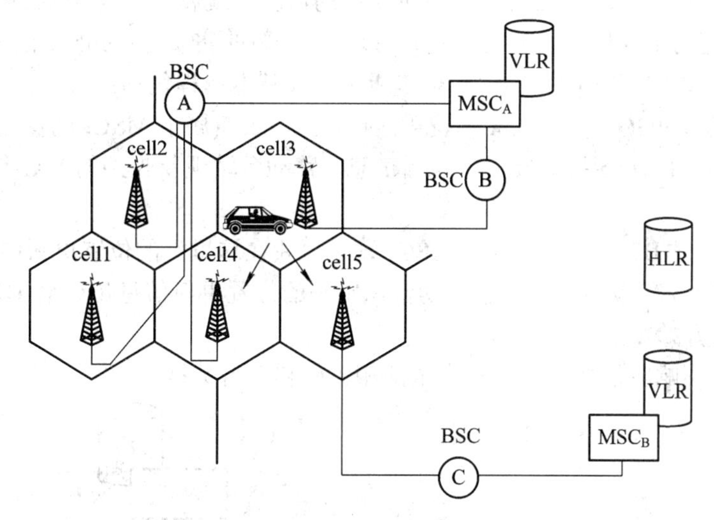


图3-41 位置更新

(1) 相同MSC/VLR中不同位置区的位置更新。

图3-41中，移动台由cell3移动到cell4中的情况，就属于同MSC/VLR($MSC/VLR_A$)中不同位置区的位置更新。该位置更新的实质是：cell4中的BTS通过$BSC_A$把位置信息传到$MSC/VLR_A$中。如图3-42所示，其基本流程包括：

① 移动台从cell3移动到cell4中；

② 通过检测由BTS4持续发送的广播信息，移动台发现新收到的LAI与目前存储并使用的LAI不同；

③ 移动台通过BTS4和$BSC_A$向$MSC_A$发送“我在这里”的位置更新请求信息；

④ $MSC_A$分析出新的位置区也属本业务区内的位置区，即通知$VLR_A$修改移动台位置

信息；

⑤ $VLR_A$ 向 MSCA 发出反馈信息，通知位置信息已修改成功；

⑥ $MSC_A$ 通过 BTS4 把有关位置更新响应的信息传送给移动台，位置更新过程结束。

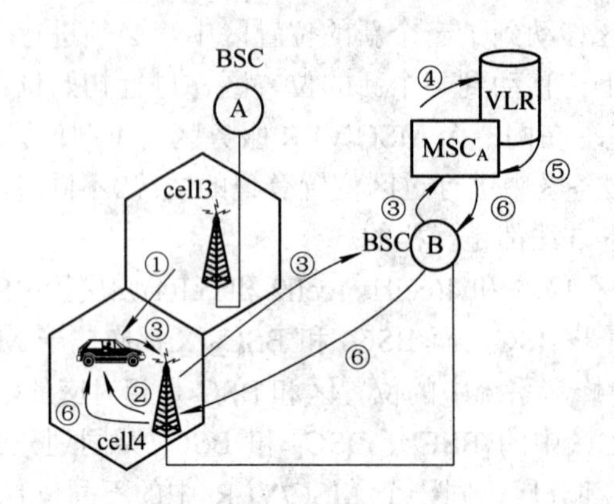


图 3-42　相同 MSC/VLR 中不同位置区的位置更新

(2) 不同 MSC/VLR 之间不同位置区的位置更新。

图 3-41 中，移动台由 cell3 移动到 cell5 中的情况，就属于不同 MSC/VLR(MSC/$VLR_A$ 和 MSC/$VLR_B$)之间不同位置区的位置更新。该位置更新的实质是：cell5 中的 BTS 通过 $BSC_C$ 把位置信息传到 MSC/$VLR_B$ 中。如图 3-43 所示，其基本流程包括：

① 移动台从 cell3(属于 MSCA 的覆盖区)移动到 cell5(属于 $MSC_B$ 的覆盖区)中；

② 通过检测由 BTS5 持续发送的广播信息，移动台发现新收到的 LAI 与目前存储并使用的 LAI 不同；

③ 移动台通过 BTS5 和 $BSC_B$ 向 $MSC_C$ 发送“我在这里”的位置更新请求信息；

④ $MSC_B$ 把含有 $MSC_B$ 标识和移动台识别码的位置更新信息传送给 HLR(鉴权或加密计算过程从此时开始)；

⑤ HLR 返回响应信息，其中包含全部相关的移动台数据；

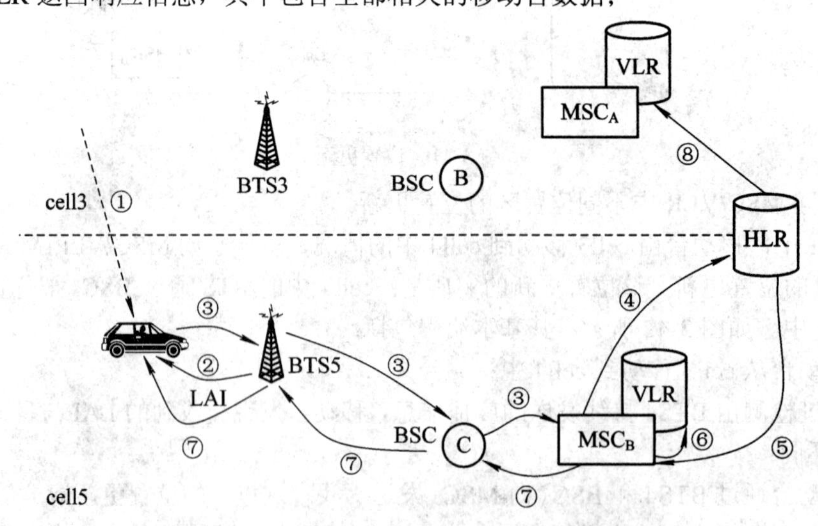


图 3-43　不同 MSC/VLR 间不同位置区的位置更新

⑥ 在 $VLR_B$ 中进行移动台数据登记；

⑦ 通过 BTS5 把有关位置更新响应的信息传送给移动台(如果重新分配 TMSI，此时一起送给移动台)；

⑧ 通知 $MSC/VLR_A$ 删除有关此移动台的数据。

3) 位置删除

如前所述，当移动台移动到一个新的位置区并且在该位置区的 VLR 中进行登记后，还要由其 HLR 通知原位置区中的 VLR 删除该移动台的相关信息，这叫做位置删除。

4) IMSI 分离/附着

移动台的国际移动台识别码(IMSI)在系统的某个 HLR 和 VLR 及该移动台的 SIM 卡中都有存储。移动台可处于激活(开机)和非激活(关机)两种状态。当移动台由激活转换为非激活状态时，应启动 IMSI“分离”进程，在相关的 HLR 和 VLR 中设置标志。这就使得网络拒绝对该移动台的呼叫，不再浪费无线信道发送呼叫信息。当移动台由非激活转换为激活状态时，应启动 IMSI“附着”进程，以取消相应 HLR 和 VLR 中的标志，恢复正常。

5) 周期性位置登记

周期性位置登记指的是为了防止某些意外情况的发生，进一步保证网络对移动台所处位置及状态的确知性，而强制移动台以固定的时间间隔周期性地向网络进行的位置登记。

可能发生的意外情况如：当移动台向网络发送“IMSI 分离”信息时，由于无线信道中的信号衰落或受噪声干扰等原因，可能导致 GSM 系统不能正确译码，这就意味着系统仍认为该移动台处于附着状态。再如，当移动台开着机移动到系统覆盖区以外的地方，即盲区之内时，GSM 系统会认为该移动台仍处于附着状态。如果系统没有采用周期性位置登记，在发生以上两种情况之后，若该移动台被寻呼，由于系统认为它仍处于附着状态，因而会不断地发出呼叫信息，无效占用无线资源。

针对以上问题，GSM 系统要求移动台必须进行周期性的登记，登记时间是通过 BCCH 通知所有移动台的。若系统没有接收到某移动台的周期性登记信息，就会在移动台所处的 VLR 处以“隐分离”状态给它做标记，再有对该移动台的寻呼时，系统就不会再呼叫它。只有当系统再次接收到正确的周期性登记信息后，才将移动台状态改为“附着”。

**2. 切换**

我们知道，一个蜂窝移动通信系统的覆盖区是由许多无线覆盖小区组成的。对于静态的移动台来说，对小区的选择/重选过程可使其获得更好的小区服务，从而获得更高的通信质量；对于处于动态中的移动台来说，由于地理位置和环境因素的改变，为了保证通信质量，也要进行信道或小区的改变。

一个正在通信的移动台因某种原因而被迫从当前使用的无线信道上转换到另一个无线信道上的过程，称为切换(Handover 或 Handoff)。在 2.2.3 节介绍的越区切换是最常见的切换形式，但并不是唯一的形式，千万不能混淆。

在大、中容量的移动通信系统中，高频率的越区切换已成为不可避免的事实。因而，必须采用好的切换技术，以保证通信的连续性，否则，很容易产生“掉话”现象。在 GSM 移动通信系统中，为了实现快速准确的切换，移动台会主动参与切换过程，即在发生切换之前，MS 会主动为 MSC 和 BS 提供大量的实时参考数据，这就大大缩短了切换前期的准

备时间，从而达到快速切换的目的。这是 GSM 与原有的模拟移动通信系统的一大区别，也是技术上的一大进步。按照级别的高低，切换可以分为五种：小区内部的切换、小区之间的切换、BSC 之间的切换、MSC 之间的切换和 PLMN 之间的切换，下面分别加以介绍。

1) 小区内部的切换

小区内部切换指的是在同一小区(同一基站收发信台 BTS)内部不同物理信道之间的切换，包括在同一载频或不同载频的时隙之间的切换。

发生此类切换，可能有如下几种情形：

(1) 当移动台处于小区边缘而信号强度低于某一门限值(如 −100 dB)时；

(2) 当正在通信的物理信道受到干扰(如阴影区的屏蔽作用)，通话无法进行下去时；

(3) 当因需要维护等原因，正在通信的物理信道或载频单元必须退出服务时。

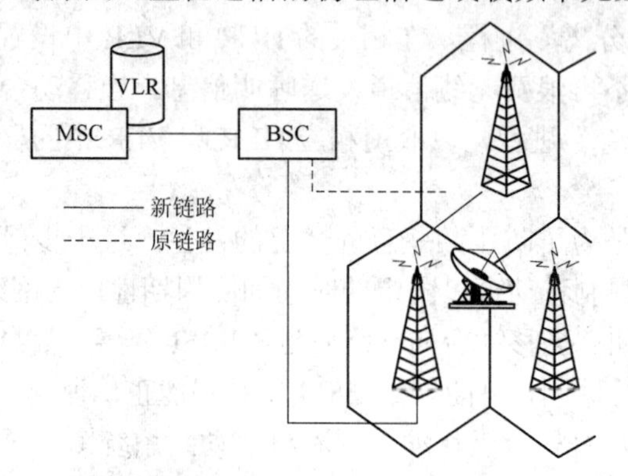


图 3-44　BSC 内部的不同小区之间的切换

2) 小区之间的切换(BSC 内部)

小区之间的切换指的是在同一基站控制器(BSC)控制的不同小区之间的不同信道的切换。发生此类切换，可能有如下几种情形：

(1) 当正在通信的移动台要由当前所处的小区移动到相邻的另一个小区中时；

(2) 当移动台所处的小区内部发生了大量的呼叫，需要均衡话务时。

3) BSC 之间的切换(MSC 内部)

BSC 之间的切换指的是同一移动业务交换中心 MSC 所控制的不同基站子系统 BSS 之间的不同信道的切换，如图 3-45 所示。

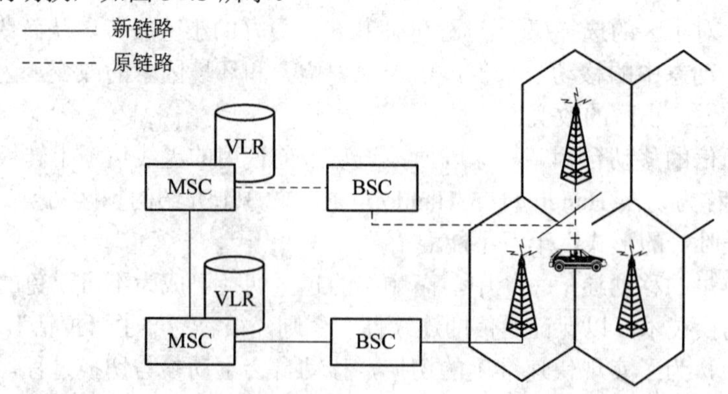


图 3-45　MSC/VLR 内部不同 BSC 之间的切换

BSC之间的切换过程如下：首先由移动台所属的BSC向MSC发出切换请求，然后再通过目的MSC使原MSC与新的BSC、新的BTS之间建立链路，在新小区内选择并保留出空闲的业务信道TCH供MS切换后使用，最后命令MS切换到新小区载频的TCH上。

4) MSC之间的切换(PLMN内部)

MSC之间的切换指的是在同一个公用陆地移动网PLMN覆盖的不同移动业务交换中心MSC之间的不同信道的切换。这是一种非常复杂的情况，切换前需要进行大量的信息传递。为了区别两个不同的MSC，我们称切换前MS所处的MSC为服务交换中心($MSC_A$)，切换后MS所处的MSC为目标交换中心($MSC_B$)。此类切换可分为两种：

(1) 基本切换过程：呼叫从起始建立的那个$MSC_A$切换到另一个$MSC_B$。

(2) 后续切换过程：呼叫从起始建立的那个$MSC_A$切换到另一个$MSC_B$后，再从$MSC_B$切换到第三个$MSC_C$或切换回$MSC_A$。

MSC之间切换的示意图如图3-46所示。

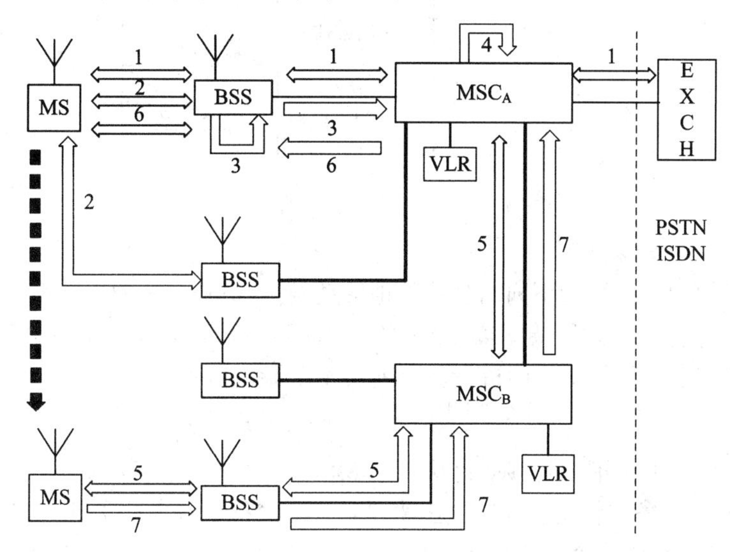


图3-46 PLMN内部不同MSC之间的切换

由图可知，MSC之间的切换流程要经历若干的步骤。简单来说，这些步骤包括：

(1) 稳定的呼叫连接状态。

(2) 移动台对邻近基站发出的信号进行无线测量。测量的内容包括功率、距离和话音质量，这三个指标决定了切换的门限值。无线测量结果通过信令信道传输给基站子系统BSS中的基站收发信台BTS。

(3) 无线测量结果经过BTS预处理后再传输给基站控制器(BSC)，BSC综合功率、距离和话音质量进行计算，并与切换门限值进行比较，决定是否要进行切换，如果需要切换，再向$MSC_A$发出切换请求。

(4) $MSC_A$决定进行$MSC_A$与$MSC_B$之间的切换。

(5) $MSC_A$请求在$MSC_B$区域内建立无线信道，然后在$MSC_A$与$MSC_B$之间建立链路。

(6) $MSC_A$向移动台发出切换命令后，移动台切换到已经准备好连接的新信道上。

(7) 移动台发出切换成功确认消息，经$MSC_B$传送给$MSC_A$，以释放原来占用的信息资源。

为了更好地理解 MSC 之间的切换流程，请见图 3-47 所示的 MSC 间切换流程图。

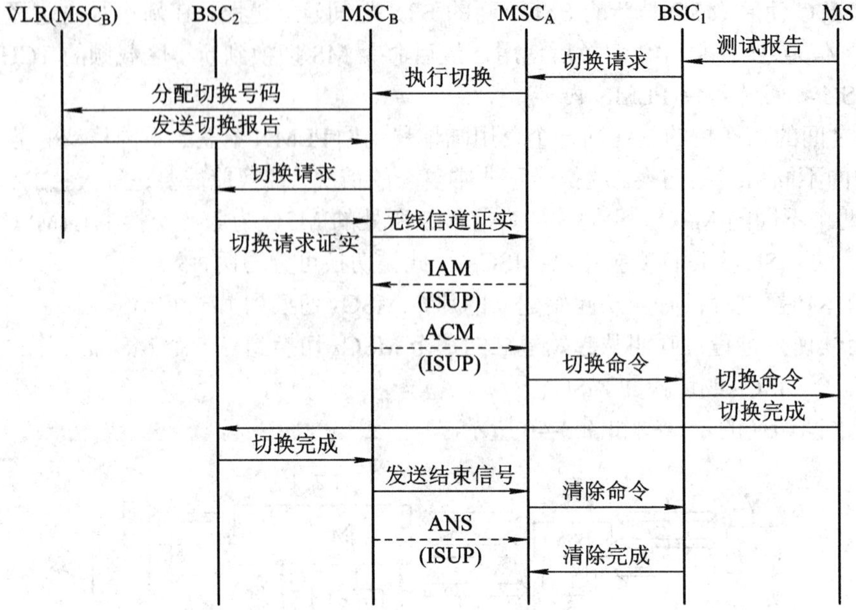

VLR(MSC$_B$) BSC$_2$ MSC$_B$ MSC$_A$ BSC$_1$ MS
测试报告
切换请求
执行切换
分配切换号码
发送切换报告
切换请求
无线信道证实
切换请求证实
IAM (ISUP)
ACM (ISUP)
切换命令
切换命令
切换完成
切换完成
发送结束信号
清除命令
ANS (ISUP)
清除完成

图 3-47 MSC 之间切换的流程图

5) PLMN 之间的切换

PLMN 之间的切换指的是不同的公共陆地移动网(PLMN)之间的不同信道的切换。从技术角度考虑，这种切换虽然复杂度最高，却也是可行的；但从运营部门的管理角度考虑，当这种切换涉及到在不同国家之间进行时，就会不可避免地受到限制。

### 3. 漫游

从狭义上来讲，漫游指的是移动台从一个 MSC 区(归属区)移动到另一个 MSC 区(被访区)后仍然使用网络服务的情况；从广义上来讲，只要是移动台离开了其 SIM 卡的申请区域(即归属区)，不论是在同一个 GSM PLMN 中，还是移动到其它 GSM PLMN 内，都能够继续使用网络的服务。

漫游的作用，从移动用户角度来讲，可使一个在 GSM 系统中注册的 MS 在大范围内跨区移动，并随意与此系统中的另一 MS 或固定网用户通话；从网络管理角度来讲，使系统在所有时刻都能知道移动用户的位置，而在必要的时候能与用户建立联系，保证用户的正常通信。

GSM 主要是在移动台识别码的分配定义、漫游用户位置登记和呼叫接续过程这三个方面对漫游功能做的保证。GSM 系统中的移动通信网络能自动跟踪正在漫游的移动台的位置，位置寄存器之间可以通过 7 号信令链路互相询问和交换移动台的漫游信息，从技术上保证了 GSM 系统能有效地提供自动漫游功能。只要在国内或国际的不同运营部门之间，能够就有关漫游费率结算办法和网络管理等方面达成协议，保证漫游计费和位置登记等信息在不同 PLMN 网络之间正常传递，那么就能实现全球漫游功能。

移动台的漫游过程主要包括以下三个步骤：

(1) 位置更新：位置更新是漫游过程中一个很重要而且也很难实现的环节。

(2) 呼叫转移：入口交换局GMSC根据主叫用户的拨号，通过7号信令向HLR查询漫游用户的当前位置信息以及获得移动台漫游号码MSRN，并利用MSRN重新选接续路由的过程。

(3) 呼叫建立：被访MSC查出漫游用户的IMSI，将其转换成信令数据，在该MSC控制的位置区中发出寻呼，查找移动台的过程。

# 3.5 GPRS 系 统

在数据交换方式中分组交换有着不可比拟的优越性，但是，原有的无线通信系统大都采用的是电路交换方式，因此，无线通信必然要经历从电路交换到分组交换的变革。在GSM系统中，这一变革是由GPRS来完成的。GPRS(General Packet Radio Service)是通用分组无线业务的简称，是一种新的基于分组交换的GSM数据业务，可以给移动用户提供无线分组接入服务。GPRS的主要目标是在移动用户和远端的数据网络(如支持TCP/IP和X.25的网络)之间提供一种连接，从而给移动用户提供高速、完善的数据业务。GPRS是由英国BT Cellnet公司早在1993年提出的，是GSM Phase2+规范实现的内容之一，也是GSM向第三代移动通信的过渡技术，俗称第2.5G。GPRS对GSM系统的改进主要体现在三个方面：首先，GPRS在原有GSM网络上叠加了一个基于IP的分组交换网络，从而得到更高的数据传输速率；其次，正是由于GPRS的引入，使得GSM网络在Internet接入上有了革命性的变化，而3G移动通信的核心网正是基于IP，因而使GSM向3G的过渡改动更少，使得现代通信向3G的发展更迈进了一步；再有，GPRS使得一些原来在GSM网络上不能实现的应用成为可能，这些新应用得以实现的关键在于GPRS与各种局域网(Local Area Network，简称LAN)、广域网(Wide Area Network，简称WAN)及Internet的互联。

## 3.5.1 系统结构组成

由于GPRS采用与原GSM相同的频段、频带宽度、突发结构、无线调制标准、跳频规则以及TDMA帧结构，因此，在以GSM系统为基础构建GPRS系统时，GSM中的绝大部分部件都不需要作硬件改动，只需对其软件进行升级以及添加相应的硬件组件即可。构建GPRS系统需要向原有GSM网络中引入的三个主要组件是：GPRS服务支持结点(Serving GPRS Supporting Node，简称SGSN)、GPRS网关支持结点(Gateway GPRS Support Node，简称GGSN)和分组控制单元(Packet Control Unit，简称PCU)。下面，结合GPRS的系统结构组成(如图3-48所示)，具体介绍原GSM网络中各个部分的变动情况。

### 1. 硬件实体及软件配置

1) GPRS支持节点(GPRS Supporting Node，简称GSN)

为了支持GPRS业务，必须在GSM网络中增加相应的节点——GPRS支持节点GSN。GSN是GPRS网络中最重要的网络节点，也是构成GPRS骨干网的主体。这种节点具有移动路由管理功能，可以和各种类型的数据网络相连接，从而实现移动台和各种数据网络之间的数据传送和格式转换。从构成形式上看，GSN既可以是一种类似于路由器的独立设备，也可以与GSM中原有的MSC集成在一起。

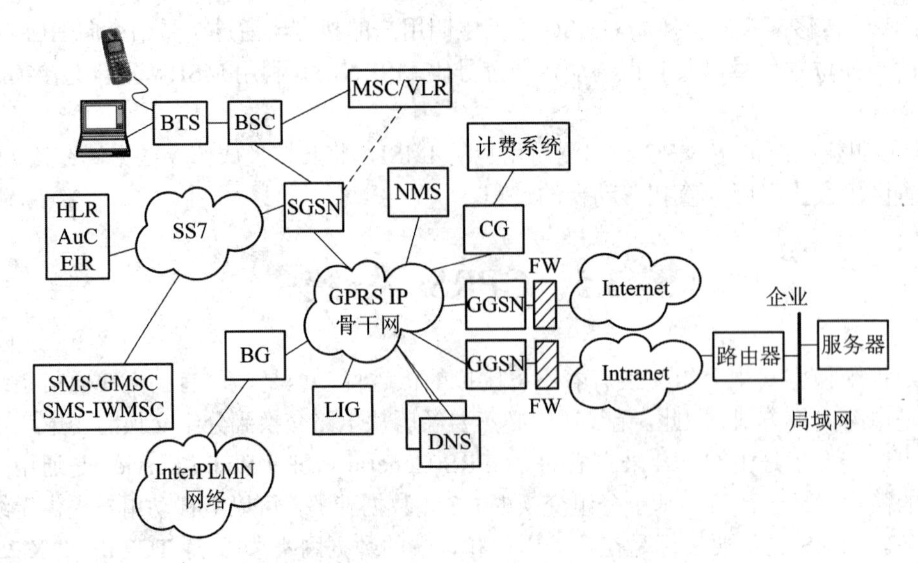


图 3-48　GPRS 系统结构组成

GSN 有两种类型：一种是 GPRS 服务支持结点 SGSN，另一种是 GPRS 网关支持结点 GGSN。SGSN 和 GGSN 相当于是移动数据路由器，它们既可以被组合在同一个物理结点中，也可以处在不同的物理结点中。在后者情况下，二者可以利用 GPRS 隧道协议(GPRS Tunnel Protocol，简称 GTP)对 IP 或 X.25 数据分组进行封装，从而实现二者之间的通信。

SGSN 与移动交换中心 MSC 处于网络体系的同一层，二者功能相似，但又各司其职：SGSN 只针对分组交换，而 MSC 只针对电路交换。为了协调同时具有分组交换与电路交换能力的终端的信令，GPRS 在 MSC 与 SGSN 之间提供了一个 Gs 接口。从位置来看，SGSN 介于 MS 和 GGSN 之间。一方面，SGSN 是 GSM 网络结构与移动台之间的接口，可以通过帧中继与 BTS 相连，从而实现与 MS 的互通；另一方面，SGSN 通过 GGSN 可以与各种的外部网络相连。SGSN 的主要功能是负责 MS 的移动性及通信安全性管理，以及完成分组的路由寻址和转发，实现移动台和 GGSN 之间移动分组数据的发送和接收。此外，SGSN 还有以下功能：

(1) 身份验证，加密和差错校验；

(2) 进行数据计费(Charging Data)；

(3) 连接归属位置寄存器 HLR、移动交换中心 MSC 和 BSC 等。

GGSN 是 GSM 网络与其它网络之间的网关，负责提供与其它 GPRS 网络及其它外部数据网络(如 IP 网、ISDN、LAN、分组交换公共数据网 PSPDN 等)的接口。其主要功能是：

(1) 存储 GPRS 网络中所有用户的 IP 地址，以便通过一条基于 IP 协议的逻辑链路与 MS 相通；

(2) 把 GSM 网中的 GPRS 分组数据包进行协议转换(包括数据格式、信令协议和地址信息等的转换)，从而可以把这些分组数据包传送到远端的其它网络中；

(3) 分组数据包传输路由的计算与更新。

2) 基站子系统 BSS

GPRS 系统可以继续采用 GSM 的基站，但原有基站必须要进行硬件的扩展和软件的升级。硬件上需扩展一个新的功能模块——分组控制单元PCU，主要完成BSS侧的分组业务处理和分组无线信道资源的管理。PCU可以集成在BSC或BTS中，也可以独立设置。同时，基站中还要增加与SGSN进行业务和信令传输的接口。软件上，BSC要增加GPRS移动管理和GPRS寻呼的功能。

GPRS可以使用相同的物理信道群为话音和数据业务服务，这样在一个小区内便同时存在着GPRS信道和电路交换信道，其中，一个电路交换信道分配给一个用户，而一个GPRS信道可以同时被多个用户共享。

3) 归属位置寄存器、访问位置寄存器、移动交换中心等

像归属位置寄存器HLR、访问位置寄存器VLR、移动交换中心MSC、SMS-GMSC和SMS-IWMSC等GSM系统原有设备都应被升级，以支持相应的GPRS功能。其中，HLR中还可能增加一个GPRS寄存器(GPRS Register，简称GR)，其功能类似于原GSM中的HLR。当然，GR也可以独立存在，由服务器或程控交换机实现。GR是GPRS的业务数据库，其中存储着GPRS的预约数据与路由信息。同时，HLR将每个用户映射到一个或多个GGSN，从SGSN可以访问GR。

4) 移动台MS

(1) 终端设备(Terminal Equipment，简称TE)。终端设备TE是终端用户操作和使用的计算机终端设备，在GPRS系统中用于发送和接收分组数据。TE可以是独立的桌面计算机，也可以将TE的功能集成到手持的移动终端设备上，同移动终端MT合二为一。从某种程度上说，GPRS网络所提供的所有功能都是为了在TE和外部数据网络之间建立起一个分组数据传送的通路。

(2) 移动终端MT。移动终端MT一方面同TE通信，另一方面通过空中接口同BTS通信，并可以建立到SGSN的逻辑链路。GPRS的MT必须配置GPRS功能软件，以使用GPRS系统业务。在数据通信过程中，从TE的观点来看，MT的作用就相当于将TE连接到GPRS系统的Modem。MT和TE的功能可以集成在同一个物理设备中。

(3) 移动台MS。MS可以看做是MT和TE功能的集成实体，如图3-49所示。物理上可以是一个实体，也可以是两个实体(TE和MT分开)。GPRS移动台分三种类型：

- A类：可同时进行分组交换业务和电路交换业务。
- B类：可同时附着在GPRS网络和GSM网络上，但不能同时进行电路交换和分组交换业务。
- C类：不能同时附着在GPRS网络和GSM网络上。

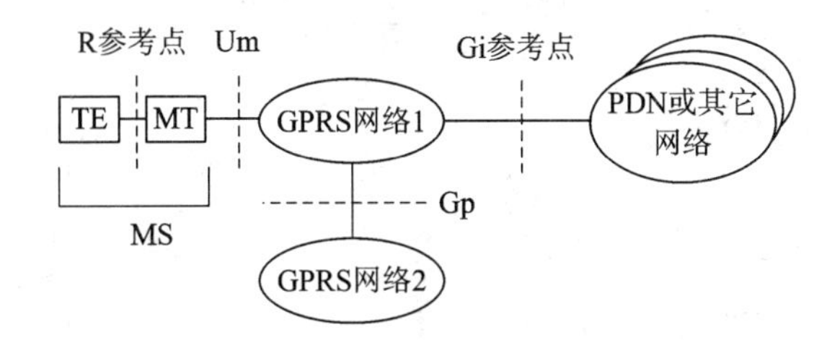


图3-49　GPRS网络对外接入接口及参考点

5) 其它

软件上 GSM 要具有新的安全、保密特性，增加 GPRS 专用信令等。硬件上，GSM 核心网中还要引入其它的一些功能实体：域名服务器(Domain Name Server，简称 DNS)、计费网关(Charging Gateway，简称 CG)、边界网关(Border Gateway，简称 BG)和合法拦截网关(Lawful Interception Gateway，简称 LIG)等。这些实体的具体功能是：

(1) 域名服务器 DNS 负责提供 GPRS 网络内部 SGSN、GGSN 等网络节点的域名解析和接入点名称(Access Point Name，简称 APN)解析。域名解析就是把域名(如 www.baidu.com)映射和转换成 IP 地址的过程。APN 解析就是通过名称转换以实现 SGSN 找到外网要找的 GGSN 或者 GGSN 识别出对应的外网的过程。

(2) 计费网关 CG 通过 Ga 接口同 GPRS 网络中的计费实体(如 GSN)通信用于收集各实体发送的计费数据记录并进行计费。

(3) 边界网关 BG 用于不同 PLMN 间 GPRS 网的互联，它应具有基本的安全功能，此外还可以根据运营商之间的漫游协议增加相关功能。

(4) 合法拦截网关 LIG 也称为监听网关，作为监听管理中心和运营商设备之间的代理，在合法监听功能的应用中有重要作用。

2. 接口与参考点

图 3-49 给出了 GPRS 网络的对外接入接口与参考点。由图可见，GGSN 与外部数据网络是通过 Gi 参考点连通的，而与其它 GPRS 网络是通过 Gp 接口连通的。从移动台 MS 端到 GPRS 网络有两个接入点：Um 是无线接口，用作移动终端 MT 与 GPRS 基站 BTS 之间的连接；R 参考点用于信息的产生或接收，是 MT 与终端设备 TE(如笔记本电脑)之间的参考点。这里的 MS 既可以由 TE 和 MT 两部分通过 R 参考点连接组成，也可以只由一个移动终端 MT(如带有无线收发功能的笔记本电脑)组成。此外，MSC/VLR 与 GPRS 的骨干网之间可以设置一个 Gs 接口，用来支持原 GSM 网与 GPRS 的联合位置更新和联合寻呼等功能。GPRS 系统的全部接口与参考点的结构组成和功能说明分别如图 3-50 和表 3-6 所示。

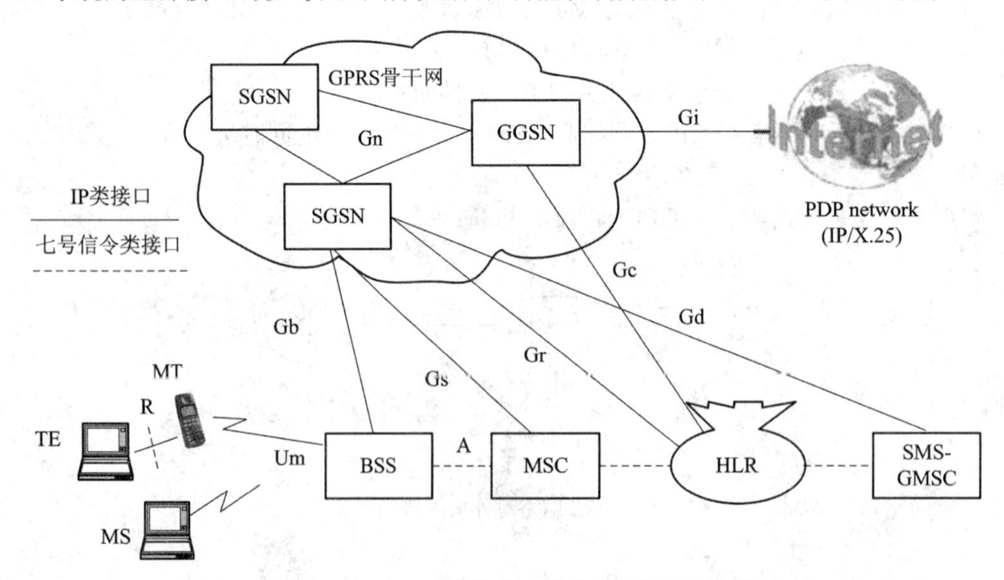


图 3-50 GPRS 系统的接口与参考点的结构组成

表3-6 GPRS系统的接口与参考点功能说明

| 接口 | 说 明 |
|---|---|
| A | MSC/VLR/SSP与BSC之间的接口 |
| Gb | SGSN和BSS之间的接口 |
| Gc | GGSN和HLR之间的接口 |
| Gd | SMS-GMSC之间的接口，SMS-IWMSC和SGSN之间的接口 |
| Gn | 同一个GSM网络中两个GSN之间的接口 |
| Gp | 不同的GSM网络中两个GSN之间的接口 |
| Gr | SGSN和HLR之间的接口 |
| Gs | SGSN和MSC\VLR之间的接口 |
| Gf | SGSN和EIR之间的接口 |
| Gi | GGSN与外部数据网络之间的接口 |
| Um | 空中接口，MS和GPRS固定网部分之间的无线接口 |

### 3.5.2 控制与管理

GPRS网络的控制与管理功能具体包括网络接入控制、分组路由和转发、移动性管理、逻辑链路管理、无线资源管理和网络管理几个方面，下面分别加以介绍。

1) 网络接入控制功能

网络接入控制功能控制MS对网络的接入，使MS能使用网络的相关资源完成数据功能。对于GPRS而言，用户既可以从移动终端MT接入，也可以从固定网络侧接入。但对于特定PLMN运营商，可能限制某些特定用户接入网络或者向特定用户提供特定的业务。GPRS网络接入功能具体包括注册、鉴权、许可控制、消息屏蔽、分组终端适配和计费数据收集等。

2) 分组路由和转发功能

分组路由和转发功能完成对分组数据的寻址和发送工作，保证分组数据按最优路径送往目的地。分组路由和转发功能具体又包括以下几个部分：

(1) 转发(中继)功能。转发功能是指将数据包从一个节点送到路由中的下一个节点的功能。在GPRS中，转发功能是指SGSN或GGSN接收输入的数据包然后转发节点的过程。SGSN和GGSN的转发功能包括：首先存储所有有效的数据包，然后适时地进行发送，其结果是发送出去或者超时，超时的包将被丢弃。

(2) 路由功能。路由功能是指利用数据包消息中提供的目的地址决定该数据包消息应该发往哪个节点和发送过程中应使用的下层服务的过程。

(3) 地址翻译和映射功能。地址翻译功能是指将一种地址转换为另外一种地址的功能。地址翻译可以将外部网络协议地址转换为内部网络协议地址，以便于数据包在GPRS PLMN内部或GPRS PLMN之间路由和传输。地址映射功能是指将一个网络地址映射为另一个同类型的网络地址。

(4) 封装功能。封装是指为了在PLMN内部或PLMN之间路由数据包而在包的头部增加地址信息和控制信息的过程。去封装是指将这些地址信息和控制信息去除，从而解出数据包。GPRS 提供一个 MS 和外部网络之间的透明通道，封装功能存在于 MS、SGSN 和 GGSN 之中。

(5) 隧道功能。隧道功能是指将封装后的数据包在 GPRS PLMN 内部或 GPRS PLMN 之间、从封装点到去封装点之间传输的功能。

(6) 压缩功能。通过压缩功能能够最大限度地利用无线传输能力。

(7) 加密功能。加密功能用于提高在无线接口上传输的用户数据和信令的保密性。它也用于保护 GPRS PLMN 不受外来的非法入侵。

(8) DNS 功能。DNS 功能将 GPRS 支持节点 GSN 的逻辑名字翻译成它的地址。

3) 移动性管理 MM 功能

移动性管理功能用于在 PLMN 中保持对移动台 MS 当前位置的跟踪功能。GPRS 网的移动性管理处理功能与现有的 GSM 系统类似。一个或多个蜂窝构成一个路由区(路由区是位置区的子集)。一个 SGSN 对多个路由区提供服务。对 MS 位置的跟踪取决于 MS 移动性管理的状态(Idle：空闲；Standby：待命；Ready：就绪)。当 MS 处于 Standby 状态时，仅可确知 MS 位于哪一个路由区。当 MS 处于 Ready 状态时，可以确知 MS 处于哪一个蜂窝中。

4) 逻辑链路管理功能

逻辑链路指 MS 到 GPRS 网络间所建立的、用来传送分组数据的链路。逻辑链路管理功能是指在 MS 与 PLMN 之间、在无线接口上维持一个通信渠道。当逻辑链路建立后，MS 与逻辑链路具有一一对应关系。逻辑链路管理具体包括建立、维护和释放三个步骤。

5) 无线资源管理功能

无线资源管理功能是指无线通信通道的分配和管理，GPRS 无线资源管理功能要实现 GPRS 和 GSM 共用无线信道，具体包括以下几个方面：

(1) Um 管理功能。Um 管理功能是指管理每个小区中的物理信道资源、确定分配给 GPRS 业务的比例。分配的策略可以根据本地用户需求和运营者的运营策略来决定。

(2) 小区重选功能。该功能使得 MS 能够选择一个最佳小区。小区重选功能涉及到无线信号质量的测量和评估，同时要检测和避免各候选小区的拥塞。

(3) Um-tranx 功能。该功能提供 MS 和 BSS 之间通过无线接口传输数据包的能力，具体包括无线接口上的媒体接入控制、无线物理信道上的包复用、MS 内部的包识别、检错和纠错以及流量控制。

(4) 路径管理功能。该功能管理 BSS 和 SGSN 之间的分组数据通信路径，这些路径的建立和释放可以动态地基于业务量也可以静态地基于每个小区的最大期望业务负荷。

6) 网络管理功能

网络管理功能即 GPRS 系统的操作维护功能。此功能与具体实现有关。

### 3.5.3 功能与业务

#### 1. 功能

这里重点介绍 GPRS 网络的网络互联功能，主要包括与 X.25 分组网和 IP 网的互联。

1) 与 X.25 分组网的互联

要实现与 X.25 分组交换数据网(Packet Switch Digital Network，简称 PSDN)的互联，

GPRS必须支持CCITT/ITU-T X.25或CCITT/ITU-T X.75通信协议及CCITT/ITU-T X.121地址规范。互联方式可以是将两网络直接连接，也可以通过传输网络来实现。与X.25分组网互联可采用以下两种模式：

(1) 采用X.75协议实现互联。X.75是X.25分组数据网的互联协议，该模式下，GPRS被视做普通的X.25分组数据网，每个GPRS用户都由参与互联的X.25网络为其分配一个X.121地址，以实现分组数据寻址。

(2) 采用X.25协议实现互联。在这种互联方式中，GPRS网络被视做PSDN的一部分，数字终端设备(Digital Terminal Equipment，简称DTE)位于GPRS网络，而数据控制设备(Digital Control Equipment，简称DCE)位于分组交换公共数据网(Packet Switch Public Data Network，简称PSPDN)中。

2) 与IP网络的互联

通过TCP/IP协议与IP网实现互联时，GPRS PLMN必须能够同时支持IPv4和IPv6两种协议，以适应现在和将来存取Internet上信息的需要。GGSN作为移动网的网关，通过Gi参考点和外部数据网进行互联，并起到对外部网屏蔽内部网络信息的作用。

在通常的IP网中，子网之间的互联是由IP路由器来实现的。对于外部非移动数据网而言，GGSN就可以看做一个普通的路由器。而GGSN实际所采用的路由协议则是决定于具体的网络运营商和互联网服务提供商(Internet Service Provider，简称ISP)。与通常的Intranet中的网关一样，GGSN通常配置有域名服务器DNS、动态主机配置协议(Dynamic Host Configuration Protocol，简称DHCP)和防火墙，以便对内部的应用起到一定的服务和限制作用。

接入Internet的过程由于计费或安全等因素，需要进行端到端的用户数据加密，动态分配IP地址，用户授权和用户鉴权等处理。对于Internet的接入，可以分为透明和非透明两种接入方式，这是根据数据网中通信的对等主机是否需要了解通信主机是否为移动台来区分的。

下面，以笔记本电脑通过GPRS网络与Internet的连接为例介绍GPRS的工作过程，其示意图如图3-51所示。笔记本电脑至Internet方向的连接具体包括步骤如下：

(1) 笔记本电脑通过串行或无线方式连接到GPRS蜂窝电话上；

(2) GPRS蜂窝电话与GSM基站通信；

(3) 与电路交换式数据呼叫不同，GPRS分组是从基站发送到GPRS服务支持节点SGSN，而不是通过移动交换中心MSC连接到语音网络上；

(4) SGSN与GPRS网关支持节点GGSN进行通信；

(5) GGSN对分组数据进行相应的处理，再发送到目的网络，如因特网或X.25网络。

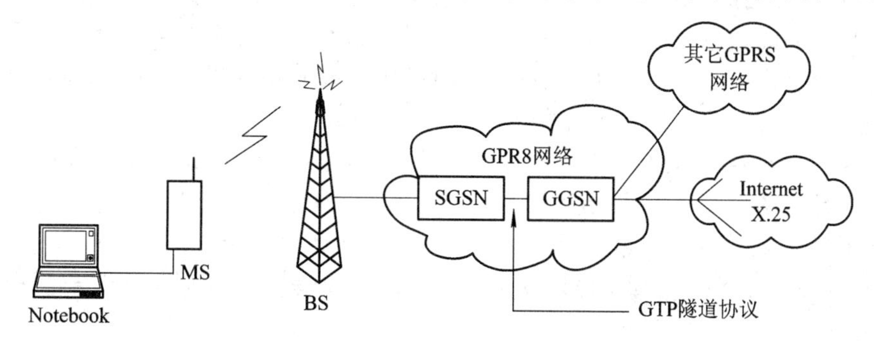


图3-51　笔记本电脑通过GPRS网络与Internet连接

由 Internet 到笔记本电脑的连接步骤包括：来自因特网且标识有移动台地址的 IP 包，由 GGSN 接收，再转发到 SGSN，继而通过基站、移动台传送到笔记本电脑处。

2. 业务

GPRS 是在现有 GSM 网络上开通的一种新的分组数据传输承载业务，对于 GSM 原有电路交换数据(Circuit Switched Data，简称 CSD)业务和短消息业务 SMS 来说，GPRS 是一种补充而不是替代。

与原有的高速电路交换数据(High Speed Circuit Switched Data，简称 HSCSD)技术相比，GPRS 可以提供四种不同的编码方式，每种方式分别对应了不同的错误保护(Error Protection)能力。利用这四种不同的编码方式，GPRS 的每个时隙可提供的传输速率分别为 CS-1(9.05 kb/s)、CS-2(13.4 kb/s)、CS-3(15.6 kb/s)和 CS-4(21.4 kb/s)，其中 CS-1 的保护最为严密，CS-4 则是未加以任何保护。也就是说，四种编码方式中较高的速率的获得是以牺牲可靠性为代价的。GPRS 若再采用时隙捆绑技术，将 8 个时隙合并在一起使用，则可以向用户提供理论上最高达 171.2 kb/s 的传输速率。而且，由于 GPRS 采用的是分组交换技术，因而它可以让多个用户共享某些固定的信道资源，从而进一步提高了系统资源利用率。此外，与 HSCSD 不同的是，GPRS 业务既可以和语音业务共享信道，也可以在信道充足的条件下，占用一些专用信道。

在 PLMN 中，GPRS 使得用户能够在端到端分组传输模式下发送和接收数据。在有 GPRS 承载业务支持的标准化网络协议的基础上，GPRS 网络管理可以提供如下一系列的交互式的业务：

1) 承载业务

承载业务主要提供在确定用户界面间传送信息的能力。在 GPRS 中定义了两类承载业务：点对点(Point To Point，简称 PTP)和点对多点(Point To Multipoint，简称 PTM)。

(1) 点对点业务 PTP。点到点业务在两个用户之间提供一个或多个分组的传输；由业务请求者启动，被接收者接收。这种业务也分为两种，即 PTP 无连接型网络业务(PTP–Connection Less Network Service，简称 PTP–CLNS)和 PTP 面向连接的网络业务(PTP–Connection Oriented Network Service，简称 PTP–CONS)。

① 点对点面向连接的数据业务 PTP–CONS。PTP–CONS 业务是在单一用户 A 和单一用户 B 之间发送多分组的业务，具有连接建立、数据传送以及连接释放等工作程序。该业务在两个用户之间提供了一种逻辑关系，在无线接口处利用确认传送模式进行可靠传输。该业务属于虚电路(Virtual Circuit，简称 VC)分组交换类型，可支持突发事务处理应用或交互式应用。

② 点对点无连接型网络业务 PTP–CLNS。PTP–CLNS 业务中的各个数据分组彼此互相独立，用户之间的信息传输不需要建立端到端的连接线路，分组的传送没有逻辑连接，分组的交付也没有确认保护，是由 IP 协议支持的业务。该业务属于数据报(Data Gram)分组交换类型，亦可支持突发性或交互式的应用。

(2) 点对多点业务 PTM。PTM 业务具有根据某个业务请求者的要求，将数据发送给具有单一业务需求的多个用户的功能。这类传输应该在指定的延时内完成，重复发送应该按照业务请求者定义/协商的计划在适用的地方进行。PTM 业务又可分为以下三种：

① 点对多点多信道广播(PTM–M)业务——将信息发送给当前位于某一地区的所有用户的业务。

② 点对多点群呼(PTM-G)业务——将信息发送给当前位于某一区域中的特定用户群的业务，信息可以只在包含 PTM 组参与者的单元内发送。

③ IP 多点传播(IP-M)业务——定义为 IP 协议序列一部分的业务。信息在一个 IP 多点传播组参与者之间传输。在这种业务中，数据的发送应该符合 Internet 协议。

2) 用户终端业务

GPRS 支持电信业务，提供完全的通信业务能力，包括终端设备能力。用户终端业务可以分为基于 PTP 的用户终端业务和基于 PTM 的用户终端业务。其具体业务类型如表 3-7 所示。

表 3-7 GPRS 用户终端业务分类

| | |
|---|---|
| 基于 PTP 的用户终端业务 | 会话 |
| | 报文传送 |
| | 检索 |
| | 遥信 |
| 基于 PTM 的用户终端业务 | 分配 |
| | 调度 |
| | 会议 |
| | 预定发送 |
| | 地区选路 |

3) 附加业务

附加业务也叫补充业务，它集中体现了全部使用方便和完善的服务。GSM Phase2 的附加业务支持所有的GPRS基本业务PTP-CONS、PTP-CLNS、IP-M和PTM-G的CFU(Call Forwarding Unconditional，无条件呼叫转移)，但不适用于 PTM-M。其具体业务类型如表 3-8 所示。

表 3-8 GPRS 附加业务的应用

| 简称 | 名 称 |
|---|---|
| CLIP | 主叫线路识别表示 |
| CLIR | 主叫线路识别限制 |
| CoLP | 连接线路识别表示 |
| CoLR | 连接线路识别限制 |
| CFU | 无条件呼叫转移 |
| CFB | 移动用户遇忙呼叫转移 |
| CFNRy | 无应答呼叫转移 |
| CFNRc | 无法到达的移动用户呼叫转移 |
| CW | 呼叫等待 |
| HOLD | 呼叫保持 |
| MPTY | 多用户业务 |
| CUG | 封闭式的用户群 |
| AoCI | 资费信息通知 |
| BAOC | 禁止所有呼叫 |
| BOIC | 禁止国际呼出 |
| BAIC | 禁止所有呼入 |

GPRS 除了提供承载业务、用户终端业务和附加业务外，还能支持 GSM 短消息业务和各种 GPRS 电信业务。

GPRS 提供应用业务的特点是：

(1) 适用不连续的非周期性(突发)的数据传送，突发出现的时间间隔远大于突发数据的平均传输时延；

(2) 适用小于 500 字节小数据量事务处理业务，允许每分钟出现几次，可以频繁传送；

(3) 适用几千字节大数据量事务处理业务，允许每小时出现几次，可以频繁传送。

上述 GPRS 应用业务特点表明：GPRS 非常适合突发数据业务，能高效利用信道资源，但对大数据量应用业务 GPRS 网络要加以限制。

为了克服 GPRS 速率低、支持的数据量受限的问题，1997 年 Ericsson 公司向欧洲电信标准协会 ETSI 提出了解决方案——增强型数据业务(Enhanced Data Rates for GSM Evolution，简称 EDGE)。EDGE 通过将 GSM 原有的 GMSK 的调制方式改为 8PSK，而使数据传输速率得到成倍的提高。其理论上的传输速率高达 384 kb/s。相比于 GPRS，EDGE 技术向 3G 更加迈进了一步。

# 思考与练习题

1. GSM 系统中有哪些主要的功能实体？

2. 请查阅相关资料，具体解释操作维护中心 OMC 与其它功能实体的关系？

3. 简述 A 接口、Abis 接口和 Um 接口的作用。

4. 掌握本章中各英文缩写的含义，尤其是：HLR、VLR、BS、MS、MSC、TCH、CCH、DCCH、IMSI、MSISDN、MSRN、TMSI、TDMA 等。

5. 解释 TDMA 帧的帧结构。

6. 解释帧、时隙和突发的含义以及三者的关系。

7. 与同学相互讨论，日常生活中所用到的 GSM 系统的业务种类和特点。

8. 列表比较 GSM 系统中的各种编号。

9. 组织同学演习本书中介绍的两种典型的呼叫情况，进一步加深对 GSM 系统呼叫管理的理解。

10. 何为位置更新？为什么要进行位置更新？

11. 与模拟移动通信系统相比，GSM 系统的切换有何改进？原因何在？

12. 什么是通信的盲区？

13. 漫游功能有什么好处？目前，不同体制的网络(如 GSM 和 CDMA)之间是否能够实现漫游，为什么？

14. GSM 系统用户的三参数组是什么？结合本书所介绍的三参数组的产生过程，回忆一下你所经历的手机或 SIM 卡的购买过程。

15. 简述鉴权的过程，说明鉴权的重要性。

16. GSM 系统为什么要对用户数据进行加密？如果不加密，会产生什么问题？

17. 你手机的 SIM 卡是否具有 PIN 码操作功能？如果有，请尝试一下。

# 第 4 章

# CDMA 技术基础及 IS-95 移动通信系统

## 4.1　CDMA 技术发展历程

### 1. CDMA 技术的产生与发展

20 世纪 80 年代末，全球范围从模拟向数字蜂窝技术的突然转变，使欧洲的 GSM 数字技术得以迅速推广，占据了无可争议的市场领先地位。然而，几乎与 GSM 技术同时诞生的还有 CDMA 技术。与原来模拟通信系统所采用的 FDMA 技术和 GSM 系统所采用的 TDMA 技术相对应，CDMA 是码分多址接入(Code Division Multiple Accoss)的英文缩写，它是在数字技术的分支——扩频通信技术的基础上发展起来的一种崭新而成熟的无线通信技术。正是由于它是以扩频通信为基础的，能够更加充分地利用频谱资源，更加有效地解决频谱短缺问题，因此被视为是实现第三代移动通信的首选。

事实上，扩频通信技术早在 20 世纪 40 年代就在军事领域中有所应用，只是 70 年代末才开始用于民用通信。到 20 世纪 80 年代末和 90 年代初，美国高通 Qualcomm 公司首先推出了窄带 CDMA 系统，扩频通信才开始得以实际应用。1995 年，第一个 CDMA 商用系统实现，其理论上的诸多技术优势在实践中得到了检验，从而使 CDMA 技术在国际上得到了推广和应用。2000 年，已有美国、日本、韩国及欧洲、北美的几十个国家地区开通了 CDMA 网，拥有用户 9000 多万，并且此后每年都在翻番增长。

CDMA 技术的发展，推进了 3G 的实现进程。如图 4-1 所示，基于 IS-95 标准的 CDMA 技术的标准化的演进经历了如下几个阶段：

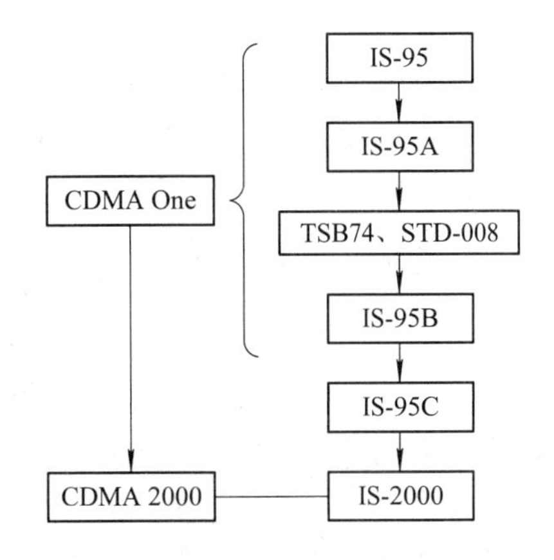


图 4-1　基于 IS-95 标准的 CDMA 技术的演进

IS-95 是 CDMA One 系列标准中最先发布的标准，而真正在全球得到广泛应用的第一个 CDMA 标准是 IS-95A，这一标准支持 8k 编码话音服务。其后又分别推出了 13k 话音编码器的 TSB74 标准，支持 1.9 GHz 的 CDMA PCS 系统的 STD-008 标准，其中 13k 编码话音服务质量已非常接近有线电话的话音质量。随着移动通信对数据业务需求的增长，1998 年，IS-95B 标准应用于 CDMA 基础平台。IS-95B 可提高 CDMA 系统性能，并增加用户移动通信设备的数据流量，提供对 64 kb/s 数据业务的支持。其后，IS-95C 标准也被推出来，不过基本上没有哪个厂家基于 IS-95C 开发出商用产品。CDMA 2000 成为窄带 CDMA 系统向第三代系统过渡的标准。

2. 我国 CDMA 标准的发展

我国 CDMA 的发展并不迟，也有长期军用研究的技术积累，1993 年国家 863 计划已开展了 CDMA 蜂窝技术研究。1994 年高通首先在天津建设技术实验网。1998 年，具有 14 万容量的长城 CDMA 商用实验网在北京、广州、上海、西安建成，并开始小部分商用。1999 年 4 月，我国成立了中国无线通信标准研究组(China Wireless Telecommunication Standards group，简称 CWTS)，其主要目的是加强我国的标准制订工作。CWTS 下属的 WG4 即为 CDMA 工作组，它的主要任务就是制订适合我国具体情况的 CDMA 标准，加强中国对国际标准制订的影响力。此后，我国向国际电信联盟递交了第三代移动通信技术规范 TD-SCDMA 标准，该标准在 1999 年 11 月结束的有关世界第三代移动通信标准制订会上被最终确定为第三代移动通信技术规范的系列标准之一。这是中国提出的电信技术标准第一次被国际电信联盟所采用，同时也证明了我国的通信技术水平已逐渐与世界同步，我们的民族产业也日益引起世界的瞩目。

# 4.2 扩频调制技术

有关码分多址接入 CDMA 技术的基本原理在本书第 2.2.2 节中已有所介绍，本部分内容仅作必要的补充。

模拟系统是靠频率的不同来区别不同用户的，GSM 系统靠的是极其微小的时差，而 CDMA 则是靠编码的不同来区别不同用户的。由于 CDMA 系统采用的是二进制编码技术，编码种类可以达到 4.4 亿种，而且每个终端的编码还会随时发生变化，两部 CDMA 终端编码相同的可能性是“二百年一遇”，因而，在 CDMA 系统中进行盗码几乎不可能。

正是由于 CDMA 系统是根据编码，而不是根据频率来区分用户的，所以，每个用户被分配的带宽可以很宽，实际上，CDMA 的编码过程也扩展了信号的频谱，因而，CDMA 有时也用扩频多址接入(Spread Spectrum Multiple Access，简称 SSMA)来表示。在信号发送端的编码过程亦称为扩频调制，其所产生的信号称为扩频信号；在接收端，对应的过程称为解扩。只有具有正确的码序列的接收机才能将接收到的信号与码序列进行相应的运算，从而恢复出原始信息。换句话说，信号对于不具有正确码序列的接收机来讲是完全保密的。下面具体介绍扩频调制技术。

## 4.2.1 基本概念

扩频通信是近年发展非常迅速的一种技术，它与光纤通信、卫星通信，一同被誉为进入信息时代的三大高技术通信传输方式。它不仅在军事通信中发挥出了不可取代的优势，而且广泛地渗透到了社会的各个领域，如通信、遥测、监控、报警和导航等。

所谓扩频通信，即扩展频谱通信(Spread Spectrum Communication)，是一种把信息的频谱展宽之后再进行传输的技术。频谱的展宽是通过使待传送的信息数据被数据传输速率高许多倍的伪随机码序列(也称扩频序列)的调制来实现的，与所传信息数据无关。在接收端则采用相同的扩频码进行相关同步接收、解扩，将宽带信号恢复成原来的窄带信号，从而获得原有数据信息。扩频通信的定义包含了以下三个方面的含义：

1) 信号的频谱展宽

如我们所知，传输任何信息都需要有一定的带宽，为了适应无线信道的特性，还必须对原始信息进行调制。一般来讲，所有的已调信号都比原始信号的带宽要大，因而，为了节约有限的频谱资源，在保证信号有效、可靠传输的前提下，要选择适当的调制方式，尽量减少带宽的占用，这是人们在FDMA系统应用中一直以来的思想。如标准调幅AM信号的带宽只是原始信号带宽的两倍；一般的调频信号FM或脉冲编码调制PCM信号，其带宽也只是原始信号的几倍到几十倍。

而扩频通信却使单一信号所占频谱大大增加，这是因为CDMA系统是依据码序列来区分用户的，而不是依据频段，不同的用户可以共用同一频段，因而，没有必要再限制传输信号所占的带宽。扩频调制信号的带宽相当于原始信号带宽的几百倍甚至几千倍。

2) 采用扩频码序列调制的方式展宽信号频谱

如我们所知，在时间上有限的信号，其频谱是无限的。扩频码序列中的每位编码只需很短的持续时间，因而扩频码可以有很宽的频谱。如果用限带的扩频码脉冲序列去调制待传输的信号，就可以产生频带很宽的信号了。而且扩频码序列与所传信息数据是无关的，也就是说它与一般的正弦载波信号一样，丝毫不影响信息传输的透明性。扩频码序列仅仅起扩展信号频谱的作用。

3) 用相关解调来解扩

与一般的窄带通信系统相似，扩频调制信号在接收端也要进行解调，以恢复原始信息。在扩频通信中，接收端采用与发送端相同的扩频码序列与收到的扩频调制信号进行相关解调，恢复所传的信息。换句话说，这种相关解调起到了解扩的作用。即把扩展以后的宽带信号又恢复成原来所传的窄带信息。

由上述分析可知，扩频技术必须满足两个基本要求：

① 所传信号的带宽必须远大于原有信息所需的最小带宽；

② 所产生的射频信号的带宽与原有信息无关。

### 4.2.2　工作原理

扩频通信的一般工作原理如图4-2所示。

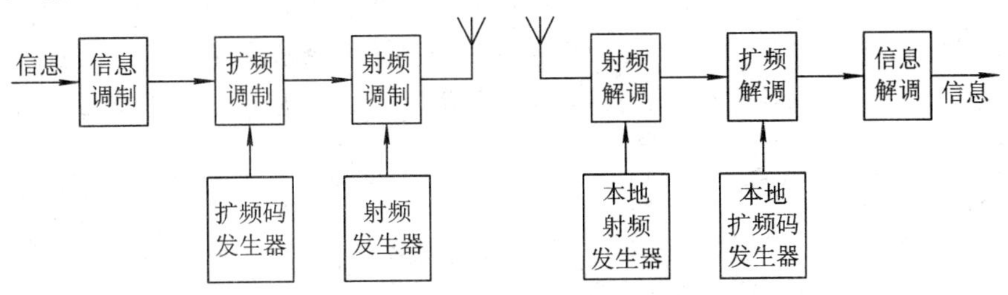


图4-2　扩频通信工作原理

发送端输入的信息先经过信息调制形成窄带数字信号，然后去调制由扩频码发生器产生的扩频码序列以展宽信号的频谱。展宽后的信号再经过射频调制，调制到射频(Radio

Frequency，简称 RF)上发送出去。在接收端收到的宽带射频信号经过射频解调，恢复到中频，然后由本地产生的与发端相同的扩频码序列去相关解扩。再经信息解调，即恢复出原始信息。

由上可见，一般的扩频通信系统都要进行三次调制及相应的解调。一次调制为信息调制，二次调制为扩频调制，三次调制为射频调制，相应的有信息解调、解扩和射频解调。与一般通信系统比较，扩频通信多了扩频调制和解扩两个部分。

### 4.2.3 理论基础

扩频通信属于宽带通信，其基本特点是传输信号所占用的频带宽度远大于原始信息本身实际所需的最小有效带宽。那么，为什么还要采用这种通信方式呢？简单地说，是为了提高移动通信系统的安全性和可靠性。人们在最初研究扩频通信时首先要有相应的理论依据，扩频通信的理论基础有以下两个。

#### 1. 香农(Shannon)公式

香农公式是信息论中用来描述信道信息容量的一个著名公式，其表达式为

$$C = B\,\mathrm{lb}\left(1 + \frac{S}{N}\right) \tag{4-1}$$

式中，$C$ 为信道容量(b/s)，$B$ 为信道带宽(Hz)，$S$ 为信号的平均功率(W)，$N$ 为噪声平均功率(W)。

这个公式说明：在给定的信道容量 C 不变的条件下，信道的频带宽度 $B$ 和信噪比 $S/N$ 是可以互换的。即可通过增加频带宽度的方法，在较低的信噪比 $S/N$ 情况下，以相同的信息率来可靠地传输信息，甚至是在信号被噪声淹没的情况下，只要相应地增加信号带宽，仍然能够保证可靠地通信。也正因此，CDMA 手机的发射功率可以很低，CDMA 手机也被称为“绿色手机”。

扩展频谱以换取对信噪比要求的降低，正是扩频通信的重要特点，并由此为扩频通信的应用奠定了基础。

#### 2. 柯捷尔尼可夫公式

柯捷尔尼可夫公式是关于信息传输差错概率的一个有名的公式，其表达式为

$$\mathrm{Pow}_j \approx f\left(\frac{E}{N_0}\right)[0,1] \tag{4-2}$$

式中，$\mathrm{Pow}_j$ 为差错概率，$E$ 为信号能量(J)，$N_0$ 为噪声功率谱密度(W/Hz)。又因为信号功率 $S = E/T$($T$ 为信息持续时间)，噪声功率 $N = B \cdot N_0$($B$ 为信道带宽)，信息带宽 $\Delta F = 1/T$，则式 4-2 可转化为

$$\mathrm{Pow}_j \approx f(T \cdot S \cdot \frac{B}{N}) = f\left(\left(\frac{S}{N}\right) \cdot \left(\frac{B}{\Delta F}\right)\right) \tag{4-3}$$

由于式(4-3)是一个关于变量的递减函数，因而，这个公式说明：在信噪比 $S/N$ 一定的情况下，信道带宽 $B$ 比实际信息带宽$\Delta F$ 越宽，信息传输差错的概率越低。因此，可以通过对信息传输带宽的扩展来提高通信的抗干扰能力，保证强干扰条件下通信的安全可靠。

由上面两个理论基础可知，我们用相当于信息带宽的100倍，甚至1000倍以上的宽带信号来传输信息，就是为了提高通信的抗干扰能力，即在强干扰条件下保证可靠、安全地通信。这就是扩频通信的基本思想和理论依据。

### 4.2.4 性能指标

处理增益和抗干扰容限是扩频通信系统的两个重要的性能指标。

#### 1. 处理增益

处理增益也称扩频增益(Spreading Gain)，记为 $G_p$，指的是频带扩展后的信号带宽 $W$ 与频谱扩展前的信号带宽 $\Delta F$ 之比，即有：

$$G_p = \frac{W}{\Delta F} \tag{4-4}$$

扩频通信系统中，在接收端要进行扩频解调，其实质是只提取出被伪随机编码相关处理后的带宽为 $\Delta F$ 的原始信息，而排除掉了宽频带 $W$ 中的外部干扰、噪音和其他用户的通信影响。因此，处理增益 $G_p$ 与抗干扰性能密切相关，它反映了扩频通信系统中信噪比的改善程度。工程上常以分贝(dB)表示，即有：

$$G_p = 10\lg\left(\frac{W}{\Delta F}\right)(\text{dB}) \tag{4-5}$$

除了系统信噪比改善程度之外，扩频系统的其他许多性能都与 $G_p$ 有关。因此，处理增益是扩频系统的一个重要性能指标。一般来讲，处理增益值越大，系统性能就越好。

#### 2. 抗干扰容限

抗干扰容限是指扩频通信系统在正常工作条件下可以接受的最小信噪比，即它反映的是系统对于噪声的容忍程度，其定义为

$$M_j = G_p - \left[S/N_{\text{out}} + L_s\right] \tag{4-6}$$

式中所有数据均为 dB 形式。其中，$M_j$ 是抗干扰容限，$G_p$ 是处理增益，$(S/N)_{\text{out}}$ 是信息数据被正确解调而要求的最小输出信噪比，$L_s$ 是接收系统的工作损耗。

**例 4-1** 已知一个扩频系统的处理增益为 35 dB，要求误码率小于 $10^{-5}$ 的信息数据解调的最小的输出信噪比为 10 dB，系统工作损耗为 3 dB，求系统的干扰容限。

**解** 由已知条件可得：$G_p = 35$ dB，$(S/N)_{\text{out}} = 10$ dB，$L_s = 3$ dB，则根据式(4-6)可求系统的干扰容限为

$$M_j = 35 - (10+3) = 22\,\text{dB}$$

通过这个例子说明，该系统能够在干扰输入功率电平比扩频信号功率电平高 22 dB 的范围内正常工作，也就是说，该系统能够在负信噪声比(−22 dB)的条件下，把信号从噪声的淹没中提取出来。由此可见，扩频通信系统的抗干扰能力有多强。

### 4.2.5 实现方法

按照频谱扩展的方式不同，扩频技术可以分为基本扩频和复合扩频两种。基本扩频主

要包括直扩(Direct Spread，简称 DS)、跳频(Frequency Hopping，简称 FH)和跳时(Time Hopping，简称 TH)三种方式。其中，直扩既能实现宽带 CDMA，又是早期的窄带 CDMA 的首选技术；跳频 FH 又可分为快跳频和慢跳频两种。复合扩频是多种扩频方式的结合，包括 DS/FH、DS/TH、FH/TH、DS/FH/TH 等。扩频技术的分类如图 4-3 所示。

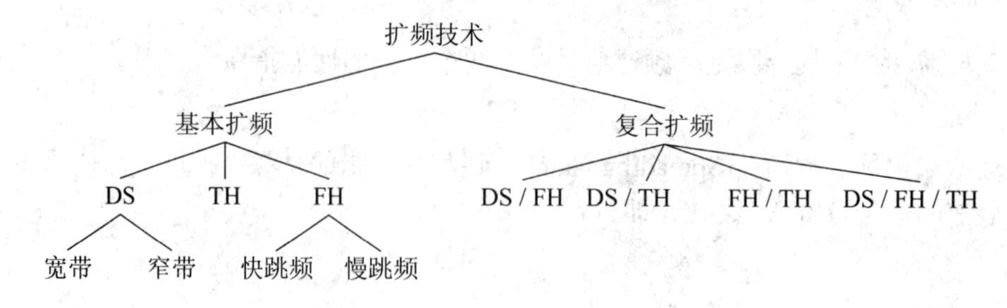


图 4-3 CDMA 扩频调制方式分类图

**1. 基本扩频**

1) 直扩 DS

直扩 DS 是直接序列扩频 DSSS 的简称；DSSS 在发端直接用具有高码率的扩频码序列对信息比特流进行调制，从而扩展信号的频谱；在收端，用与发端相同的扩频码序列进行相关解扩，把展宽的扩频信号恢复成原始信息如图 4-4。直接序列扩频的时域波形图如图 4-4 所示。DSSS 的系统实现的原理框图如图 4-5 所示。

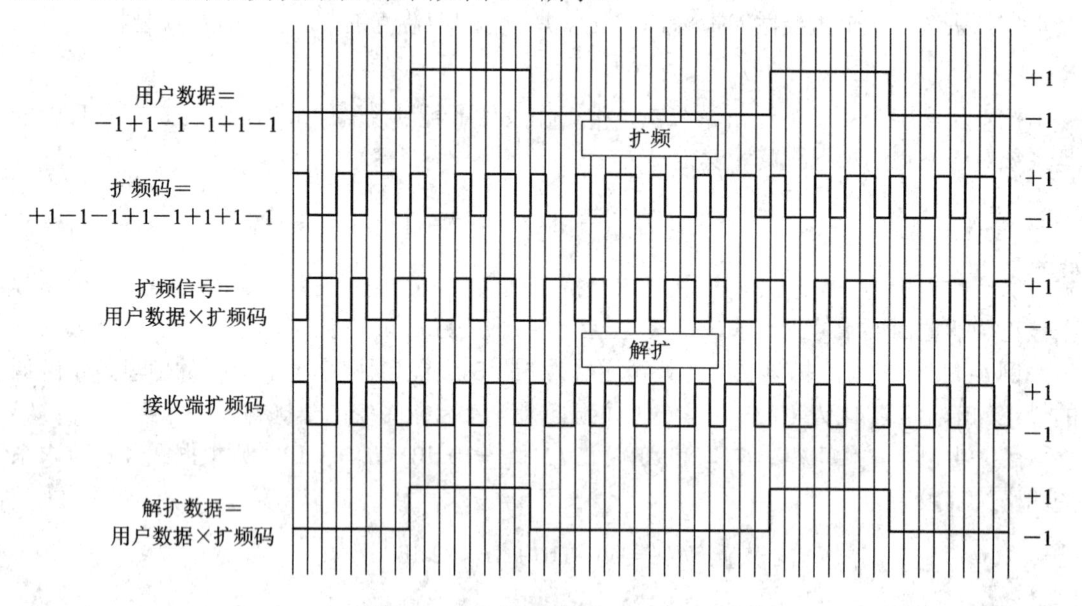


图 4-4 直接序列扩频的时域波形图

图 4.5 中，$m(t)$是原始信号，$u(t)$为经载波 $\cos(\omega_0 t+\phi)$ 调制(相乘)后得到的中频信号。这里的调制可以采用 BPSK、QPSK 及 MSK 等方法，现在的无线网络大都采用的是 QPSK 或 8PSK 数字调制方式。$p(t)$是伪随机序列信号，$s(t)$为 $u(t)$对 $p(t)$进行扩频调制后产生的宽带已调信号。为了适应信道的传输特性，$s(t)$还要与主振荡器产生的载波 $\cos(\omega_r t+\phi)$ 相乘，得到射频调制信号 $r(t)$，$r(t)$经过信道噪声的叠加后，到达接收端。在接收端，信号 $\hat{r}(t)$ 首先

进行混频放大，得到中频信号 $q(t)$。$q(t)$再经本地伪码产生器产生的伪随机序列 $\hat{p}(t)$ 的解扩，得到信号 $f(t)$。$f(t)$通过中频滤波滤除了干扰信号，得到信号 $y(t)$，$y(t)$再与本地载波振荡器产生的载波 $\cos(\omega_0 t+\phi)$ 相乘实现解调，最终恢复原始信号 $\hat{m}(t)$ 。正常情况下，本地伪码产生器产生的伪随机序列 $\hat{p}(t)$ 与发送端伪码产生器产生的伪随机序列 $p(t)$应该完全相同。

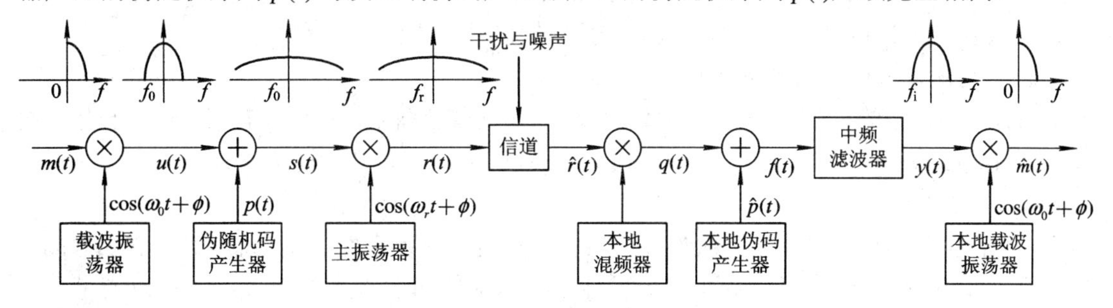


图 4-5　直扩系统实现的原理框图

由图 4-5 可见，直扩系统的接收除了前端的放大变频之外，还要进行解扩和解调。最好是先解扩再解调，因为无线信号在空间传播会有很大的信号衰减。未解扩前的信噪比很低，甚至信号被淹没在噪音中。一般解调器难于在很低的信噪比条件下正常解调，可能导致高误码率。换句话说，先解扩可以通过解扩过程获得扩频增益，提高接收信号信噪比，然后再进行解调，就能保证通信的质量和可靠性了。

图 4-5 给出了直扩系统中传输信号的频谱变化图。如图 4-6 所示，设原始信号 $m(t)$为图(a)所示的低通信号，经过载波调制后，中心频率由 0 变为 $f_0$ 且带宽加倍(如图(b)所示)，再经过扩频后产生宽带信号 $s(t)$(如图(c)所示)。$s(t)$的带宽取决于扩频序列信号的带宽。接着经射频调制，中心频率被搬移到$f_r$(如图(d)所示)后发送出去。经信道叠加一个干扰信号后，在接收端获得信号 $\hat{r}(t)$ (如图(e)所示)，$\hat{r}(t)$ 经过变频放大，中心频率恢复到 $f_0$，再经过解扩后，有用信号变为窄带信号的同时干扰信号变成宽带信号(如图(f)所示)，再通过中频滤波器滤除多余的干扰信号，得到信号 $y(t)$，$y(t)$中的信噪比已经大大提高(如图(g)所示)，最后经过解调，还原出原始信号 $\hat{m}(t)$ (如图(h)所示)。

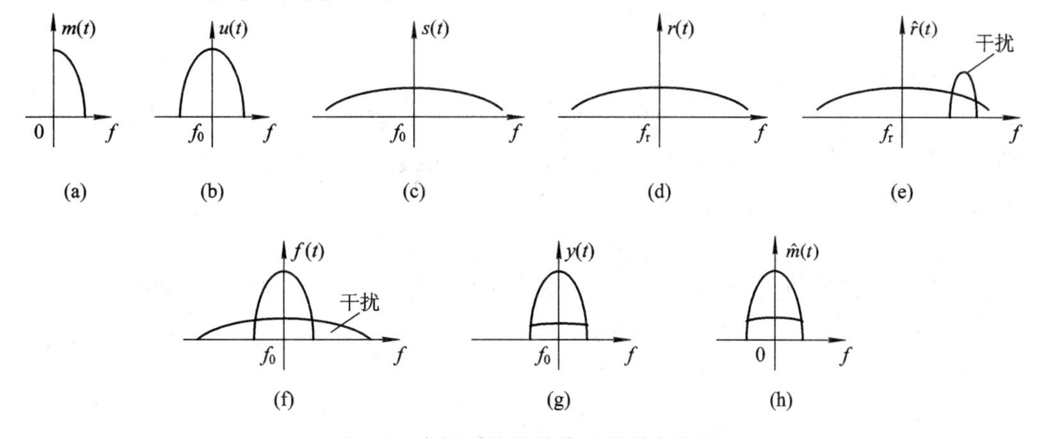


图 4-6　直扩系统传输信号频谱变化图

由以上分析可知，在接收端的解扩过程中，由于有用信号与扩频序列码的相关性，从而使其由宽带解扩为窄带信号，而由于干扰信号与扩频序列码的非相关性，使其由窄带信

号扩展成了宽带信号，从而使信噪比大大提高，获得了扩频增益。扩频系统中的多址问题的解决也是基于此道理。由于每个用户都有唯一的一个码序列，只有当接收到的信号所包含的码序列与自身的码序列相同时，经过解扩才可能出现峰值，从而恢复出原始信号。相反地，如果接收到信号的码序列与自身的不相同，经过解扩之后其频谱会变得更宽，该信号就会被作为干扰信号对待，不会恢复出其原始信号形式。

由上可见，直接序列扩频具有如下技术优点：

(1) 直扩信号的功率谱密度低，具有隐蔽性和低截获概率，从而具有很强的抗侦察、抗截获的能力；另外，功率污染小，即对其他系统引起的电磁环境污染小，有利于多种系统共存。

(2) 直扩伪随机序列的伪随机性和密钥量使信息具有保密性，即系统本身具有加密的能力。因为用伪随机序列对信息比特流进行扩频，就相当于对信息的加密；而所拥有的码型不同的伪随机序列的数目，就相当于密钥量。当不知道直扩系统所采用的码型时，根本就无法破译。

(3) 利用直扩伪随机序列码型的正交性，可构成直接序列扩频码分多址系统。在这样的系统中，每个通信站址分配一个地址码(一种伪随机序列)，利用地址码的正交性通过相关接收来识别出来自不同站址的信息。码分多址系统中的用户是共享频谱资源的。

(4) 直扩系统具有抗宽带干扰、抗多频干扰及单频干扰的能力。这是因为该系统具有很高的处理增益，对有用信号进行相关接收，对干扰信号进行频谱扩展，使其大部分的干扰功率被接收机的中频带通滤波器所滤除。

(5) 利用直扩信号的相关接收，它具有抗多径效应的能力。当直扩伪随机序列的码片宽度(持续时间)小于多径时延时，利用相关接收可以消除多径时延的影响。

(6) 利用直扩信号可实现精确的测距定位。直扩系统除了可进行通信外，还可利用直扩信号的发送时刻与返回时刻的时间差，测出目标物的距离。因此，在同时具有通信和导航能力的综合信息系统中显出其优势。

(7) 直扩系统适用于数字话音和数据信息的传输。这是由扩频系统本身是数字系统所决定的。

直扩技术同时存在着如下缺陷：

(1) 直扩系统是个宽带系统，虽然可与窄带系统电磁兼容，但不能与其建立通信。另外，对模拟信源(如话音)需作预处理(如语音编码)后，方可接入直扩系统。

(2) 直扩系统的接收机存在明显的远近效应。这一点增加了直扩系统在移动通信环境中应用的复杂性。

(3) 直扩系统的处理增益受限于扩频码的码片(chip)速率和信源的比特率。由于码片速率的提高和信源比特率的下降都存在困难，因而其处理增益的提高受限，这同时也意味着抗干扰能力受限，多址能力受限。

2) 跳频 FH

通常我们所接触到的无线通信系统都是载波频率固定的系统，即只能在指定的频率上进行通信，如无线对讲系统，汽车移动电话系统等，这种通信可以称为定频通信。这种定频通信系统，一旦其频率受到干扰就会使通信质量下降，严重时甚至使通信中断。如果让载波频率不断变化，而且是随机的发生变化，那么即使是正使用的那个频率受到干扰，由于载频立刻又转移到另一个频率上了，因此不会对系统的通信质量有太大的影响，更不会发生通信中断，这就是人们在通信系统中采用跳频技术的原因。尤其是在军事通信中，采用跳频技术不仅能够抗干扰，还能够保证我方的通信频率不易被截获，从而保证了通信的隐蔽性和军事情报的安全性。事实上，跳频通信技术最初也是应用于军事通信中，后来才延伸到民用通信中。最典型的就是跳频技术在 GSM 系统中的应用。直到现在，跳频技术仍然在现代化的电子战争中发挥着重要的作用。

跳频 FH 是频率跳变的简称。简单来讲，所谓跳频就是用一定的码序列进行选择的多频率频移键控。具体来说，跳频就是给载波分配一个固定的宽频段并且把这个宽频段分成若干个频率间隙(称为频道或频隙)，然后用扩频码序列去进行频移键控调制，使载波频率在这个固定的频段中不断地发生跳变。由于这个跳变的频段范围远大于要传送信息所占的频谱宽度，故跳频技术也属于扩频。

由上述可见，跳频的实质是频移键控，但又不同于一般的频移键控。简单的频移键控，如 2FSK 只有两个频率，分别代表传号和空号。而跳频系统却可能有几个、几十个、甚至上千个频率，由所传信息与扩频码的组合去进行选择控制，不断跳变。另外，跳频技术与直扩技术也不同，是另一种意义上的扩频。它不像直扩技术那样直接对被传送信息进行扩谱，从而获得处理增益。跳频相当于是瞬时的窄带通信系统，只是由于跳频速率很快，跳变的频谱范围比实际信息带宽更宽，从而在宏观上实现频谱的扩展。

跳频系统的组成框图如图 4-6 所示，其中(a)为发送端，(b)为接收端。在发送端，要发送的原始信息的信号形式可以是模拟的也可以是数字的，图中统一以“信息码序列”表示。该信息码序列首先经过调制器的调制，获得副载波频率固定的已调波信号，设其带宽为 $B_d$。然后再与频率合成器输出的主载波频率信号进行混频，输出新的已调波信号，设其带宽为 $B_{ss}(B_{ss} \gg B_d)$，此时获得的载波频率已经达到了射频通带的要求，经过高通滤波器后可以直接送至天线发射出去。

如果由频率合成器输出的主载波频率是固定的，以上就是定频信号的发送过程。但由图 4-7 可见，频率合成器输出什么频率的载波信号是受跳频指令发生器控制的。在时钟的作用下，跳频指令发生器不断地发出控制指令，控制频率合成器不断地改变其输出载波的频率。从而，混频器输出的已调波的载波频率也将随着指令而不断地跳变，因而，再经过高通滤波器和天线发送出去的就是跳频信号，整个构成的是跳频系统而不是定频系统。由于跳频器输出载波的跳变范围 $B_{ss}$ 比原已调波信号的带宽 $B_d$ 宽得多，因而跳频系统从宏观上实现了扩频。

受时钟控制的跳频指令发生器和频率合成器统称跳频器。跳频指令发生器常常利用的是伪随机序列发生器，当然也可以靠软件编程来实现。

由上分析可知，跳频系统的关键部件是跳频器，换句话说，产生频谱纯度好、具有快速切换能力的频率合成器和伪随机性好的跳频指令发生器决定着跳频系统性能的关键。此外，从原理上讲，似乎在原有的定频发送系统中加上一个跳频器就能实现跳频发送系统，但在实际情况中，还要具体考虑信道机的通带宽度。

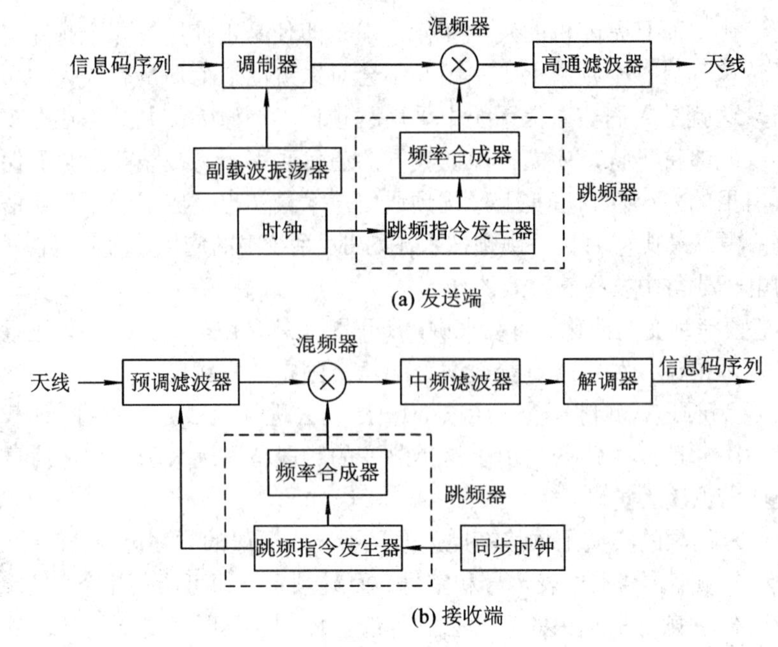


图 4-7　跳频通信系统原理框图

图 4-7 中的接收端，接收信号首先要经过一个受跳频指令发生器控制的预调谐滤波器。该预调谐滤波器是一种窄带滤波器(通频带只允许所需信号通过)，而且其中心频率能够随信号跳频式样而同步跳变。这样相当于是增加了接收机的时间选择性，除非窄带干扰信号在特定时间内与所需信号同时落入一个频道内，才能形成对这一特定频道的干扰；否则，干扰在进入接收机的前端电路时，首先就要受到预调谐滤波器的抑制，因而有利于减少强干扰对接收机可能引起的阻塞现象。

经过预调谐滤波器后，跳频接收系统采用的是类似于定频系统中的超外差式的接收方法，即接收机频率合成器的输出频率比所接收的外来信号的载波频率相差一个中频，经过混频后产生一个固定的中频信号和混频产生的组合波频率成分。经过中频带通滤波器的滤波作用，滤除组合波频率成分，而使中频信号进入解调器。解调器的输出就是所要传送给接收端的原始信息。在跳频系统中，由于所接收的外来信号的载波频率是跳变的，所以要求本地频率合成器输出的频率也要随着外来信号的跳变规律而跳变，这样才能通过混频获得一个固定的中频信号。为此，必须要求收、发跳频时钟完全同步，否则，就不能很好的解除发端的跳频。因此，跳频同步技术是跳频系统的核心技术。

跳频系统中载波频率改变的规律叫做跳频图案。在实际通信中，尤其是在军事通信中，为了抗干扰和保证通信的隐秘性，往往采用具有“伪随机性”的跳频图案。所谓“伪随机性”是指不是真的具有随机性，而是有规律可循，但是因为兼具有一些随机性的特点，因而要查出其中的规律也很难。只有知道跳频图案的双方才能互相通信，第三方很难加以干扰或窃听。

图 4-8 所示为一个跳频图案。图中横轴为时间，纵轴为频率。这个由时间与频率构成的平面叫做时频域。也可以将这个时频域看做一个棋盘，横轴上的时间段与纵轴上的频率段构成了棋盘上的格子。阴影线代表所布棋子的方案，就是跳频图案，它表明什么时间采用

什么频率进行通信，时间不同频率也不同。

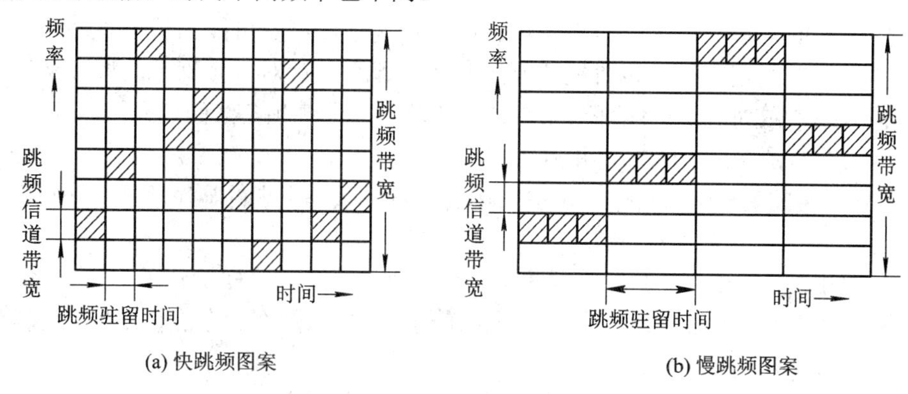


图 4-8　跳频图案

图 4-8(a)中所示为一个快跳频图案，它在一个时间段内传送一个码位(比特)的信息。通常称此时间段为跳频驻留时间，称频率段为跳频信道带宽。图 4-8(b)所示则是一个慢跳频图案，它在一个跳频驻留时间内传送多个(此处为 3 个)码位(比特)的信息。

在时频域这个“棋盘”上的一种布子方案就是一个跳频图案。当通信收发双方的跳频图案完全一致时，就可以建立跳频通信了。图 4-9 所示为收发双方建立同步跳频通信的示意图。图中，$t$ 表示时间，$s$ 表示空间，$f$ 表示频率。当收发信双方在空间上相距一定距离时，只要时频域上的跳频图案完全重合，就表示收发双方能够同步跳频，实现正常通信。

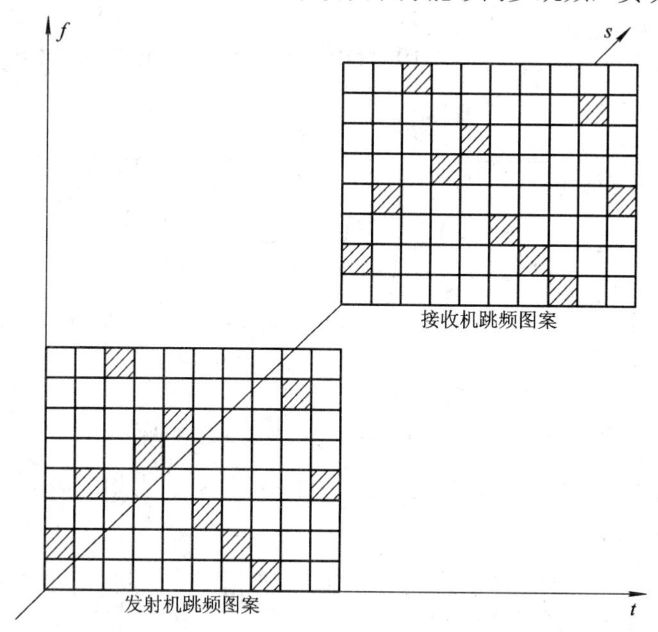


图 4-9　收发双方同步跳频示意图

一般来讲，跳频带宽和可供跳变的频率(频道)数目都是预先定好的，所以可能变化的就是跳频驻留时间和与各个时间段相对应的频率。比如说，跳频带宽为 5 MHz，跳频频率数目为 64 个，频道间隔是 25 kHz。这样，在 5 MHz 带宽内可供选用的频道数为 5 MHz/25 kHz = 200 个，远大于 64 个，那么应如何选择这 64 个频率呢？选择频率的根据就是所谓的跳频频

率表。

跳频频率表的制定应以电波传播条件、电磁环境条件以及可能的干扰条件等因素为依据。这样的表可能制定一张，也可能要制定几张。那么，针对一张确定的跳频频率表，又怎样在这些频率中做到伪随机地跳频呢？这就涉及到一个跳频图案的选择问题。

一个好的跳频图案应考虑以下几点：

(1) 图案本身的随机性要好，要求参加跳频的每个频率出现的概率相同、随机性好、抗干扰能力也强。

(2) 图案的密钥量要大，要求跳频图案的数目要足够多，这样抗破译的能力增强。

(3) 各图案之间出现频率重叠的机会要尽量的小，要求图案的正交性要好。这样将有利于组网通信和多用户的码分多址。

当跳频信号发生器采用的是伪码序列发生器时，跳频图案的性质主要依赖于伪码的性质。此时，选择好的伪码序列成为获得好的跳频图案的关键。

与定频连续信号波形不同，跳频信号的波形是不连续的，这是因为跳频器产生的跳变载波信号之间是不连续的。频率合成器从接受跳频指令开始到完成频率的跳变需要一定的切换时间。为了保证其输出的频率纯正而稳定，防止杂散辐射，在频率切换的瞬间是抑止发射机末级工作的。

频率合成器从接受指令，开始建立振荡至达到稳定状态的时间叫做建立时间；稳定状态持续的时间叫驻留时间(记作 $T_d$)；从稳定状态到达振荡消失的时间叫消退时间。从建立到消退的整个时间叫做一个跳周期(记作 $T_h$)，建立时间加上消退时间叫做换频时间。只有在驻留时间内才能有效地传送信息。图 4-10 给出了频率合成器的换频过程及载波信号的时域波形。

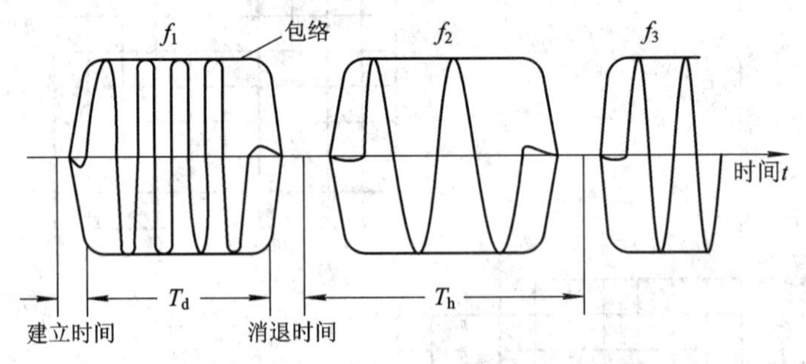


图 4-10　频率合成器的换频过程及载波信号的时域波形

跳频通信系统为了能更有效地传送信息，要求频率切换占用的时间越短越好。通常，换频时间约为跳周期的 1/8～1/10。比如跳频速率为每秒 500 跳的系统，跳周期 $T_h = 2$ ms，则其换频时间应为 0.2 ms 左右。

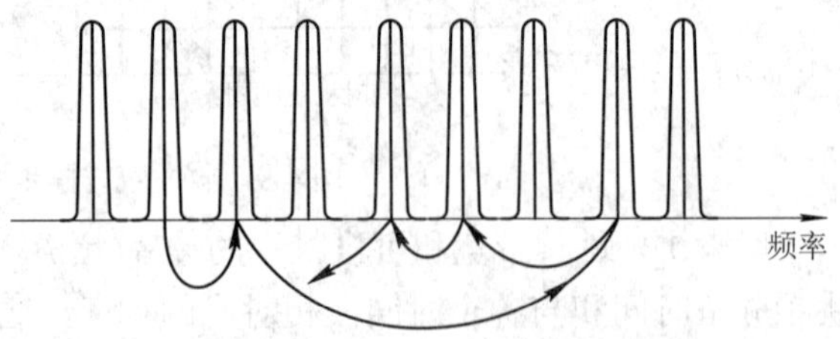


图 4-11　跳频信号的频谱

图 4-11 所示是由频谱仪上观察到的跳频信号的频谱。图中箭头所标示的是载波频率跳变的过程。载波频率之间的频率间隔就是信道带宽，跳频

的载波数目乘上信道带宽就是总的跳频带宽。由此更加说明了跳频扩频与直接序列扩频机理的不同。每一个跳频驻留时间的瞬时所占的信道带宽是窄带频谱，依照跳频图案随时间的变化，这些瞬时窄带频谱在一个很宽的频带内跳变，形成一个跳频带宽。由于跳频速率很快，从而在宏观上实现了频谱的扩展。

一个跳频系统的抗干扰性能与下列各项指标有关：

(1) 跳频带宽。跳频带宽的大小与部分频带的干扰能力有关。跳频带宽越宽，抗宽带干扰的能力越强，所以希望能全频段跳频。例如，在短波段，从 1.5 MHz 到 3 MHz 全频段跳频；在甚高频段，从 30 MHz 到 80 MHz 全频段跳频。

(2) 跳频频率数目。跳频频率的数目与抗单频干扰及多频干扰的能力有关。跳变的频率数目越多，抗单频、多频以及梳状干扰的能力越强。在一般的跳频电台中，跳频的频率数目不超过 100 个。

(3) 跳频速率。跳频速率是指每秒钟频率跳变的次数，它与抗跟踪式干扰的能力有关。跳频速率越快，抗跟踪式干扰的能力就越强。一般在短波跳频电台中，目前其跳速不超过 100 跳/秒。在甚高频电台中，一般跳速在 500 跳/秒。对某些更高频段的跳频系统可工作在每秒几万跳的水平。

(4) 跳频码长度(周期)。跳频码长度，决定跳频图案延续时间的长短，这个指标与抗截获(破译)的能力有关。跳频图案延续时间越长，敌方破译越困难，抗截获的能力也越强。跳频码的周期可长达 10 年甚至更长的时间。

(5) 跳频系统的同步时间。跳频系统的同步时间是指系统使收/发双方的跳频图案完全同步并建立通信所需要的时间。系统同步时间的长短将影响该系统的程度。因为同步过程一旦被破坏，不能实现收/发跳频图案的完全同步，则将使通信系统瘫痪。因此，希望同步建立的过程越短越好，越隐蔽越好。根据使用的环境不同，目前跳频电台的同步时间可在秒或几百毫秒的量级。

总的来讲，希望跳频带宽要宽、跳频的频率数目要多、跳频的速率要快、跳频码的周期要长、跳频系统的同步时间要短。当然，一个跳频系统的各项技术指标应依照使用的目的、要求以及性能价格比等方面综合考虑才能做出最佳的选择。

跳频系统具有以下优点：

(1) 跳频图案的伪随机性和跳频图案的密钥量使跳频系统具有保密性。即使是模拟话音的跳频通信，只要不知道所使用的跳频图案，那么它就具有一定的保密的能力。当跳频图案的密钥足够大时，具有抗截获的能力。

(2) 由于载波频率是跳变的，具有抗单频及部分带宽干扰的能力。因此当跳变的频率数目足够多、跳频带宽足够宽时，其抗干扰能力是很强的。

(3) 利用载波频率的快速跳变，具有频率分集的作用，从而使系统具有抗多径衰落的能力。条件是跳变的频率间距要大于相关带宽。

(4) 利用跳频图案的正交性可构成跳频码分多址系统，共享频谱资源，并具有承受过载的能力。

(5) 跳频系统为瞬时窄带系统，能与现有的窄带系统兼容。即当跳频系统处于某一定载频时，可与现有的定频窄带系统建立通信。另外，跳频系统对模拟信源和数字信源均适用。

(6) 跳频系统无明显的远近效应。这是因为大功率信号只能在某个频率上产生远近效

应，当载波频率跳变至另一个频率时则不再受其影响。这一点，使跳频系统在移动通信中易于得到应用与发展。

同时，跳频系统也具有如下缺陷：

(1) 信号的隐蔽性差。因为跳频系统的接收机除跳频器外与普通超外差式接收机没有什么差别，它要求接收机输入端的信号噪声功率比是正值，而且要求信号功率远大于噪声功率。所以在频谱仪上是能够明显地看到跳频信号的频谱。特别是在慢跳频时，跳频信号容易被敌方侦察、识别与截获。

(2) 跳频系统抗多频干扰及跟踪式干扰能力有限。当跳频的频率数目中有一半的频率被干扰时，对通信会产生严重影响，甚至中断通信。抗跟踪式干扰要求快速跳频，使干扰机跟踪不上而失效。

(3) 快速跳频器的限制。产生宽的跳频带宽、快的跳频速率、伪随机性好的跳频图案的跳频器在制作上有很多困难，且有些指标是相互制约的。因此，使得跳频系统的各项优点也受到了局限。

3) 跳时 TH

跳时是时间跳变的简称。与跳频相似，跳时可以理解成是用一定的码序列进行选择的多时隙的时移键控。具体来讲，跳时就是把时间轴划分成很多小的时隙，发送信号以突发的方式占用一帧(包括 $n$ 个时隙)中的某个时隙以进行传输。与普通的时分系统不同的是，发送信号占用每个帧的哪个时隙并不是固定的被分配的，而是要受到某个具有伪随机性的扩频码序列的控制，以跳变方式规律性地选择时隙。跳时系统的时域图如图 4-12 所示。由于信号在一帧中只占用一个时隙，因而在时域中的传输时间受到压缩(1/$n$)，相应地在频域中其频谱宽度就要扩展，故跳时也属于扩频技术。跳时系统的处理增益等于一帧中所分的时隙数 $n$。

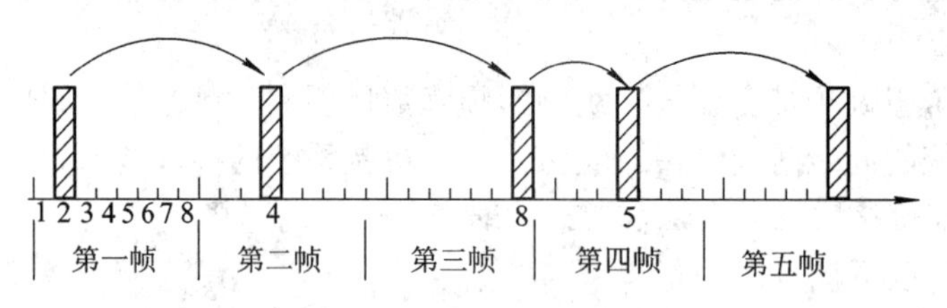


图 4-12 跳时系统时域图

图 4-13 是跳时系统的原理框图。在发送端，输入的数据先存储起来，然后进行二相或四相调制，继而由扩频码发生器产生的扩频码序去控制通—断开关，最后进行射频调制。

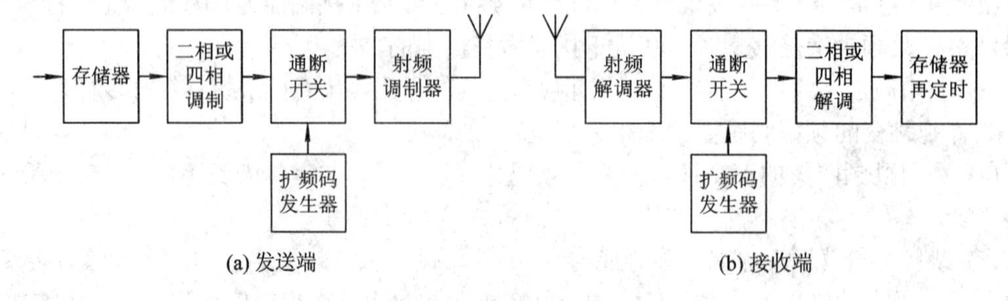


图 4-13 跳时系统的原理框图

在接收端，由射频接收机解调输出的中频信号先经过本地产生的与发端相同的扩频码序列控制的通一断开关，再经二相或四相解调器，最后送到数据存储器和再定时即可输出数据。只要收、发两端在时间上严格同步进行，就能正确地恢复原始数据。

跳时虽然也是一种扩展频谱技术，但因其抗干扰性能不强，故很少单独使用。只在时分多址通信系统中用来减少网内干扰，以及改善系统中存在的远近效应。通常是与其他方式结合起来，组成各种混合扩频方式。

4) 三种基本扩频方式比较

以上介绍了三种基本的扩频方式，由于三种方式的实现原理不同，因而其抗干扰性、保密性、多址能力等性能也各不相同，很难笼统地断言哪一种方式更优越。而且，即使是同一种扩频技术，由于其各项指标选择的差异，也会获得不同的通信质量。如扩频增益和接收灵敏度两项指标：选择高的扩频增益能提高抗干扰和抗衰落的能力，但所占带宽多；若降低扩频增益不仅可以减小系统带宽，还能提高系统接收灵敏度，降低系统复杂度；系统高的接收灵敏度原则上可以增大传输距离，保证足够的链路冗余度；但是高的扩频增益由于抗多径和抗衰落的能力高，却会减少对链路冗余度的储备。因此，在实际工程中，要针对特定的情况综合考虑，选择相对最佳的扩频方式。

在实际工程中，往往把系统性能和成本作为综合考虑的两个重要因素，而扩频通信设备的实现方法和难易程度直接决定了系统最终的性能和造价。一般来讲，慢跳频系统的实现最简单、成本最低，但性能也最差。采用软扩频的编码技术可以达到高速率，实现快跳频，但只局限于室内近距离范围内的应用。先解调后解扩的直扩系统，可以采用集成电路直接对扩频序列进行数字处理，但前提是信号强度要很高。先解扩再解调的直扩系统是扩频系统中性能最好的技术方式，但是由于它需要完成伪随机码的同步和载波恢复，因而大大增加了系统的复杂程度。例如，一个速率为64 kb/s的直扩系统，其伪随机码的速率要超过5 Mb/s，其实现方法比速率为3 Mb/s的跳频系统复杂得多。但是为了保证通信的质量，现代移动通信系统大都采用先解扩再解调的直扩系统，其最典型的应用就是CDMA系统。总之，要保证系统的高性能，就要接受系统的高复杂度，同时成本也会升高；要选择实现简单、成本低的系统，就只能获得相对差的系统性能。

**2. 复合扩频**

如前所述，各种基本的扩频方式都有各自的优点和缺陷。因此，单独使用其中的任何一种扩频方式，在电磁环境异常恶劣的条件下往往都难以满足系统的要求，或者遇到技术难题，难以解决，或者需要大大增加设备的复杂程度，从而使成本也大大提高。如果改用几种基本扩频方式的组合，利用优势互补，就可以满足系统的要求了。概括而言，复合扩频可以给系统带来的好处是：提高系统的抗干扰能力，降低部件制作的技术难度，使设备简化，降低成本，满足使用要求。当然，这也要付出一定的代价，那就是系统的复杂度会有所增加。

下面，举一个例子来说明采用复合扩频系统的必要性。例如，某系统要求扩频的射频带宽达到1000 MHz。若采用直接序列扩频技术来满足此项指标的要求，就要产生码片速率为500 Mchip/s的伪随机序列，这在技术上是很难实现的。若采用跳频扩频技术来实现，假设跳频频率的间隔是25 kHz，那么就要求跳频器输出的跳频频率数为4万个。但是，制作

跳频带宽为1000 MHz和4万个输出频率的跳频器在技术上也是很困难的。

如果采用直接序列/跳频扩频(DS/FH)技术，直接序列的码片速率为 5 Mchip/s，最小跳频频率间隔为10 MHz，跳频器输出的跳频频率数为100个就可以满足要求了。显然，这种复合扩频系统中的各个部件的技术难度大大降低了。

下面，具体介绍几种复合扩频方式：

1) 直扩/跳频(DS/FH)

为什么要把直接扩频技术和跳频扩频技术结合在一起呢？这是因为二者存在着明显的互补性。其优缺点对比情况如表4-1所示。因此，将这两种扩频技术组合起来，取长补短，可以获得一种更加优异的扩频系统，也就是直扩/跳频扩频系统。

**表4-1　扩频技术和跳频技术的对比**

| 项目<br>名称 | 优　点 | 缺　点 |
|---|---|---|
| 直接序列扩频系统 | 信号隐蔽，保密，多址，抗干扰，测距、定位，宽带数字系统 | 远近效应严重，处理增益受限，与窄带系统不能建立通信 |
| 跳频系统 | 保密，多址，抗干扰，抗多径，无明显远近效应，瞬时窄带系统 | 信号隐蔽性差，抗多频干扰能力有限，慢跳速时抗跟踪干扰差，快速跳频器受限 |

直扩/跳频系统的基本工作方式是直接序列扩频，而且系统的同步也是以直接序列扩频的同步为基础的，因而可以把直扩/跳频系统理解为是在直扩系统的基础上增加了载波频率跳变的功能。或者说，直扩/跳频系统是一种载波频率在某一邻带内跳变的直接序列扩频系统。图4-14(a)和(b)分别给出了直扩/跳频系统发送端与接收端的系统构成情况。

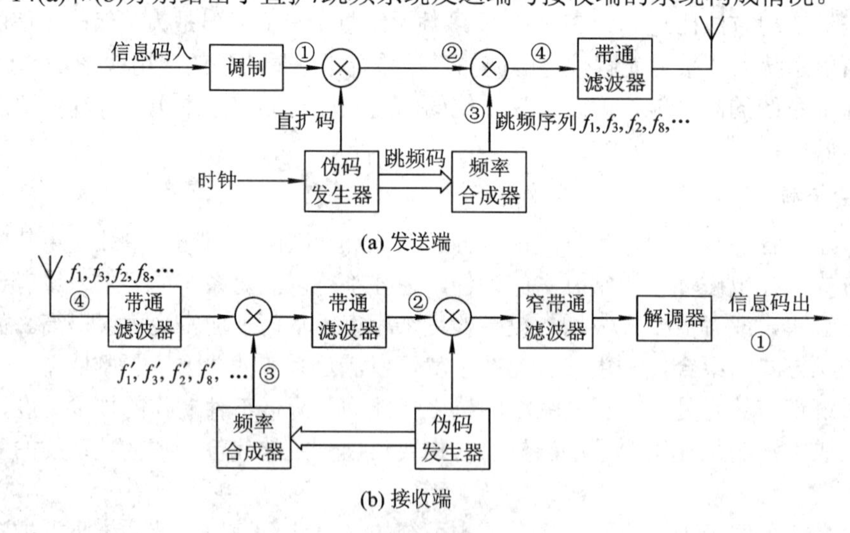


图4-14　直扩/跳频系统组成示意图

在图4-14(a)中，经调制器输出的信息码与来自伪码发生器的伪随机序列(直扩码)在模2加法器中进行模2加运算，模2加法器的输出就是扩频信号。因而可将模2加法器和伪码发生器合称为直接序列扩展频谱器(简称扩频器)。此外，伪码发生器和频率合成器所构成的就是跳频器；在跳频码的控制下频率合成输出频率跳变的载波序列为 $f_1$，$f_3$，$f_2$，$f_8$，…。因此，跳频器加上混频器(乘法器)就构成了一个频率跳变扩频系统。当混频器的输入信号是一个直接序列扩频信号时，混频器的输出信号就是一个直接序列扩频加跳频的扩频信号。在该图中，直扩系统用的伪随机序列和跳频系统用的伪随机跳频图案，都是由一个伪码发生器产生的，因此，它们在时间上是相互关联的，可由一个时钟来定时控制。

在图 4-14(b)中，假若频率合成器输出的载波频率固定不变，并且接收的也是载波频率不变的一个直接序列扩频信号。此信号经第一次混频后仍为频带信号，再和本地伪码发生器产生的随机序列相乘，进行解扩，恢复成窄带信号，再经过窄带通滤波器及解调器将信息码输出。其中，伪码发生器和乘法器构成了直接序列解扩展频谱器(简称解扩器)。

当接收直扩加跳频的扩频信号时，设其载波频率跳变的规律是 $f_1$，$f_3$，$f_2$，$f_8$，…，本地频率合成器输出的跳变频率规律也应相同，为 $f_1'$，$f_3'$，$f_2'$，$f_8'$，…，只是高出外来信号一个中频频率。当收、发跳频同步时，直扩/跳频扩展频谱信号经过混频器后，即变成载波频率为一固定中频的直接序列扩频信号了。

我们可以将接收端由跳频码控制的频率合成器和混频器(乘法器)叫做解跳器。所以，对直扩/跳频扩频信号的接收而言，是先进行“解跳”再进行“解扩”，然后通过常规的解调来获得信息码的输出。这个接收过程恰好与发送的先调制、直扩后跳频的过程相反。

除了以上分析之外，我们还可以通过对系统中信号频谱变化情况进行分析，以加深对直扩/跳频系统的理解。图 4-14 中的①、②、③、④各点所标示的信号频谱图如图 4-15 所示。其中①对应的是信息码频谱，②对应的是经过 DS 扩频之后的直扩信号频谱。频谱所展宽的倍数就是直接序列扩展频谱系统的处理增益。假设频率合成器输出的跳频序列是 $f_1$，$f_3$，$f_2$，$f_8$，…，则在③所对应的跳频信号的频谱图中的箭头方向即代表了这个跳变规律。④所对应的是最终的直扩加跳频的扩展频谱信号的频谱图。比较②和④所对应的频谱可以看出，其基本图形是完全相同的，只是④相当于是对②作了若干个载频的频率搬移。而④中频谱总的宽度即为直扩加跳频扩频后获得的总的带宽。

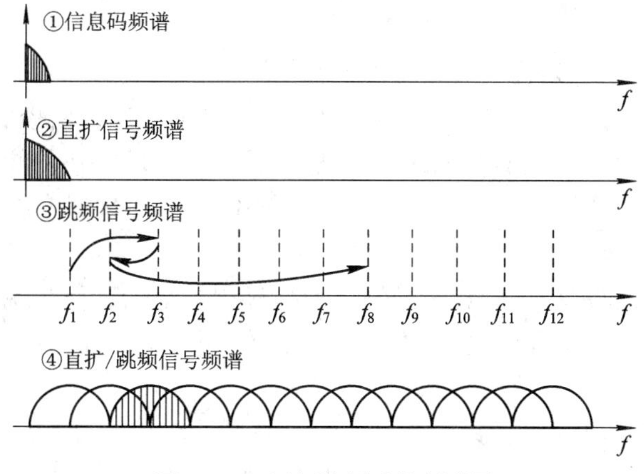


图 4-15　直扩/跳频系统频谱图

扩频增益能够表征系统的抗干扰能力，下面，我们就通过对扩频增益的计算来分析直扩/跳频系统的抗干扰能力。假设直接序列扩频系统的处理增益是 $G_{DS}$，跳频系统处理

增益是 $G_{FH}$，则由图 4-15 中的带宽变化情况可见，直扩/跳频复合扩频系统的总处理增益 $G_{DS/FH}$ 为：

$$G_{DS/FH} = G_{DS} \cdot G_{FH}$$

若改用 dB 来表示，则直扩/跳频系统的总处理增益 $G_{DS/FH}$(dB)为

$$G_{DS/FH}(dB) = G_{DS}(dB) + G_{FH}(dB)$$

例如，若已知 $G_{DS} = 40$ dB，$G_{FH} = 13$ dB，则 $G_{DS/FH} = 53$ dB。

由上分析可见，采用直扩/跳频系统能够获得比基本的扩频系统更高的处理增益，信号的功率谱密度可以降得更低，从而获得更高的抗干扰能力。

2) 直扩/跳时(DS/TH)

直扩/跳时系统可以看成是在直接序列扩频系统的基础上增加了对射频信号突发时间跳变控制的功能。直扩/跳时系统的组成框图如图 4-16 所示。

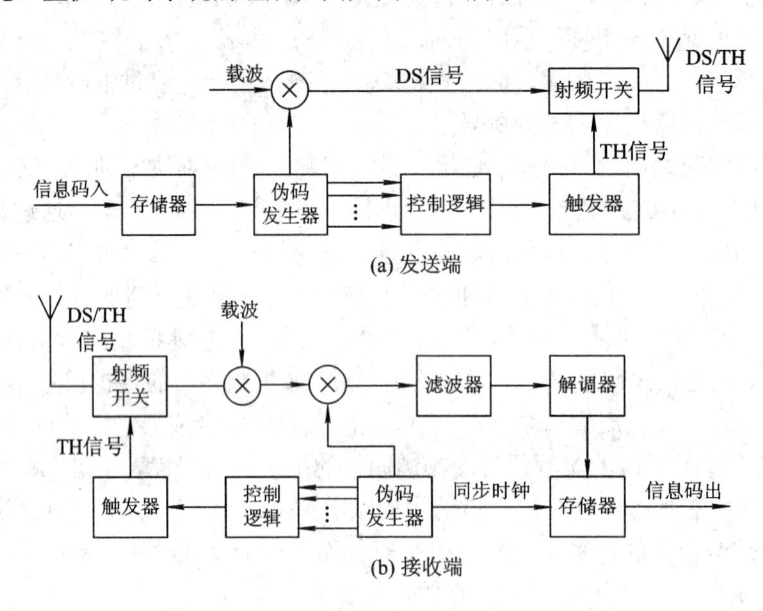


图 4-16　DS/TH 混合式扩展频谱系统

在图 4-16(a)中，当射频开关接通时，就输出直接扩频信号；当射频开关断开时，则停止输出信号。射频开关的通、断受触发器控制，触发器的状态是由控制逻辑指令来控制的，控制逻辑指令又是由伪码发生器产生的。所以射频开关的接通与断开的起止时间是跳变的。图中的控制逻辑、触发器及射频开关可视作一个整体，共同起到控制射频开关的作用。因此，可称作是跳时器。

图 4-16(b)中，接收过程可以看做是发送的逆过程。首先进行解跳时，再经过混频变成中频直接扩频信号，再与本地伪随机序列在乘法器中进行相关解扩，恢复成窄带信号，最后经解调器输出信息码。

在系统的具体实现上，直扩系统本身已有严格的收、发两端扩频码的同步。再加上跳时系统，只不过是增加了一个通断开关，并没有增加太多技术上的复杂性。

3) 直扩/跳频/跳时(DS/FH/TH)

将三种基本扩频系统组合起来，构成一个直扩/跳频/跳时复合扩频系统，其复杂程度是

可想而知的。因此，在一般具有抗干扰能力的电台中很少使用，而多用于采用时分多址技术的大信息系统中。

### 4.2.6　扩频码设计

#### 1. 设计原则

在 CDMA 数字蜂窝移动通信系统中，扩频码的选择至关重要。它关系到系统的抗多径干扰、抗多址干扰的能力，关系到信息数据的保密和隐蔽，关系到捕获和同步系统的实现。经研究表明，理想的扩频码应具有如下特性：

(1) 有足够多的扩频码码组；

(2) 有尖锐的自相关特性；

(3) 有处处为零的互相关特性；

(4) 不同码元数平衡相等；

(5) 尽可能大的复杂度。

以上的研究结果只是一种理想情况，事实上很难找到一种编码能同时满足这些特性。经过大量研究，人们获得了一种具有伪随机特性的周期序列编码，称为伪随机码(Pseudo-random Code)或伪随机噪声序列(Pseudo-random Noise series)，简称 PN 码。这类编码具有近似于随机信号的性能。又因为噪声具有完全的随机性，所以也可以说它具有近似于噪声的性能。为什么要选用具有随机噪声性能的编码形式呢？这是因为在信息传输中各种信号之间的差别越大，任意两个信号越不容易发生混淆，也就是说，相互之间不易发生干扰，进而在接收端不会发生误判。在时间轴上截取的任意两段噪声都不会完全相同，若用它们分别代表两种信号，则其差别性就最大。因而，我们选择的编码应尽量具有随机性。为什么只能使编码的特性“尽量”具有随机性呢？这是因为具有完全随机特性的信号是不能重复再造的，因此，我们只能选取具有“伪”随机特性的、可以重复再造的、周期性的编码形式——PN 码。

PN 码大都具有尖锐的自相关特性和较好的互相关特性，同一码组内的各个码元占据的频带可以做到很宽且平衡相等。下面，我们就对 PN 码的自相关特性和互相关特性加以简要分析。

在数学上，信号的自相关性是用自相关函数来表征的，而自相关函数所解决的是信号与它自身相移以后的相似性问题，其定义如下：

$$\Psi_a(\tau)=\frac{1}{T}\int_{-T/2}^{T/2} f(\tau)f(t-\tau)\mathrm{d}t \tag{4-7}$$

式中，$f(t)$为信号的时间函数，$\tau$ 为时间延迟，$f(t-\tau)$为 $f(t)$经时间 $\tau$ 的延时后得到的信号。当 $f(t)$与 $f(t-\tau)$完全重叠，即 $\tau=0$ 时，自相关函数值 $\psi_a(0)$为一常数(通常为 1)；当两信号不完全重叠，即 $\tau\neq 0$ 时，自相关函数值 $\psi_a(\tau)$很小(通常为一负值)。这对通信系统的接收端而言，意味着只有包含的伪随机序列与接收机本地产生的伪随机序列相同且同步的信号才能被检测出来，其他不同步(有延时 $\tau$)的信号，即使包含的伪随机序列完全相同，也会作为背景噪声(多址干扰)来对待。

以 PN 码中典型的 m 序列为例，其自相关函数曲线如图 4-17 所示。其中，$P$ 为序列的周期长度，$R_{\mathrm{P}}$ 为序列的码元速率，其倒数 $1/R_{\mathrm{P}}$ 为子码宽度。由图可见，由于同步且完全相同的 m 序列的自相关函数值为 1(最大)，因此接收机的相关器能够很容易地捕获该信号并进行接收；其他的m序列，即使完全相同，只要时延差τ大于一个子码宽度，自相关函数值就会迅速下降到–1/P，相关器就不会捕获该信号了。此外，在接收端和发送端满足序列同步和位同步(由PN码的捕获和跟踪系统保证)的前提下，同一个伪随机序列只要其相位被错动(偏置)不同数目的子码宽度，就可以用作多个用户的扩频序列。

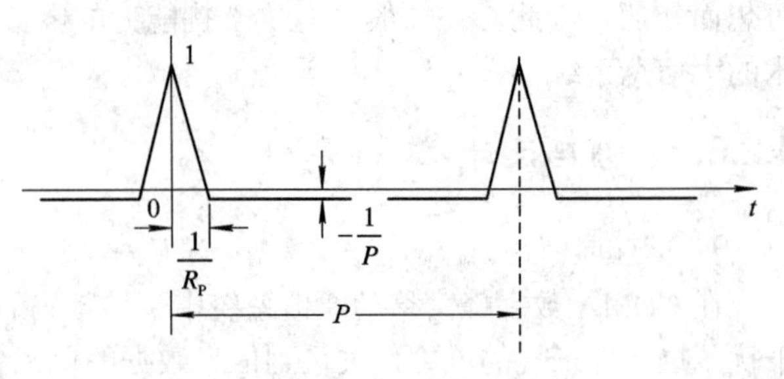

图4-17　m序列自相关函数

PN码序列除自相关性以外，与同类码序列的相似性和相关性也很重要。例如有许多用户共用一个信道，要区分不同用户的信号，就得靠相互之间的区别或不相似性来区分。换句话说，就是要选用互相关性小的信号来表示不同的用户。对于两个不同的信号$f(t)$与$g(t)$，它们之间的互相关函数定义为

$$\Psi_c(\tau)=\frac{1}{T}\int_{-T/2}^{T/2} f(t)g(t-\tau)\mathrm{d}t \tag{4-8}$$

如果两个信号都是完全随机的，在任意延迟时间$\tau$都不相同，则上式的结果为0，同时称这两个信号是正交的。如果二者有一定的相似性，则结果不完全为0。通常希望两个信号的互相关函数值越小越好，这样它们就容易被区分，且相互之间的干扰也就越小。

下面介绍的基本PN码序列的互相关性都不够好(互相关值不是处处为零)，因此，实际的CDMA系统往往选用互相关性好的其他编码(如Walsh码、Gold码和OVSF码)同基本PN码结合在一起使用。

**2. 各种编码**

1) 基本PN码

PN码有很多种，基本的有m序列、M序列和R-S序列等。这些序列常用的产生方法是用硬件，但也可以由软件编程来实现。PN码的类型不同，其性质也不同，因此，采用不同PN码的CDMA系统的容量、抗干扰能力、接入和切换速度也各有不同。下面，对以上三种基本的PN码加以简要介绍。

(1) m序列。m序列是目前CDMA系统中采用的最基本的PN序列。它是最长线性反馈移位寄存器序列的简称。顾名思义，m序列发生器是由移位寄存器、线性反馈抽头和模2加法器组成的；而且，m序列是其相应组成器件所能生成的最长的码序列。若移位寄存器为n级，则其周期$P=2^n-1$。

下面以三级移位寄存器与模2加法器构成的m序列发生器为例，说明其组成和生成情况，如图4-18所示。

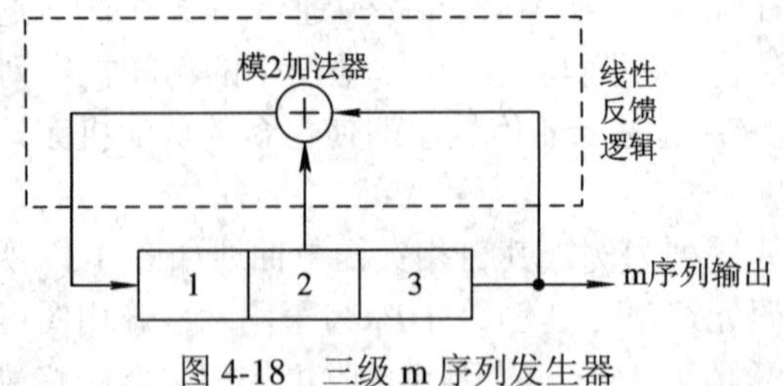

图4-18　三级m序列发生器

由图 4-17 可见，第 2 级和末级(第 3 级)移位寄存器的输出经模 2 加法器后反馈到第 1 级的输入端，构成了反馈电路(称为反馈逻辑)。由于模 2 加运算是线性运算，所以是线性的反馈逻辑。模 2 加运算的运算规则如表 4-2 所示，与异或运算的规则完全相同。m 序列的输出在图 4-17 中是从末级移位寄存器的输出端引出的；也可以从第 2 级的输入、输出或第 2 级的输出端引出，只是产生的各个 m 序列要相差一个或几个时延差而已。假设各个移位寄存器的原始状态为全 1，即 111，则其各个输出端的输出序列如表 4-3 所示。省略号代表前面各状态的周期性重复。

**表 4-2　模 2 加运算规则**

| 输入 | | 输出 |
|---|---|---|
| 0 | 0 | 0 |
| 0 | 1 | 1 |
| 1 | 0 | 1 |
| 1 | 1 | 0 |

**表 4-3　三级 m 序列发生器各输出端的输出序列**

| 第一级输入 | 第一级输出 | 第二级输出 | 末级输出 |
|---|---|---|---|
| 0 | 1 | 1 | 1 |
| 0 | 0 | 1 | 1 |
| 1 | 0 | 0 | 1 |
| 0 | 1 | 0 | 0 |
| 1 | 0 | 1 | 0 |
| 1 | 1 | 0 | 1 |
| 1 | 1 | 1 | 0 |
| ⋮ | ⋮ | ⋮ | ⋮ |

这一例子说明：m 序列的最大长度决定于移位寄存器的级数，而码的结构决定于反馈抽头的位置和数量。不同的抽头组合可以产生不同长度和不同结构的码序列。有的抽头组合并不能产生最长周期的序列，即 m 序列。对于何种抽头能产生 m 序列，前人已经作了大量的研究工作，100 级以内的 m 序列发生器的连接图和所产生的 m 序列结构一般都能直接查到。

下面给出 m 序列的一些基本性质：

① m 序列的周期 $P$ 取决于移位寄存器的级数 $n$，即 $P = 2^n - 1$；

② 在 m 序列的一个周期内“1”与“0”的数目大致相同，“1”比“0”多1个。例如，表 4-3 中无论哪一级获得的 7 位 m 序列中都是 4 个“1”和 3 个“0”。

③ 在一个序列中连续出现的相同码称为一个游程，连码的个数称为游程的长度。一个 m 序列中共有 $2^{n-1}$ 个游程：长度为 $R(1 \leqslant R \leqslant n-2)$的游程数占游程总数的 $1/2^R$；长度为 $n-1$ 的游程只有 1 个，且是连 0 码；长度为 n 的游程也只有 1 个，且是连 1 码。在表 4-4 中列出了周期为 15 的 m 序列的游程分布情况。

表 4-4 m 序列 111101011001000 的游程分布情况

| 游程长度(比特) | 游程数目 | | 共包含的比特数 | 所包含的比例 |
|---|---|---|---|---|
| | "1" | "0" | | |
| 1 | 2 | 2 | 4 | $1/2^1=1/2$ |
| 2 | 1 | 1 | 4 | $1/2^2=1/4$ |
| 3 | 0 | 1 | 3 | $1/2^3=1/8$ |
| 4 | 1 | 0 | 4 | $1/2^3=1/8$ |
| 合计 | 8 | | 15 | 1 |

④ m 序列自相关函数的简单计算方法为

$$R(\tau)=\frac{A-D}{A+D} \qquad \begin{matrix} A\text{— “0” 的位数} \\ D\text{— “1” 的位数} \end{matrix} \tag{4-9}$$

令 $P=A+D=2^n-1$，则有

$$R(\tau)=\begin{cases} 1, & \tau=0 \\ -\dfrac{1}{P}, & \tau\neq 0 \end{cases} \tag{4-10}$$

若 $n=3$，$P=2^3-1=7$，则

$$R(\tau)=\begin{cases} 1, & \tau=0 \\ -\dfrac{1}{7}, & \tau\neq 0 \end{cases}$$

由上式可见，m 序列的周期越长，它的自相关特性就越接近于理想的随机噪声。但另一方面，周期越长，则相应的发生器或需编制的程序就越复杂。

⑤ m 序列和其移位后的序列逐位模 2 相加，所得的序列仍然是 m 序列，只是相移不同而已。例如 m 序列 1110100 与其向右移三位后的序列 1001110 逐位模 2 加后的序列为 0111010，相当于原序列向右移一位后的序列，仍是 m 序列。

⑥ m 序列发生器中移位寄存器的各种状态除全 0 状态外，其他状态在 m 序列中出现且仅出现一次。如 7 位的 m 序列 1110100 中顺序出现的状态为 111，110，101，010，100，然后尾首接续为 001 和 011，最后又回到初始状态 111。

⑦ m 序列发生器中，并不是任何抽头组合都能产生 m 序列。理论分析指出，产生的 m 序列数由下式决定：

$$\Phi(X)=\Phi(2^n-1)/n$$

其中 $\Phi(X)$ 为欧拉数(即包括 1 在内的小于 $X$ 并与它互质的正整数的个数)。例如，5 级移位寄存器产生的 31 位 m 序列只有 $\Phi(31)/5=6$ 个。

m 序列的优点是易产生、规律性强、自相关性好，因而在直扩系统中得到广泛的应用。但是它可提供的跳频图案少、互相关性不理想，又加之是线性反馈逻辑，容易被对方破译，即保密性和抗截获性差，因此，在跳频系统中并不采用。

(2) M 序列。如果反馈逻辑中的运算包含乘法运算或其他的非线性逻辑运算，则称为非线性反馈逻辑。由非线性反馈逻辑和移位寄存器构成的序列发生器所能产生的最大长度序列，叫做最大长度非线性移位寄存器序列，简称 M 序列。若移位寄存器的级数为 $n$，则 M 序列的最大长度是 $2^n$。图 4-19 中给出一个七级的 M 序列发生器。可以看出，与线性反馈逻辑不同之处在于增加了“与门”运算，而与门具有乘法的性质。

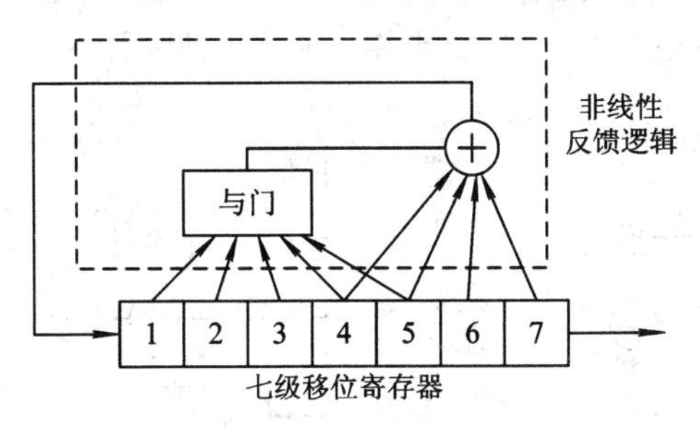


图 4-19　七级 M 序列发生器

M 序列是非线性序列，可提供的跳频图案很多，跳频图案的密钥量也大，并有较好的自相关和互相关特性，所以它是较理想的跳频指令码。其缺点是硬件产生时设备较复杂。

(3) R-S 序列。利用固定寄存器和 m 序列发生器可以构成 R-S 序列发生器。它所产生的 R-S 序列是一种多进制的具有最大长度最小距离的线性序列。图 4-20 给出了一个 7 位八进制 R-S 序列发生器。图中，A 为三级固定寄存器；B 为三级移位寄存器，产生周期为 7 的 m 序列。A、B 寄存器的输出经过模 2 加运算后再相加，产生一个 7 位的八进制 R-S 序列。

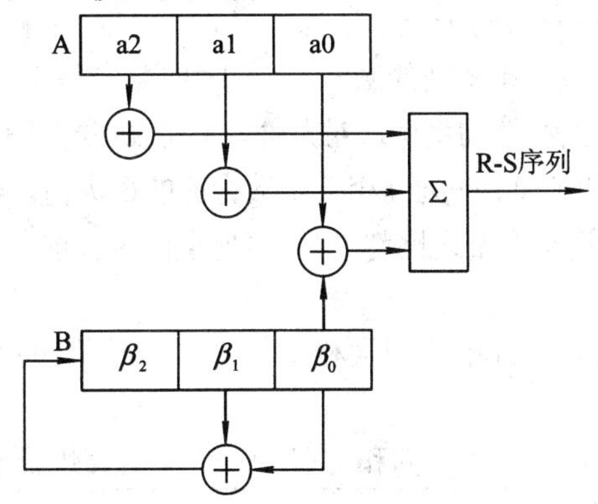


图 4-20　七位八进制 R-S 序列发生器

R-S 序列的硬件产生比较简单，可以产生大量的可用跳频图案，很适于用作跳频指令码序列。

2) Gold 码

m 序列虽然性能优良，但同样长度的 m 序列个数不多，且序列之间的互相关性不够好。R·Gold 提出了一种基于 m 序列的 PN 码序列，称为 Gold 码序列。在介绍 Gold 码序列发生器之前，先给出优选对的概念。

如果有两个 m 序列，它们的互相关函数的绝对值有界，且满足以下条件：

$$|R(\tau)| = \begin{cases} 2^{\frac{n+1}{2}}+1, & n\text{ 为奇数} \\ 2^{\frac{n+2}{2}}+1, & n\text{ 为偶数且为不 4 的倍数} \end{cases} \tag{4-11}$$

则我们称这一对 m 序列为优选对。如果把两个 m 序列发生器产生的优选对序列作模 2 加运算，生成的新的码序列即为 Gold 序列。图 4-21(a)中所示为 Gold 码发生器的原理结构图。图 4-21(b)中为两个 5 级 m 序列优选对构成的 Gold 码发生器，这两个 m 序列虽然码长相同，但模 2 加后生成的并不是 m 序列，也不具备 m 序列的性质。

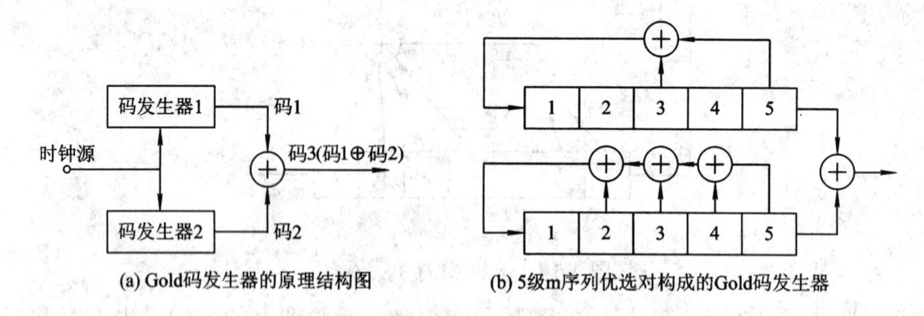


图 4-21　Gold 码发生器

Gold 码序列的性质主要有以下三点：

(1) Gold 码序列具有三值自相关函数(自相关函数的值只有三个)，其旁瓣的极大值满足上式所表示的优选对的条件。

(2) 两个 m 序列优选对不同移位相加产生的新序列都是 Gold 序列。因为总共有 $2^n-1$ 个不同的相对位移，加上原来的两个 m 序列本身，所以，两个 $n$ 级移位寄存器可以产生 $2^n+1$ 个 Gold 序列。因此，Gold 序列的数量比 m 序列要多得多。

(3) 同类 Gold 序列互相关特性满足优选对条件，其旁瓣的最大值不超过式(4-11)的计算值。在表 4-5 中列出了 m 序列和 Gold 序列互相关函数旁瓣的最大值。从表中可以明显看出，Gold 序列的互相关峰值 $t(m)$和主瓣与旁瓣之比都比 m 序列小得多。这一特性在实现码分多址时非常有用。

正交 Gold 序列有较优良的自相关和互相关特性，构造简单，产生的序列数多，因而获得了广泛的应用。

**表 4-5　m 序列和 Gold 序列互相关性比较**

| $m$ | $P=2^n-1$ | $m$ 序列数 | $m$ 序列互相关峰值 $\varphi_{\max}$ | $\varphi_{\max}/\varphi(0)$ | Gold 序列互相关峰值 $t(m)$ | $\varphi(m)/\varphi(0)$ |
|---|---|---|---|---|---|---|
| 3 | 7 | 2 | 5 | 0.71 | 5 | 0.71 |
| 4 | 15 | 2 | 9 | 0.60 | 9 | 0.60 |
| 5 | 31 | 6 | 11 | 0.35 | 9 | 0.29 |
| 6 | 63 | 6 | 23 | 0.36 | 17 | 0.27 |
| 7 | 127 | 18 | 41 | 0.32 | 17 | 0.13 |
| 8 | 255 | 16 | 95 | 0.37 | 33 | 0.13 |
| 9 | 511 | 48 | 113 | 0.22 | 33 | 0.06 |
| 10 | 1023 | 60 | 383 | 0.37 | 65 | 0.06 |
| 11 | 2047 | 176 | 287 | 0.14 | 65 | 0.03 |
| 12 | 4095 | 144 | 1407 | 0.34 | 129 | 0.03 |

3) Walsh 码

Walsh(沃尔什)码又称 Walsh 函数，它是一种非正弦波的完备正交函数系统，可用哈达玛(Hardarm)矩阵通过递推关系构成。Walsh 码有可能的取值是 1 和 0(或 +1 和 −1)，比较适合于用来表达和处理数字信号。Walsh 码是一种同步正交码，即在同步传输情况下，利用 Walsh 码具有良好的自相关特性和处处为零的互相关特性。此外，Walsh 码生成容易，应用方便。

利用哈达玛矩阵推导 2N 阶 Walsh 码的递推过程如下：

设 $M_1=0$，则

$$M_2=\begin{bmatrix} M_1 & M_1 \\ M_1 & \overline{M_1} \end{bmatrix}=\begin{bmatrix} 0 & 0 \\ 0 & 1 \end{bmatrix}$$

$$M_4=\begin{bmatrix} M_2 & M_2 \\ M_2 & \overline{M_2} \end{bmatrix}=\begin{bmatrix} 0 & 0 & 0 & 0 \\ 0 & 1 & 0 & 1 \\ 0 & 0 & 1 & 1 \\ 0 & 1 & 1 & 0 \end{bmatrix}$$

$$\vdots$$

因此，有

$$M_{2N}=\begin{bmatrix} M_N & M_N \\ M_N & M_N \end{bmatrix} \tag{4-12}$$

4) OVSF 码

OVSF 是 Orthogonal Variable Spreading Factor 的缩写，意为正交可变扩频因子。OVSF 码就是扩频因子可以变化的一种编码。扩频因子是对 OVSF 码的码长定义，记为 SF。

OVSF 码与 Walsh 码的生成原理是一样的，都可由哈达玛矩阵推导而成。OVSF 码的推导过程如图 4-22 所示。图中，所有的 OVSF 码都用 $C_{i,j}$ 的形式来代表，$i$ 代表对应的 SF 值，$j$ 代表该码在所有 SF 相同的码组中所处的次序。

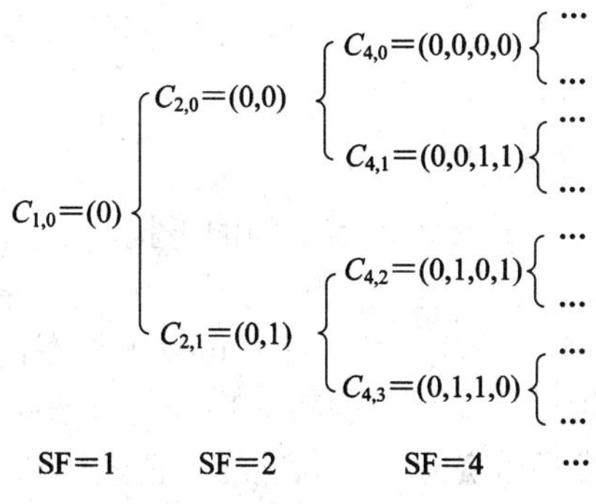

$C_{1,0}=(0)$
- $C_{2,0}=(0,0)$
  - $C_{4,0}=(0,0,0,0)$ { …, …
  - $C_{4,1}=(0,0,1,1)$ { …, …
- $C_{2,1}=(0,1)$
  - $C_{4,2}=(0,1,0,1)$ { …, …
  - $C_{4,3}=(0,1,1,0)$ { …, …

SF=1　　SF=2　　SF=4　　…

图 4-22　OVSF 的推导过程

由图 4-22 可见，OVSF 码和 Walsh 码是非常相似的。为了更清楚地区分为两种码型，以 SF = 4 时的 OVSF 码与 Walsh 码为例，对比观察两种码型，如图 4-23 所示。由图可见，当扩频因子 SF 相同时，两者生成的码组是一样的，只是码组的排列顺序不同：OVSF 码是按行复

制和取反的，而 Walsh 码是按块复制和取反的。IS-95 和 CDMA 2000 系统都采用了 Walsh 码，而 WCDMA 和 TD-SCDMA 系统都采用了 OVSF 码。

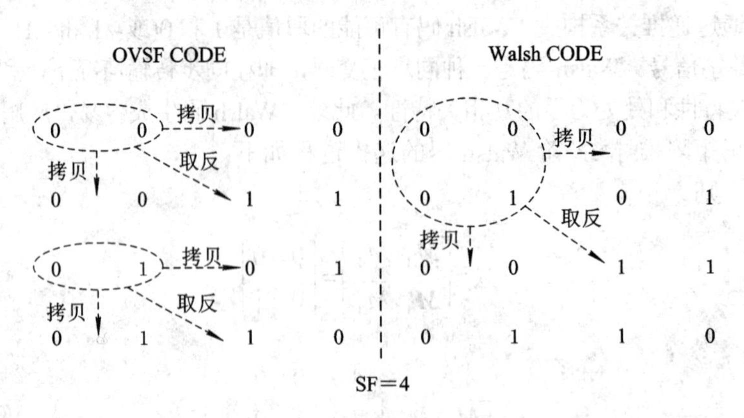


图 4-23　SF = 4 时的 OVSF 码与 Walsh 码

系统针对某个数据应该使用多大 SF 的 OVSF 码应该由数据所属业务来确定，反之，使用 OVSF 码的系统是根据 SF 的大小来给用户分配资源(信道)的，SF 的数值越大，用户分得的资源也越多。例如：TD-SCDMA 系统中由用户到基站的上行链路的扩频因子有 1、2、4、8 和 16 五种。对于普通的语音业务，一般 SF = 2，该业务相应的只占用 2 个码道；而对于速率特别高的数据业务，最大 SF 可取 16，此时，扩频程度最大，相应的要占用 16 个码道。

### 4.2.7　性能特点

由于扩频通信扩展了信号的频谱，所以它具有一系列不同于窄带通信的性能。

#### 1. 隐蔽性好，对各种窄带通信系统的干扰很小

由于扩频信号在相对较宽的频带上被扩展了，单位频带内的功率(功率谱密度)很小，信号淹没在噪声里，一般不容易被发现，而想进一步检测信号的参数(如伪随机码序列)就更加困难，因此隐蔽性好。再者，由于扩频信号具有很低的功率谱密度，它对目前使用的各种窄带通信系统的干扰很小。因此，在美国、日本及欧洲的许多国家中，只要功率谱密度满足限定的条件，就可以不经批准使用该频段。

#### 2. 频谱利用率高，易于重复使用频率

由于窄带通信主要靠划分频道来防止信道间的干扰，而无线频谱十分有限，因此，虽然从长波到微波都得到了开发利用，但仍然满足不了社会的需求。扩频通信发送功率极低(1 mW～650 mW)，又采用了相关接收技术，而且可以工作在信道噪声和热噪声背景中，因此，易于在同一地区重复使用同一频率，也可与现今各种窄带通信共享同一频率资源。所以，扩频通信是解决目前无线频谱资源有限问题的一把金钥匙。

#### 3. 抗干扰性强，误码率低

扩频通信传输的信号带宽相对较宽，在接收端又采用相关检测的方法来解扩，能够有效滤除掉非相关信号，最终获得很高的信噪比，因此抗干扰性强。而且，其抗干扰能力与扩频增益成正比，频谱扩展得越宽，抗干扰的能力就越强。扩频技术最初就是因抗干扰能

力强，而在军队的通信系统中率先应用的。

在目前商用的通信系统中，扩频通信是唯一能够工作于负信噪比条件下的通信方式。由于扩频系统这一优良性能，它的误码率很低，正常条件下可以低到 $10^{-10}$，最差条件下也能达到 $10^{-6}$，完全能满足国内相关系统对通信传输质量的要求。另外，在无线通信系统中，多径干扰是一个很难解决的问题。扩频通信系统依靠所采用的扩频码的相关性，具有很强的抗多径干扰能力，甚至可以利用多径能量来提高系统的性能。

#### 4. 可以实现码分多址

扩频通信用多个伪随机序列分别作为不同用户的地址码，可以共用一个频段来实现码分多址通信。可以说，扩频通信本身就是一种多址通信方式，称为扩频多址 SSMA，实际上是码分多址 CDMA 的一种。扩频通信实现的码分多址能够获得比其他多址方式更高的通信容量。

#### 5. 易于数字化，能够开展多种通信业务

扩频通信一般都采用数字通信、码分多址技术，适用于计算机网络，适合于各种数据和图像的传输，因而能够开展丰富多彩的通信业务。另外，扩频通信系统能精确地定时和测距；扩频通信设备安装简便，系统维护简单，易于推广应用。

## 4.3 IS-95移动通信系统

IS 是 Interim Standard 的简称，意为暂时标准，它也经常做为整个系列的名称使用。IS-95 标准由美国高通公司(Qualcomm)发起，因此也称为 QCDMA。又由于 IS-95 被美国电子和通信工业委员会(Electronics Industries Association and Telecommunications Industries Association，简称 EIA/TIA)认可并于 1995 年公布，因此也叫 TIA-EIA-95。IS-95 标准的全称是：双模宽带扩频蜂窝系统的移动台-基站兼容标准。所谓“双模”，是指该系统可以兼容模拟(主要兼容北美的 AMPS 系统)及数字的操作，从而容易实现模拟蜂窝系统和数字蜂窝系统之间的转换。它是一个公共空中接口(Common Air Interface，简称 CAI)标准，只提出信令协议和数据结构的特点与限制，包括波形及数据序列的规定，没有规定系统的实现方案。由于 IS-95 是最早商用的 CDMA 系统，因此它们的后继 CDMA2000 也经常被简称为 CDMA。

### 4.3.1 系统结构组成

IS-95 CDMA 数字蜂窝移动通信系统的结构组成与 GSM 相似，主要由操作维护子系统、网络交换子系统、无线基站子系统和移动台子系统四部分组成，如图 4-24 所示。各个子系统中的功能实体的组成也大致相同，在此仅介绍重要的几处。

图 4-25 所示为 IS-95 中的移动交换中心 MSC 的结构组成。其中，声码器/选择器负责完成移动通信系统与固定电话网之间码型的变换及速率的配合，以及在软切换时的分集作用。码型变换主要完成在上行链路解码，将语音从高通码本激励线性预测编码 QCELP 变换至 PCM(64 kb/s)格式，在下行链路将语音编码从 PCM 格式变换至 QCELP。而选择器是将下行的语音/数据链路分配到正在软切换的所有小区，从所有小区的上行语音/数据链路中选择最好的一条传送至 MSC。

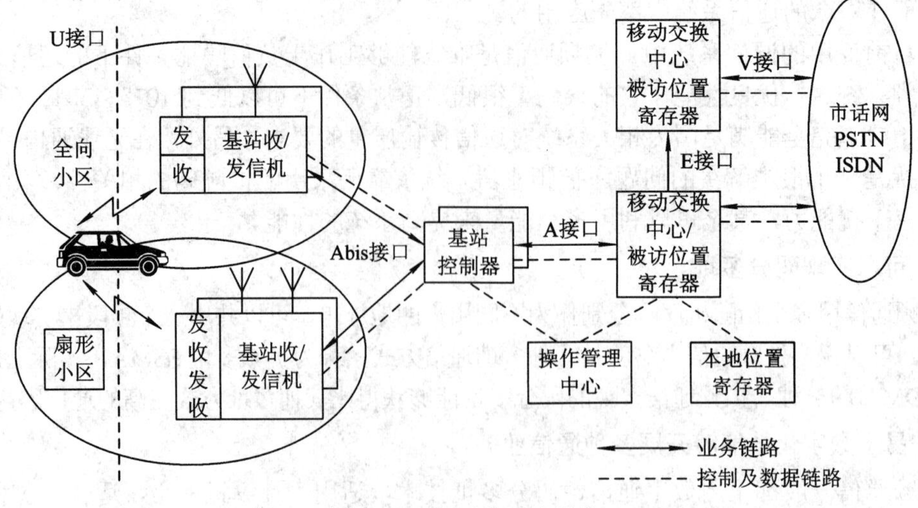


图 4-24　IS-95 的系统组成

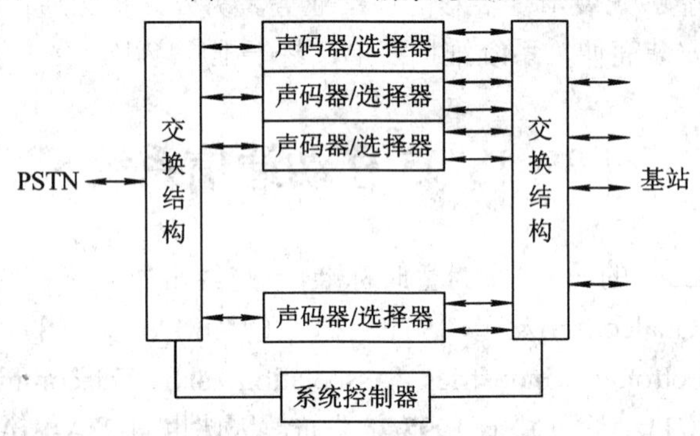


图 4-25　IS-95 中 MSC 的结构组成

图 4-25 中的声码器/选择器在物理位置上是属于 MSC 的附件，也可以以插件形式放在 BSC 中。图 4-26 所示为 IS-95 中的基站控制器 BSC 的结构组成。其中，代码转换器就是一种声码器。这里的代码转换器符合 EIA/TIA 宽带扩频标准的规定，完成适合 MSC 使用的 64 kb/s 的 PCM 语音与无线信道中声码器(8 kb/s 或 13 kb/s)语音的转换。

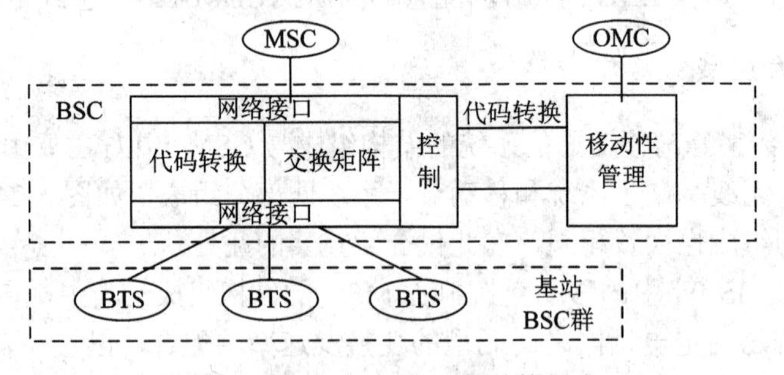


图 4-26　IS-95 中 BSC 的结构组成

图 4-27 所示为 IS-95 中的基站收发信台 BTS 的结构组成。其中，GPS 是 Global Position System(全球定位系统)的简称。由于该系统是靠 GPS 来实现定时同步的，即同一个蜂窝服务区中的几个基站，其时间基准是相互同步的，并且都同步于 GPS，因此，在每个 BTS 中都要有一个 GPS 接收机用来接收统一的 GPS 时钟信号。

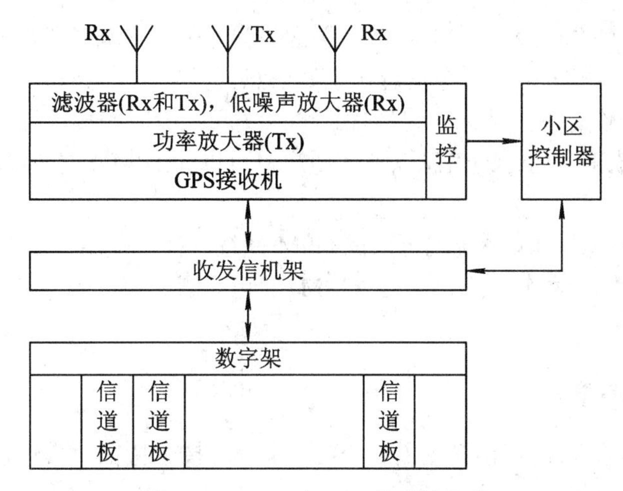


图 4-27　IS-95 中 BTS 的结构组成

图 4-28 所示为 IS-95 中的移动终端设备 MT 的组成结构。图中可以清楚地看出该系统无线接口上的物理层数据采用的各种操作步骤。

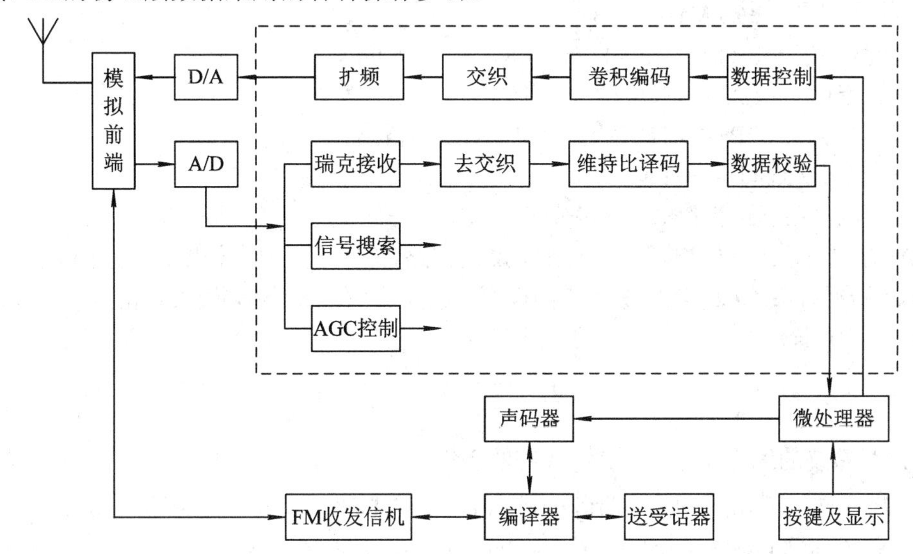


图 4-28　IS-95 中 MT 的结构组成

自 IS-95 开始，包括现在推行的 3G 系统，移动台中的用户识别卡由 2G 的 SIM 改称为 UIM(User Identity Module)。UIM 卡的标准化工作已由 3G 的标准化组织之一——3GPP2(Third Generation Partnership Project，第三代伙伴计划)负责完成。根据 UIM 卡标准，CDMA 系统的 UIM 卡将采用与 GSM 系统相同的物理结构、电气性能和逻辑接口，并将在 SIM 卡的基础上，根据 CDMA 系统的要求，增加相关的参数和命令，以实现 CDMA 系统的功能。无论是 SIM 卡还是 UIM 卡，都是基于 IC 卡技术的，不同的蜂窝系统就是在 IC 卡中存储与自己系统有关的信息。

CDMA 系统在 UIM 卡中存储的信息可以分为三类：

(1) 用户识别信息和鉴权信息。主要是国际移动用户识别码 IMSI 和 CDMA 系统的专有的鉴权信息。

(2) 业务信息。CDMA 系统中与业务有关的信息存储在归属位置寄存器 HLR 中，这类信息在 UIM 卡中并不多，主要有短消息状态等信息。

(3) 与移动台工作有关的信息。包括优选的系统和频段，归属区标识等参数。

除上述保证系统正常运行的信息以外，用户也可以在 UIM 卡中存储自己使用的信息，如电话号码本等。

采用 UIM 卡后，CDMA 系统就可以像 GSM 系统一样，使用户可以自由地选择不同样式的移动台。运营者的运作方式也将与 GSM 的运营者一样，仅需要设立销售网点销售 UIM 卡。

### 4.3.2 主要技术参数

通过下述技术参数，能够清楚地看出 IS-95 系统的技术特征，具体包括：

(1) 双工方式：FDD。

(2) 扩频方式：直接序列扩频 DS。

(3) 多址方式：CDMA/FDMA。

(4) 载频间隔：1.23 MHz。

(5) 数据速率：1.2 kb/s，2.4 kb/s，4.8 kb/s，9.6 kb/s。

(6) 信道速率：1.2288 Mc/s。

(7) 调制方式：QPSK(前向链路)/OQPSK(反向链路)。

(8) 交织：交织间距 20 ms。

(9) 分集方式：瑞克接收、天线分集。

(10) 信道编码：1/2(前向链路)及 1/3(反向链路)卷积码，约束长度是 9。

(11) 语音编码：QCELP 可变速率声码器，最大速率为 8 kb/s，最大数据速率为 9.6 kb/s，每帧时间为 20 ms。

### 4.3.3 编号计划

CDMA 系统的编号计划与 GSM 系统的有很大的不同，具体如下：

#### 1. 移动用户号码簿号码(Dialing Number，简称 DN)

DN 为移动用户作被叫时，主叫用户所需拨打的号码。DN 的组成与 GSM 网络的 MSISDN 号码完全相同，包括国家码、移动接入码、HLR 识别码和移动用户号四部分。唯一的区别是移动接入码的不同，如 133、132、189 等。

#### 2. 国际移动用户识别码 IMSI

IMSI 是在 CDMA 网中唯一识别一个移动用户的号码，由移动国家码、移动网络码和移动用户识别码 MSIN 三部分组成，共 15 位号码。如：中国的移动国家码为 460，中国联通的移动网络码为 03。

#### 3. 移动台识别码(MIN)

MIN 码是为了保证 CDMA / AMPS 双模工作而沿用 AMPS 标准定义的。不同的运营商对 MIN 的定义各有不同，如中国长城网的 MIN 为 $3H_1H_2H_3$××××××，而中国联通的 MIN 为 $132H_1H_2H_3$××××，其中 $H_1H_2H_3$ 为 HLR 识别码。

#### 4. 电子序列号(Electronic Series Number，简称 ESN)

ESN 是唯一识别一个移动台设备的 32 比特的号码，每个双模移动台分配一个唯一的电子序号，由厂家编号和设备序号构成。空中接口、A 接口和信令消息的移动应用部分 MAP 都使用到 ESN。

#### 5. 系统识别码(System Identity Number，简称 SID 码)

SID 是 CDMA 网中唯一识别一个移动业务本地网的号码。SID 按省份分配。

#### 6. 网络识别码(Network Identity Number，简称 NID 码)

NID 是一个移动业务本地网中唯一识别一个网络的号码，可用于区别不同的 MSC。SID 和 NID 都属于归属区识别码，移动台可根据它们来判断其漫游状态。

### 4.3.4 传输信道

IS-95 系统的物理信道有前向物理信道和反向物理信道之分。其中，前向物理信道是由 64 阶 Walsh 函数生成的 64 个正交码分物理信道，用 $W_0^{64} \sim W_{63}^{64}$ 来标识。反向物理信道由长度为 $2^{42}-1$ 的 PN 长码构成，使用长码的不同相位偏置来区分不同用户。

同 GSM 系统相似，CDMA 系统的逻辑信道也可以按照功能不同，划分为控制信道和业务信道；按照传输方向不同，划分为反向信道(上行链路 Uplink)和前向信道(下行链路 Downlink)，具体如图 4-29 所示。下面分别加以简要介绍。

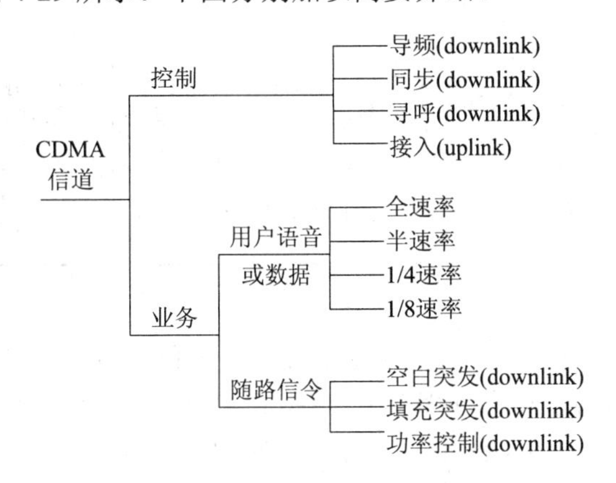


图 4-29　逻辑信道的分类

#### 1. 导频信道(Pilot Channel)

简单来讲，导频信道的功能就是引导手机进入系统。它由基站连续发射，同时其信号强度是小区软切换的依据。

#### 2. 同步信道(Sync Channel)

同步信道帮助手机与系统取得时间同步。该信道中传输各种同步信息，如导频 PN 码偏移、系统时间、寻呼信道数据速率等。

#### 3. 寻呼信道(Paging Channel)

基站用来寻呼手机的信道。提供手机进入系统所需的参数信息，如邻近基站清单、CDMA 信道清单等并负责分配业务信道。

4. 接入信道(Access Channel)

接入信道属于反向信道，与前向信道中的寻呼信道相对应。在移动台没有占用业务信道之前，提供移动台至基站的传输通路。

5. 业务信道(Traffic Channel)

业务信道分前向业务信道和反向业务信道两种。其中，前向业务信道主要用于基站向手机传送话音及功率控制等信息；反向业务信道用于传送用户业务数据和信令信息。

### 4.3.5 关键技术

1. 码分技术

IS-95 系统中采用了长 PN 码、短 PN 码和沃尔什码三种编码，它们在系统中的功能用途分别如表 4-6 所示。下面具体加以介绍。

表 4-6 IS-95 系统中三种编码的用途

| 三种编码 | 反向链路 | 前向链路 |
| --- | --- | --- |
| • 长 PN 码<br>• 来自用户 ESN<br>• 长度 = $2^{42}-1$ | • 用于用户分离 | • 对用户数据随机化 |
| • 短 PN 码<br>• m 序列长度 + 1 位<br>• 长度 = $2^{15}$ = 32 768 码片 | • 对 I 和 Q 信道进行扰码 | • 用于基站或扇区分离 |
| • 沃尔什码<br>• 64 阶 | • 用于数据的块编码调制 | • 用于信道分离 |

1) 短 PN 码

短 PN 码周期为 $2^{15}$，速率为 1.2288 Mc/s，是用于 QPSK 的同相和正交支路的直接序列扩频码。15 级移位寄存器的 m 序列周期为 $2^{15}-1$，当插入一个全“0”状态后，形成的序列周期为 $2^{15}$ = 32 768 chips，在 CDMA 中，该序列称为引导 PN 序列，其作用是给不同基站发出的信号赋以不同的特征。不同的基站使用相同的引导 PN 序列，但各自却采用不同的时间(相位)偏置。不同的时间偏置用不同的偏置系数表示，偏置系数共 512 个(0～511)，引导 PN 序列的偏移量为相应的偏置系数乘以 64 码片。具体详见本小节第 6 部分同步技术的内容。

2) Walsh 码

CDMA 系统采用 64 阶正交 Walsh 函数。对于正向链路，64 种 Walsh 函数($W_0$～$W_{63}$)被用来构成 64 条码分信道；对于反向链路，Walsh 函数被用来调制信息符号，即每 6 位输入的码字符号调制后变成输出一个 64 码片的 Walsh 序列。

3) 长 PN 码

长 PN 码周期为 $2^{42}-1$，速率为 1.2288 Mc/s，CDMA 系统利用该码对数据进行扩频和扰码，用于通信保密。长码的各个 PN 子码是用一个 42 位的掩码和序列发生器的 42 位状态矢量进行模 2 加产生的。如图 4-30 所示。只要改变掩码，产生的 PN 子码的相位将随之改变。IS-95 中，每个用户特定的掩码对应一个特定的 PN 码相位，每一个长码和相位偏移量就是一个确认的地址。掩码的码型随信道类型的不同而异。下面介绍三种信道掩码。

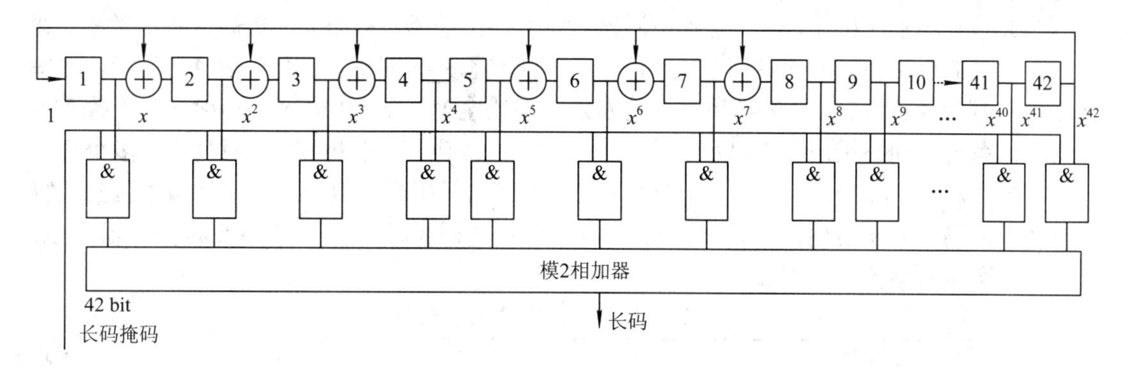


图 4-30　长 PN 码发生器

(1) 接入信道的掩码。接入信道的掩码格式如图 4-31(a)所示。M41 到 M33 要置成“110001111”，M32 到 M28 要置成选用的接入信道号码，M27 到 M25 要置成对应的寻呼信道号码(范围是 1 到 7)，M24 到 M9 要置成当前的基站标志，M8 到 M0 要置成当前的 CDMA 信道的引导偏置。

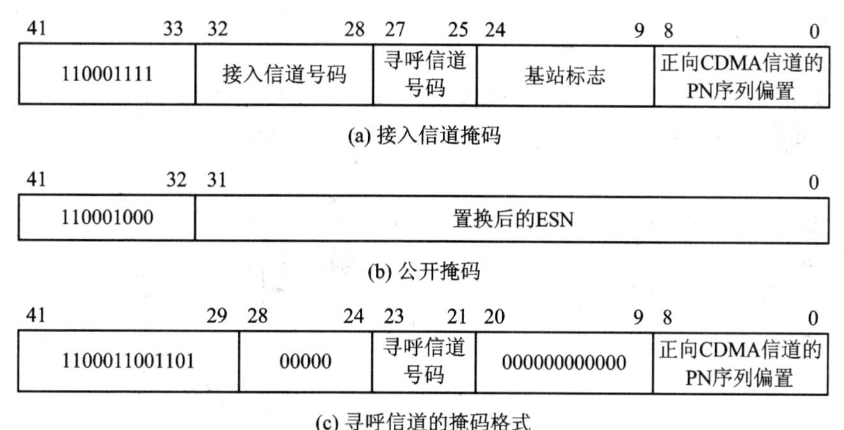


图 4-31　IS-95 中信道掩码的格式

(2) 正向/反向业务信道的掩码。在正向/反向业务信道，移动台可使用公开掩码或专用掩码。专用掩码用于用户的保密通信，其格式由美国电信工业协会 TIA 规定。公开掩码格式如图 4-31(b)所示，M41 到 M32 要置成“1100011000”，M31 到 M0 要置成移动台的电子序号 ESN。由于 ESN 是顺序编码，为了减少同一地区移动台的 ESN 带来的掩码间的高相关性，在掩码格式中的 ESN 是要经过置换的。所谓置换就是对出厂的 32 位的 ESN 重新排列，其置换规则如下：

- 出厂的序列：ESN = (E31, E30, E29, …, E3, E2, E1, E0)
- 置换后的序列：ESN = (E0, E31, E22, E13, E4, E26, E17, E8, E30, E21, E12, E3, E25, E16, E7, E29, E20, E11, E2, E24, E15, E6, E28, E19, E10, E1, E23, E14, E5, E27, E18, E9)

(3) 寻呼信道的掩码。对于前向链路，寻呼信道规定为一种掩码码型，其掩码格式如图

4-31(c)所示。

### 2. 可变速率话音编码

在IS-95系统中采用了可变速率声码器和话音激活技术，从而大大提高了频谱效率。速率从通话时的全速率到非通话时的1/8速率，可变状态共有四种，具体如表4-7所示。速率越低，发射功率越低。如1/8速率对应的发射功率比全速率低10 log8 = 9 dB。为了改善语音质量，系统中同时采用了13 kb/s声码器和8 kb/s EVRC两种声码器，而且支持多个声码器同时工作。其中，13 kb/s声码器话音质量与有线电话相同，但会影响基站覆盖范围及容量；基于密码本激发线性预报CELP的8kb/s EVRC声码器话音质量与13 kb/s声码器近似，同时不会影响基站覆盖范围及容量。

表4-7 IS-95中四种语音速率

| Rate 速率 | Bps 比特/秒 | Bits per frame 比特/帧 |
|---|---|---|
| Full | 9600 | 192 |
| Half | 4800 | 96 |
| Quarter 1/4 速率 | 2400 | 48 |
| Eighth 1/8 速率 | 1200 | 24 |

IS-95系统中的语音声码器工作原理框图如图4-32所示。需要说明的是，声码器的编解码都会产生延时，但只要时延小于100毫秒都是可以接受的。

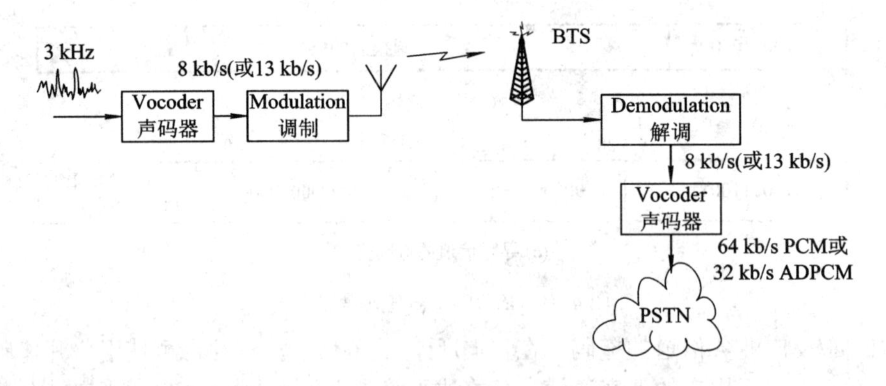


图4-32 IS-95系统中语音声码器的工作原理

### 3. 前向纠错编码

在IS-95系统中，采用卷积码、交织和维特比译码来实现前向纠错算法。

1) 前向链路

在前向链路中，同步信道、寻呼信道和前向业务信道中的信息在传输前都要先进行卷积编码，其编码效率为1/2，约束长度为9。图4-33所示为对应的卷积编码器的组成结构框图。图中，各个寄存器的初始状态为全零，$g_0$和$g_1$为卷积码生成函数，$c_0$、$c_1$、…为输出的卷积编码。$g_0$ = (111101011)，$g_1$ = (101110001)。对于每一个输入信息比特，由生成函数$g_0$生成的码符号$c_0$先输出，由$g_1$生成的码符号$c_1$后输出，从而形成了码率为1/2的卷积码。

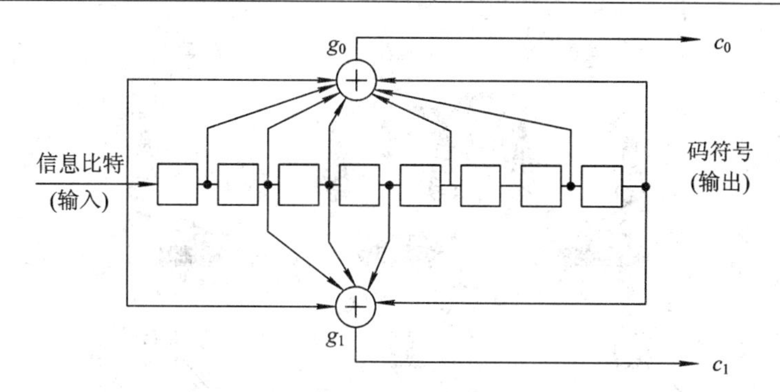


图 4-33 1/2 效率的卷积编码器的组成结构

与卷积编码相同，前向链路中除导频信道无需编码外，其他数据流经卷积编码和重传后，都需要进行交织编码(块交织)。块交织编码的目的是将多径衰落引起的突发性误码变为随机性差错。同步信道的交织算法用 168 矩阵表示。业务和寻呼信道的交织算法用 2416 矩阵表示。

2) 反向链路

考虑到移动台的信号传播环境，反向链路(包括接入信道和业务信道)采用卷积码的码率为 1/3，约束长度为 9，其生成函数为 $g_0 = (101101111)$，$g_1 = (110110011)$和 $g_2 = (111001001)$。对于每一个输入信息比特，由 $g_0$、$g_1$ 和 $g_2$ 生成三个码符号。由 $g_0$ 生成的 $c_0$ 最先输出，接着是由 $g_1$ 生成的 $c_1$，最后是由 $g_2$ 生成的 $c_2$，从而形成码率为 1/3 的卷积码。

在反向链路中，对于速率为 9.6 kb/s 的业务数据流，块交织是在 20 ms 的语音帧上进行的。即 20 ms 含有 192 比特，经卷积编码后，每 20 ms 含 576 编码符号(即速率为 28.8 kb/s)。因此，交织算法将形成一个 32 行 18 列($576 = 32 \times 18$)的矩阵。交织编码就是将数据流按矩阵的列写入而按行输出。所以，交织后的数据流是 1 到 32 行逐行发送的。对于速率为 4.8 kb/s、2.4 kb/s 和 1.2 kb/s 的业务数据流，要考虑重传，交织算法同上。

4. 软切换(Soft Handover)与漫游

按照切换处理过程的不同，切换可以分为硬切换(Hard Handover)、接力切换(Baton Handover)和软切换三类。早期的模拟移动通信系统和 GSM 系统采用的都是硬切换，IS-95、CDMA 2000 和 WCDMA 系统主要采用软切换，而 TD-SCDMA 系统则采用接力切换。本节主要介绍硬切换和 IS-95 系统中的软切换技术。

所谓硬切换指的是当移动台由一个基站覆盖区进入另一个基站覆盖区时，先断掉与原基站的联系，然后再与新进入覆盖区中的基站进行联系的方式。其特征可概括为“先断后接”。显然，硬切换会导致通信的暂时中断，人耳对此是察觉不到的，但是当移动台因进入屏蔽区或信道繁忙而无法同新基站联系时，就会产生丢包甚至掉话。硬切换示意图如图 4-34(a)所示。CDMA 系统中也使用硬切换，但只限于两种情况，其一是 CDMA 系统间的切换，主要包括：

(1) 不同 CDMA 运营商管理下的 BS 之间的切换；

(2) 不同有效集之间的切换；

(3) 不同频段间的切换；

(4) 不同频点间的切换；

(5) 不同帧偏置间的切换。

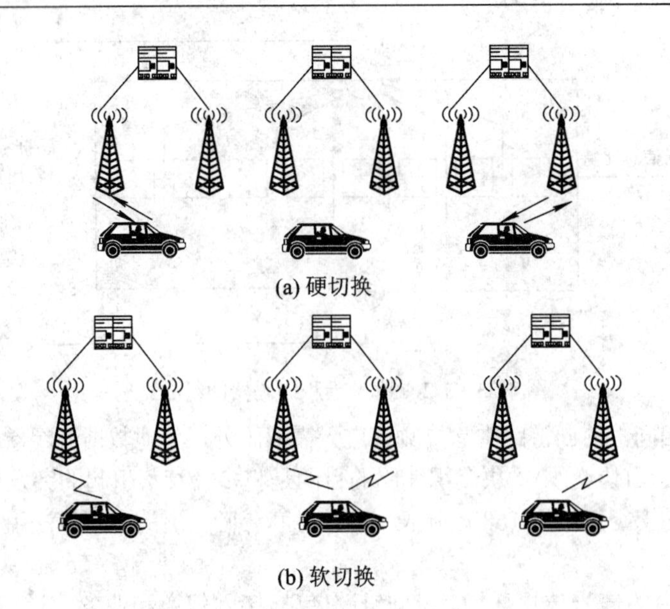

(a) 硬切换

(b) 软切换

图 4-34 硬切换与软切换的示意图

这种切换主要发生在 CDMA 系统基本建立之后，其目的是在于充分利用频率资源，平衡不同频点之间的业务负荷。CDMA 到 CDMA 的切换有时也被称为 D-to-D 切换。其操作过程如下：当 BS 决定让 MS 搜索新的有效集时，MS 停止原业务信道的操作，保存现有配置，开始搜索新的导频，并将搜索结果在原信道报告给 BS。当 BS 经原信道向 MS 发出切换命令之后，MS 保持现有配置，尝试用新的信道和 BS 连接，如果成功，切换完成，否则 MS 还要回到原信道与 MS 通信。

另一种情况是 CDMA 网络与某个模拟网络(如 AMPS)之间的切换，有时被称为 D-to-A 切换。当一个 CDMA 呼叫被传到模拟网络时或者当一个用户运动进入一个只有模拟服务而没有 CDMA 服务的区域时，都会引发这种切换。这种切换主要发生在 CDMA 系统布设之初，其主要目的是给移动用户提供连续的业务覆盖。此外，也可适用于支持 CDMA 和模拟操作的双模 MS。其操作过程与 CDMA 工作模式间的硬切换类似，也同样存在短暂的业务中断。

软切换是指在切换过程中，移动台开始与目标基站进行通信时并不立即切断与原基站的通信，而是先与新的基站连通后才与原基站断开，其特征是“先通后断”。软切换示意图如图 4-34(b)所示。软切换允许移动台在通话过程中同时和多个基站保持通信，所以，提供了宏分集的作用，能够提高接收信号的质量。软切换只能在同频信道之间进行，因此是 CDMA 系统所特有的。软切换使通信的掉话率大大降低，提高了通信的可靠性，但同时由于在切换过程中的某一段时间内，移动台可能同时占用两条、甚至两条以上的信道，因此会增加设备的投资和系统的复杂度。工程上一般要使软切换信道的数量保持在 30%～40%之间。

图 4-35 给出了在 CDMA 系统中两个基站间的软切换示意图。在上行链路上，移动台发射的信号被两个基站所接收。这两个基站都分别解调这个信号，并将解调的帧送回移动交换中心 MSC。MSC 利用自己的选择器在这两个发回的信号中选择其中最好的一个。从而由 MSC 决定是选用哪一个基站和是否要进行软切换。可见，CDMA 系统中的软切换主要是靠 MSC 完成的。

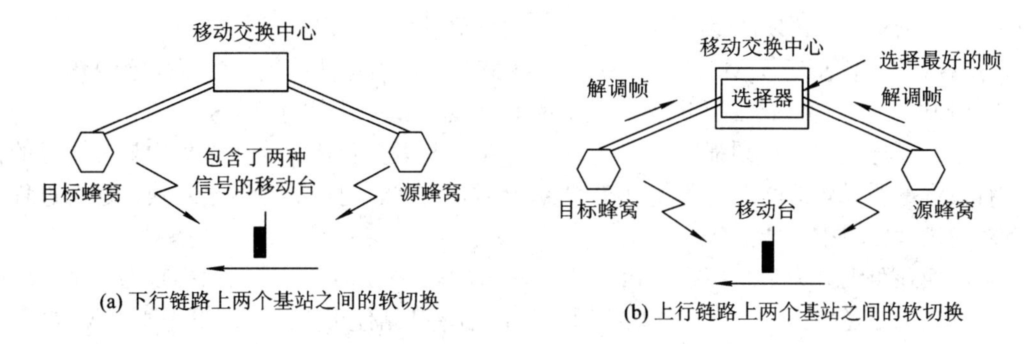


图 4-35　CDMA 系统中两个基站间的软切换

除了 MSC，MS 也必须要参与切换的执行，它主要负责不断测量系统内导频信道的信号强度。为了有效地对导频信道进行搜索，系统将导频信道分为以下四个集合(Set)：

(1) 有效集(Active Set)：包括与发送的前向业务信道有关的导频，最大为 6 个导频；

(2) 候选集(Candidate Set)：包括不在有效集内的邻域集导频，可能是切换的候选导频，最大为 5 个导频；

(3) 邻域集(Neighbour Set)：包括邻域列表设定的、发到手机的邻域导频，最大为 20 个导频；

(4) 剩余集(Remainder Set)：包括不包含在有效集、候选集和邻域集中的其他所有导频。

在 IS-95 中，软切换控制算法采用了四个控制参数：T_ADD，T_DROP(导频去掉门限)，T_TDROP(TDROP 定时器)和 T_COMP(导频替换门限)。图 4-36 中显示了导频在导频集中位置随其强度变化的过程。

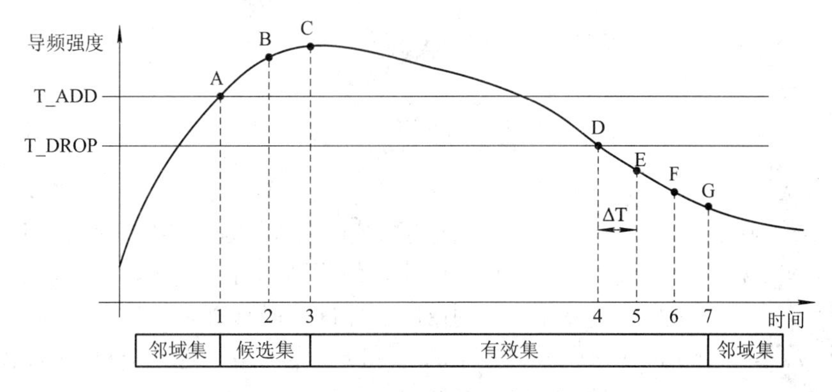


图 4-36　IS-95 系统中软切换的算法

(1) 导频强度在 A 点超过门限值 T_ADD，MS 认为该导频的强度足够大，就向原 BS 发送导频强度测量信息，同时将该导频移入候选集；

(2) BS 将 MS 的报告送往 MSC，MSC 发送信息通知新 BS 为 MS 安排前向业务信道。在 B 点，原 BS 向 MS 发送切换指示信息，希望将该导频移入有效集；

(3) 接收到来自原 BS 的切换指示信息后，MS 在 C 点将该导频移入有效集，再向原 BS 发送切换完成信息；

(4) 导频强度在 D 点降到 T_DROP 门限以下，MS 启动切换去掉定时器；

(5) 在 E 点，切换去掉定时器($\Delta T$)超时(在此期间，该导频强度始终低于门限值

T_DROP)，MS 发送导频强度测量信息；

(6) BS 将此信息送往 MSC，BS 在 F 点将 MSC 返回的切换指示信息发送给 MS；

(7) MS 在 G 点将该导频移入邻域集，同时发送切换完成信息给 BS。

如果有候选集中的导频强度超过 T_ADD，但是有效集已满，而候选集中最强导频的强度与有效集最弱导频的强度之差超过 T_COMP 时，这两个对应导频就会对换，这个过程是导频对换过程(未在图中显示)。

软切换还可细分为更软切换(Softer Handover)和软/更软切换。更软切换是指一个小区内的扇区之间的信道切换。因为这种切换只需通过小区基站便可完成，而不需通过 MSC 的处理，故称为更软切换。对移动台来说，不同的扇区天线相当于不同的多径分量，被合并至一个语音帧，送至 MSC 中的选择器，作为此基站的语音帧。软/更软切换是指在一个小区内的扇区与另一个小区或另一个小区的扇区之间的信道切换。图 4-37 所示为细分的软切换示意图。图中，S 表示软切换，s 表示更软切换。则 S1 所指示的区域无需进行切换；S2 指示的区域可能进行软切换；s2 指示更软切换区域；S2s2 则指示软/更软切换。

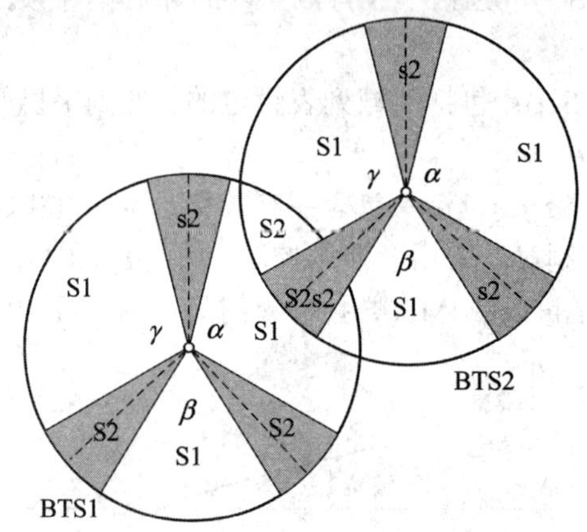


图 4-37　细分软切换

在 CDMA 系统中，为了区分和管理，将一个系统的覆盖分成若干个网络，而网络又分成区域，区域是由若干个基站组成的。不同的系统用系统识别码 SID 标记，不同的网络用网络识别码 NID 标记，共有 $2^{16}-1=65\,535$ 个网络识别码可供指配。任何系统中的任何网络，都可用 SID 和 NID 构成的网络识别对(SID，NID)来唯一确定，如图 4-38 所示。图中，给出了系统 *i*、*j*、*k* 和 *h*，在系统 *i* 中包含 *u*、*v* 和 *t* 三个网络。这三个网络的识别对应分别为(*i*，*u*)、(*i*，*v*)和(*i*，*t*)，而(*i*，*o*)则是 *i* 系统中的另外一个网络。

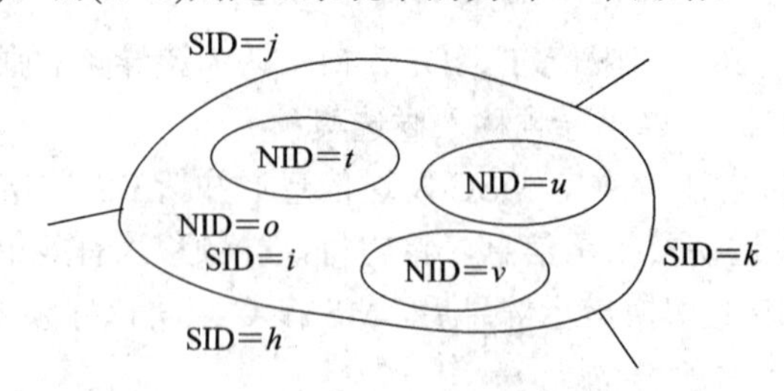


图 4-38　CDMA 系统中的网络和区域划分

在这样定义了系统和网络后，切换及漫游均可用网络识别对(SID，NID)来说明。如果移动台的归属(本地)网络识别对(SID，NID)与所在网络覆盖区的网络识别对相同时，只存在切换的可能，而不发生漫游。如果移动台的(SID，NID)与本网(SID，NID)不相同，则说明移动台是漫游用户。

5. 功率控制(Power Control)

在 CDMA 系统中采用功率控制的目的是要克服远近效应和自干扰特性，在保持话音质量的同时增加系统容量。此外，采用功率控制，适时的减小发射功率，还可以节约能源，同时有利于延长 MS 的使用寿命。因此，功率控制技术是 CDMA 系统的一项核心技术。可以说，CDMA 技术的成功在很大程度上要依赖于功率控制技术的成功应用。

所谓功率控制就是要根据具体情况，动态调整发射机的功率。这里的发射机可以指基站的发射机，也可以指移动台的发射机，但主要还是指后者。也就是说，CDMA 中上、下行链路的功率控制是彼此独立的，但更侧重于上行链路。具体来讲，功率控制主要是限制和优化来自每个用户发射机的发射功率，一方面使其到达基站接收机的平均功率都相等；另一方面，在保持通信质量的前提下，将发射机功率尽可能的调至最小。

功率控制要依据相应的准则，这些准则主要有：功率平衡准则、信号干扰比准则和以上两种准则的结合。从原理上讲，功率控制可以分为两类：开环功率控制和闭环功率控制。而闭环功率控制又可分为内环功率控制和外环功率控制。在此，我们对 IS-95 系统中的功率控制按上行链路和下行链路分别加以介绍。

1) 上行开环功率控制

上行开环功率控制仅由移动台进行，基站并不参与。开环功率控制用于确定用户的初始发射功率，或用户接收功率发生突变时的发射功率的调节，如图 4-39 所示。其基本原理是移动台先测量接收到的基站功率的大小，然后根据接收的功率值，估计前向传输路径的损耗，遵循一定的准则，以调整自身的发射功率。

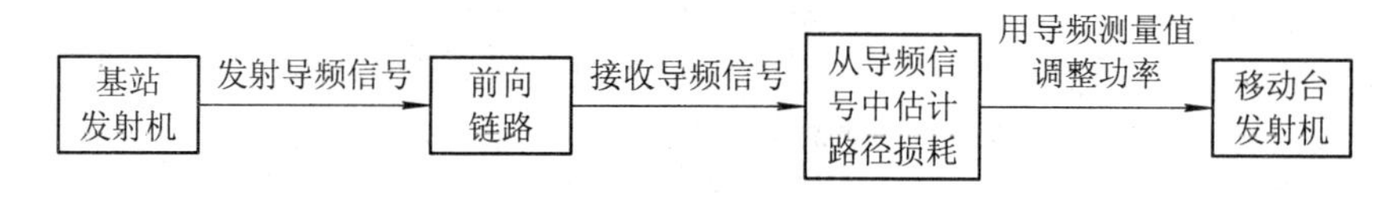


图 4-39　上行开环功率控制结构

当移动台首先与基站通信时，为了防止移动台一开始就使用过大的功率，增加不必要的干扰，又要保证可靠通信，CDMA 使用了接入信号和增强接入信道接入方案，即移动台在接入状态开始向基站发信息时，使用“接入尝试”程序，它实质是一种功率逐步增大的过程。所谓一次接入尝试，是指移动台传送一个信息直到收到该信息的认可的整个过程。一次接入尝试包括多次“接入探测”。在一次接入尝试中，多次接入探测都传送同一信息，但各次接入探测所用功率是逐步增加的，直到获得一个合适的功率值。

当基站确认了移动台的接入请求并且移动台可在业务信道上发射后，这种开环功率控制会进行得很好。移动台在蜂窝范围内运动，移动台和基站之间的路径损耗将会持续变化，移动台接收到的功率也会产生变化，这种开环功率控制始终在进行。

上行开环功率控制有一个很大的动态范围：约 85 dB，其准确度应在±10 dB 之内。它主要用于补偿慢衰落和阴影效应。对于与频率有关的快衰落，虽然它的响应时间只有几微秒，却也嫌太慢而不太起作用。

2) 上行闭环功率控制

闭环功率控制由移动台和基站共同参与完成。简单来讲，闭环功率控制就是基站根据上行链路的通信质量向移动台发出命令，以调整其发射功率的过程，其结构如图 4-40 所示。

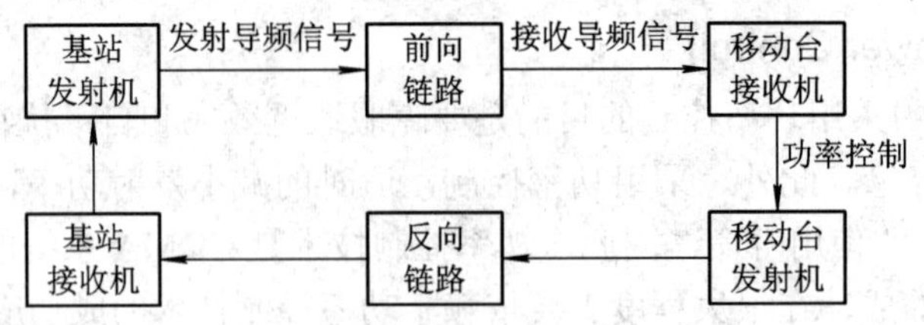


图 4-40　上行闭环功率控制结构

一旦移动台得到了一个业务信道并且开始与基站通信时，闭环功率控制将随同开环功率控制一起操作。在闭环功率控制中，基站连续地监视上行链路和测量链路质量。假如链路质量变坏，则基站将通过下行链路命令移动台增加功率；假如链路质量太好，则在上行链路上的功率过大时，命令移动台降低功率。上行闭环功率控制信号功率变化示意图如图 4-41 所示。理想情况下，误帧率(Frame Error Rate，简称 FER)是链路质量的一个好的指示器。但是由于计算 FER 要花费基站较长的时间以收集足够的比特，所以基站改用位能量与噪声功率谱密度比($E_b/N_0$)作为上行链路质量的指示器。为了保证快速，基站的功率调节命令是以每秒 800 次(1.25 ms 一次)的速率插入正向业务信道中传输的，最小调整间隔是一帧的时间(20 ms)。而移动台增加或降低发射功率是按预定值(±1 dB)来进行的。

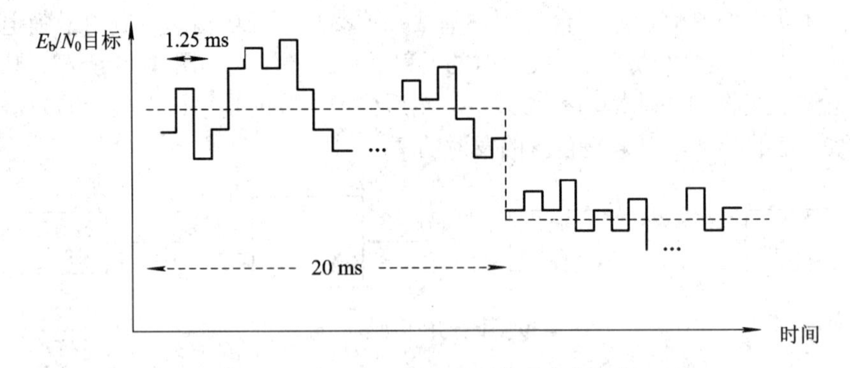


图 4-41　上行闭环功率控制信号功率变化

闭环功率控制对于补偿由于快衰落而造成的功率波动有很大作用，因而能够使基站对移动台的开环功率估计迅速做出纠正，以使移动台保持最理想的发射功率。可以说，上行信道闭环功率控制是对开环功率控制的有效补充。

闭环功率控制有内环和外环之分。内环功控基于在 BTS 接收到的 $E_b/N_0$，而外环功控基于在 BSC 接收到的 FER。内部环路的前提假设就是存在一个预先确定的用于判断增加功率和降低功率的 $E_b/N_0$ 门限。因为我们始终在试图保持一个可以接受的 FER，但是移动环境中在 FER 和 $E_b/N_0$ 之间没有一一对应的关系，所以不得不动态调整 $E_b/N_0$ 的门限(通常为 4 dB～9 dB)以保证在信道环境不断变化的情况下，保持一个可接受的 FER 来维持通信质量的不变。$E_b/N_0$ 门限的调整(由内环功率控制使用的)被引用为闭环功率控制的外部环路，如图 4-42 所示。在设置服务质量目标值的过程中，该门限值既不能太低，也不能太高。门限值太低不满足业务需求，而门限值太高会造成大量的资源浪费，降低整个系统的容量。所以外环功率控制是无线资源控制的重要组成部分，与快速功率控制联系密切，其功率控制一般为每秒 50 次。

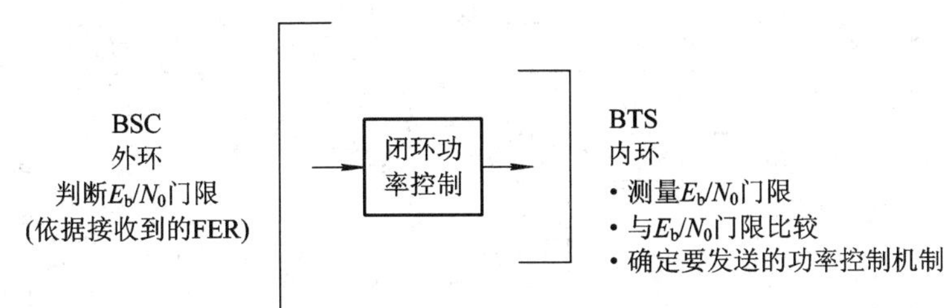


图 4-42　闭环功率控制的内环和外环

为了实现快速和自适应的功率控制算法，IS-95 系统在上行链路中还插入了专门的子信道以实现上行链路的闭环功率控制。

在软切换中的闭环功率控制可能会发生如下矛盾：移动台从两个或三个基站接收到的功控命令不一致，比如一个基站可能告诉移动台增加功率，而另一个基站告诉移动台降低功率。在这种情况下，移动台遵循的原则是：只要有一个基站命令移动台降低功率，移动台就会降低功率。只有当所有涉及软切换的基站都命令增加功率时，移动台才会增加功率。

3) 下行功率控制

下行功率控制是基站在移动台的协助下完成的。简单来讲，基站根据移动台发送的报告调整对其的发射功率，以保证下行业务信道上功率的合理分配，以及最大的下行链路容量。IS-95 系统中的这种功率控制比较缓慢，为每秒 50 次。

在 CDMA 系统中，移动台必须向基站反馈下行链路的质量。移动台连续地监视下行链路的误帧率 FER，并且在一条功率测量报告消息(Power Measurement Report Message，简称 PMRM)中向基站报告这个 FER 的反馈。移动台可以用两种方式发送这个报告：一是周期性地报告 PMRM，二是仅仅当 FER 超过一个特定的门限时才报告 PMRM。基站知道了下行链路的质量后，则会调整对那个相应移动台的发射功率。

### 6. 同步

CDMA 系统是靠正交的码序列来区分用户、区分基站、区分信号的，而要保证码序列之间的正交性，就必须要有严格的定时，因此，全网同步技术至关重要。全网同步的最终目的是使网络节点间数字信息流的帧同步，保障话音、信令、网管数据的正常传输。为了保证定时的准确性，IS-95 网以全球定位系统 GPS 作为时钟基准，同时以公用数字同步网的同步基准作为备用时钟基准的。即除了 GPS 外，全国的一级移动业务汇接局和二级移动业务汇接局的同步基准来自二级 A 类 BITS(Building Integrated Timing System，大楼综合定时系统)。MSC、VLR、HLR、AC 的同步基准来自二级 B 类 BITS。BSC 从 MSC 来的数据流中提取时钟，BTS 从 BSC 来的数据流中提取时钟，MS 从为其服务的 BTS 处提取时钟。IS-95 的全网同步等级结构如图 4-43 所示。

显然，无线子系统的同步在整网同步中更为重要。CDMA 系统对无线定时要求十分严格。在 IS-95 系统中规定：同一个前向信道的导频 PN 序列与所有 Walsh 序列间的时间误差须小于 50 ns；同一个基站的不同信道的发射时间须在 ±1 μs 内；所有基站的导频 PN 序列的

发射时间须在 ±10 μs 内。

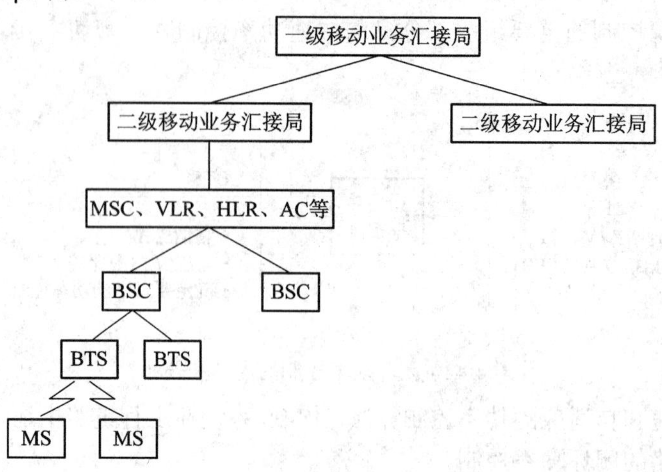


图 4-43　IS-95 全网同步等级结构

IS-95 系统的每一个基站都要有一个与 GPS 时间基准保持同步的时钟。全球 GPS 计时的开始时间是：1980 年 6 月 6 日 0 时 0 分 0 秒。基站利用 PN 码和此时间进行校准。不同的基站同步于 GPS，彼此之间同步，不同的基站通过短 PN 码的不同相位偏置来区分，如图 4-44 所示。

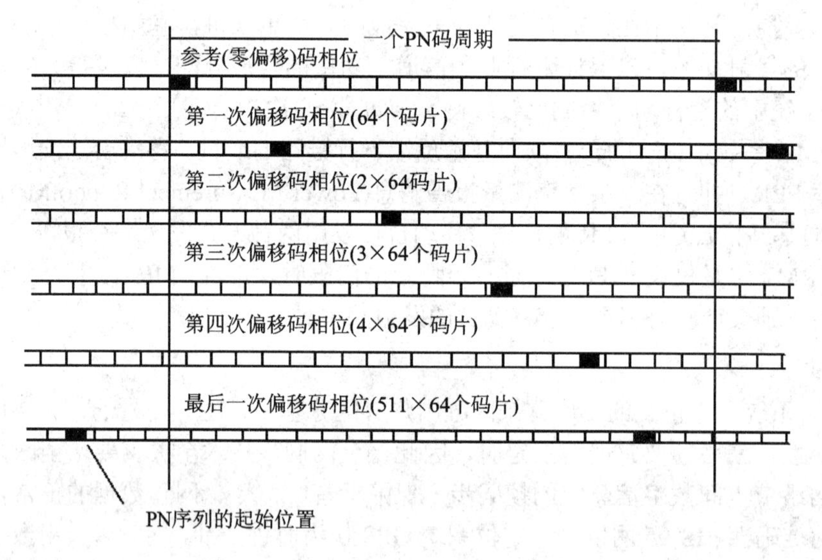


图 4-44　分配给不同基站的短 PN 偏移码

移动台通过读取基站的广播同步消息，就能建立起自己的时间基准，实现同一基站下属不同移动台的同步。不同的移动台通过长 PN 码的不同相位偏置来区分。但是由于移动台和基站之间的距离远近不同，移动台接收的时间基准，以及移动台返回基站的时间基准都会有延时。

7. 瑞克接收

瑞克(Rake)接收技术是 CDMA 系统中的一项重要技术，在 IS-95、WCDMA 和 CDMA 2000 系统中都有应用。

在 CDMA 移动通信系统中，由于信号带宽较宽，存在着复杂的多径无线电信号，通信受到多径衰落的影响，采用 Rake 接收技术能够有效抵抗多径衰落。Rake 接收技术实际上是一种时间分集接收技术，可以在时间上分辨出细微的多径信号，对这些分辨出来的多径信号分别进行加权调整、使之复合成加强的信号，从而改善接收信号的信噪比。由于该接收机中的横向滤波器具有类似于锯齿状的抽头，就像耙子一样，故被称为 Rake 接收机。$L$ 条多径信号合并的 Rake 接收机的结构原理框图如图 4-45 所示。

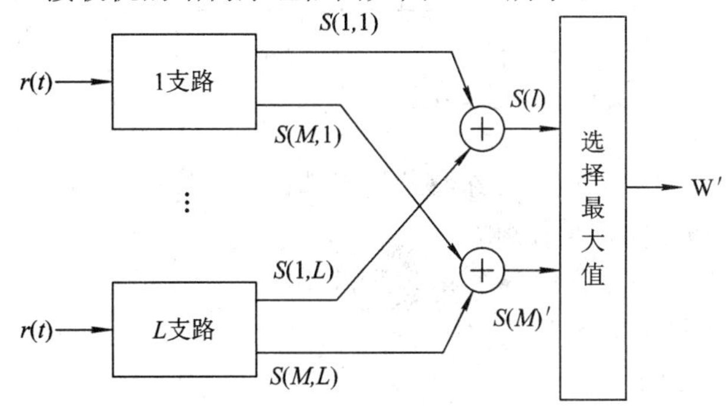


图 4-45 $L$ 径 Rake 接收机结构

IS-95 系统中的移动台采用“三指”Rake 接收机，即接收机由三个相关搜索器、三个相关器和合并器组成。其中，相关搜索器负责对多径参数的检测与测量，并捕获有用的 CDMA 信号。当越区切换时，相关搜索器会不断地搜索来自相邻小区基站的导频信号。相关器各自负责接收一路多径信号并进行解扩处理。合并器负责按照相干最大准则将三路多径信号最终合并在一起。

IS-95 系统中的基站台采用“四指”Rake 接收机，即接收机由四路并行相关器和按非相干最大比合并的合并器组成。它的四路并行相关器可分离来自两付接收天线的四路多径信号。经合并后可完成四路分集。当移动台处于越区切换状态时，两个或多个基站需同时接收同一个移动台的信号，所接收的信号最后在 MSC 的选择器中按照“择大”规则作出分集。

# 思考与练习题

1. 解释为什么在频谱资源日益短缺的今天能够使用扩频通信技术？
2. 扩频通信系统与一般通信系统在组成上的区别？
3. 为什么说扩频通信系统比一般的窄带系统抗干扰能力强？
4. 解释香农公式中信道容量、信道带宽和信噪比三者之间的关系。
5. 处理增益是如何定义的？为什么说处理增益反映了扩频通信系统信噪比的改善程度？
6. 在基本的扩频方式中最常用的是哪一个？为什么？
7. 试着自己绘制直扩系统和跳频系统信号频谱变化图，并加以比较。
8. 解释跳频图案中跳频信道带宽、跳频驻留时间及跳频带宽的概念。
9. 结合本章图 4-9，从时域和频域两个方面分别说明实现同步跳频的条件。
10. 某系统需要有 3000 MHz 的射频带宽，已知 PN 序列的码片速率为 6 Mchip/s，试设

计一个合理的扩频系统并画出其原理框图及信号频谱图。

11. 已知某直扩/跳频系统的总处理增益为 65 dB，直扩增益和跳频增益所占比例为 3/7，求其中的直扩增益(非 dB 形成的)。

12. 某 4 级线性反馈移位寄存器的组成框图如下图所示，已知各寄存器的初始状态为 0001，求其末级输出序列，并判断是否为 m 序列？

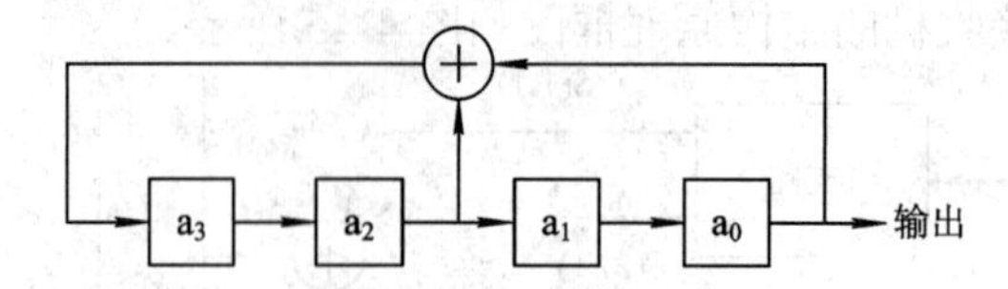


13. 已知某 m 序列发生器的第 $n$ 级移位寄存器的输出序列为 000100110101111，则其第 $n-3$ 级移位寄存器的输出序列是什么？

14. 分别计算符合下述条件的各个 m 序列的周期：

(1) 移位寄存器的级数为 8；

(2) 游程总个数为 256；

(3) 长度为 7 的游程只有一个且是最长的连 0 码；

(4) 序列中共有 63 个 0。

15. 求 5 级 m 序列的自相关函数？

16. 4 级 m 序列发生器能产生多少个 m 序列？为什么？

17. 按递推公式求出第 4 阶 Walsh 码。

18. 何为优选对？利用优选对如何构成 Gold 码？

19. 为什么称 CDMA 手机为“绿色手机”？

20. 什么是功率控制？功率控制有几种分类？各分类的用途是什么？

# 第5章

# 3G移动通信系统

第一代移动通信系统采用FDMA的模拟调制方式，它对人们希望能够随时、随地打电话的理想加以初步肯定；第二代移动通信系统采用时分多址(TDMA)和窄带码分多址(CDMA)的数字调制方式，相对第一代系统而言，它提高了系统容量、改善了系统性能，能够提供较多的业务类型，但同时依然存在着系统容量有限、性能不够完善的缺点；第三代移动通信系统采用宽带码分多址(CDMA)数字调制方式，它不仅从根本上解决了系统容量问题，而且采用多种先进的通信技术使系统性能大为改观，同时能够提供各种丰富的多媒体业务，使人们的5个W通信梦想趋于实现。

## 5.1 IMT-2000

### 5.1.1 概述

第三代移动通信系统是由国际电信联盟ITU率先提出并负责组织研究的，采用宽带码分多址(CDMA)数字技术的新一代通信系统，是近20年来现代移动通信技术和实践的总结和发展。1996年，3G标准由未来公共陆地移动通信系统(Futuristic Public Land Mobile Telecommunication System，简称FPLMTS)更名为IMT-2000，其含义为：2000年左右投入商用、核心工作频段为2000 MHz，以及多媒体业务最高运行速率第一阶段为2000 kb/s。

3G标准发展的大事记如下：

- 1985年，未来公共陆地移动通信系统FPLMTS概念被提出。
- 1991年，国际电联正式成立TG8/1任务组，负责FPLMTS标准制订工作。
- 1992年，国际电联召开世界无线通信系统会议WARC，对FPLMTS的频率进行了划分，这次会议成为3G标准制订进程中的重要里程碑。
- 1994年，ITU-T与ITU-R正式携手研究FPLMTS。
- 1997年初，ITU发出通函，要求各国在1998年6月前，提交候选的IMT-2000无线接口技术方案。
- 1998年6月，ITU共收到了15个有关第三代移动通信无线接口的候选技术方案。
- 1999年3月，ITU-R TG8/1第16次会议在巴西召开，确定了第三代移动通信技术的大格局。IMT-2000地面无线接口被分为两大组，即CDMA与TDMA。
- 1999年5月，国际运营商组织多伦多会议上30多家世界主要无线运营商以及十多家设备厂商针对CDMA FDD技术达成了融合协议。
- 1999年6月，ITU-R TG8/1第17次会议在北京召开，不仅全面确定了第三代移动通

信无线接口最终规范的详细框架，而且在进一步推进CDMA技术融合方面取得了重大成果。

● 1999年10月，ITU-R TG8/1最后一次会议将最终完成第三代移动通信无线接口标准的制订工作。

● 2000年5月，ITU完成了第三代移动通信网络部分标准的制订。

第三代移动通信系统的实现目标包括以下几个主要方面：

(1) 与第二代移动通信系统及其他各种通信系统(固定电话系统、无绳电话系统等)相兼容。

(2) 全球无缝覆盖和漫游。

(3) 支持高速率(高速移动环境144 kb/s；室外步行环境384 kb/s；室内环境2 Mb/s)的多媒体(语音、数据、图像、音频、视频等)业务。

总之，第三代移动通信的特点是多媒体化和智能化。第三代移动通信将由卫星移动通信网和地面移动通信网共同组成，是频谱利用率更高、通信容量更大、通信质量更好、提供功能更全、使用更快捷方便的、新一代的移动通信系统。

### 5.1.2 系统结构组成

IMT-2000的系统结构图如图5-1所示。由图可见，IMT-2000由三个部分(四个模块)和四个接口组成。三个组成部分包括：

(1) 用户终端设备(User Equipment，简称UE)。UE相当于GSM系统中的移动台MS。UE又包括用户识别卡UIM和移动终端MT两个模块。

(2) 无线接入网(Radio Access Network，简称RAN)。它相当于GSM系统的基站子系统BSS，主要完成用户接入业务的全部功能，包括所有空中接口相关功能。

(3) 核心网(Core Network，简称CN)。它相当于GSM系统的网络交换子系统NSS和操作维护子系统OMS，由交换网和业务网组成，交换网完成呼叫及承载控制所需功能；业务网完成支撑业务所需功能，包括位置管理。

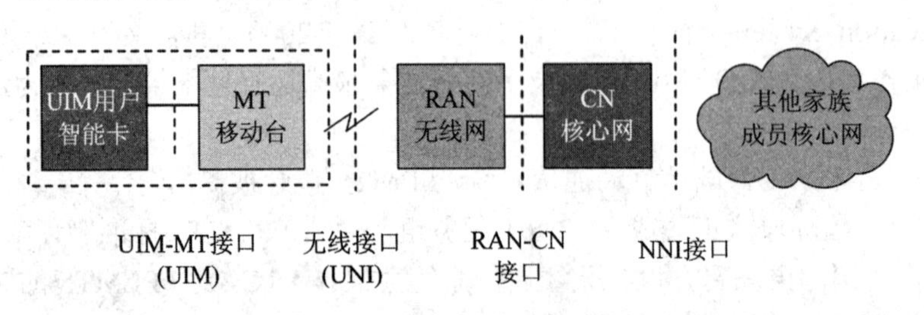


图5-1 IMT-2000系统结构图

四个接口包括：

(1) 网络与网络接口(Network and Network Interface，简称NNI)：指的是IMT-2000家族核心网之间的接口，是保证互通和漫游的关键接口。

(2) 无线接入网与核心网之间的接口(RAN-CN)，对应于GSM系统中的A接口。

(3) 移动台(用户)与无线接入网之间的无线接口(User and Network Interface，简称UNI)。

(4) 用户识别卡和移动终端之间的接口(UIM-MT)。

#### 1. 核心网

IMT-2000对3G网络规划的主导思想是：在2G核心网的基础上，引入3G无线接入网，通过电路交换和分组交换并存的网络实现电路型话音业务和分组数据业务，充分体现了网络平滑演进的思想。同时，尽量减小无线接入网对核心网的影响，使它们可以分别独立地演进。

IMT-2000核心网的演进主要基于2G的两种网络类型：一个是GSM MAP网络，另一个ANSI-41网络。其中，ANSI是美国国家标准学会(American National Standard Institute)的简称，而ANSI-41就是IS-95 CDMA系统的核心网。此两大2G核心网与IMT-2000的三个主流CDMA无线接口技术的对应关系如图5-2所示。由图可见，WCDMA和TD-SCDMA对应GSM MAP核心网，由第三代伙伴计划3GPP负责研究；CDMA 2000对应ANSI-41核心网，由3GPP2负责研究。

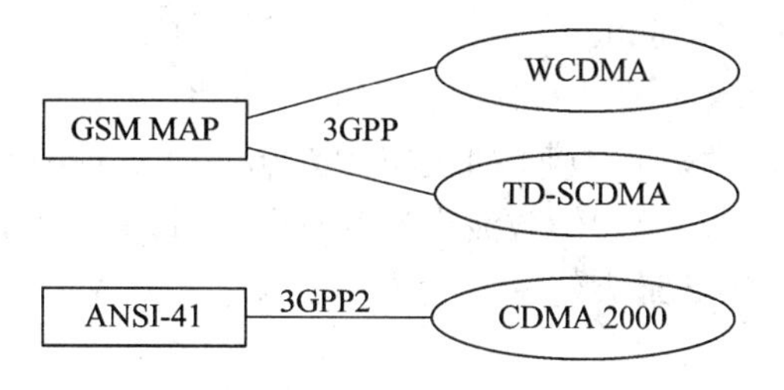


图5-2 IMT-2000无线接口技术与核心网的关系

1) 基于GSM MAP核心网的演进

基于GSM MAP核心网的演进策略分为若干个版本(Release)，包括R99、R4、R5、R6…最终版本为LTE(Long Term Evolution，长期演进)。其中，R99为1999年制定的最早的版本，其基本思想是：核心网完全在2G的MSC+GPRS的网络基础上演进，而无线接入网是全新的，该版本的系统结构组成如图5-3所示。从图中可以看出，核心网基于GSM的电路交换网络(核心设备为MSC)和GPRS分组交换网络(主要包括SGSN和GGSN两类节点)平台，以实现第二代向第三代网络的平滑演进。无线接入网通过新定义的Iu接口与核心网连接。Iu接口具体包括支持电路交换业务的Iu-CS和支持分组交换的Iu-PS两部分。

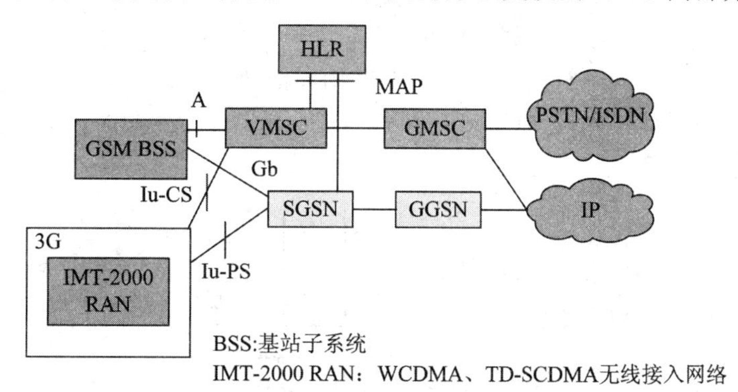


图5-3 R99版本系统结构组成

其后的R4版本将控制与承载业务相分离；R5版本在核心网中引入了IP多媒体子系统(IP Multimedia Subsystem，简称IMS)，在无线网中引入了高速下行分组接入技术(High Speed Downlink Packet Access，简称HSDPA)；R6版本尚未完成，其任务是研究IMS与PLMN/PSTN/ISDN的电路交换的互操作、多媒体广播组播业务(Multimedia Broadcast Multicast Service，简称MBMS)以及框架结构的研究。LTE是3G向4G过渡的一个版本，

它将改进并增强 3G 的空中接入技术，采用 OFDM 和 MIMO 作为其无线网络演进的唯一标准。

2) CDMA 2000 核心网的演进

基于 ANSI-41 核心网演进的 CDMA2000 无线接口标准的标准化也是分阶段进行的，包括 CDMA 2000 1X、3X、6X、9X 等。其中 1X 为过渡阶段，3X 与 1X 的主要不同在于：它前向 CDMA 信道采用三载波，而 1X 只采用单载波技术。3X 的优势在于能够提供更高的数据速率，但占用频谱资源也更宽，在较长时间内运营商不会考虑。CDMA 2000 1X 的主要演进版本包括 CDMA 2000 1X Release0、1X-Release A、1X-EV DO、1X-EV DV…最终版本为空中接口演进(Air Interface Evolution，简称 AIE)。其中，CDMA20001X Release0 于 1999 年底发布，它在核心网分组域通过加入分组数据服务节点(Packet Data Serving Node，简称 PDSN)引入了 Mobile IP 技术，最高速率可达 153.6 kb/s；1X-Release A 版本将最大速率提高到了 307 kb/s；1X-EV DO 采用单独的载波支持数据业务，最大速率可达 2.4 Mb/s；1X-EV DV 将进一步提高业务速率，预计最大速率可达 3.1 Mb/s。基于 ANSI-41 核心网的 CDMA 2000 系统结构示意图如图 5-4 所示。

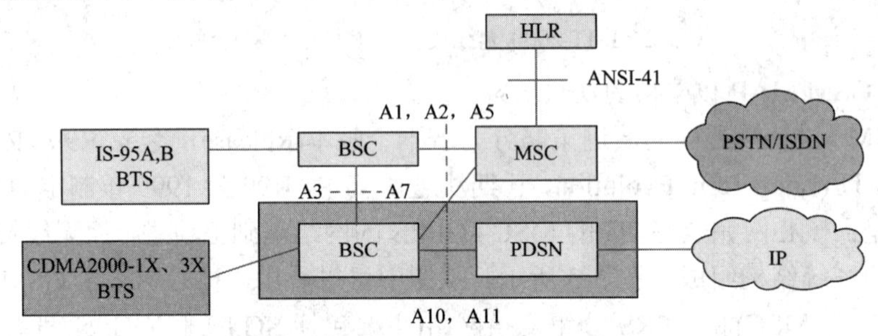


图 5-4　CDMA 2000 系统结构组成

**2. 无线接入网**

如图 5-5 所示，3G 系统无线接入网可分为以下三个层次：

(1) 物理层：由一系列下行物理信道和上行物理信道组成。

(2) 链路层：由媒体接入控制(Media Access Control，简称 MAC)子层和链路接入控制(Link Access Control，简称 LAC)子层组成。

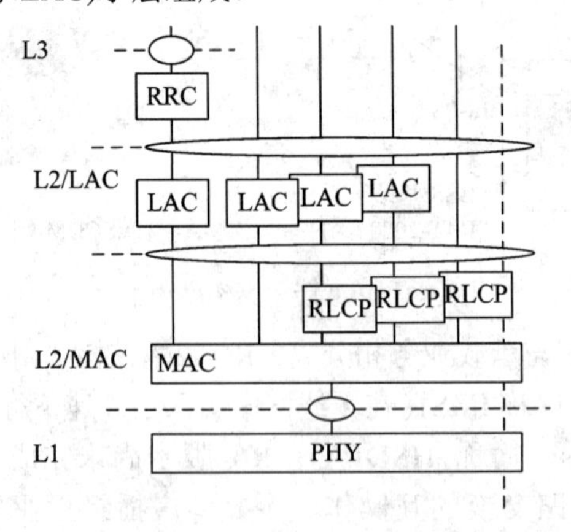


图 5-5　3G 系统分层结构

① MAC子层根据LAC子层不同业务实体的要求对物理层资源进行管理与控制，并负责提供LAC子层业务实体所需的服务质量(Quality of Service，简称QoS)级别。其中，无线链路控制协议(Radio Link Control Protocol，简称RLCP)是该层的一个重要协议。

② LAC子层与物理层相对独立的链路管理与控制，并负责提供MAC子层所不能提供的更高级别的QoS控制，这种控制可以通过自动重传请求(Automatic Repeat reQuest，简称ARQ)等方式来实现，以满足来自更高层业务实体的传输可靠性的要求。

③ 高层：它集OSI参考模型中的网络层，传输层，会话层，表示层和应用层为一体。高层实体主要负责各种业务的呼叫信令处理、话音业务(包括电路类型和分组类型)和数据业务(包括IP业务，电路和分组数据，短消息等)的控制与处理等。其中，无线资源控制协议(Radio Resource Control，简称RRC)协议是高层最重要的一个组成协议。

3GPP2无线接入网同核心网一样都是由2G平滑演进，而3GPP的无线接入网是全新的，称为通用陆地无线接入网(Universal Terrestrial Radio Access Network，简称UTRAN)。UTRAN由无线网络控制器(Radio Network Control，简称RNC)和节点B(Node B)两个物理实体构成，分别对应2G的基站控制器BSC和基站收发信台BTS。除与核心网连接的Iu接口外，还定义了RNC与Node B之间的接口Iub和不同RNC之间的接口Iur。

### 5.1.3 主要无线接口技术标准

由于无线接口部分是3G系统的核心组成部分，而其他组成部分都可以通过统一的技术加以实现，因此，无线接口技术标准即代表了3G的技术标准。1999年10月，在芬兰赫尔辛基召开的ITU TG8/1第18次会议通过了IMT-2000无线接口技术规范建议(IMT.RSPC)。2000年5月，国际电信联盟最终从10个候选方案中确立了IMT-2000所包含的以下5个无线接口技术标准：

(1) IMT-2000 CDMA DS，对应WCDMA，简化为IMT-DS。

(2) IMT-2000 CDMA MC，对应CDMA 2000，简化为IMT-MC。

(3) IMT-2000 CDMA TDD，对应TD-SCDMA和UTRA TDD，简化为IMT-TD。

(4) IMT-2000 TDMA SC，对应UWC-136，简化为IMT-SC。

(5) IMT-2000 FDMA/TDMA，对应DECT，简化为IMT-FT。

以上IMT-2000无线接口技术标准结构图如图5-6所示。由图可见，这5个无线接口标准主要包括两种体制：CDMA和TDMA。其中，前三种属于CDMA，是主流技术，后两种属于TDMA。从双工方式来看，这5个无线接口标准又包括频分双工FDD与时分双工TDD两种方案。据估计，这两种方案将会长期共存。

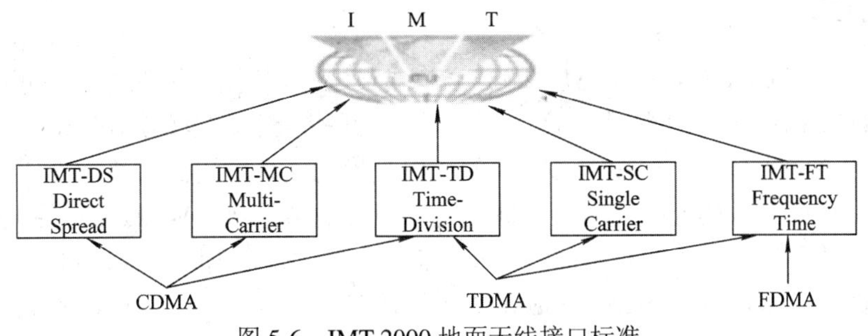


图5-6 IMT-2000地面无线接口标准

下面对这 5 个标准分别加以简要说明：

(1) IMT-2000 CDMA DS (IMT-DS)

IMT-2000 CDMA DS 是 3GPP 的 WCDMA 技术(日本)与 3GPP2 的 CDMA2000 技术(美国)的直接扩频 DS 部分融合后的结果，统称为 WCDMA。此标准将同时支持 GSM MAP 和 ANSI-41 两个核心网络。

(2) IMT-2000 CDMA MC (IMT-MC)

IMT-2000 CDMA MC 即 CDMA2000(美国)。在融合后，只包含多载波方式，即 1X、3X、6X、9X 等。此标准也将同时支持 ANSI-41 和 GSM MAP 两大核心网络。

(3) IMT-2000 CDMA TDD (IMT-TD)

IMT-2000 CDMA TDD 实际上包括了码片速率较低的 TD-SCDMA(中国)和码片速率较高的 UTRA TDD(TD-CDMA)(欧洲)两种技术。目前，这两种技术已基本完成了融合，统一命名为 TD-SCDMA。

(4) IMT-2000 TDMA SC(IMT-SC)

IMT-2000 TDMA SC 对应北美提出的 UWC-136，目前已经全面转向 GSM EDGE 和 WCDMA。

(5) IMT-2000 FDMA/TDMA(IMT-FT)

IMT-2000 FDMA/TDMA 对应欧洲的 DECT，完全是由于频谱原因才作为 3G 标准的。

除了以上的标准划分方法以外，从应用环境和应用范围的角度看，IMT-2000 系列标准也可以分成以下两种类型：

① 针对国家和地区范围的业务，共有三种标准：

- 由欧洲和日本提出的 UTRA-FDD，在成对频谱上以 FDD 模式运行。
- 由美国提出的 CDMA 2000，在成对频谱上以 FDD 模式运行。
- 由中国提出的 TD-SCDMA，在非成对频谱上以 TDD 模式运行。

② 针对业务密集城市热点地区，微微小区和室内环境，则有以下三种标准：

- 由美国提出的 IS-136，在成对频谱上以 FDD 模式运行。
- 由欧洲提出的 UTRA-TDD，在非成对频谱上以 TDD 模式运行。
- 由欧洲提出的 DECT。

## 5.2 三种主流技术标准

### 5.2.1 WCDMA

WCDMA 属于 3GPP 负责的 IMT-2000 家族成员之一，其技术标准符合 3GPP 技术规范。如前所述，WCDMA 的核心网采取的是由 GSM 的核心网逐步演进的思路，即由最初的 GSM 的电路交换的一些实体，然后加入 GPRS 的分组交换的实体，再到最终演变成全 IP 的核心网。这样可以保证业务的连续性和核心网络建设投资的节约化。WCDMA 的无线接入网是全新的，称为通用陆地无线接入网 UTRAN，需要重新进行无线网络规划和布站。为了体现业务的连续性，WCDMA 的业务与 GSM 的业务是完全兼容。

WCDMA 在网络设计时遵循以下原则：网络承载和业务应用相分离，承载和控制相分离，控制面(Control Plane，简称CP)和用户面(User Plane，简称UP)相分离，这样使得整个网络结构清晰，实体功能独立，便于模块化的实现。WCDMA的核心网主要负责处理系统内所有的话音呼叫和数据连接与外部网络的交换和路由；无线接入网主要用于处理所有与无线有关的事务。

### 1. 无线接入网

如前所述，WCDMA的无线接入网称为UTRAN，其实UTRAN是基于UMTS体系的。UMTS(Universal Mobile Telecommunication System)通用移动通信系统，是由欧洲开发、以GSM系统为基础、采用WCDMA空中接口技术的第三代移动通信系统。该名称曾被推荐给3GPP作为无线接入网的统称而未被采用。UMTS又分为两个方案：WCDMA和TD-CDMA。因此，WCDMA包含在UMTS体系中，由UMTS发展而来。由于WCDMA的无线接入网是革命性的、全新的，在此对它加以进一步介绍。

#### 1) 基本技术参数

(1) 扩频方式：可变扩频比(4～256)的直接序列扩频；

(2) 载波扩频速率：4.096 Mchip/s；

(3) 每载波带宽：5 MHz(可扩展至10 MHz或20 MHz)；

(4) 载波间隔：200 kHz；

(5) 载波速率：16 kbit/s～256 kbit/s；

(6) 帧长度：10 ms；

(7) 时隙长度(功率控制组)：0.625 ms；

(8) 调制方式：正交相移键控QPSK；

(9) 功率控制：开环+自适应闭环方式(功控速率1500次/s，步长0.5/1/1.5/2 dB)。

#### 2) 结构组成

UTRAN结构组成如图5-7所示。由图可见，UTRAN包括许多通过$I_u$接口连接到核心网CN的无线网络子系统(Radio Network Subsystem，简称RNS)。一个RNS包括一个RNC和一个或多个Node B。Node B通过$I_{ub}$接口连接到RNC上，在WCDMA中，这种连接支持FDD模式；而在TD-SCDMA中，这种连接改用TDD模式。一个Node B覆盖一个或多个小区。Node B通过无线接口$U_u$接口同UE相连。

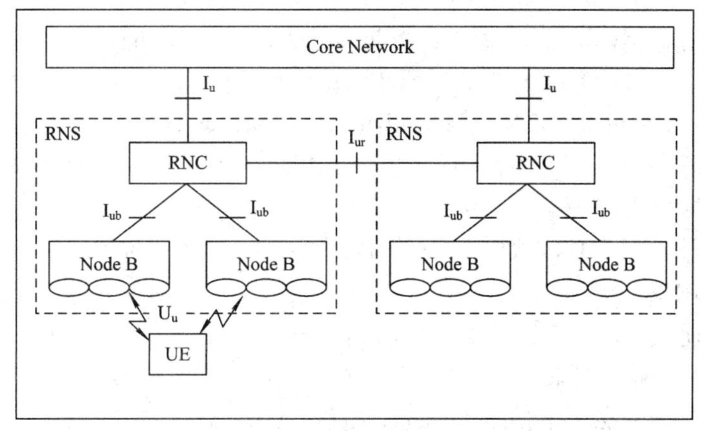


图5-7 UTRAN的结构组成

在 UTRAN 内部，RNS 中的无线网络控制器 RNC 能通过 $I_{ur}$ 接口交互信息。$I_u$ 接口和 $I_{ur}$ 接口都是逻辑接口。$I_{ur}$ 接口可以是 RNC 之间物理的直接相连，也可以通过适当的传输网络实现。

3) 协议模型

前一节介绍了 3G 无线接入网的分层结构，这里介绍建立在此分层结构基础上的 UTRAN 接口通用协议模型，如图 5-8 所示。此结构是依据层间和平面间相互独立原则而建立的。

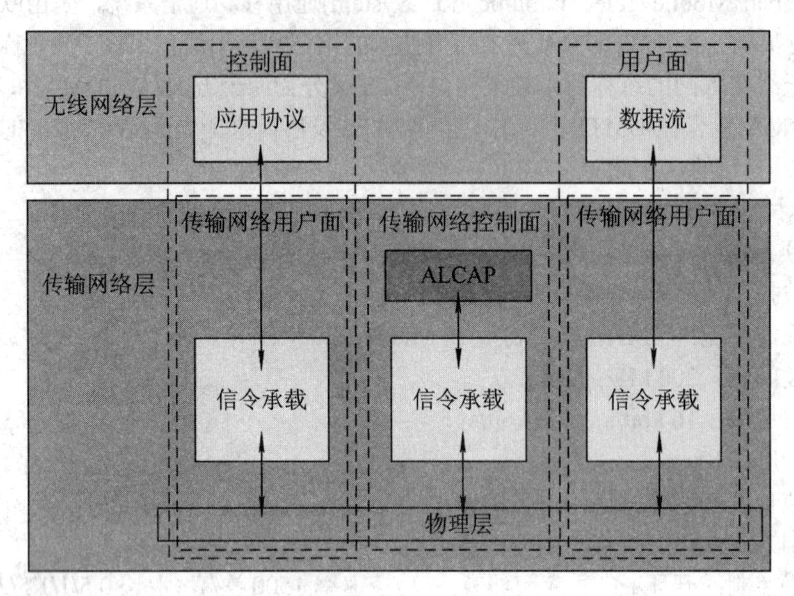


图 5-8 UTRAN 接口通用协议模型

就分层结构来讲，WCDMA 的无线接口协议模型分为三层，从下向上依次是物理层、传输网络层和无线网络层。其中物理层主要体现了 WCDMA 的多址接入方式，可以采用 E1、T1、STM-1 等数十种标准接口。

传输网络层只是 UTRAN 采用的标准化的传输技术，与 UTRAN 特定的功能无关，它又被划分为几个子层：在控制平面(CP)上，数据链路层包含两个子层——媒体接入控制(MAC)子层和无线链路控制(RLC)子层；在用户平面上，除了 MAC 和 RLC 外，还存在两个与特定业务有关的协议：分组数据汇聚协议(Packet Data Convergence Protocol，简称 PDCP)和广播/组播控制(Broadcast/Multicast Control，简称 BMC)协议。MAC 的重点是对多业务和多速率的灵活支持，RLC 定义了三种不同的传输模式，PDCP 核心是解决报头压缩问题，BMC 是完成对广播/组播业务的支持。

无线网络层涉及到了 UTRAN 所有相关问题，由无线资源控制(RRC)协议和非接入层协议组成。其中，RRC 统一负责控制无线资源以及对非接入层协议实体的配置。所谓非接入层指的是 UE 不通过 UTRAN 而直接与 CN 进行消息交互的层次，通常的直传消息就是非接入层消息，如鉴权、业务请求等。接入层与非接入层结构示意图如图 5-9 所示。非接入层协议包括连接性管理(Connection Management，简称 CM)、移动性管理 MM、会话管理(Session Management，简称 SM)等。

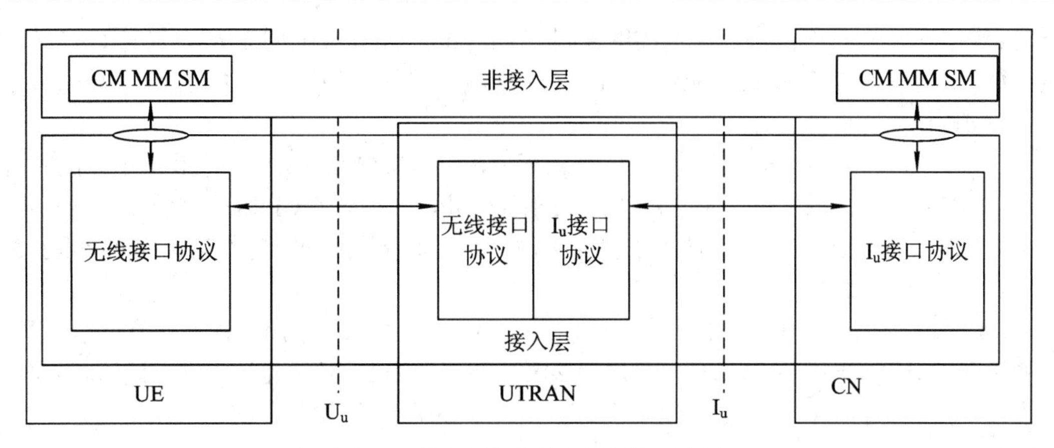


图 5-9 接入层与非接入层结构示意图

就平面结构来讲，WCDMA 的无线接口协议模型包括两个平面：用户面 UP 和控制面 CP。用户面包括数据流和用于传输数据流的数据承载。数据流是各个接口规定的帧协议(Frame Protocol，简称 FP)。控制面包括无线网络层的应用协议以及用于传输应用协议消息的信令承载。

无线网络层的控制面，在 $I_u$ 接口主要包括无线接入网应用协议(Radio Access Network Application Protocol，简称 RANAP)，它负责 CN 和 RNS 之间的信令交互；在 $I_{ur}$ 接口主要包括无线网络子系统应用协议(Radio Network Subsystem Application Protocol，简称 RNSAP)，它负责两个 RNS 之间的信令交互；在 $I_{ub}$ 接口主要包括 B 节点协议(Node B Application Protocol，简称 NBAP)，它负责 RNS 内部的 RNC 与 Node B 之间的信令交互。

在传输网络层的控制面，$I_u$、$I_{ur}$ 和 $I_{ub}$ 三个接口统一应用 ATM 传输技术，3GPP 还建议了可支持七号信令的信令连接控制协议 SCCP、移动传输协议 MTP 及互联网协议 IP。无线网络层的用户面和控制面都是传输网络层的用户面。传输网络层自己的控制面由接入链路控制应用协议(Access Link Control Application Protocol，简称 ALCAP)实现信令承载。传输网络控制面的引入使得无线网络控制面的应用协议(对应信令承载)完全独立于用户平面数据承载技术。

由上可见，WCDMA 系统无线接口的设计完全体现了对多媒体业务和移动性的支持，是一个理想的 3G 无线接入解决方案。

2. 关键技术

从 WCDMA 技术的定义及标准的演进来看，其关键技术主要涵盖了以下六个方面：

1) CDMA 技术

CDMA 技术的 WCDMA 系统采用宽带 CDMA 方式，包含了软切换、更软切换、功率控制等技术。从话音业务角度来说，WCDMA 系统仍可算是上行受限。从无线网络规划角度而言，WCDMA 与 GSM 有本质的区别。同时，WCDMA 具备软容量(容量以受干扰程度来衡量，是个动态指标)的概念。

2) ATM(Asynchronous Transfer Mode，异步传输模式)技术及协议

在 WCDMA 系统标准，尤其是 R99 和 R4 的 UTRAN 中，大量采用了 ATM 及其相关协议作为二层传送机制和服务质量保证机制，如 AAL2(ATM Adapter Layer2，ATM 适配层 2)

话音封装、AAL5 信令封装、连接接纳控制(Connection Admission Control，简称 CAC)机制及 ATM 专用网间接口(Private Network-to-Network Interface，简称 PNNI)信令等。

3) IP 承载及应用

IP 作为目前数据业务事实上的底层承载标准，在 WCDMA 系统标准中获得了广泛应用。从 UTRAN 中传出的数据包，通过 PS 域，可承载于 IP，通过服务 GPRS 支持节点 SGSN 传至网关 GPRS 支持节点 GGSN，输出至公共数据网。R4 及以后的版本，分组话音也可承载于 IP。

4) 分组语音技术

R4 以后，电路域的话音采用了分组而非 TDM 方式承载，采用了标准的分组话音网关加服务器的分布式网络体系结构，采用 H.248 作为网关控制协议，同时，相对于 64 k 电路静态交换方式而言，网络规划的复杂程度加大，服务质量保证能力要求提高。

5) 传统信令

WCDMA 系统标准中由于考虑到对 GSM 核心网设备的向下兼容性，大量保留了传统的信令和协议，如移动应用部分协议 MAP、ISDN 用户部分协议 ISUP 等，这些信令对 WCDMA 系统网络与 GSM 网络的漫游切换及与 PSTN 系统的互联至关重要。

6) 软切换

系统中采用软切换以及更软切换，与硬切换相配合使用，不丢失信息、不中断通信，同时，由于软切换减小了同频干扰，从而提高了系统容量。

**3. 现状和前景**

WCDMA 是全球 3G 主导标准，迄今为止，全球已发放上百个 WCDMA 牌照，占 ITU 3G 核心频段(2.1 GHz)上所有牌照的 95%以上。WCDMA 的商用服务已经在各国展开。我国在电信重组后，由中国联通负责 WCDMA 标准的施行。

WCDMA 建网成本低，服务质量高，可提供音频、视频等丰富多彩的多媒体业务，能够给运营商带来真正的收益。因此，WCDMA 前景可观。

### 5.2.2 TD-SCDMA

TD-SCDMA 意为时分同步码分多址，是由我国原邮电部电信科学技术研究院(现为大唐电信集团公司)在原邮电部科技司的领导和支持下，代表我国向国际电信联盟 ITU 提出的第三代移动通信标准建议，是世界公认的最具竞争力的 3G 标准技术规范之一，是中国电信百年来第一个完整的通信技术标准。它成功结束了中国在电信标准领域零的空白历史，为扭转中国移动通信制造业长期以来的被动局面提供了十分难得的机遇，标志着中国在移动通信技术方面进入了世界先进行列。

TD-SCDMA 的目标是要建立一个具有高频谱效率和高经济效益的先进的移动通信系统。针对不同性质的业务，TD-SCDMA 既可以在每个突发脉冲基础上利用 CDMA 和多用户检测技术进行多用户传输，从而提供速率为 8 kb/s 到 384 kb/s 的语音和多媒体业务，也可以不进行信号的扩频，从而提供高速数据传输，如移动因特网业务。TD-SCDMA 在基站 Node B 和用户终端 UE 中的业务模式转换是通过数字信号处理软件 DSP-SW 实现的，这一方法为演进实现 4G 的软件无线电奠定了基础。TD-SCDMA 的无线传输方案是 FDMA、TDMA 和 CDMA 三种基本传输模式的灵活结合。这种结合首先是通过多用户检测技术使得它的传输容量显著增长，而传输容量的进一步增长则是通过采用智能天线技术实现 SDMA

来获得的。智能天线的定向性降低了小区间干扰，从而使更为密集的频谱复用成为可能。另外，为了减少运营商的投资，无线传输模式的设计目标之一是提高每个小区的数据吞吐量，另一个是减少小型基站数量而获得高的收发器效率。TD-SCDMA 在实现这一目标方面也较为理想。

TD-SCDMA 也是 3GPP 负责的 IMT-2000 家族成员之一，同 WCDMA 相同的是，其核心网也是从 GSM 网络演进的，其无线接入网是全新的，符合 UMTS 架构。这些都不再赘述。下面，仅介绍 TD-SCDMA 系统所特有的方面。

### 1. 主要技术参数

TD-SCDMA 系统的主要技术参数包括：

(1) 扩频方式：可变扩频比(1～16)的直接序列扩频；

(2) 载波扩频速率：1.28 Mchip/s；

(3) 每载波带宽：1.6 MHz；

(4) 载波间隔：无需设置；

(5) 载波速率：384 kb/s～2.8 Mb/s；

(6) 帧长度：10 ms(分成两个结构完全相同的 5 ms 子帧)；

(7) 时隙长度(功率控制组)：0.675 ms；

(8) 调制方式：正交相移键控 QPSK/8PSK/16QAM；

(9) 功率控制：开环＋闭环方式(功控速率 200 次/s，步长 1/2/3 dB)。

### 2. 关键技术

1) 时分双工 TDD

在 TDD 模式下，采用在周期性重复的时间帧里传输基本的 TDMA 突发脉冲的工作模式(和 GSM 相同)，通过周期性地转换传输方向，在同一个载波上交替地进行上下行链路传输。这个方案的优势在于上下行链路间的转换点的位置可以因业务的不同而任意调整。当进行对称业务传输时，可选用对称的转换点位置；当进行非对称业务传输时，可在非对称的转换点位置范围选择。这样，对于上述两种业务，TDD 模式都可提供最佳频谱利用率和最佳业务容量。采用 TDD 模式，上下行无线传播环境对称，还有利于智能天线技术的实现。

2) 智能天线

在 TD-SCDMA 系统中采用智能天线后，应用波束赋形技术能够显著提高基站的接收灵敏度和发射功率，大大降低系统内部的干扰和相邻小区间的干扰，从而使系统容量扩大一倍以上。同时，还可以使业务高密度市区和郊区所需基站数目减少。天线增益的提高也能降低高频放大器的线性输出功率，从而将显著降低运营成本。

3) 综合采用多种多址方式

TD-SCDMA 使用了 2G 和 3G 中的所有接入技术，包括 TDMA、FDMA、CDMA 和 SDMA，其中最主要的创新部分是 SDMA。SDMA 可以在时域、频域之外用来增加容量和改善性能，SDMA 的关键技术就是利用智能天线对空间参数进行估计，对下行链路的信号进行空间合成。另外，将 CDMA 与 SDMA 技术结合起来也起到了相互补充的作用，尤其是当几个移动用户靠得很近并使得 SDMA 无法分出时，CDMA 就可以很轻松地起到分离作用，而 SDMA 本身又可以使相互干扰的 CDMA 用户降至最小。SDMA 技术的另一重要作用是可以大致估算出每个用户的距离和方位，可应用于用户的定位与搜索业务，并能为越区切换提供参考信息。

4) 动态信道分配

TD-SCDMA 系统采用 RNC 集中控制的动态信道分配技术，在一定区域内，将几个小区的可用信道资源集中起来，由 RNC 统一管理，按小区呼叫阻塞率、候选信道使用频率、信道再用距离等诸多因素，将信道动态分配给呼叫用户。这样可以提高系统容量、减少干扰、更有效地利用有限的信道资源。

5) 联合检测

在 TD-SCDMA 系统中实现联合检测技术具有其独特的优势：由于该系统每时隙内码道数量少(16 个)、基站扰码短和采用上行同步技术，都保证了计算量更小，因此，更易于实现。反过来由于采用了联合检测技术，TD-SCDMA 系统在性能上得到了很大的改善，包括：提高系统容量，增大覆盖范围，减小呼吸效应、缓解功率控制精度要求和削弱远近效应。相比于 WCDMA 系统和 CDMA 2000 系统采用的 Rake 接收技术，联合检测技术能够充分利用确知信息，能够获得更好的检测效果。

6) 上行同步

TD-SCDMA 系统在上行链路各终端发出的信号在基站解调器处完全同步，相互间不会产生多址干扰，提高了 TD-SCDMA 系统的容量和频谱利用率。

7) 接力切换

接力切换技术是 TD-SCDMA 系统特有的切换技术。在 TD-SCDMA 系统中，利用智能天线获取 UE 的位置、距离信息，同时在切换测量期间，使用上行预同步技术，提前获取切换后的上行信道发送时间、功率信息，从而能够减少切换时间，提高切换的成功率，降低切换的掉话率。

接力切换与硬切换相比，两者都具有较高的资源利用率、简单的算法以及较轻的信令负荷等优点。不同之处在于接力切换断开原基站和与目标基站建立通信链路几乎是同时进行的，因而克服了传统硬切换掉话率高、切换成功率低的缺点。接力切换与软切换相比，二者都有较高的切换成功率、较低的掉话率以及较小的上行干扰等优点。不同之处在于接力切换不需要同时有多个基站为一个移动台提供服务，因而克服了软切换需要占用的信道资源多、信令复杂、增加下行链路干扰等缺点。

### 3. 特点及优势

TD-SCDMA 集 CDMA、TDMA、FDMA 及 SDMA 多种多址方式于一体，采用了时分双工、智能天线、联合检测、接力切换、上行同步等一系列的高新技术，具有频谱利用率高、系统容量大、适合开展数据业务、系统成本低、符合移动技术发展方向等突出优势。特别适合于在城市人口密集区提供高密度、大容量的话音、数据和多媒体业务。系统可单独组网运营也可与其他无线接入技术配合使用。

### 4. 我国的演进方案

TD-SCDMA 可以独立建网，也可以由 GSM 网络演进而来。考虑到我国 GSM 网络的现状，可以分两个阶段完成向 TD-SCDMA 的过渡。第一阶段主要内容为在第二代 GSM 网络中提供高容量、低成本的 3G 业务，如图 5-10 所示。其主要思想是：在现有 GSM 网络扩容时，使用扩展的 BSC(即 BSC+)；同时在用户集中地区，在现有 GSM 基站的站址增加了

TD-SCDMA 基站；采用 TD-SCDMA/GSM 双频双模用户终端。这些初期的 3G 用户在 TD-SCDMA 基站覆盖区内，可以享受 3G 服务；在覆盖区域以外，则使用 GSM 工作。显然，此初期系统用户在享受 3G 服务时，只能在同一 BSC+的 TD-SCDMA 基站之间实现越区切换，而 GSM 网络的功能将不受影响。用此方式，比简单地对 GSM 系统网络扩容投入更低(平均每用户承担的 BTS 和 BSC 设备价格将比 GSM 系统低 20%至 30%)，而且扩大了系统容量，能够为急需地区提供 3G 业务。同时，也为以后向第三代过渡打下了基础。

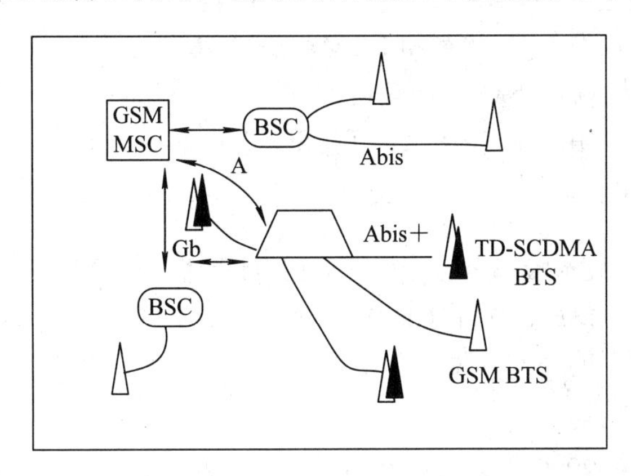


图 5-10　在 GSM 网络中引入 TD-SCDMA 系统以提供 3G 业务

必须说明的是，此建议不仅可以适用于 GSM 系统，同样可以适用于 IS-95 CDMA 系统。在使用于 CDMA 系统中时，其主要目的是在用户密集地区，解决高密度用户的话音和数据业务需求；在提供数据业务方面，特别是对各种 Internet 接入业务，TD-SCDMA 将是一种更经济和灵活的方式。

第二阶段将过渡到第三代移动通信网络，如图 5-11 所示。

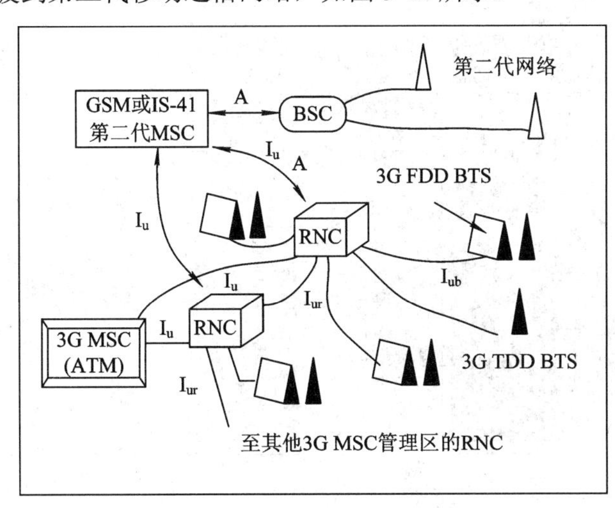


图 5-11　基于 GSM 的 3G 网络

对比图 5-10 和图 5-11 可见，唯一需要更换的设备就是将 BSC 更换为 3G 的 RNC，再加上第三代的 MSC；而网络中投资最大的部分：BTS 已经在第一阶段建立了，只需对其接口进行软件升级，不增加硬件的投入即可。此时，网中不仅有 TDD 的基站，也将有 FDD

的基站，此3G网将是一个全国覆盖、国际漫游的、完整的网络。

### 5. 发展前景

相比WCDMA和CDMA 2000来说，TD-SCDMA的进展还稍显缓慢，无论是在系统容量、系统覆盖、资源分配、功率控制、数据传输等方面，都无法和WCDMA和CDMA 2000这两种标准相比。从技术的风险性角度来看，WCDMA和CDMA 2000的基本技术沿用了传统的窄带CDMA，而窄带CDMA技术的实用性早已被世界所广泛接受，也经受了实践的检验，因此从某种意义上来说WCDMA和CDMA 2000目前仍是3G标准的主流，TD-SCDMA标准比较适合运用于目前在GSM上已有较大投入的国家(如我国)来发展第三代移动通信系统。我国在电信重组后，由中国移动负责TD-SCDMA标准的施行。

## 5.2.3 CDMA 2000

如前所述，CDMA技术最初发源于美国，IS-95是第一代CDMA，而CDMA 2000是美国提出的第二代CDMA标准。由于CDMA 2000标准由3GPP2负责，因此它与WCDMA和TD-SCDMA有着很多的不同之处。

### 1. 系统结构

一个完整的CDMA 2000移动通信网络由多个相对独立的部分构成，如图5-12所示。其中的三个基础组成部分是无线部分、核心网的电路交换部分和核心网的分组交换部分。无线部分包括基站控制器BSC、分组控制功能(Packet Control Function，简称PCF)单元和基站收发信机BTS构成；核心网电路交换部分由移动交换中心MSC、访问位置寄存器VLR、归属位置寄存器/鉴权中心HLR/AC构成；核心网的分组交换部分由分组数据服务点/外部代理(Packet Data Serving Node/Foreign Agent，简称PDSN/FA)、认证授权计费(Authentication Authorization and Accounting，简称AAA)服务器和归属代理(Home Agent，简称HA)构成。

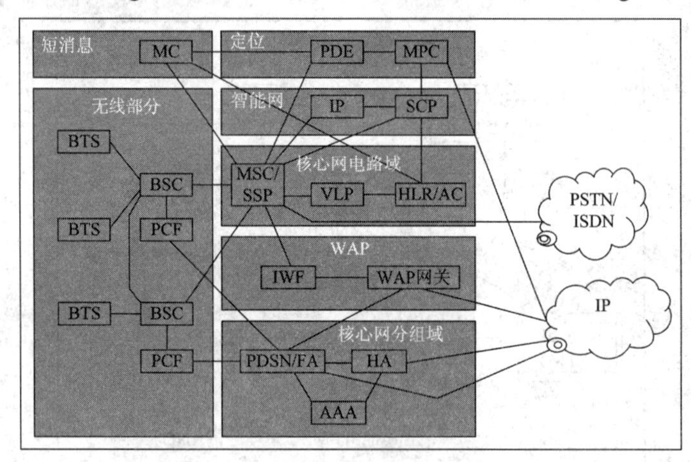


图5-12 CDMA 2000系统结构

除了基础组成部分以外，系统还包括各种的业务部分，比较典型的业务有以下四种：

(1) 智能网部分：由业务交换点SSP、业务控制点SCP和智能外设(Intelligent Peripheral，简称IP)构成；

(2) 短消息部分：主要是短消息中心(Message Center，简称MC)；

(3) 位置业务部分：主要由移动位置中心(Mobile Position Center，简称MPC)和定位实体(Position Determining Entity，简称PDE)构成；

(4) 无线应用协议(Wireless Application Protocol，简称WAP)等业务平台。

### 2. 技术特点

CDMA 2000最终正式标准是2000年3月通过的，表5-1归纳了CDMA 2000系列的主要技术特点。

表5-1　CDMA 2000系列的主要技术特点

| 带宽(MHz) | 1.25 | 3.75 | 7.5 | 11.5 | 15 |
|---|---|---|---|---|---|
| 无线接口来源于 | IS-95 | | | | |
| 网络结构来源于 | IS-41 | | | | |
| 业务演进来源于 | IS-95 | | | | |
| 最大用户比特率(b/s) | 307.2 k | 1.0368 M | 2.0736 M | 2.4576 M | |
| 码片速率(Mb/s) | 1.2288 | 3.6864 | 7.3728 | 11.0592 | 14.7456 |
| 帧的时长 | 典型为20，也可选5，用于控制 | | | | |
| 同步方式 | IS-95(使用GPS，使基站之间严格同步) | | | | |
| 导频方式 | IS-95(使用公共导频方式，与业务码复用) | | | | |

分析表5-1，与基于IS-95的CDMA One系列相比，CDMA 2000具有下列技术特点：

(1) 多种信道带宽。前向链路上支持多载波MC和直扩DS两种方式；反向链路仅支持直扩方式。当采用多载波方式时，能支持多种射频带宽，即射频带宽可为$N \times 1.25$ MHz，其中$N = 1$、3、5、9或12。目前技术仅支持前两种，即1.25 MHz(CDMA2000-1X)和3.75 MHz(CDMA 2000-3X)；

(2) 可以更加有效地使用无线资源；

(3) 可实现CDMA One向CDMA 2000系统平滑过渡；

(4) 核心网协议可使用IS-41、GSM-MAP以及IP骨干网标准；

(5) 前向发送分集；

(6) 快速前向功率控制；

(7) 使用Turbo码；

(8) 辅助导频信道；

(9) 灵活帧长；

(10) 反向链路相干解调；

(11) 可选择较长的交织器。

### 3. 空中接口参数

CDMA 2000系统的空中接口参数具体为：

(1) 载波带宽：1.25 MHz、3.75 MHz等(1.25 MHz × $n$)；

(2) 扩频方式：直接序列扩频；

(3) 扩频速率：1.2288 Mchip/s；

(4) 扩频码长度：可根据无线环境和数据速率而变化；

(5) 帧长度：20 ms 和 5 ms；

(6) 时隙长度(功率控制组)：1.25 ms；

(7) 调制方式：下行 QPSK，上行 OPSK；

(8) 功率控制：开环十闭环(功控速率 800 次/s，步长 0.25/0.5/1 dB)。

**4. 关键技术**

1) 前向快速功率控制

该方法是移动台测量收到业务信道的能量与噪声功率谱密度比 $E_b/N_t$，并与门限值比较，根据比较结果，向基站发出调整基站发射功率的指令，功率控制速率可以达到 800 次/s。这样可以减少基站发射功率、减少总干扰电平，从而降低移动台对信噪比的要求，最终可以增大系统容量。

2) 前向快速寻呼信道技术

此技术有如下两个用途：

(1) 寻呼或睡眠状态的选择：当移动台处于低功耗的睡眠状态时，就可以不必长时间连续监听前向寻呼信道，从而可减少激活移动台的激活时间和节省移动台功耗；

(2) 配置改变：通过前向快速寻呼信道，基站向移动台发出最近几分钟内的系统参数消息，使移动台根据此新消息作出相应的设置处理。

3) 前向链路发射分集技术

采用直接扩频发射分集技术，达到减少发射功率、抗瑞利衰落和增大系统容量的目的。

4) 反向相干解调

基站利用反向导频信道发出的扩频信号捕获移动台的发射，再用 Rake 接收机实现相干解调，与 IS-95 采用非相干解调相比，提高了反向链路性能，降低了移动台发射功率，提高了系统容量。

5) 连续的反向空中接口波形

在反向链路中，数据采用连续导频，使信道上数据波形连续，此措施可减少外界电磁干扰、改善搜索性能、支持前向功率快速控制以及反向功率控制的连续监控。

6) 灵活的帧长

较短帧可以减少时延，但解调性能较低；较长帧可降低对发射功率要求。为此，CDMA 2000-1X 支持 5 ms、10 ms、20 ms、40 ms、80 ms 和 160 ms 多种帧长，不同类型信道分别支持不同帧长，以改善相应的性能。

7) 软切换

系统中采用软切换以及更软切换，与硬切换相配合使用，不丢失信息、不中断通信，同时，由于软切换减小了同频干扰，从而提高了系统容量。

### 5.2.4 三种主要技术标准的比较

WCDMA 和 CDMA 2000 都是 FDD 标准，而 TD-SCDMA 是 TDD 标准。因此，将 WCDMA 和 CDMA 2000 合为一类，TD-SCDMA 单独列为一类。

**1. WCDMA 与 CDMA 2000 的比较**

WCDMA 和 CDMA 2000 都满足 IMT-2000 提出的全部技术要求，支持高速多媒体业务、分组数据和 IP 接入等。这两种系统的无线传输技术均以 DS-CDMA 作为多用户接入技术。二者在技术先进性和发展成熟度上各具优势，总体来看，WCDMA 略胜一筹。

(1) WCDMA 使用带宽和码片速率(3.84 Mchip/s)是 CDMA 2000 1X(1.2288 Mchip/s)的 3 倍以上，因而能提供更大的多路径分集、更高的中继增益和更小的信号开销，也改善了接收机解决多径效应的能力；

(2) 在小区站点同步方面，CDMA 2000 基站通过 GPS 实现同步，将造成室内和城市小区部署的困难，而 WCDMA 设计可以使用异步基站；

(3) 由于支持 CDMA 2000 1X EV-DO 的 TDM 接入系统采用共享时分复用下行链路，它具有固定时隙，因此 CDMA 2000 物理层兼容性较差；

(4) WCDMA 的功控速率(1500 次/s)约是 CDMA 2000(800 次/s)的两倍，因而能保证更好的信号质量，并支持更多的用户；

(5) CDMA 2000 的导频信道大约需要下行链路总传输功率的 20%，WCDMA 只需约 10%，因而可以节省更多的公用信道的开销；

(6) 为了使支持基于 GSM 的 GPRS 业务而部署的所有业务也支持 WCDMA 业务，为了完善新的数据/话音网络，CDMA 2000 1X 必须添加额外的网元或进行功能升级；

(7) 在混合话音和数据流量方面，WCDMA 的系统性能比 CDMA 2000 表现更佳，并且 WCDMA 较 CDMA 2000 能够更加灵活地处理话音和数据混合业务。

由上述分析可见，WCDMA 在技术上具备一定的优势。由于全球移动系统的 85%都在用 GSM 系统，而 GSM 向 3G 过渡的最佳途径就是由 GPRS 过渡到 WCDMA，所以从传统基础网络这个角度上看，WCDMA 也具备较大的优势。

### 2. TD-SCDMA 与 WCDMA 和 CDMA 2000 比较

TD-SCDMA 集 CDMA、TDMA、FDMA 技术优势于一体，系统容量大、抗干扰能力强，与 WCDMA 和 CDMA 2000 比较有如下优势：

(1) 频谱利用率高。TD-SCDMA 采用 TDD 方式和 CDMA、TDMA 的多址技术，在传输中容易针对不同业务设置上下行链路转换点，因而可以使频谱效率更高；

(2) TD-SCDMA 系统频谱灵活性强，仅需单一 1.6 MHz 的频带就可提供速率达 2 Mbit/s 的 3G 业务需求，而且非常适合非对称业务的传输；

(3) 支持多种通信接口。TD-SCDMA 同时满足多种接口要求，基站子系统既可作为 2G 和 2.5G 的 GSM 基站的扩容，又可作为 3G 网中的基站子系统，能同时兼顾现在的需求和将来的发展；

(4) 系统性能稳定。TD-SCDMA 收发在同一频段上，上下行链路的无线环境一致性好，适合使用新兴的智能天线技术。利用了 CDMA 和 TDMA 结合的多址方式，便于联合检测技术的采用，能减少干扰并提高系统的稳定性；

(5) 兼容性好。TD-SCDMA 支持现存的覆盖结构，信令协议可以后向兼容，网络不必引入新的呼叫模式，就能够实现从现有的通信系统到下一代移动通信系统的平滑过渡；

(6) 系统设备成本低。TD-SCDMA 上下行信道工作于同一频率，对称的电波传播特性便于智能天线的利用，可达到降低成本的目的；在无线基站方面，TD-SCDMA 的设备成本比较低；

(7) 支持与传统系统间的切换功能。TD-SCDMA 支持多载波直接扩频系统，可以利用现有的框架设备、小区规划、操作系统、账单系统等在所有环境下支持对称或不对称的数据速率。

与前两种标准尤其是与 WCDMA 相比，TD-SCDMA 也有不足。比如，在对 CDMA 技术的利用方面，因 TD-SCDMA 要与 GSM 的小区兼容，小区复用系数仅为 3，降低了频谱利用率。又因为 TD-SCDMA 频带宽度窄，不能充分利用多径，降低了系统效率，实现软切换和软容量能力较差。另外，小区间要保持同步，对定时系统要求高。而 WCDMA 则无需与小区同步，可适应室内外等不同的环境。WCDMA 对移动性的支持更加优越，适合宏蜂窝、蜂窝、微蜂窝组网，而 TD-SCDMA 只适合微蜂窝，对高速移动的支持也较差。

三种主要的 3G 技术标准在空中接口方面的比较情况详见表 5-2。

表 5-2 WCDMA、CDMA 2000 和 TD-SCDMA 的比较

| 规范参数 | WCDMA | CDMA2000 | TD-SCDMA |
|---|---|---|---|
| 复用方式 | FDD | FDD | TDD |
| 基本带宽 | 5 MHz | 1.25 MHz × $n$ | 1.6 MHz |
| 码片速率 | 3.84 Mchip/s | 1.2288 Mchip/s × $n$ | 1.28Mchip/s |
| 无线帧长 | 10 ms | 10 ms | 10 ms/两个 5 ms 子帧 |
| 信道编码 | 卷积编码、Turbo 码等 | 卷积编码、Turbo 码等 | 卷积编码、Turbo 码等 |
| 数据调制 | QPSK(下行链路)<br>HPSK(上行链路) | QPSK(下行链路)<br>OQPSK(上行链路) | QPSK/8PSK/16QAM |
| 扩频方式 | DSSS | DSSS | DSSS |
| 功率控制 | 开环 + 自适应闭环功率控制，控制步长 0.5 dB、1 dB、1.5 dB 和 2 dB | 开环 + 闭环功率控制，控制步长 1 dB，可选 0.5/0.25 dB | 开环+闭环功率控制，控制步长 1 dB、2 dB 或 3 dB |
| 功率控制速率 | 1500 次/s | 800 次/s | 200 次/s |
| 智能天线 | —— | —— | 在基站端由 8 个天线组成天线阵 |
| 基站间同步关系 | 同步或异步 | 需要 GPS 同步 | 同步 |
| 多址方式 | FDMA/TDMA/CDMA | FDMA/TDMA/CDMA | FDMA/TDMA/CDMA/SDMA |
| 支持的核心网 | GSM-MAP | ASNI-41 | GSM-MAP |
| 上行信道 | 相干解调 | 相干解调 | 相干解调 |

从上述分析以及表 5-2 中可以看出：三种技术标准各有优缺点，并没有一个单一的完美方案。此外，以上分析都基于现阶段的情况，有些因素会随时间推移而改变，尤其是设备的成熟度问题，所以最终的结论还有待于时间的考证。

# 5.3 关键技术

3G系统的关键技术有很多，其中有的关键技术已在本书前面章节中介绍过，本节不再提及，如功率控制和Rake接收技术；有的已提及的技术本节将给予必要的补充，如切换和同步技术。

## 5.3.1 多载波调制

近年来，随着CDMA技术的发展和CDMA系统在市场上的推广，其用户数目迅速增加。在一些高话务地区，基站话务密度由最初的几erl发展到几十，甚至上百erl，而且一直呈现增长之势。这就涉及到一个扩容问题。在原有载波下增加基站容量配置、增加新载波、增加新基站等都是可供选择的扩容方案。但是，增加新基站的扩容方式最复杂、最耗资，而增加基站的容量配置并不能增加总的可用的无线信道，因此，应主要从增加载波方面着手解决此问题。CDMA多载波调制(Multi-Carrier Modulation，简称MCM)技术是解决高话务密度地区所需高容量的重要方法。CDMA多载波调制技术最早是在1993年的PIMRC会议上由Berkeley的J.P.Llnnartz，N.Yee,G.Fett和德国的K.Fazel，L.Papke分别提出来的。目前，人们已对MCM技术进行了大量的研究并将其在3G系统中逐步应用。

从字面上理解，单载波调制仅利用一个载波对传输的信息(基带信号)进行调制，如多进制相移键控(MPSK)、多进制正交幅度调制(MQAM)等。而多载波调制MCM的基本思想是在频域内将信道的可用带宽划分成N个子信道，每个子信道利用一个子载波，一共有N个子载波所进行的调制。由于在多载波调制的子信道中，码元速率低，码元周期长，因而对传输信道中的时延扩展和选择性衰落不敏感，或者说在满足一定条件下，多载波调制具有抗多径扩展和选择性衰落的能力。当然，多载波调制所用的各个子载波必须满足一定精度和稳定度的要求。

在传统的多载波通信系统中，子信道(载波)之间有一定的保护间隔，接收端通过滤波器把各个子信道分离之后接收所需信息。这样虽然可以避免不同信道互相干扰，但却以牺牲频谱利用率为代价。而且当子信道数量很大的时候，大量分离各子信道信号的滤波器的设置就成了几乎不可能的事情。近年来，CDMA系统中的几种新型的多载波调制技术被不断提出，并受到了广泛的关注。这些新型的MCM技术可以分为两类：一是用给定的扩频码来扩展原始数据，然后用每个码片来调制不同的载波(这是在频域内的扩展)，典型技术是MC-CDMA；另一种是用扩频码来扩展已经进行了串并变换后的数据流，然后用每个数据流来调制不同的载波(这是在时间域的扩展)，包括MC-DS-CDMA和多音调CDMA(MT-CDMA)。

1) MC-CDMA(Multi-Carrier-CDMA)

MC-CDMA也常被称为OFDM-CDMA，这是因为它是正交频分复用(Orthogonal Frequency Division Multiplexing，简称OFDM)和CDMA相结合的产物，它同时兼具这两者的优点：具有传统CDMA抗干扰能力强、容量大等优点和OFDM抗多径干扰的能力，非常适宜于无线高速数据传输，被认为是未来无线移动通信中最有潜力的后选方案之一。

OFDM 是目前 4G 关键技术之一。

MC-CDMA 调制器的结构组成如图 5-13 所示。由图可见，待传输的数据先进行直接序列扩频(PN 码长 M 位)，然后每个码序列经过串/并变换，分成 M 个子码(码片)，各个子码(码片)再分别进入 M 个支路并和其中的正交子载波进行调制，最后 M 个支路合并，即可形成 MC-CDMA 信号。

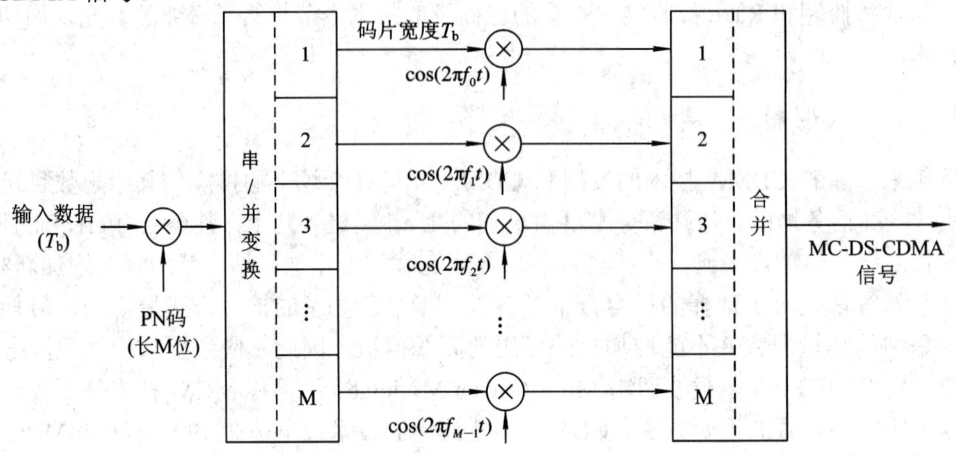


图 5-13　MC-CDMA 调制器结构组成

由于在移动通信的下行链路中不必顾及扩频的自相关特性，所以常采用 Hadamard Walsh 码作为最优正交码组。

事实上，当 PN 码长为 M 位时，串/并变换后可分成的支路数应是可变的(可以是 1、2、…或 M)，以实现可变速率的通信。即支路的数目随业务数据流的不同速率而变。当业务数据速率小于等于某一基本速率时，串/并变换器只输出一个支路；当业务数据速率大于基本速率而小于 2 倍基本速率时，串/并变换器输出两个支路；以此类推，最多可达 M 个支路，即最大业务速率可达基本速率的 M 倍。

在 MC-CDMA 接收端，接收信号在频域内进行组合，使接收端在频域内可利用所有分散的信号能量，这是 MC-CDMA 的独特优点。然而在频率选择性衰落信道中，所有载频具有不同的幅度和相移，这便引起用户间的正交性失真。为此，即使上行链路中没有远近效应，也必须采用多用户检测技术。关于多用户检测技术将在 5.3.3 节介绍。

MC-CDMA 是基于 OFDM 的 CDMA 多载波技术，但又与 OFDM 有所区别，主要包括：

(1) 二者在使用子载波方式上有所不同。OFDM 不同子载波对应不同的信息符号，为防止某子载波受深衰落影响而使传输出错，必须在 OFDM 符号一帧内采用纠错保护，这要求子载波个数能提供编码所需的冗余量。MC-CDMA 中同一信息符号中，不同扩频码片采用不同的子载波。因此，一个信息符号有多个不同子载波，它可以不采用纠错编码，而且还具有频率分集效果。

(2) 二者在正交性能上有差异。OFDM 中仅依靠子载波之间的正交性；MC-CDMA 中，用户间的正交性是双重的(子载波间的正交性和不同用户扩频码间的正交性)。即每个用户都有两种码序列，其一是区分不同用户身份的标志码 $PN_i$，其二是区分不同支路的正交码集

($PN_1$，$PN_2$，…，$PN_M$)，这样，第 $i$ 个用户的第 $j$ 个支流所用扩频码为 $C_i=PN_i\times PN_j$。

2) MC-DS-CDMA(Multi Carrier Direct Spread-CDMA)

这种多载波调制系统与 DS-CDMA 系统很类似。事实上，当载频数为 1 时，MC-DS-CDMA 即相当于一般的 DS-CDMA。但是，无论是从理论分析还是仿真结果来看，MC-DS-CDMA 的性能要更优越一些。CDMA-2000 采用的就是这种技术，它可以与 IS-95 后向兼容。也就是说，可以共享目前的基础硬件设施，并且允许不同代的手机共享同一频带。

MC-DS-CDMA 调制器的结构组成如图 5-14 所示。由图可见，待传输的数据先进行串/并转换，分成 M 条并行的低速数据流，然后每条子数据流分别对同一个扩频码序列和 M 个不同的正交载波进行调制，最后综合成 MC-DS-CDMA 信号。这种方案起初是为上行链路设计的。图中，$C^j(t)=[C_j^i,\ C_2^j,\cdots,\ C_M^j]$表示第 $j$ 个用户的扩频码序列。

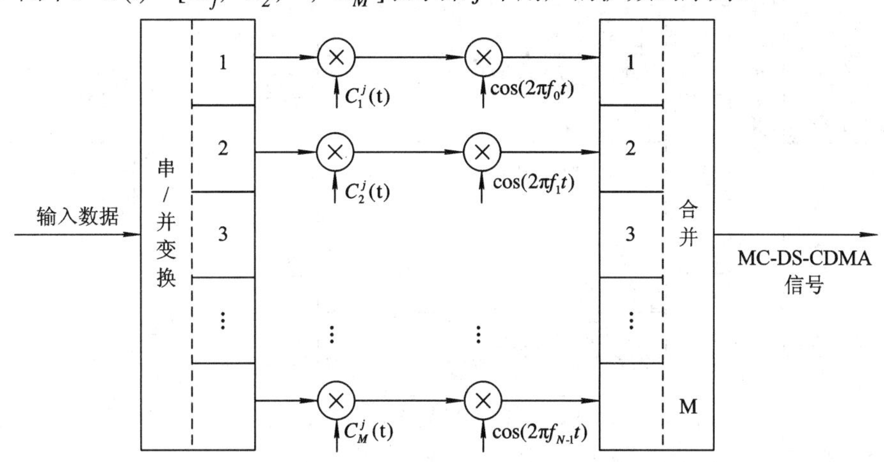


图 5-14 MC-DS-CDMA 调制器结构组成

单用户 MC-DS-CDMA 的 Rake 接收设备包括复合相关器，其中每个部分都与接收复合信号的不同可变路径同步。该系统的误码率性能依赖于 Rake 接收机的相关搜索器的数目。通常由于硬件的限制，只采用“四指”的 Rake 接收机。同样，为了在发送端和接收瑞形成基带脉冲而引入奈奎斯特滤波器时，往往导致自相关特性失真，所以 Rake 接收机可能会错误地组合路径。在基于 Rake 结构的 MC-DS-CDMA 系统中，系统容量受自扰和多址干扰限制，而这两种干扰分别是由扩频码不完善的自相关和互相关特性所引起的。

单用户接收机把接收到其他工作用户引起的信号记为静态干扰。在多用户检测中，为了减弱接收信号的非正交特性，接收机联合检测这些信号，使系统性能得以改善。然而，要使 MC-DS-CDMA 接收机在时域范围内充分利用分散的接收信号是很困难的。

为了有效掌握以上两种多载波技术，有必要研究一下它们的区别与联系：

- MC-DS-CDMA 是时域扩频，每个码片占据一个时隙；
- MC-CDMA 是频域扩频，每个码片占据一个子载波。

时域扩频与频域扩频之间有对偶性，即 MC-CDMA 的扩频码可由 MC-DS-CDMA 的扩频码经傅立叶变换得到，即有：

$$\left\{C_k^{(m)}\right\}(k=1,2,\cdots,M)\xleftrightarrow{\text{FFT}}\left\{C_i^{(m)}\right\}(i=1,2,\cdots,M) \tag{5-1}$$

3) MT-CDMA(Multi-Tone-CDMA)

这种技术是 HPA(HomePlug Powerline Alliance，家庭插电联盟)工业规范的基础，由于它类似于一种不连续的多音调，因此，称为多音调 CDMA。

和 MC-DS-CDMA 相似，MT-CDMA 发射机也采用给定的扩频码在时域里对已进行串/并变换的数据流扩频。但在扩频操作前，就已进行了载波调制和合并，每个子载波就已满足正交条件且具有最小频率间隔。因此每个子载波产生的频谱不再满足正交条件。其调制器结构组成如图 5-15 所示。同单载波 MC-DS-CDMA 相比，MT-CDMA 方案采用了更长的、与载波数成比例的扩频码，这样，系统可以容纳更多的用户。

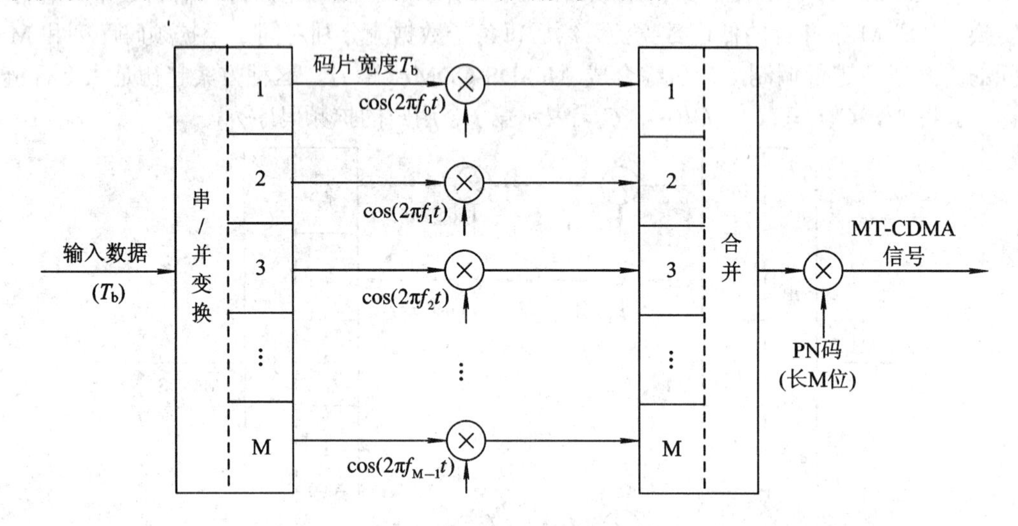


图 5-15　MT-CDMA 调制器结构组成

MT-CDMA 接收设备由 M 个 Rake 组合器构成，其中的每一个都与 MC-DS-CDMA 的 Rake 接收机构造相同。这就是加性高斯白噪声信道的最佳接收机。MT-CDMA 方案存在载频干扰。与一般的 MC-DS-CDMA 方案相比，该系统使用较长的扩频码可以减小符号间干扰(Inter-Symbol Interference，简称 ISI)和多址干扰(Multi-Access Interference 简称，MAI)。

4) 系统性能比较

以上三种技术都可抑制由多径衰落信道所引起的子载波间干扰(Inter-Carrier Interference，简称 ICI)。这些信号利用快速傅立叶变换(Fast Fourier Transform，简称 FFT)来发送和接收，不会增加发送和接收设备的复杂度。它们仅占用密度极小的载频区间，频谱效率较佳。然而，多载波调制会降低每一载频上的数据速率。因此，多载波调制与预去相关技术相结合，可在接收设备复杂度不变及消除 ICI 的情况下，实现正交信号的高速率传输。

从所需要的带宽这个方面来看，MC-CDMA 系统并不比一般的 MC-DS-CDMA 系统好多少，因为 MC-CDMA 信号的频谱带宽几乎和 MC-DS-CDMA 的相同。同样，从发射性能来看，MC-CDMA 误比特率(Bit Error Rate，简称 BER)的下限也和 MC-DS-CDMA 一样。

和 MC-DS-CDMA、MT-CDMA 相比，MC-CDMA 的主要优点是接收机总是能利用散布在频域里的所有接收信号能量来检测信号。但是，在通过频率选择性衰落信道中，子载波可能有不同的幅值和相位偏移(尽管这些子载波之间有很高的自相关值)，这样将导致用户正交性的失真。

此外，采用最小均方误差合并(Minimum Mean Squared Error Combining，简称 MMSEC)的 MC-CDMA 在下行链路中是一个比较好的方案，当然这除了需要知道子载波条件外，还需要估计噪声功率。另一方面，在上行链路中，由于频率选择性信道使用户码的正交性失真，还需要采用多用户检测技术。

### 5.3.2 智能天线

智能天线(Smart Antenna 或 Intelligent Antenna，简称 SA 或 IA)技术在 20 世纪 60 年代就已经出现，最初广泛应用于雷达、声纳及军事通信领域。由于价格等因素，智能天线一直未能普及到其他通信领域。20 世纪 90 年代初，微计算机和数字信号处理(Digital Signal Processing，简称 DSP)技术开始飞速发展，DSP 芯片的处理能力日益提高，且价格也逐渐能够为现代通信系统所接受。同时，利用数字技术在基带形成天线波束成为可能，以此代替模拟电路形成天线波束方法，提高了天线系统的可靠性与灵活程度，这就为智能天线技术在移动通信的应用提供了可能。另一方面，移动通信频谱资源日益紧张，多址干扰 MAI、同信道干扰(Common-Channel Interference，简称 CCI)以及多径衰落日益成为影响移动通信系统性能的主要问题。而智能天线是解决频率资源匮乏的有效途径，也是消除各种干扰、提高系统容量和通信质量的重要手段。

20 世纪 90 年代中期，美国和中国开始考虑将智能天线技术使用于无线通信系统。1997 年，北京信威通信技术公司成功开发出使用智能天线技术的 SCDMA 无线用户环路系统；美国 Redcom 公司也在时分多址的 PHS 系统中实现了智能天线，这是最早商用化的智能天线系统。1998 年，我国电信主管部门向国际电联提交了 TD-SCDMA RTT(Radio Transmission Technology，无线传输技术)建议和现在成为国际第三代移动通信标准之一的 CDMA TDD 技术(低码片速率选项)，在国内外获得了广泛的认可和支持。此后，国内外众多大学和研究机构都致力于智能天线相关技术的研究，智能天线技术得到日益发展和完善。

智能天线根据采用的天线方向图的形状，可以分为两类：多波束智能天线和自适应智能天线。由于体积和技术等原因，这两类智能天线目前都仅限于在基站系统中的应用。下面分别加以介绍。

#### 1. 多波束智能天线

多波束智能天线主要采用的是波束转换技术(Switched Beam Technology)，因此，也称为波束转换天线(Switched Beam Antennas)。它是在把用户区进行分区(扇区)的基础上，使天线的每个波束固定指向不同的分区，使用多个并行波束就能覆盖整个用户区，从而形成了形状基本不变的天线方向图。当用户在小区中移动时，根据测量各个波束的信号强度跟踪移动用户，并能在移动用户移动时适当的转换波束，使接收信号最强，同时较好地抑制干扰，提高了服务质量。可以说，多波束天线是介于扇形定向天线与自适应智能天线之间的一种技术。多波束智能天线的示意图如图 5-16 所示。当 MS 由分区 1 移动到分区 2 时，基站将自动转换波束 1 为波束 2。

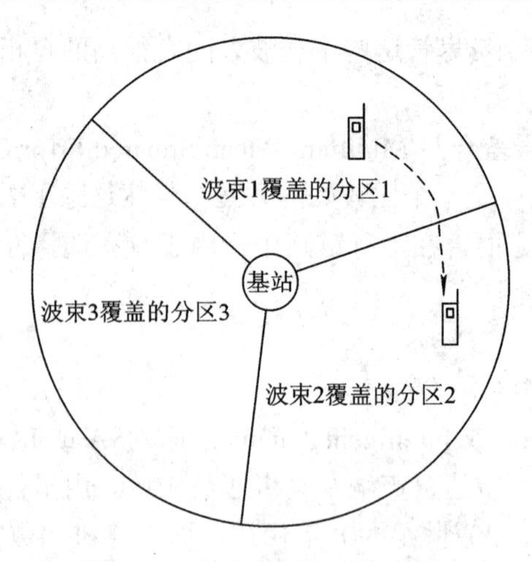


图 5-16　多波束智能天线示意图

与自适应智能天线相比，多波束智能天线具有结构简单、响应速度快等优点。更主要的是，上行链路的同一波束也可用于下行链路，从而在下行链路上也能提供增益。但是由于它的波束不是任意指向的，而只能对当前传输环境进行部分匹配。当用户不在固定波束的中心处，而处于波束边缘且干扰信号处于波束中心时，接收效果最差，所以多波束天线不能实现信号的最佳接收。这种多波束智能天线主要在模拟移动通信系统中有所应用。

### 2. 自适应智能天线

自适应智能天线原名叫自适应天线阵列(Adaptive Antenna Array，简称 AAA)，是一种安装在基站现场的双向(既可接收又可发送)天线。它基于自适应天线原理，采用现代自适应空间数字处理技术(Adaptive Spatial Digital Processing Technology)，通过选择合适的自适应算法，利用天线阵的波束赋形技术动态地形成多个独立的高增益窄波束，使天线主波束对准用户信号到达方向，同时旁瓣或零陷对准干扰信号到达方向，以增强有用信号、减少甚至抵消干扰信号，提高接收信号的载干比，同时增加系统的容量和频谱效率。从空分多址 SDMA 技术角度来说，它是利用信号在传输方向上的差别，将同频率或同时隙、同码道的信号区分开来，从而最大限度地利用有限的信道资源，增加系统的容量和提高频谱效率。配有自适应智能天线的基站与普通基站对比情况如图 5-17 所示。由图可见，智能天线使得基站能量主瓣仅指向小区中处于激活状态的移动台，能量旁瓣或零陷对准干扰，且能够动态进行跟踪；而普通基站的能量分布于整个小区内。

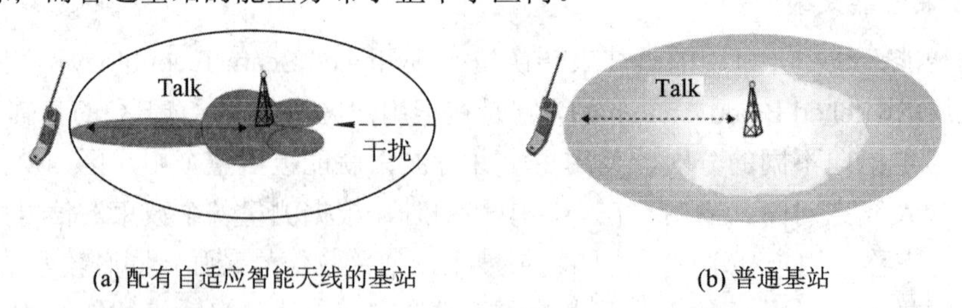


(a) 配有自适应智能天线的基站　　(b) 普通基站

图 5-17　配有自适应智能天线的基站与普通基站对比

从双向天线的角度来讲，智能天线包括两个重要组成部分：一是对来自移动台发射的多径电波方向进行到达角入射方向(Direction Of Arrival，简称 DOA)估计，并进行空间滤波，抑制其他移动台的干扰；二是对基站发送信号进行波束赋形，使基站发送信号能够沿着移动台电波的到达方向发送回移动台，从而降低发射功率，减少对其他移动台的干扰。

与多波束智能天线相比，自适应智能天线具有无限个可随时间调整的方向图(不同的天线波束构成方式即形成一个不同的方向图)，可以有效地跟踪、锁定各种类型的信号，得到最大的信噪比，实现信号的最佳接收。但这只是理论计算的结论。实际上，由于目前数字处理技术的各种算法均存在着所需数据量、计算量大，信道模型简单，收敛速度较慢，在某些情况下甚至可能出现错误收敛等缺点，当应用于干扰较多、多径严重的实际信道，特别是快速变化的实际信道时，很难对某一用户进行实时跟踪。相信随着各项相关技术的改进，自适应智能天线将会在实际的移动通信系统中，尤其是 3G 中大有作为。下面我们所讲的智能天线都指的是自适应智能天线。

1) 结构组成

自适应智能天线由天线阵列、波束形成网络和波束形成算法三部分组成，其结构组成如图 5-18 所示。由图可见，自适应天线阵列由 $N$ 个(通常为 4～16 个)天线单元组成，天线单元间距一般取半个载波波长(若阵元间距过大，则接收信号彼此相关程度降低；若间距过小，则会在方向图形成不必要的栅瓣)。

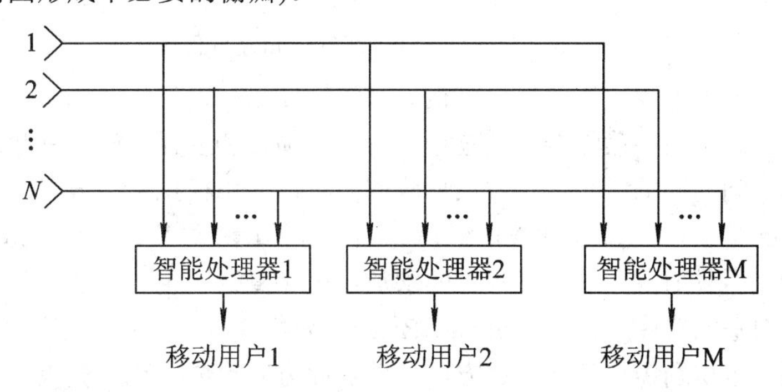


图 5-18　智能天线的结构组成

天线单元分布方式有直线型、圆环型和平面型(线性的、环型的或是平板结构)几种。每个天线单元后接一个复数加权器(图中用智能处理器表示)，从而形成 $M$ 个不同方向的波束。每个波束通过收发信机可以和一个特定用户相对应，则总用户数为 $M$($M$ 可以大于 $N$)。在自适应天线阵列中，由于每根天线的位置都不完全相同，因此它们所接收到的信号的幅度、相位也是不同的，这样同时产生了多个有方向性的波束。对这些波束进行加权处理后分配给不同的用户，保证了每个用户能够得到最大的增益和最小的噪声干扰，如图 5-19 所示。

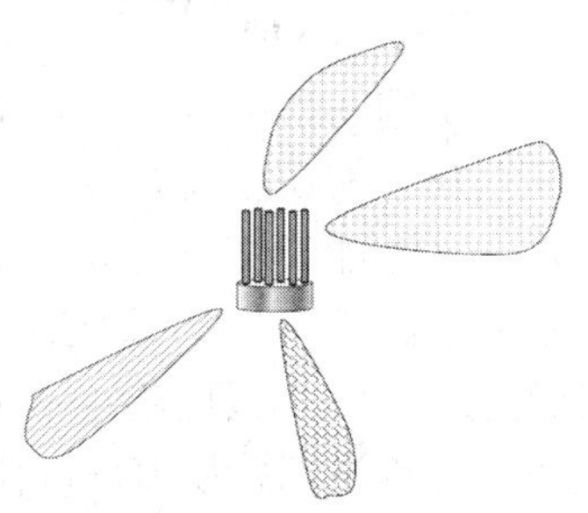

图 5-19　自适应天线阵列形成不同波束的示意图

在TD-SCDMA系统的基本结构中，智能天线的天线阵列是由8个完全相同(包括技术参数和性能指标)天线单元组成。常用的有圆阵天线和线阵天线两种，如图5-20所示。由图可见，圆阵天线是8个天线单元均匀地分布在一个圆上，而线阵天线是8个天线单元均匀地分布在一条直线上。无论哪种形式，这8个天线单元都需连接至8只相干接收机，从而构成了全部射频电路结构。与无方向性的单阵子天线相比，智能天线的增益要大9 dB(对接收机)和18 dB(对发射机)。每个阵子的增益为8 dB，则天线的最大接收增益为17 dB，最大发射增益为26 dB。

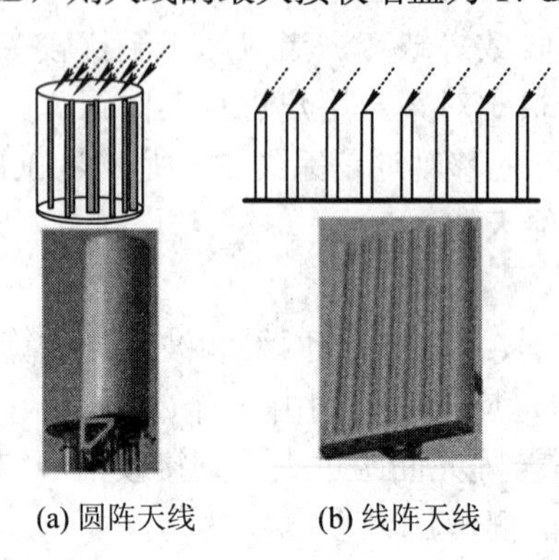

(a) 圆阵天线　　(b) 线阵天线

图5-20　圆阵和线阵智能天线的单元分布及外观图

智能天线中的波束形成网络的目标是根据系统性能指标，形成对基带信号的最佳组合与分配。具体来说，就是要补偿无线传播过程中由空间损耗和多径效应等引起的信号衰落与失真，同时降低用户间的同信道干扰。波束形成网络可以采用模拟电路方式，即首先根据天线方向图确定馈源的激励系数(加权系数)，然后确定馈源的馈电网络即波束形成网络。但是这样实现起来很复杂，而且随着天线单元数目的增加，电路复杂度也要增加。为此，未来移动通信智能天线均采用基于软件无线电(Software Radio，简称SR)的数字方法实现波束成形，即采用数字信号处理技术识别用户信号到达方向，并在此方向形成天线主波束。这样可以使用软件设计完成自适应算法更新，在不改变系统硬件配置的前提下增加系统的灵活性。

根据波束形成的不同过程，实现智能天线的方式又分为两种：阵元空间处理方式和波束空间处理方式。阵元空间处理方式直接对各阵元按接收信号采样并进行加权处理后，形成阵列输出，使天线方向图主瓣对准用户信号到达方向，天线阵列各阵元均参与自适应调整；波束空间处理方式实际上包含两级处理过程，第一级对各阵元信号进行固定加权求和，形成指向不同方向的波速率，第二级对第一级输出进行自适应加权调整并合成，此方案不是对全部阵元都从整体最优计算加权系数，而是只对部分阵元作自适应处理，它的特点是计算量小，收敛快，并且有良好的波束保形性能。

以上的波束形成网络必须要根据不同的信号传输环境和性能要求与不同的波束形成算法相结合。而能较容易地产生与所需信号密切相关的参考信号，这是许多智能算法实现时所必需的，软件无线电技术的发展，使智能天线中的各种算法的实现成为可能。自适应波束形成算法是智能天线研究的核心，一般可分为非盲算法和盲算法两类。

非盲算法是指接收端知道发送的是什么，需要借助参考信号(导频序列或导频信道)的算法。实现方法之一是按一定准则确定或逐渐调整权值，以使智能天线输出与已知输入最大相关。常用的相关准则有MMSE(Minimum Mean Squared Error，最小均方误差)、最小均方

LMS和LS(Least Square，最小二乘)等。另一种方法需要提供一种与所需信号密切相关而与噪声和干扰无关的基准信号，用此基准信号和方向图形成网络的输出信号相减，产生一种误差信号，然后按照选定的算法准则对复加权因子W进行调整，使形成网络的输出信号尽可能接近基准信号，并从输出信号中消除与基准信号不相关的噪声和干扰信号。相应的算法准则有最小均方差(Least Square Method，简称LSM)准则、递归最小二乘法RLS准则等等。无论采用哪一种自适应算法，都要在保证性能要求的前提下，尽可能减少运动量，缩短收敛时间，以保证能跟踪移动通信环境的动态变化。基准信号的产生可以采用下列几种方法：

(1) 利用发送同步信号的引导序列来产生参考信号。因为各个用户的同步引导序列通常是不独特的，因而这种方法不能区分所需信号和信道干扰。

(2) 为各个用户发送专门的训练序列或引导序列，用来产生参考信号。显然，这种方法会增大信道的额外开销。

(3) 在码分多址移动通信系统中，因为接收端知道发送端所用的扩频码，因而利用提取环路很容易获得所需的参考信号。

盲算法则无需发送端传送已知的导频信号，它一般利用调制信号本身固有的、与具体承载的信息比特无关的一些特征，如恒模、子空间、有限符号集、循环平稳等，并调整权值以使输出满足这种特性，常见的是各种基于梯度的、使用不同约束量的算法。判决反馈算法(Decision Feedback)是一类较特殊的盲算法，接收端自己估计发送的信号并以此为参考信号进行上述处理，但需注意的是应确保判决信号与实际传送的信号间有较小差错。

非盲算法相对盲算法而言，通常误差较小，收敛速度也较快，但需浪费一定的系统资源。若将二者结合可以产生一种半盲算法，即先用非盲算法确定初始权值，再用盲算法进行跟踪和调整，这样做可综合二者的优点，同时也与实际的通信系统相一致，因为通常导频符不会时时发送，而是与对应的业务信道时分复用的。

以上介绍的天线阵列、波束形成网络和波束形成算法即构成了一个完整的智能天线系统。其基本原理使用天线阵列和相干无线收发信机来实现射频信号的接收和发射，同时，通过波束形成网络和波束形成算法对各个天线链路上接收到的信号按一定算法进行合并，实现上行波束赋形。使天线阵产生定向波束指向移动用户，减少了多址干扰的影响，达到空间滤波的目的。由于TDD系统上下行链路工作在相同频率，电波传播特性是对称的，故可以用上行波束赋形的结果直接使用于下行波束赋形。

2) 优缺点

根据上面的分析，智能天线技术具有以下的技术优点：

(1) 对不同用户分别进行波束赋形，可以实现空分复用SDMA；

(2) 波束赋型能够有效降低小区间和小区内的干扰；

(3) 通过波束赋形，集中能量，能有效提高信号强度6 dB～8 dB；

(4) 根据用户的来波方向，能提供方便经济的用户定位。

智能天线技术同时也存在着一些缺点，主要有：

(1) 会增加系统的复杂度；

(2) 对元器件性能的要求高。

3) 发展趋势

目前应用于现网的TD-SCDMA智能天线已有单极化、双极化智能天线等，随着

TD-SCDMA 系统技术及应用的不断发展和完善，未来智能天线将朝着电调化、一体化、小型化的方向发展和迈进。在 4G 中，还可考虑将智能天线技术和多输入多输出(Multiple-Input Multiple-Output，简称 MIMO)技术相结合，使得通信终端能在更高的移动速度下实现可靠传输，进一步提高通信系统的性能。

### 5.3.3 多用户检测

在 CDMA 移动通信系统中，存在着两种比较严重的干扰问题：一是由于不同的用户同时共享同一频段的带宽(各个用户之间由于其对应的地址码之间存在相关性，不能完全正交)而产生的多址干扰 MAI；二是由于信道特性的不理想而引起的符号间干扰 ISI。

传统的 CDMA 接收机，如匹配滤波器和 Rake 接收机，大都采用的是单用户检测(Single User Detection)技术，对各个用户信息的接收都是相互独立进行的。也就是说，都是把除有用信号外的信号作为干扰来处理，而没有充分利用接收信号中的有用信息，如确知的用户信道码，各用户的信道估计等，因而导致接收信噪比严重恶化，系统容量也随之下降。

要有效地解决以上两个问题，必须采用多用户检测技术(Multi-User Detection，简称 MUD)。多用户检测的概念最早是在 1979 年由 K.S.Schneider 提出的。1983 年，R.Kohno 发表了对多用户干扰消除器的研究：利用其他用户的已知信息消除 MAI，实现无 MAI 的多用户检测，并指出了一些研究方向。1986 年，S.Verdu 将多用户检测的理论向前推动了一大步，认为多址干扰是具有一定结构的有效信息，理论上证明了采用最大似然序列检测(Maximum-Likelihood Sequence Detection，简称 MLSD)可以逼近单用户接收性能，并有效地克服了远近效应，大大提高了系统容量。近十多年来，多用户检测接收机的研究得到了越来越多的研究人员的重视。目前，已经是 CDMA 研究领域的一个热点问题并成为 3G 标准中倡导的关键技术之一。

图 5-21 所示为采用多用户检测技术的系统模型图。在发送端，每个用户发送数据比特，采用扩频码展开。信号通过多址接入信道发射。在接收机中所接收的信号与用户的扩频码有关。相关器由乘法器、积分(I)和信息转存(D)功能组成，也可以采用匹配滤波器。多用户检测对于来自相关器的信号将不期望的多址接入干扰从所期望的信号中分离出来。$\hat{b}_1$、$\hat{b}_2$、…、$\hat{b}_N$ 是多用户检测模块输出的估测数据比特。

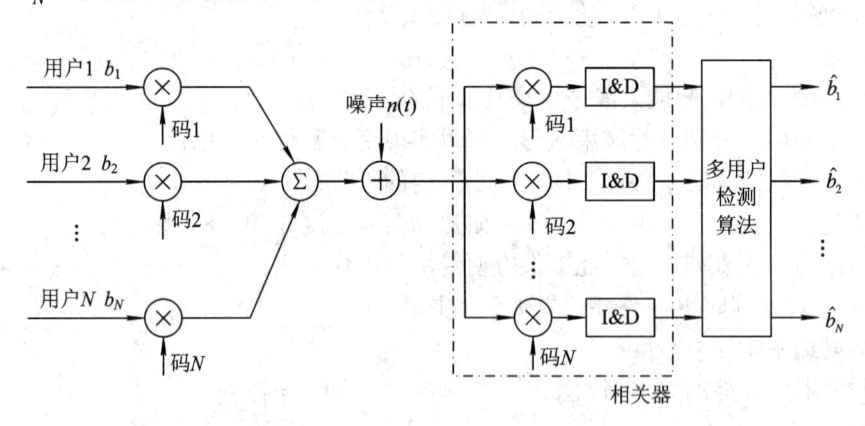


图 5-21 多用户检测的系统模型

根据对 MAI 的处理方法的不同，多用户检测又可分为干扰抵消(Interference Cancellation)和联合检测(Joint Detection，简称 JD)两种。干扰抵消技术的基本思想是判决反馈，首先从总的接收信号中判决出其中部分的数据，根据数据和用户扩频码重构出数据对应的信号，再从总接收信号中减去重构信号，如此循环迭代。联合检测技术的基本思想是把所有用户的信号都当作有用信号，而不是当作干扰信号来对待。要充分利用多址干扰信号的结构特征和其中包含的用户间的互相关信息，通过各种算法来估计干扰，最终达到降低或消除干扰的目的。TD-SCDMA 系统中采用的就是联合检测技术。

多用户检测技术的最佳方法是最大似然序列检测 MLSE，这已经在理论上被证实。但是，由于它算法过于复杂，实现起来非常困难，因而实际应用的可能性不大。近年来，人们研究出了各种的次优化方法，力求在保证一定性能的条件下将实现的复杂度降低到工程上可以接受的程度。多用户检测技术的方法分类如图 5-22 所示。由图可见，这些次优化方法大体可以分为两类：线性和非线性。线性的方法包括去相关(Decorrelation，简称 DEC)、最小均方误差 MMSE 和多项式展开(Polynomial Expansion，简称 PE)等；非线性方法又包括判决反馈、多级检测、连续干扰抵消和基于神经网络的多用户检测等。

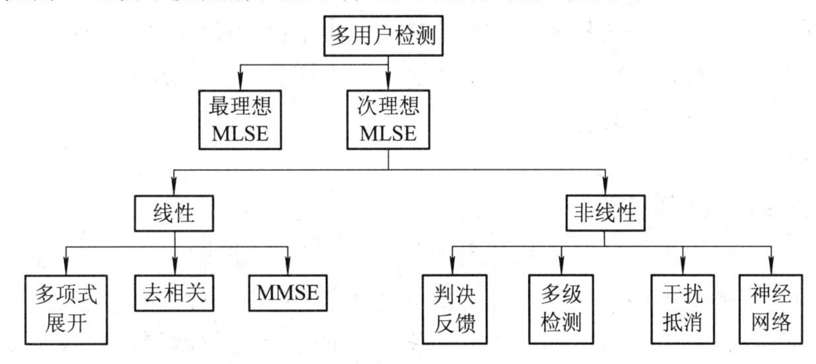


图 5-22　多用户检测的分类

## 1. 线性多用户检测方法

线性多用户检测方法的基本思想是使接收信号先通过传统的检测器，然后进行线性的映射(变换)以消除不同用户间的相关性，最终降低或消除多址干扰。线性多用户检测器的模型如图 5-23 所示。图中，$y(t)$是接收到的总的信号；$y^k$是经过匹配滤波器检测到的第 $k$ 个用户的信号；$b_k$是线性多用户检测器最终检测到的第 $k$ 个用户的信号。在此，我们仅介绍去相关和最小均方误差 MMSE 两种典型的线性多用户检测方法。

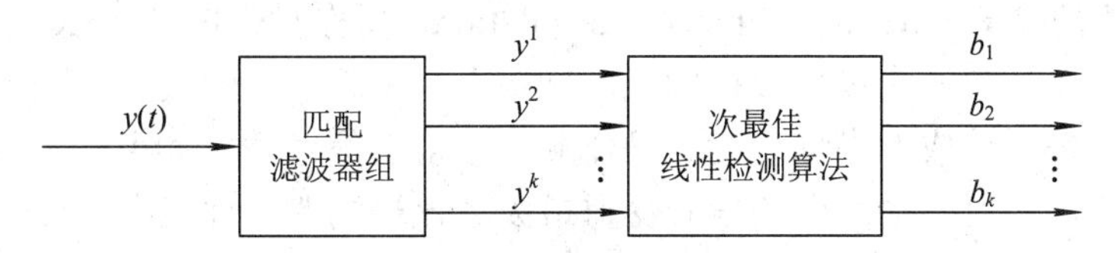


图 5-23　线性多用户检测器模型

### 1) 去相关多用户检测

去相关又称解相关，它是通过对各匹配滤波器输出的矢量(包括信号、噪声和多址干扰)进行去相关线性变换，以消除各扩频序列之间存在的相关性，最终降低多址干扰的。

具体来讲，首先用一组匹配滤波器分别对应多个用户的输入信号进行检测。由于多

个扩频序列之间存在相关性，各匹配滤波器的输出除所需信号和信道噪声外，还包含由互相关性引起的其他用户信号的干扰，即多址干扰。以 $\boldsymbol{Y}$ 表示匹配滤波器的输出矢量，可得

$$\boldsymbol{Y} = \boldsymbol{RAB} + \boldsymbol{N} \tag{5-2}$$

式中，$\boldsymbol{R}$ 是表征扩频序列之间相关性的 $k\times k$ 阶相关矩阵；$\boldsymbol{A}$ 是表示信号强度(幅度与相位系数)的对角线矩阵；$\boldsymbol{N}$ 为噪声；$\boldsymbol{B}=(b^1\ \ b^2\ \ \cdots\ \ b^k)^{\mathrm{T}}$，其中，$k$ 为用户数；$b^k$ 是第 $k$ 个用户的信息数据。可以看出，如果在式(5-2)进行去相关线性变换，即对相关矩阵 $\boldsymbol{R}$ 求逆，可得

$$\boldsymbol{Y}_{\mathrm{v}} = \boldsymbol{Y} = \boldsymbol{AB} + \boldsymbol{N}_{\mathrm{v}} \tag{5-3}$$

式中，$\boldsymbol{N}_{\mathrm{v}}=\boldsymbol{R}^{-1}\boldsymbol{N}$ 为变换后的噪声分量。显然，从理论上去相关检测器是能够把多址干扰完全消除的。

这种方法不用估计接收信号的幅度，计算量小，但是经线性变换后的噪声要增大，同样影响信号的接收质量。

2) 最小均方误差 MMSE 多用户检测

最小均方误差 MMSE 检测器的基本思想是计算经线性变换的接收数据和传统检测器的输出间的均方差，最小的即为所求的线性变换。该检测器考虑了背景噪声的存在并利用接收信号的功率值进行相关计算，在消除多址干扰和不增强背景噪声之间取得了一个平衡点，但是它需要对信号的幅度进行估计，性能依赖于干扰用户的功率，因此在抗远近效应方面的性能不如解相关检测器。

### 2. 非线性多用户检测方法

非线性多用户检测方法的基本思想是对接收信号进行非线性的处理。在此，我们仅介绍典型的连续干扰抵消多用户检测方法。这种检测器的基本思想是把输入信号按功率的强弱进行排序，强者在前，弱者在后。首先，对最强的信号进行解调，接着利用其判决结果产生此最强信号的估计值，并从总信号中减去此估计值(对其余信号而言，相当于消除了最强的多址干扰)；其次，再对次强的信号进行解调，并按同样方法处理；依此类推，直至把最弱的信号解调出来。因为相对而言，最强的信号对其他用户造成的多址干扰最强，所以从接收信号中首先把最强的多址干扰消除，这样对后续其他信号的解调最有利。同样的道理，先对最强信号的判决和估计也最可靠。这种按顺序消除多址干扰的方法就是连续干扰抵消法。

干扰抵消多用户检测技术可以分成串行干扰消除(Serial Interference Cancellation，简称SIC)和并行干扰消除(Parallel Interference Cancellation，简称 PIC)两种。SIC 多用户检测器在接收信号中对多个用户逐个进行数据判决，判决出一个就从总的接收信号中减去该信号，从而消除该用户信号造成的多址干扰。操作顺序是根据信号功率大小决定的，功率较大的信号先进行操作，因此，功率弱的信号受益最大。该检测器在性能上比传统检测器有较大提高，但当信号功率强度发生变化时需要重新排序。最不利的情况是：若初始数据判断不可靠将对下级产生较大影响。PIC 多用户检测器具有多级结构，其第一级并行估计和去除各个用户造成的多址干扰，然后进行数据判决。PIC 结构组成如图 5-24 所示。由于采用了并行处理，克服了 SIC 多用户检测器延时大的缺点，而且无需在情况发生变化时进行重新排序。因此，PIC 是目前最可行的方法。

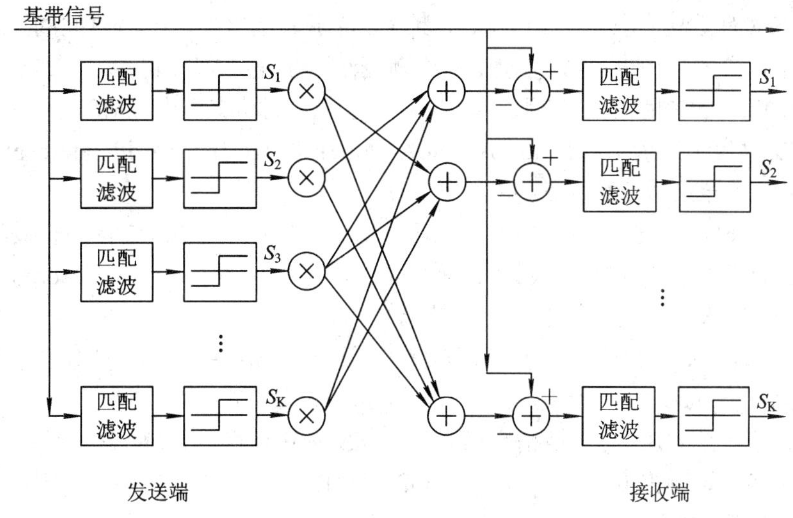


图 5-24　并行干扰消除多用户检测器结构组成

### 5.3.4　切换技术

如前所述，切换技术有硬切换、软切换以及接力切换三种类型。本节将结合 3G 系统，对前述内容进行必要的补充和完善。

#### 1. CDMA2000 系统中的软切换

从上一章对 IS-95 系统中的软切换技术的分析可知，其切换算法中存在着许多问题，如：导频加入过程中只有一个 T_ADD 静态门限，加入条件过于宽松；去掉过程中的导频直接进入了邻域导频集而不是候选集，这样在环境不稳定时，可能会产生“乒乓效应”(所谓乒乓效应是指因参与切换的基站信号强度剧烈变化，而使移动台在基站之间来回切换的现象)，从而加大了系统的信令负荷。所以在 CDMA 2000 系统中，软切换可以大致分为两类：与 IS-95 后向兼容的方式和新定义的改进方式。新方式优化了上述算法，加入了 Soft_slope(斜率参数，用于计算导频加入或去掉的动态门限)、Add_intercept(修正导频加入的动态门限时的截距参数)和 Drop_intercept(修正导频去掉的动态门限时的截距参数)等新参数。如图 5-25 所示为 CDMA 2000 的软切换新算法。

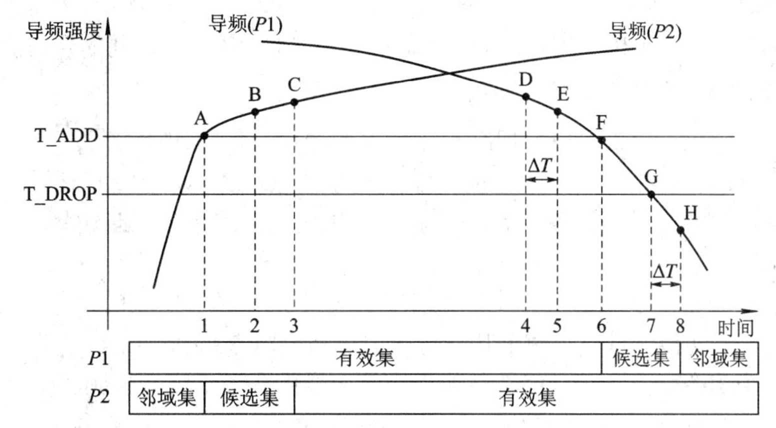


图 5-25　CDMA2000 系统的软切换新算法

初始状态的有效集中只有导频 $P1$，导频 $P2$ 位于邻域集中。随着时间的变化，$P2$ 的导频强度 $PS_2$ 逐渐增大，$P1$ 的导频强度 $PS_1$ 逐渐减小，于是可以看到：

(1) 在 A 点，$P2$ 的强度 $PS_2$ 超过 T_ADD，但未达到动态门限，MS 将 $P2$ 加入候选集；

(2) 当 $P2$ 强度 $PS_2$ 满足：$10\lg PS_2 > [(\text{Soft\_slope}) * 10\lg(PS_1) + (\text{Add\_intercept})]$ 时，MS 在 B 点向原 BS 发送导频强度测量信息；

(3) 接收到来自原 BS 的切换指示信息后，MS 在 C 点将导频 $P2$ 移入有效集；

(4) 在 D 点，原有效集中导频 $P1$ 的强度 $PS_1$ 满足：$10\lg PS_1 < [(\text{Soft\_slope}) * 10\lg(PS_2) + (\text{Drop\_intercept})]$，MS 启动切换去掉定时器；

(5) 切换去掉定时器($\Delta$T)在 E 点超时(在此期间，$PS_1$ 始终低于动态门限)，MS 发送导频强度测量信息；

(6) 接收到来自原 BS 的切换指示信息后，MS 在 F 点将导频 $P1$ 移入候选集；

(7) 在 G 点，导频强度 $PS_1$ 降到 T_DROP 门限以下，MS 启动切换去掉定时器；

(8) 切换去掉定时器($\Delta$T)超时(在此期间，导频强度 $PS_1$ 始终低于门限值 T_DROP)，MS 在 H 点将 $P1$ 移入邻域集。此时，位于有效集中的是导频 $P2$，$P1$ 则位于邻域集中。

从上述算法中仍然可以看到导频加入有效集的过程中只是加入了动态门限，而没有在应用时加入定时器，这样在系统不稳定的情况下可能会出现瞬间导频强度很高，从而导致导频反复加入、移出有效集，浪费系统资源，同时降低 QoS。因此最好在导频加入时也使用一个定时器，保证在定时范围内导频强度一直满足条件，再把导频加入到有效集中。

需要说明的是：软切换技术只能解决终端在使用相同载波频率的小区或扇区间切换的问题，对于不同载波的基站之间，CDMA 系统还要使用硬切换方式。在实现系统运行时，各种切换技术并不是完全独立的，而是组合出现的，可能同时既有软切换，又有更软切换、硬切换。比如，一个移动台处于一个基站的两个扇区和另一个基站交界的区域内，这时将发生软/更软切换。若处于三个基站交界处，又会发生三方软切换。上面两种软切换都是基于具有相同载频的各方容量有余的条件下，若其中某一相邻基站的相同载频已经达到满负荷，MSC 就会让基站指示移动台切换到相邻基站的另一载频上，这就是硬切换。在三方切换时，只要另两方中有一方的容量有余，都优先进行软切换。也就是说，只有在无法进行软切换时才考虑使用硬切换。当然，若相邻基站恰巧处于不同 MSC，这时即使是同一载频，在目前也只能是进行硬切换，因为此时要更换声码器。以后如果 BSC 间使用了智能外围接口(Intelligent Peripheral Interface，简称 IPI)和异步传输模式 ATM，才能实现 MSC 间的软切换。

### 2. TD-SCDMA 系统中的接力切换

接力切换是中国 TD-SCDMA 标准首先提出的一种独特的切换方式。TD-SCDMA 中的智能天线技术帮助获得用户终端的方位(DOA)，同步 CDMA 技术帮助获得用户终端与基站间的距离，通过这两个信息的综合，基站就可以确定用户终端的具体位置，从而为接力切换奠定了基础。

在系统的同频小区之间，两个小区的基站将接收来自同一终端的信号，并且都将对此终端定位，在可能切换区域时，两个基站将此定位结果向 BSC 报告。切换将由 BSC 判定和发起，通过一个信令交换过程，终端就像接力棒一样由一个小区切换到另一个小区。因此，这种切换称为接力切换。在切换之前，由于目标基站已经获得了移动台比较精确的位置信息，因此在切换过程中，用户在断开与原基站的连接之后，能迅速切换到目标基站，避免了“掉话”现象的发生。

如图 5-26 所示，接力切换具体过程如下：

(1) 用户与节点 Node $B_1$ 在进行正常通信，如图 5-26(a)所示；

(2) 当用户需要切换并且网络通过对用户候选小区测量找到了切换目标小区 Node $B_2$ 时，网络向用户发送切换命令，用户就与目标小区建立上行同步联系，然后用户在与 Node $B_1$ 保持信令和业务连接的同时，与 Node $B_2$ 建立信令连接，如图 5-26(b)所示；

(3) 当用户与 Node $B_2$ 信令连接建立之后，用户就删除与 Node $B_1$ 的业务连接，如图 5-26(c)所示；

(4) 用户尝试与 Node $B_2$ 的业务连接，一旦用户与 Node $B_2$ 的业务连接建立，如图 5-26(d)所示，则进行第 5 步；

(5) 用户删除与 Node $B_1$ 的信令连接，如图 5-26(e)所示，这时用户与 Node $B_1$ 之间的业务和信令连接全部断开了，而只与 Node $B_2$ 保持了信令和业务的连接，切换完成。

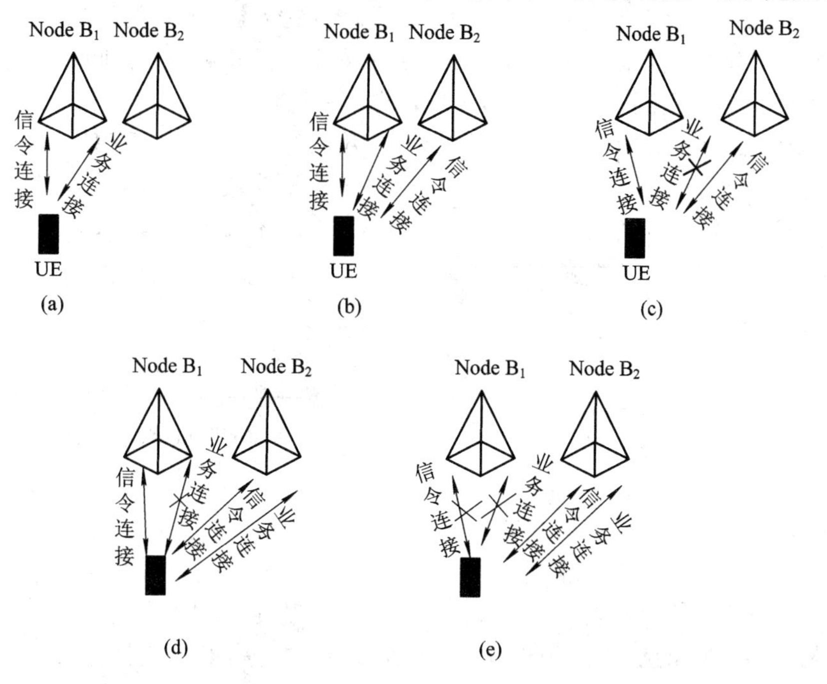


图 5-26　接力切换过程示意图

图 5-26 中各部分过程描述都只针对切换成功的情况，而对于切换失败的情况几乎与上面过程相似，只是当用户尝试与 Node $B_2$ 业务连接失败以后，用户就恢复与 Node $B_1$ 之间的业务连接，之后删除与 Node $B_2$ 的信令连接，这时用户与 Node $B_2$ 之间的业务与信令连接全部断开，而仍只与 Node $B_1$ 保持了信令和业务的连接，切换过程完成。

与硬切换相比，接力切换的过程与之很相似，同样是“先断后连”，但是由于接力切换先与目的基站取得信令连接并且它具有精确的定位功能，这些都能够保证移动台迅速切换到目标基站上，因而降低了切换时延，减少了切换引起的掉话率。与软切换相比，接力切换克服了软切换浪费信道资源的缺点，突破了软切换只能在相同频率的基站间切换的瓶颈，实现了不丢失信息、不中断通信的理想的越区切换，甚至是跨系统的切换。

### 5.3.5 动态信道分配

信道分配指在采用信道复用技术的小区制蜂窝移动系统中，在多信道共用的情况下，以最有效的频谱利用方式为每个小区的通信设备提供尽可能多的可使用信道。信道分配过程一般包括呼叫接入控制、信道分配和信道调整三个步骤。不同的信道分配方案在这三个步骤中会有所区别。按照分配方式不同，信道分配可以分为如下三种：

(1) 固定信道分配(Fixed Channel Allocation，简称 FCA)——系统对信道分配的方法和原则固定不变。

(2) 动态信道分配(Dynamic Channel Allocation，简称 DCA)——系统依据信道质量准则和业务量参数对信道资源进行动态地分配和调整。

(3) 混合信道分配(Hybrid Channel Allocation，简称 HCA)—部分信道采用固定的分配方法，另一部分采用动态分配方法。

下面，以 TD-SCDMA 系统为例，介绍其关键技术之一的动态信道分配 DCA 方法。TD-SCDMA 系统中一条信道是由频率/时隙/扩频码的组合唯一确定的。DCA 主要研究的是信道的分配和重分配的原则问题。DCA 通过系统负荷、干扰和用户空间方向角等测量信息来确定最优的资源分配方案，降低系统干扰，提高系统容量。

动态信道分配又可分为慢速 DCA 和快速 DCA 两种。其中，慢速 DCA 就是根据小区业务情况，确定上下行时隙的转换点。即：随着小区业务承载情况的变化，动态地调整每帧中上下行时隙的比例，以满足业务需要。慢速 DCA 的执行过程如图 5-27 所示。

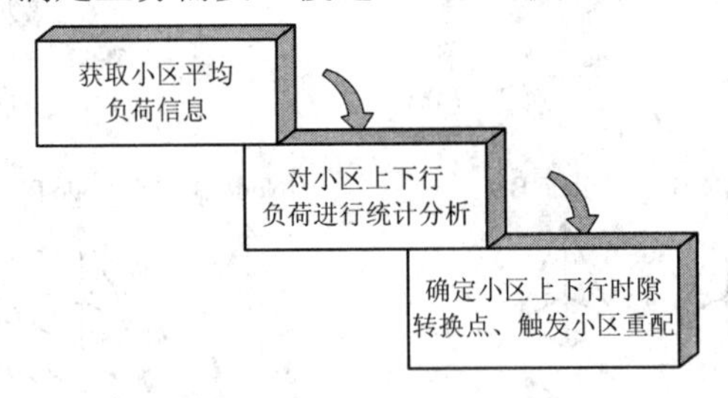


图 5-27　慢速 DCA 的执行过程

快速 DCA 是动态信道分配的重点。它是根据对专用业务信道或共享业务信道通信质量监测的结果，自适应地对资源单元(Resource Unit，简称 RU，即码道)进行调配和切换，以保证业务质量。快速 DCA 包括频域 DCA、时域 DCA、码域 DCA 和空域 DCA。TD-SCDMA 系统中各个不同领域可分配的资源单元具体见表 5-3。下面分别加以介绍。

表 5-3　TD-SCDMA 系统中各领域可分配的资源单元

| 不同领域 | 可分配的资源单元 |
| --- | --- |
| 频域 DCA | 总 155 MHz 的频谱资源可划分几十个 1.6 MHz 的频段 |
| 时域 DCA | 每个子帧有 6 个可供分配的业务时隙 |
| 码域 DCA | 每个时隙有 16 个码道 |
| 空域 DCA | 利用智能天线将空间波束定向赋形 |

#### 1. 频域 DCA

频域 DCA 指的是在 N 频点小区中为用户选择最佳的接入频点，提高系统的呼通率，降低系统的干扰。主要包括频率资源的分配与调整两部分。频域 DCA 频点选择的触发原因包括：

(1) 用户新接入或切换至 N 频点小区；

(2) 用户由于业务发生重配置，原频点资源发生拥塞，迁移至其他频点；

(3) N 频点小区中某频点过载，部分业务迁移至小区内其他频点；

(4) 跨时隙承载业务质量发生恶化且未满足切换条件，迁移至其他频点。

频域 DCA 频点选择的原则有以下几种：

(1) 根据各频点剩余码道资源情况，确定接入频点的优先级顺序；

(2) 根据各频点负荷状况，确定接入频点的优先级顺序；

(3) 根据各频点内码道碎片程度和呼叫用户的业务量确定接入频点的优先级；

(4) 异频切换优先原则，切换用户优先选择异频接入。

### 2. 时域 DCA

时域 DCA 主要研究的是如何对时隙资源进行分配与调整，达到提高系统呼通率，降低干扰的目的。主要包括时隙资源的分配与再调整两部分。时域 DCA 时隙选择的原则有以下几种：

(1) 时隙的上下行的负荷情况；

(2) Node B 测得的上行时隙的干扰和 UE 测得的下行时隙干扰；

(3) 各时隙剩余资源单元 RU 的情况；

(4) 用户的方向角信息。

时域 DCA 时隙动态调整的触发原因包括：

(1) 无线链路质量恶化、功控失效且没有合适的切换小区；

(2) 时隙间负载严重不均衡；

(3) 高速业务接入时，需要将某一时隙的资源调整至另一时隙。

因时隙间负载严重不均衡而导致的时域 DCA 举例如图 5-28 所示。由图可见，经过动态信道调整，各时隙的负载程度趋于均衡，有效降低了负荷较高时隙中各用户之间的干扰。

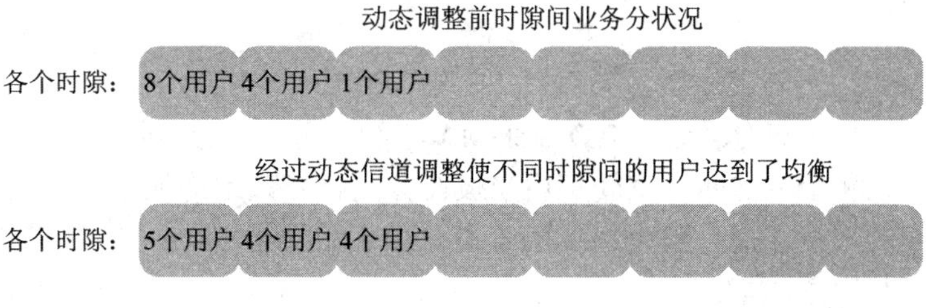

动态调整前时隙间业务分状况

各个时隙：8个用户 4个用户 1个用户

经过动态信道调整使不同时隙间的用户达到了均衡

各个时隙：5个用户 4个用户 4个用户

图 5-28　时域 DCA 举例

### 3. 码域 DCA

码域 DCA 主要研究的是如何合理有效利用码道资源。码资源的动态调整分两种情况：一是周期性检测码表的离散程度，当离散程度较高时即触发调整；二是当高优先级业务因码道碎片而被阻塞时也可触发调整。TD-SCDMA 系统中码域 DCA 举例如图 5-29 所示。图中，调整前，四个 12.2 kb/s 的语音用户占用了 8 个码道，剩余同时隙 8 个分离的码道。此时出现 64 kb/s 的高速率业务申请，触发码域动态调整。调制后，四个语音用户连续地占用 8 个码道，剩余 8 个码道可用来接入高速率业务。

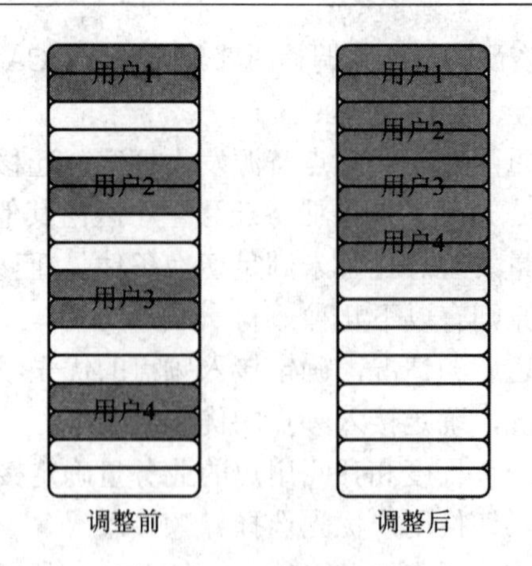


图 5-29　码域 DCA 举例

### 4. 空域 DCA

空域 DCA 的原则是运用智能天线技术将空间彼此隔开的用户放入同一时隙；而将落入同一波束区域内的用户放入不同的时隙，以减小干扰。TD-SCDMA 系统中的空域 DCA 举例如图 5-30 所示。图中，智能天线通过对用户来波方向角的测量，将处于同一波束区域内的用户 UE1 和 UE2 分配在不同的时隙或频点；将处于不同区域的用户 UE3 和 UE4 分配在相同的时隙或频点上。

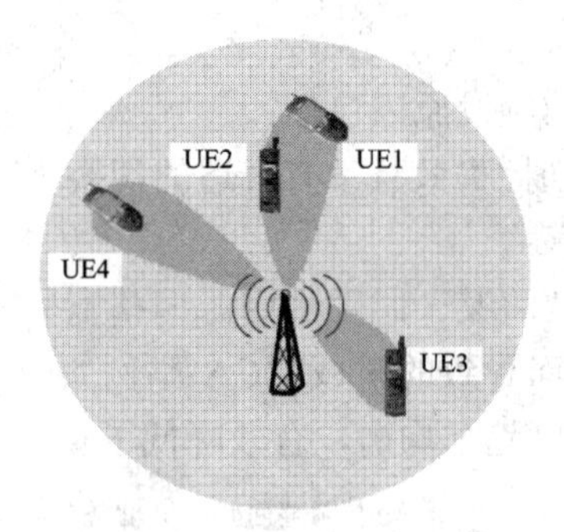


图 5-30　空域 DCA 举例

动态信道分配技术充分体现了 TD-SCDMA 系统频分、时分、码分和空分的特点，它从频域、时域、码域和空域这四维空间将用户彼此分隔，有效地降低了小区内用户间的干扰、小区与小区之间的干扰，提高整个系统的容量。由于采用了 DCA 技术，TD-SCDMA 系统具备更高的频谱利用率。

## 5.3.6　同步技术

IMT-2000 的三个主流技术标准在同步技术上都各有特色，简单来讲：CDMA 2000 采用完全的 GPS 同步；TD-SCDMA 也是同步系统，但不完全依赖于 GPS；WCDMA 是同步/异步可选系统。关于 CDMA 2000 系统的同步问题请参考本书 4.3.5 节关于 IS-95 系统的同步技术。本节将分别介绍 WCDMA 系统和 TD-SCDMA 系统的同步技术。

### 1. WCDMA 系统的同步技术

任何数字通信系统都必须保证精确同步，这也是数字系统与模拟系统的最大区别之一。

WCDMA系统之所以称为同步/异步可选系统，是因为它对不同Node B之间保持严格的同步关系不作要求，但需要通过节点同步尽量保证基站间相互同步。

在具体介绍WCDMA同步技术之前，先介绍几个同步用的重要参数，如表5-4所示。

**表5-4 WCDMA系统中同步用的重要参数**

| 参数 | 含 义 | 英文全称 |
|---|---|---|
| BFN | Node B的帧计数器。这是一个Node B内所有小区使用的参考时钟(计数器)，每个小区的SFN以BFN为时间参考基准，在BFN的基础上添加一个时间偏置，同一个Node B内不同的小区具有不同的时间偏置 | Node B Frame Number |
| RFN | RNC的帧计数器。此参数是一个RNC内的参考时钟(计数器) | RNC Frame Number |
| SFN | 小区内系统帧计数器。一个特定小区的SFN在其广播信道(BCH)上发送，此SFN是小区内所有无线链路的一个时间参考，对于专用信道而言，小区内的SFN是计算传输信道CFN的一个必要参数。SFN还可用于寻呼组的计算，也可用于系统广播消息的调度等。在Node B中，每个小区的SFN通过对BFN取一个时间偏置来获得，不同的小区对应一个特定的时间偏置 | System Frame Number |
| CFN | CFN的定义为连接帧号。CFN是UE和UTRAN之间用于传输信道同步的一个参数。一个CFN总是和一个传输块集合(Transport Block Set，简称TBS)相关，并与TBS一起由MAC子层传送到物理层。CFN不在空中接口传输 | Connection Frame Number |

WCDMA系统同步过程主要包含以下几个方面：

1) 网络同步

通过网络同步可以保证WCDMA网络中所有节点时钟的可靠性。WCDMA的网络同步可以有两种实现方式：一是节点通过传输层从核心网的时钟源获得同步信息；二是各网络节点也可以外接独立的BITS时钟源，以获得时间信息。

2) 节点同步

节点同步用于估算和补偿WCDMA内部网络节点之间的时钟偏置。节点同步有两种类型，即RNC与Node B之间的同步和Node B之间的同步。通过RNC和Node B之间的同步，可以得到RNC和Node B之间的定时参考偏差，即RFN与BFN两个帧计数器之间的差值，有效改善帧同步的性能，并进而减少网络节点上的缓冲区的大小。通过Node B之间的同步，可以有效提高小区搜索的速度，并简化小区搜索的过程。但同一RNC下属的Node B之间也可以不同步，因为各个Node B之间的定时偏差可以通过它们与RNC之间的同步间接得到，其具体过程为：首先Node B(基站)需要网络同步，保证BFN计数频率的稳定和精度；然后通过RNC与Node B节点间的同步得到它们之间的定时参考差异，用于以后的同步过程(如传输信道同步)。Node B只需要向所属的RNC“看齐”，如果一个RNC下的所有Node B都这样做了，那么它们之间的定时关系也能得到，而Node B之间不必直接同步，因为Node B向上只和控制它的RNC联系。WCDMA系统节点同步的示意图如图5-31所示。

WCDMA系统中的同步都只是要求计数器BFN和RFN的计数频率稳定且尽量一致，从这点上讲是“同步的”；但另一方面，它们的相位可以不同，而且同一时刻它们的计数值可以不同(各节点独立计数)，从这方面讲WCDMA又是“异步的”。这是关于WCDMA异

步可选的另一方面解释。

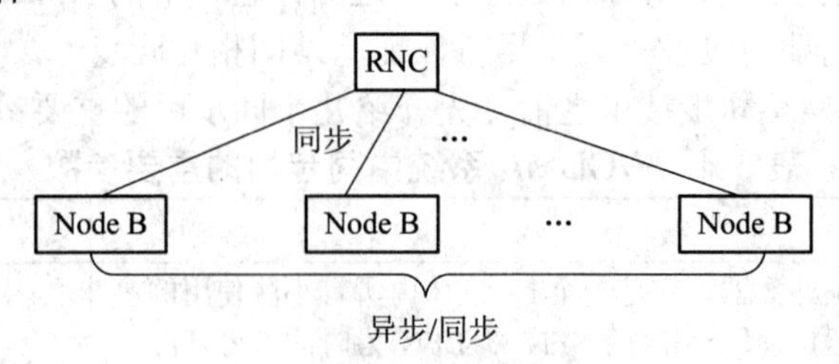


图 5-31 WCDMA 系统中的节点同步

3) 传输信道同步

传输信道同步是指在 RNC 和 Node B 之间的数据帧的传输同步，通过传输信道同步可以有效地减少数据缓冲的时间和对网络节点的数据缓冲区容量的要求，进而减小数据在无线接入网内传输的时延。

对于传输信道的同步，通过以下原则实现数据传输的同步：对于下行方向的数据传输，以下级网络节点(如 Node B)的接收时间为基准调整上级网络节点(如 RNC)中数据的发送时间；对于上行方向的数据传输，则调整上级网络节点内部的接收时间窗来满足上行数据传输的要求。

4) 时隙同步和帧同步

UE 在小区搜索的过程中，会用到时隙同步和帧同步的过程。当 UE 开机和搜索相邻小区时都需要用到小区搜索过程。小区搜索过程的目的是得到被搜索小区的下行扰码和下行导频的时间偏置，进一步使用小区中的公共物理信道资源。例如，通过主公共控制物理信道(Primary - Common Control Physical CHannel，简称 P-CCPCH)获得小区的系统广播信息；通过物理随机接入信道(Physical Random Access CHannel，出 PRACH)发起随机接入过程等。WCDMA 系统 UE 开机时的小区搜索过程示意图如图 5-32 所示。

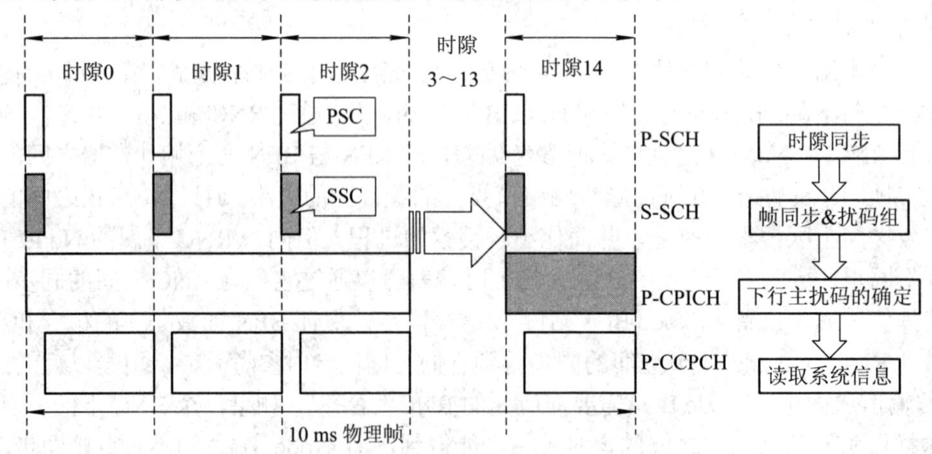


图 5-32 WCDMA 系统 UE 开机时的小区搜索过程

5) 空中接口同步

UE 通常需要使用一条专用的无线链路进行通信，而无线链路只有在完成同步过程后才是可用的。所谓空中接口的同步是指无线链路在同步的状态下，可以保证数据按顺序在上行和下行方向上进行发送和接收。这是靠合理的无线帧结构设计来实现的。空中接口同步需要考虑的另一个问题就是，当系统内多个用户同时传送数据时，如何及时有效的调度和协调不同用户数据的收发问题。这主要是靠扰码、信道化码和扩频码来实现的。

6) $I_u$接口的时间调整

$I_u$接口的时间调整是指通过调整核心网编码器数据的发送时间，减小数据在RNC缓冲区中的时延，进而减小对RNC中缓冲区容量的需求。

### 2. TD-SCDMA系统的同步技术

与WCDMA相同，TD-SCDMA系统的同步也包括网络同步、节点同步、传输信道同步、空中接口同步、$I_u$接口时间调整等几个方面。与WCDMA不同的是，TD-SCDMA是时分双工TDD系统，对同步有更严格的要求。这里仅介绍TD-SCDMA系统中最主要的基站间同步和空中接口上行同步。

1) 基站间同步

TD-SCDMA系统的TDD模式要求基站之间必须同步。这里的基站指的是Node B。基站间同步就是系统内各基站的运行采用相同的帧同步定时，其目的是为了避免相邻基站的收发时隙交叉，减小干扰。TD-SCDMA系统基站间同步示意图如图5-33所示。其同步精度能达到几微秒。同步方法可以是GPS同步、网络主从同步或者空中主从同步。

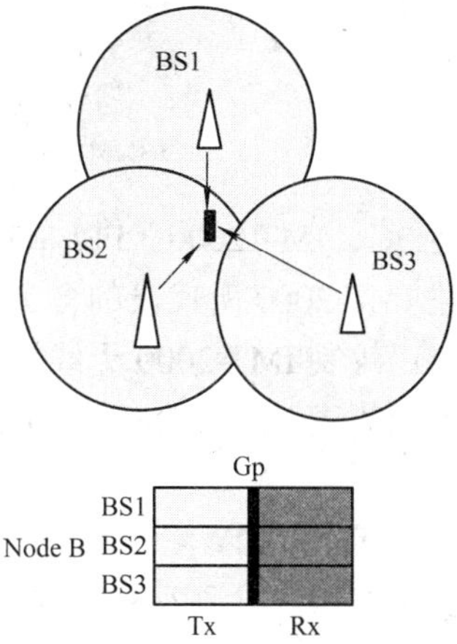

图5-33 TD-SCDMA系统中的基站间同步

2) 空中接口上行同步

空中接口上行同步是指上行链路中各移动终端的信号在基站解调器上基本同步，其目的包括：CDMA码道正交、降低码道间干扰、提高CDMA容量和简化硬件、降低成本。上行同步主要用于随机接入过程和切换过程前，用于建立UE和基站之间的初始同步，也可以用于当系统失去上行同步时的再同步。

上行同步的建立过程如图5-34所示，具体包括：

(1) 首先建立下行同步。UE通过对接收到的下行导频时隙(Downlink Pilot Time Slot，简称DwPTS)或主公共控制物理信道PCCPCH的功率估计来确定上行同步码SYNC_UL的发射时刻，然后在上行导频时隙(Uplink Pilot Time Slot，简称UpPTS)发送。

(2) 基站检测SYNC_UL序列，估

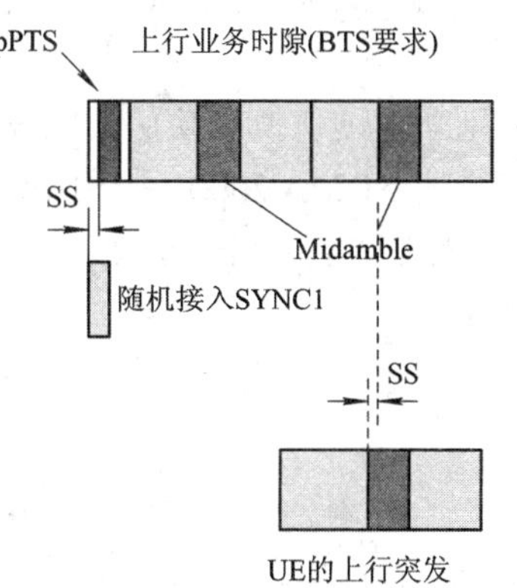


图5-34 TD-SCDMA系统无线接口的上行同步建立

计接收功率和时间，通过前向物理接入信道(Forward Physical Access CHannel，简称 FPACH)调整下次发射的功率和时间。

(3) 在以后的四个子帧内，基站用 FPACH 里的一个单一子帧消息向 UE 发送调整信息。

上行同步建立后，由于 UE 的移动，它到 Node B 的距离总是在变化，所以整个通信过程中都需要保持上行同步。上行同步的保持是利用上行突发中的 Midamble 码来实现。在每一个上行时隙中，各个 UE 的 Midamble 码各不相同，Node B 可以在同一个时隙通过测量每个 UE 的 Midamble 码来估计 UE 的发射功率和发射时间偏移，然后在下一个可用的下行时隙中，发送同步偏移(Synchronous Shift，简称 SS)命令和发射功率控制(Transmit Power Control，简称 TPC)命令，以使 UE 可以根据这些命令分别适当调整它的发送时间和功率。这些过程保证了上行同步的稳定性。上行同步的调整步长是可配置和设置的，取值范围为 1/8～1 码片持续时间。上行同步的调整有三种可能情况：增加一个步长，减少一个步长或不变。

# 思考与练习题

1. 简述 3G、IMT-2000、FPLMTS 及 UMTS 的关系。
2. 简述 IMT-2000 所代表的含义。
3. 试自己绘制 IMT-2000 无线接口技术标准结构图。
4. 试分别简述 TD-SCDMA WCDMA 和 CDMA 2000 标准的各个版本的特点及其进展情况。
5. 试论述 TD-SCDMA 标准的出台对我国发展移动通信产业的影响。
6. 什么是多用户检测？3G 系统中采用多用户检测的目的是什么？
7. 分别归纳去相关多用户检测和连续干扰抵消多用户检测的基本原理。
8. 3G 系统中采用多载波调制技术的最根本目的是什么？为什么？
9. 从原理上简要说明 MC-CDMA、MC-DS-CDMA 和 MT-CDMA 的区别？
10. 什么是智能天线？3G 系统中采用智能天线技术能够解决哪些问题？目前智能天线技术中还存在哪些问题？
11. 分别指出 AMPS、DECT、GSM、CDMA 等典型的移动通信系统主要采用的切换控制方式。
12. 分别解释硬切换、软切换以及接力切换的含义及各自的优缺点。
13. 试描述 CDMA 2000 系统中软切换的切换过程。
14. TD-SCDMA 系统中的动态信道分配包括几个领域，其中哪个领域是另外两种标准所不具有的？

# 附录 A
# 爱尔兰呼损表

◆◆◆◆◆◆◆◆◆◆◆◆◆◆◆◆◆◆◆◆◆◆◆◆◆◆◆◆◆◆◆◆◆◆◆◆◆◆◆◆◆◆◆

| 呼损率 B<br>话务量 A<br>信道数 n | 0.01 | 0.02 | 0.03 | 0.05 | 0.1 | 0.2 | 0.4 |
|---|---|---|---|---|---|---|---|
| 1 | 0.01010 | 0.02041 | 0.03093 | 0.05263 | 0.11111 | 0.25000 | 0.66667 |
| 2 | 0.15259 | 0.22347 | 0.28155 | 0.38132 | 0.59543 | 1.0000 | 2.0000 |
| 3 | 0.45549 | 0.60221 | 0.71513 | 0.89940 | 1.2708 | 1.9299 | 3.4798 |
| 4 | 0.86942 | 1.0923 | 1.2589 | 1.5246 | 2.0454 | 2.9452 | 5.0210 |
| 5 | 1.3608 | 1.6571 | 1.8752 | 2.2185 | 2.8811 | 4.0104 | 6.5955 |
| 6 | 1.9090 | 2.2759 | 2.5431 | 2.9603 | 3.7584 | 5.1086 | 8.1907 |
| 7 | 2.5009 | 2.9354 | 3.2497 | 3.7378 | 4.6662 | 6.2302 | 9.7998 |
| 8 | 3.1276 | 3.6271 | 3.9865 | 4.5430 | 5.5971 | 7.3692 | 11.419 |
| 9 | 3.7825 | 4.3447 | 4.7479 | 5.3702 | 6.5464 | 8.5217 | 13.045 |
| 10 | 4.4612 | 5.0840 | 5.5294 | 6.2157 | 7.5106 | 9.6850 | 14.667 |
| 11 | 5.1599 | 5.8415 | 6.3280 | 7.0764 | 8.4871 | 10.875 | 16.314 |
| 12 | 5.8760 | 6.6147 | 7.1410 | 7.9501 | 9.4740 | 12.036 | 17.954 |
| 13 | 6.6072 | 7.4015 | 7.9667 | 8.8349 | 10.470 | 13.222 | 19.598 |
| 14 | 7.3517 | 8.2003 | 8.8035 | 9.7295 | 11.473 | 14.413 | 21.243 |
| 15 | 8.1080 | 9.0096 | 9.6500 | 10.633 | 12.484 | 15.608 | 22.891 |
| 16 | 8.8750 | 9.8284 | 10.505 | 11.544 | 13.500 | 16.807 | 24.541 |
| 17 | 9.6516 | 10.656 | 11.368 | 12.461 | 14.522 | 18.010 | 26.192 |
| 18 | 10.437 | 11.491 | 12.238 | 13.385 | 15.548 | 19.216 | 27.844 |
| 19 | 11.230 | 12.333 | 13.115 | 14.315 | 16.579 | 20.424 | 29.498 |
| 20 | 12.031 | 13.182 | 13.997 | 15.249 | 17.613 | 21.635 | 31.152 |
| 21 | 12.838 | 14.036 | 14.885 | 16.189 | 18.651 | 22.848 | 32.808 |
| 22 | 13.651 | 14.896 | 15.778 | 17.132 | 19.692 | 24.064 | 34.464 |
| 23 | 14.470 | 15.761 | 16.675 | 18.080 | 20.737 | 25.281 | 36.121 |
| 24 | 15.295 | 16.631 | 17.557 | 19.031 | 21.784 | 26.499 | 37.779 |
| 25 | 16.125 | 17.505 | 18.483 | 19.985 | 22.833 | 27.720 | 37.437 |
| 26 | 16.959 | 18.383 | 19.392 | 20.943 | 23.885 | 28.941 | 41.096 |
| 27 | 17.797 | 19.265 | 20.305 | 21.904 | 24.939 | 30.164 | 42.755 |
| 28 | 18.640 | 20.150 | 21.221 | 22.867 | 25.995 | 31.388 | 44.414 |

续表一

| 话务量 A 信道数 n \ 呼损率 B | 0.01 | 0.02 | 0.03 | 0.05 | 0.1 | 0.2 | 0.4 |
|---|---|---|---|---|---|---|---|
| 29 | 19.487 | 21.039 | 22.140 | 23.833 | 27.053 | 32.614 | 46.074 |
| 30 | 20.337 | 21.932 | 23.062 | 24.802 | 28.113 | 33.840 | 47.735 |
| 31 | 21.191 | 22.827 | 23.987 | 25.773 | 29.174 | 35.067 | 49.395 |
| 32 | 22.048 | 23.725 | 24.914 | 26.746 | 30.237 | 36.295 | 51.056 |
| 33 | 22.909 | 24.626 | 25.844 | 27.721 | 31.301 | 37.524 | 52.718 |
| 34 | 23.772 | 25.529 | 26.776 | 28.698 | 32.367 | 38.754 | 54.379 |
| 35 | 24.638 | 26.435 | 27.711 | 29.677 | 33.434 | 39.985 | 56.041 |
| 36 | 25.507 | 27.343 | 28.647 | 30.657 | 34.503 | 41.216 | 57.703 |
| 37 | 26.378 | 28.254 | 29.585 | 31.640 | 35.572 | 42.448 | 59.365 |
| 38 | 27.252 | 29.166 | 30.526 | 32.624 | 36.643 | 43.680 | 61.028 |
| 39 | 28.129 | 30.081 | 31.468 | 33.609 | 37.715 | 44.913 | 62.690 |
| 40 | 29.007 | 30.997 | 32.412 | 34.596 | 38.787 | 46.147 | 64.353 |
| 41 | 29.888 | 31.916 | 33.357 | 35.584 | 39.861 | 47.381 | 66.016 |
| 42 | 30.771 | 32.836 | 34.305 | 36.574 | 40.936 | 48.616 | 67.679 |
| 43 | 31.656 | 33.758 | 35.253 | 37.565 | 42.011 | 49.851 | 69.342 |
| 44 | 32.548 | 34.682 | 36.203 | 38.557 | 43.088 | 51.086 | 71.006 |
| 45 | 33.432 | 34.607 | 37.155 | 39.550 | 44.165 | 52.322 | 72.669 |
| 46 | 34.322 | 36.534 | 38.108 | 40.545 | 45.243 | 53.559 | 74.333 |
| 47 | 35.215 | 37.462 | 39.062 | 41.540 | 46.322 | 54.796 | 75.997 |
| 48 | 36.109 | 38.392 | 40.018 | 42.537 | 47.401 | 56.033 | 77.660 |
| 49 | 37.004 | 39.323 | 40.975 | 43.534 | 48.481 | 57.270 | 79.324 |
| 50 | 37.901 | 40.255 | 41.933 | 44.533 | 49.562 | 58.508 | 80.988 |
| 51 | 38.800 | 41.189 | 42.892 | 45.533 | 50.644 | 59.746 | 82.652 |
| 52 | 39.700 | 42.124 | 43.852 | 46.533 | 51.726 | 60.985 | 84.317 |
| 53 | 40.602 | 43.060 | 44.813 | 47.534 | 52.808 | 62.224 | 85.981 |
| 54 | 41.505 | 43.997 | 45.776 | 48.536 | 53.891 | 63.463 | 87.645 |
| 55 | 42.409 | 44.936 | 46.739 | 49.539 | 54.975 | 64.702 | 89.310 |
| 56 | 43.315 | 45.875 | 47.703 | 50.543 | 56.059 | 65.942 | 90.974 |
| 57 | 44.222 | 46.816 | 48.669 | 51.548 | 57.144 | 67.181 | 92.639 |
| 58 | 45.130 | 47.758 | 49.635 | 52.553 | 58.229 | 68.421 | 94.303 |
| 59 | 46.039 | 48.700 | 50.602 | 53.559 | 59.315 | 69.662 | 95.968 |
| 60 | 46.950 | 49.644 | 51.570 | 54.566 | 60.401 | 70.902 | 97.633 |
| 61 | 47.861 | 50.589 | 52.539 | 55.573 | 61.488 | 72.143 | 99.297 |
| 62 | 48.774 | 51.534 | 53.508 | 56.581 | 62.575 | 73.384 | 100.96 |
| 63 | 49.688 | 52.481 | 54.478 | 57.590 | 63.663 | 74.625 | 102.63 |
| 64 | 50.603 | 53.428 | 55.450 | 58.599 | 64.750 | 75.866 | 104.29 |

续表二

| 信道数 n \ 话务量 A \ 呼损率 B | 0.01 | 0.02 | 0.03 | 0.05 | 0.1 | 0.2 | 0.4 |
|---|---|---|---|---|---|---|---|
| 65 | 51.518 | 54.376 | 56.421 | 59.609 | 65.839 | 77.108 | 105.96 |
| 66 | 52.435 | 55.325 | 57.394 | 60.619 | 66.927 | 78.350 | 107.62 |
| 67 | 53.353 | 56.275 | 58.367 | 61.630 | 68.016 | 79.592 | 109.29 |
| 68 | 54.272 | 57.226 | 59.341 | 62.642 | 69.106 | 80.834 | 110.95 |
| 69 | 55.191 | 58.177 | 60.316 | 63.654 | 70.196 | 82.076 | 112.62 |
| 70 | 56.112 | 59.129 | 61.291 | 64.667 | 71.286 | 83.318 | 114.28 |
| 71 | 57.033 | 60.082 | 62.267 | 65.680 | 72.376 | 84.561 | 115.95 |
| 72 | 57.956 | 61.036 | 63.244 | 66.694 | 73.467 | 85.803 | 117.61 |
| 73 | 58.879 | 61.990 | 64.221 | 67.708 | 74.558 | 87.046 | 119.28 |
| 74 | 59.803 | 62.945 | 65.199 | 68.723 | 75.649 | 88.289 | 120.94 |
| 75 | 60.728 | 63.900 | 66.177 | 69.738 | 76.741 | 89.532 | 122.61 |
| 76 | 61.653 | 64.857 | 67.156 | 70.753 | 77.833 | 90.776 | 124.27 |
| 77 | 62.579 | 65.814 | 68.136 | 71.769 | 78.925 | 92.019 | 125.94 |
| 78 | 63.506 | 66.771 | 69.116 | 72.786 | 80.018 | 93.262 | 127.61 |
| 79 | 64.434 | 67.729 | 70.096 | 73.803 | 81.110 | 94.506 | 129.27 |
| 80 | 65.363 | 68.688 | 71.077 | 74.820 | 82.203 | 95.750 | 130.94 |
| 81 | 66.292 | 69.647 | 72.059 | 75.838 | 83.297 | 96.993 | 132.60 |
| 82 | 67.222 | 70.607 | 73.041 | 76.856 | 84.390 | 98.237 | 134.27 |
| 83 | 68.152 | 71.568 | 74.024 | 77.874 | 85.484 | 99.481 | 135.93 |
| 84 | 69.084 | 72.529 | 75.007 | 78.893 | 86.578 | 100.73 | 137.60 |
| 85 | 70.016 | 73.490 | 75.990 | 79.912 | 87.672 | 101.97 | 139.26 |
| 86 | 70.948 | 74.452 | 76.974 | 80.932 | 88.767 | 103.21 | 140.93 |
| 87 | 71.881 | 75.415 | 77.959 | 81.952 | 89.861 | 104.46 | 142.60 |
| 88 | 72.815 | 76.378 | 78.944 | 82.972 | 90.956 | 105.70 | 144.26 |
| 89 | 73.749 | 77.342 | 79.929 | 83.993 | 92.051 | 106.95 | 145.93 |
| 90 | 74.684 | 78.306 | 80.915 | 85.014 | 93.146 | 108.19 | 147.59 |
| 91 | 75.620 | 79.271 | 81.901 | 86.035 | 94.242 | 109.44 | 149.26 |
| 92 | 76.556 | 80.236 | 82.888 | 87.057 | 95.338 | 110.68 | 150.92 |
| 93 | 77.493 | 81.201 | 83.875 | 88.079 | 96.434 | 111.93 | 152.59 |
| 94 | 78.430 | 82.167 | 84.862 | 89.101 | 97.530 | 113.17 | 154.26 |
| 95 | 79.368 | 83.133 | 85.850 | 90.123 | 98.626 | 114.42 | 155.92 |
| 96 | 80.306 | 84.100 | 86.838 | 91.146 | 99.722 | 115.66 | 157.59 |
| 97 | 81.245 | 85.068 | 87.826 | 92.169 | 100.82 | 116.91 | 159.25 |
| 98 | 82.184 | 86.035 | 88.815 | 93.193 | 101.92 | 118.15 | 160.52 |
| 99 | 83.124 | 87.003 | 89.804 | 94.216 | 103.01 | 119.40 | 162.59 |
| 100 | 84.064 | 89.972 | 90.794 | 95.240 | 104.11 | 120.64 | 164.25 |

# 附录B

## 英文缩写名词对照表

| 缩写字母 | 英文全称 | 中文译名 |
|---|---|---|
| 3G | 3rd Generation | 第三代 |
| 3GPP | Third Generation Partnership Project | 第三代伙伴计划 |
| AAA | Authentication Authorization and Accounting | 认证授权计费(服务器) |
| AAA | Adaptive Antenna Array | 自适应天线阵列 |
| AAL | Asynchronous Transfer Mode Adapter Layer | ATM 适配层 |
| AB | Access Burst | 接入突发 |
| ADPCM | Adaptive Differential Pulse Code Modulation | 自适应差分脉冲编码调制 |
| AGCH | Access Grant CHannel | 准许接入信道 |
| AIE | Air Interface Evolution | 空中接口演进 |
| AKA | Authentication and Key Agreement | 认证与密钥协商 |
| ALCAP | Access Link Control Application Protocol | 接入链路控制应用协议 |
| AMPS | Advanced Mobile Phone Service | 先进移动电话系统 |
| AMR-WB | Adaptive Multi Rate-Wide Band | 自适应多速率宽带(编码) |
| ANSI | American National Standard Institute | 美国国家标准协会 |
| APC | Adaptive Predictive Coding | 自适应预测编码 |
| APK | Amplitude & Phase Keying | 幅度和相位联合键控 |
| APN | Access Point Name | 接入点名称 |
| ARQ | Automatic Repeat reQuest | 自动重复请求 |
| ASCII | American Standard Code for Information Interchange | 美国信息交换标准码 |
| ASK | Amplitude Shift Keying | 幅移键控 |
| ATC | Adaptive Transform Coding | 自适应变换编码 |
| ATM | Asynchronous Transfer Mode | 异步传输模式 |
| AUC | AUthentication Center | 鉴权中心 |
| BCC | Base-station Color Code | 基站色码 |
| BCCH | Broadcast Control CHannel | 广播控制信道 |
| BCD | Binary-Coded Decimal | 二进制编码的十进制数 |

续表一

| 缩写字母 | 英文全称 | 中文译名 |
|---|---|---|
| BCF | Base-station Control Function | 基站控制功能(单元) |
| BCH | Broadcast CHannel | 广播信道 |
| BCHO | Base-station Control Hand Over | 基站控制切换 |
| BER | Bit Error Rate | 误比特率 |
| BFN | Node B Frame Number | B 节点帧号 |
| BG | Border Gateway | 边界网关 |
| BIE | Base-station Interface Equipment | 基站接口设备 |
| BITS | Building Integrated Timing System | 大楼综合定时系统 |
| BMC | Broadcast/Multicast Control | 广播/组播控制 |
| BPSK | Binary Phase Shift Keying | 二进制相移键控 |
| BS | Base Station | 基站 |
| BSIC | Base Station Identity Code | 基站识别码 |
| BSC | Base Station Controller | 基站控制器 |
| BSS | Base Station Subsystem | 基站子系统 |
| BSSAP | Base Station Subsystem Application Part | 基站子系统应用部分 |
| BSSOMAP | Base Station Subsystem Operation & Maintenance Application Part | 基站子系统操作维护应用部分 |
| BTS | Base Tranceiver Station | 基站收发信台 |
| BTSM | Base Tranceiver Station Management | 基站管理(层) |
| CAC | Connection Admission Control | 连接接纳控制 |
| CAI | Common Air Interface | 公共空中接口 |
| CAS | Channel Associated Signaling | 随路信令 |
| CAVE | Cellular Authentication Voice Encryption | 蜂窝鉴权与话音保密算法 |
| CC | Country Code | 国家码 |
| CC | Calling Control | 呼叫控制 |
| CCCH | Common Control CHannel | 公共控制信道 |
| CCH | Control CHannel | 控制信道 |
| CCI | Common-Channel Interference | 同信道干扰 |
| CCIR | Consultative Committee of International Radio | 国际无线电咨询委员会 |
| CCITT | Consultative Committee for International Telegraph & Telephone | 国际电报电话咨询委员会 |
| CCS | Common Channel Signaling | 共路信令 |
| CCSN | Common Channel Signaling Network | 公共信道信令网 |
| CDCSS | Continuous Digital Controlled Squelch System | 连续数字控制静噪系统 |
| CDMA | Code Division Multiple Access | 码分多址接入 |

续表二

| 缩写字母 | 英文全称 | 中文译名 |
|---|---|---|
| CELP | Code Excited Linear Prediction | 码本激励线性预测 |
| CEPT | Conference Europe of Post and Telecommunication | 欧洲邮电大会 |
| CG | Charging Gateway | 计费网关 |
| CGI | Cell Global Identifier | 全球小区识别码 |
| CFN | Connection Frame Number | 连接帧号 |
| CFU | Call Forwarding Unconditional | 无条件呼叫转移 |
| CI | Cell Identity | 小区识别码 |
| CIC | Circuit Identification Code | 电路识别码 |
| CIR | Carrier to Interference Ratio | 载干比 |
| CM | Connection Management | 连接性管理 |
| CN | Core Network | 核心网 |
| CP | Control Plane | 控制面 |
| CPR | Common Processing Resource | 公共处理器 |
| CPU | Central Processor Unit | 中央处理器 |
| CSD | Circuit Switch Data | 电路交换数据 |
| CT | Cordless Telephone | 无绳电话 |
| CTCSS | Continuous Tone Controlled Squelch System | 连续单音控制静噪系统 |
| CVSDM | Continuous Variable Slope Delta Modulation | 连续可变斜率增量调制 |
| CWTS | China Wireless Telecommunication Standards group | 中国无线通信标准研究组 |
| DAMA | Demand Assignment Multiple Access | 按需分配多址接入 |
| DAMPS | Digital Advanced Mobile Phone Service | 数字先进移动电话系统 |
| DB | Devosd Burst | 空闲突发 |
| DCA | Dynamic Channel Allocation | 动态信道分配 |
| DCCH | Dedicated Control CHannel | 专用控制信道 |
| DCE | Digital Control Equipment | 数字控制设备 |
| DEC | Decorrelation | 去相关 |
| DECT | Digital European Cordless Telephone | 泛欧数字无绳电话 |
| DFE | Decision Feedback Equalizer | 判决反馈均衡器 |
| DHCP | Dynamic Host Configuration Protocol | 动态主机配置协议 |
| DLU | Dynamic Location Update | 动态位置更新 |
| DN | Dialing Number | 号码簿号码(拨打号码) |
| DNS | Domain Name Server | 域名服务器 |
| DOA | Direction Of Arrival | 到达方向 |

续表三

| 缩写字母 | 英文全称 | 中文译名 |
|---|---|---|
| DPC | Destination Point Code | 目的信令点编码 |
| DPCM | Differential Pulse Code Modulation | 差分脉冲编码调制 |
| DS | Direct Spread | 直扩 |
| DSP | Digital Signal Processing | 数字信号处理 |
| DSSS | Direct Sequence Spread Spectrum | 直接序列扩频 |
| DTC | Digital Trunk Controller | 数字中继控制器 |
| DTE | Digital Terminal Equipment | 数字终端设备 |
| DTMF | Dual Tone Multiple Frequency | 双音多频 |
| DUP | Data User Part | 数据用户部分 |
| DwPTS | Downlink Pilot Time Slot | 下行导频时隙 |
| EDGE | Enhanced Data Rate for GSM Evolution | GSM 演进增强型数据速率 |
| EEPROM | Electronic Erasable Programmable Read-Only Memory | 电可擦除可编程只读存储器 |
| EIA | Electronics Industries Association | 电子工业委员会 |
| EGC | Equal Gain Combining | 等增益合并 |
| EIR | Equipment Identity Register | 设备识别寄存器 |
| ESN | Electronic Series Number | 电子序列号 |
| ETSI | European Telecommunication Standards Institute | 欧洲电信标准协会 |
| FAC | Factory Assembly Code | 厂家装配码 |
| FACCH | Fast Associated Control CHannel | 快速随路控制信道 |
| FAMA | Fixed Assignment Multiple Access | 固定分配多址接入 |
| FB | Frequency correction Burst | 频率校正突发 |
| FCA | Fixed Channel Allocation | 固定信道分配 |
| FCCH | Frequency Correcting CHannel | 频率校正信道 |
| FDD | Frequency Division Duplex | 频分双工 |
| FDMA | Frequency Division Multiple Access | 频分多址接入 |
| FER | Frame Error Rate | 误帧率 |
| FFT | Fast Fourier Transform | 快速傅立叶变换 |
| FH | Frequency Hopping | 跳频 |
| FISU | Fill In Signal Unit | 填充信号单元 |
| FN | Frame Number | 帧号 |
| FP | Frame Protocol | 帧协议 |

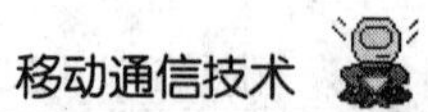

续表四

| 缩写字母 | 英文全称 | 中文译名 |
|---|---|---|
| FPACH | Forward Physical Access CHannel | 前向物理接入信道 |
| FPLMTS | Futuristic Public Land Mobile Telecommunication System | 未来公共陆地移动通信系统 |
| FRLS | Fast Recursive Least Square | 快速递归最小二乘法 |
| FSK | Frequency Shift Keying | 频移键控 |
| GEO | Geostationary Earth Orbit | 地球静止轨道 |
| GGSN | Gateway General Packet Radio Service Support Node | 网关 GPRS 支持节点 |
| GMSC | Gateway Mobile Switching Center | 网关移动交换中心 |
| GMSK | Gauss Minimum frequency Shift Keying | 高斯最小频移键控 |
| GOS | Grade Of Service | 服务等级 |
| GP | Gap Protection | 保护间隔 |
| GPRS | General Packet Radio Service | 通用分组无线业务 |
| GPS | Global Position System | 全球定位系统 |
| GR | General Packet Radio Service Register | GPRS 寄存器 |
| GSM | Global System for Mobile communication | 全球通移动通信系统 |
| GSM | Group Special Mobile | (移动通信)特别小组 |
| GSN | General Packet Radio Service Supporting Node | GPRS 支持节点 |
| GTP | General Packet Radio Service Tunnel Protocol | GPRS 隧道协议 |
| HA | Home Agent | 归属代理 |
| HCA | Hybrid Channel Allocation | 混合信道分配 |
| HCMTS | High Capacity Mobile Telephone System | 大容量移动电话系统 |
| HDLC | High-level Data Link Control | 高级数据链路控制 |
| HF | High Frequency | 高频 |
| HLR | Home Location Register | 归属位置寄存器 |
| HON | Hand Over Number | 切换号码 |
| HPA | Homeplug Powerline Alliance | 家庭插电联盟 |
| HSCSD | High Speed Circuit Switched Data | 高速电路交换数据 |
| HSDPA | High Speed Downlink Packet Access | 高速下行分组接入 |
| HSTP | High Signaling Transfer Point | 高级信令转接点 |
| IA | Intelligent Antenna | 智能天线 |
| IAM | Initial Address Message | 初始地址信息 |
| ICCID | Integrate Circuit Card IDentity | 集成电路卡识别码 |
| ICI | Inter-Carrier Interference | 子载波间干扰 |

续表五

| 缩写字母 | 英文全称 | 中文译名 |
| --- | --- | --- |
| IMEI | International Mobile Equipment Identity | 国际移动设备识别码 |
| IMS | Internet Protocol Multimedia Subsystem | IP 多媒体子系统 |
| IMT-2000 | International Mobile Telecommunication-2000 | 国际移动通信 2000 |
| IMSI | International Mobile Subscriber Identification Number | 国际移动用户识别码 |
| IMTS | Improved Mobile Telephone System | 改进型移动电话系统 |
| INAP | Intelligent Network Application Part | 智能网应用部分 |
| IP | Intelligent Peripheral | 智能外设 |
| IPI | Intelligent Peripheral Interface | 智能外围接口 |
| ISDN | Integrated Services Digital Network | 综合业务数字网 |
| ISI | Inter-Symbol Interference | 符号间干扰 |
| ISP | Internet Service Provider | 互联网服务提供商 |
| ISUP | Integrated Services Digital Network User Part | ISDN 用户部分 |
| ITU | International Telecommunication Union | 国际电信联盟 |
| IWMSC | Inter-Working Mobile Switching Center | 互联移动交换中心 |
| JD | Joint Detection | 联合检测 |
| LA | Location Area | 位置区 |
| LAC | Link Access Control | 链路接入控制 |
| LAI | Location Area Identity | 位置区识别码 |
| LAN | Local Area Network | 局域网 |
| LAPD | Link Access Procedure on D-channel | D 信道链路接入规程 |
| LCS | LoCation Service | 定位业务 |
| LEO | Low Earth Orbit | 地球低轨道 |
| LF | Low Frequency | 低频 |
| LIG | Lawful Interception Gateway | 合法拦截网关 |
| LMS | Least Mean Square Error | 最小均方误差 |
| LOS | Line Of Sight | 视距 |
| LPC | Linear Predictive Coding | 线性预测编码 |
| LPF | Low Pass Filter | 低通滤波器 |
| LS | Least Square | 最小二乘 |
| LSP | Locally Significant Part | 本地重要部分 |
| LSTP | Low Signaling Transfer Point | 低级信令转接点 |
| LSSU | Link Status Signal Unit | 链路状态信号单元 |
| LTE | Long Term Evolution | 长期演进 |
| MAC | Media Access Control | 媒体接入控制(子层) |

续表六

| 缩写字母 | 英文全称 | 中文译名 |
|---|---|---|
| MAHO | Mobile station Auxiliary-control Hand Over | 移动台辅助控制切换 |
| MAI | Multi-Access Interference | 多址干扰 |
| MAP | Mobile Application Part | 移动应用部分 |
| MBMS | Multimedia Broadcast Multicast Service | 多媒体广播组播业务 |
| MC | Message Center | 消息中心 |
| MCC | Mobile Country Code | 移动国际码 |
| MCM | Multi-Carrier Modulation | 多载波调制 |
| MEO | Middle Earth Orbit | 地球中轨道 |
| MF | Middle Frequency | 中频 |
| MIMO | Multiple-Input Multiple-Output | 多输入多输出 |
| MIN | Mobile Identity Number | 移动台识别码 |
| MLSD | Maximum-Likelihood Sequence Detection | 最大似然序列检测 |
| MLSE | Maximum Likelihood Sequence Estimator | 最大似然序列估值器 |
| MM | Mobile Management | 移动性管理 |
| MMSE | Minimum Mean Squared Error | 最小均分误差 |
| MMSEC | Minimum Mean Squared Error Combining | 最小均分误差合并 |
| MOU | Memorandum Of Understanding | 理解备忘录 |
| MPC | Mobile Position Center | 移动位置中心 |
| MP-LPC | Multi Pulse excited-Linear Prediction Coding | 多脉冲激励线性预测编码 |
| MRC | Maximal Ratio Combining | 最大比值合并 |
| MS | Mobile Station | 移动台 |
| MSC | Mobile Switching Center | 移动业务交换中心 |
| MSIN | Mobile Subscriber Identity Number | 移动用户识别码 |
| MSISDN | Mobile Station ISDN Number | 移动台 ISDN 码 |
| MSK | Minimum frequency Shift Keying | 最小频移键控 |
| MSRN | Mobile Station Roaming Number | 移动台漫游号码 |
| MSU | Message Signal Unit | 消息信号单元 |
| MT | Mobile Termianl | 移动终端 |
| MTP | Message Transfer Part | 消息传递部分 |
| MUD | Multi-ser Detection | 多用户检测 |
| NB | Normal Burst | 普通突发 |
| NBAP | Node B Application Protocol | B 节点应用协议 |
| NCC | National Color Code | 国家色码 |
| N-CDMA | Narrow Code Division Multiple Access | 窄带码分多址接入 |
| NCHO | Network Control Hand Over | 网络控制切换 |

续表七

| 缩写字母 | 英文全称 | 中文译名 |
| --- | --- | --- |
| NDC | National Destination Code | 国内目的地址码 |
| NID | Network Identity Number | 网络识别码 |
| NLOS | None Line Of Sight | 非视距 |
| NMC | Network Management Centre | 网络管理中心 |
| NMT | Nordic Mobile Telephone | 北欧移动电话 |
| NNI | Network and Network Interface | 网络与网络接口 |
| NRZ | Not Return Zero | 不归零 |
| NSS | Network Switch Subsystem | 网络交换子系统 |
| OFDM | Orthogonal Frequency Division Multiplexing | 正交频分复用 |
| OM | Operation & Maintenance | 操作与维护 |
| OMAP | Operation Maintenance Application Part | 操作维护应用部分 |
| OMC | Operations and Maintenance Center | 操作维护中心 |
| OMS | Operation & Maintenance Subsystem | 操作维护子系统 |
| OPC | Original Point Code | 源信令点编码 |
| OQPSK | Offset Quadrature Phase Shift Keying | 交错正交相移键控 |
| OSI | Open System Interconnection | 开发系统互联 |
| OVSF | Orthogonal Variable Spreading Factor | 正交可变扩频因子 |
| PA | Paging Area | 寻呼区 |
| PACS | Personal Access Communication System | 个人接入通信系统 |
| PAD | Packet Assembly and Disassembly | 分组组合和分解 |
| PAS | Personal Access System | 个人接入系统(小灵通) |
| P-CCPCH | Primary - Common Control Physical CHannel | 主公共控制物理信道 |
| PCF | Packet Control Function | 分组控制功能(单元) |
| PCH | Paging Channel | 寻呼信道 |
| PCM | Pulse Code Modulation | 脉冲编码调制 |
| PCU | Packet Control Unit | 分组控制单元 |
| PDC | Personal Digital Cellular | 个人数字蜂窝 |
| PDCP | Packet Data Convergence Protocol | 分组数据汇聚协议 |
| PDE | Position Determining Entity | 定位实体 |
| PDSN | Packet Data Serving Node | 分组数据服务节点 |
| PDSN/FA | Packet Data Serving Node/Foreign Agent | 分组数据服务点/外部代理 |
| PE | Polynomial Expansion | 多项式展开 |

续表八

| 缩写字母 | 英文全称 | 中文译名 |
| --- | --- | --- |
| PIC | Parallel Interference Cancellation | 并行干扰消除 |
| PIN | Personal Identity Number | 个人识别码 |
| PHS | Personal Handy-phone System | 个人手持电话系统 |
| PLMN | Public Land Mobile Network | 公共陆地移动网 |
| PMRM | Power Measurement Report Message | 功率测量报告消息 |
| PN | Pseudo-random Noise | 伪随机噪声 |
| PNNI | Private Network-to-Network Interface | 专用网间接口 |
| PRACH | Physical Random Access CHannel | 物理随机接入信道 |
| PSDN | Packet Switch Digital Network | 分组交换数据网 |
| PSK | Phase Shift Keying | 相移键控 |
| PSPDN | Packet Switch Public Data Network | 分组交换公共数据网 |
| PSTN | Public Switched Telephone Network | 公共交换电话网 |
| PTM | Point To Multipoint | 点对多点 |
| PTP | Point To Point | 点对点 |
| PTP-CLNS | Point To Point-ConnectionLess Network Service | 点对点无连接型网络业务 |
| PTP-CONS | Point To Point-Connection Oriented Network Service | 点对点面向连接的网络业务 |
| PTT | Push To Talk | 一按即通 |
| PUK | Personal Unlock Key | 个人解锁码 |
| QAM | Quandrative Amplitude Modulation | 正交幅度调制 |
| QoS | Quality of Service | 服务质量 |
| QPSK | Quadrature Phase Shift Keying | 正交相移键控 |
| RACH | Random Access CHannel | 随机接入信道 |
| RAM | Random Access Memory | 随机存储器 |
| RAN | Radio Access Network | 无线接入网 |
| RANAP | Radio Access Network Application Protocol | 无线接入网应用协议 |
| RELP | Residual Excited Linear Prediction | 残余激励线性预测 |
| RF | Radio Frequency | 射频 |
| RFN | Radio Network Controller Frame Number | RNC 帧号 |
| RLCP | Radio Link Control Protocol | 无线链路控制协议 |
| RLM | Radio Link Management | 无线链路管理 |
| RLS | Recursive Least Square | 递归最小二乘法 |
| RMA | Random Multiple Access | 随机多址接入 |
| RNC | Radio Network Control | 无线网络控制器 |

续表九

| 缩写字母 | 英文全称 | 中文译名 |
|---|---|---|
| RNS | Radio Network Subsystem | 无线网络子系统 |
| RNSAP | Radio Network Subsystem Application Protocol | 无线网络子系统应用协议 |
| ROM | Read Only Memory | 只读存储器 |
| RPE-LTP | Regular Pulse Excitation-Long Term Prediction | 规则脉冲激励长期预测 |
| RR | Radio Resource | 无线资源 |
| RRC | Radio Resource Control | 无线资源控制(协议) |
| RSSI | Received Signal Strength Indication | 接收信号强度指示 |
| RTT | Radio Transmission Technology | 无线传输技术 |
| RU | Resource Unit | 资源单元 |
| SA | Smart Antenna | 智能天线 |
| SACCH | Slow Associated Control CHannel | 慢速随路控制信道 |
| SB | Synchronization Burst | 同步突发 |
| SBC | Sub-Band Coding | 子带编码 |
| SBC-AB | Sub Band Coding-Adaptive Bit | 自适应比特分配的子带编码 |
| SC | Selection Combining | 选择式合并 |
| SC | Switching Combining | 切换合并 |
| SC | Short message service Centre | 短消息业务中心 |
| SCCP | Signaling Connection Control Part | 信令连接部分 |
| SCH | Synchronous CHannel | 同步信道 |
| SCP | Service Control Point | 业务控制点 |
| SDC | Subscriber Data Centre | 用户数据中心 |
| SDCCH | Stand-alone Dedicated Control CHannel | 独立专用控制信道 |
| SDMA | Space Division Multiple Access | 空分多址接入 |
| SFN | System Frame Number | 系统帧号 |
| SGSN | Serving General Packet Radio Service Supporting Node | 服务 GPRS 支持节点 |
| SI | Service Index | 业务表示语 |
| SIC | Serial Interference Cancellation | 串行干扰消除 |
| SID | System Identifier | 系统识别码 |
| SIF | Signaling Information Field | 信令信息字段 |
| SIM | Subscriber Identity Module | 用户识别模块 |
| SIO | Service Information Octet | 业务信息八位组 |
| SLU | Static Location Update | 静态位置更新 |

续表十

| 缩写字母 | 英文全称 | 中文译名 |
|---|---|---|
| SM | Sub Multiplexer | 子复用设备 |
| SM | Session Management | 会话管理 |
| SMSC | Short Message Service Centre | 短消息业务中心 |
| SMSS | Switching and Management Sub-System | 交换与管理子系统 |
| SN | Subscriber Number | 用户号码 |
| SNR | Signal to Noise Ratio | 信噪比 |
| SNR | Serial NumbeR | 序列号 |
| SP | Signaling Point | 信令点 |
| SR | Software Radio | 软件无线电 |
| SS | Synchronous Shift | 同步偏移 |
| SS7 | Signaling System 7 | 七号信令系统 |
| SSD | Shared Secret Data | 共享加密数据 |
| SSF | Sub-Service Field | 子业务字段 |
| SSMA | Spread Spectrum Multiple Access | 扩频多址接入 |
| SSP | Service Switch Point | 业务交换点 |
| STP | Signaling Transfer Point | 信令转接点 |
| SU | Signaling Unit | 信令单元 |
| SVN | Software Version Number | 软件版本号 |
| TAC | Type Approval Code | 型号批准码 |
| TACS | Total Access Communication System | 全接入通信系统 |
| TB | Tail Bit | 拖尾比特 |
| TC | TransCoder | 码变换器 |
| TCH | Traffic CHannel | 业务信道 |
| TCAP | Transaction Capability Application Part | 事务处理能力应用部分 |
| TCU | Terminal Control Unit | 终端控制单元 |
| TDD | Time Division Duplex | 时分双工 |
| TDMA | Time Division Multiple Access | 时分多址接入 |
| TD-SCDMA | Time Division-Synchronous Code Division Multiple Access | 时分同步码分多址接入 |
| TE | Terminal Equipment | 终端设备 |
| TH | Time Hopping | 跳时 |
| TIA | Telecommunications Industries Association | 通信工业委员会 |
| TLDN | Temporary Local Directory Number | 临时本地号码 |
| TMSI | Temporary Mobile Station Identity | 临时移动台识别码 |
| TPC | Transmit Power Control | 发射功率控制 |

续表十一

| 缩写字母 | 英文全称 | 中文译名 |
|---|---|---|
| TS | Time Slot | 时隙 |
| TSC | Training Sequence Code | 训练序列码 |
| TUP | Telephone User Part | 电话用户部分 |
| UE | User Equipment | 用户设备 |
| UHF | Ultra High Frequency | 特高频 |
| UIM | User Identity Module | 用户识别模块 |
| UMTS | Universal Mobile Telecommunication System | 通用移动通信系统 |
| UNI | User and Network Interface | 用户网络接口 |
| UP | User Part | 用户部分 |
| UP | User Plane | 用户面 |
| UpPTS | Uplink Pilot Time Slot | 上行导频时隙 |
| UTRAN | Universal Terrestrial Radio Access Network | 通用陆地无线接入网 |
| VC | Virtual Circuit | 虚电路 |
| VCO | Voltage Control Oscillator | 压控振荡器 |
| VHF | Very High Frequency | 甚高频 |
| VLF | Very Low Frequency | 甚低频 |
| VLR | Visit Location Register | 访问位置寄存器 |
| VMR-WB | Variable Rate Multimode-Wide Band | 可变速率多模式宽带 |
| VSAT | Very Small Aperture Terminal | 甚小孔径终端 |
| VSELP | Vector Sum Excited Linear Prediction | 矢量和激励线性预测 |
| WAN | Wide Area Network | 广域网 |
| WAP | Wireless Application Protocol | 无线应用协议 |
| WARC | World Administrative Radio Conference | 世界无线电管理大会 |
| WCDMA | Wideband Code Division Multiple Access | 宽带码分多址接入 |

# 参 考 文 献

[1] 郭梯云，杨家玮，李建东. 数字移动通信，修订本. 北京：人民邮电出版社，2001
[2] 曹达仲. 数字移动通信及ISDN. 天津：天津大学出版社，1999
[3] Xavier Lagrange，Philippe Godlewski，Sami Tabbane. GSM网络与GPRS. 顾肇基，译. 北京：电子工业出版社，2002
[4] Ramjee Prasad，Werner Mohr，Walter Konhäuser. 第三代移动通信系统. 杜栓义，等译. 北京：电子工业出版社，2001
[5] 王月清，柴远波，吴桂生. 宽带CDMA移动通信原理. 北京：电子工业出版社，2001
[6] 达新宇，孟涛，庞宝茂，等. 现代通信新技术. 西安：西安电子科技大学出版社，2001
[7] 郭梯云，邬国杨，李建东. 移动通信. 西安：西安电子科技大学出版社，2000
[8] 舒华英，胡一闻，等. 移动互联网技术及应用. 北京：人民邮电出版社，2001
[9] 何希才，卢孟夏. 现代蜂窝移动通信系统. 北京：科学出版社，1999
[10] 曹志刚，钱亚生. 现代通信原理. 北京：清华大学出版社，1992
[11] 樊昌信，张甫诩，徐炳祥，等. 通信原理. 5版. 北京：国防工业出版社，2001
[12] 朱月秀，周玉，廖继红，等. 现代通信技术. 北京：电子工业出版社，2003
[13] 谢华，廉飞宇，等. 通信网基础. 北京：电子工业出版社，2003
[14] 孙龙杰，刘立康，等. 移动通信与终端设备. 北京：电子工业出版社，2003